后输入 test.txt 中并显示文件内容。

【编程分析】 首先定义文件指针变量 fp,然后调用 fopen 函数以“w+”方式打开文件 test.txt。调用 gets 函数从键盘输入字符到字符数组,然后遍历数组中的每个字符,将大写字母转换成小写字母之后,调用 fputc 函数依次将数组的字符写到文件 test.txt 中,最后调用 fgetc 函数显示文件内容。

【参考源代码】

```
#include <stdio.h>
#include <string.h>
main()
{
  FILE * fp;
  char ch,fname[20],str[80];
  int i;
  fp=fopen("test.txt","w+");
  printf("请输入文件内容,以 ctrl_z 结束:");
  while(gets(str)!=NULL)                //输入^z 时,输入过程结束
    {
      i=0;
      while(str[i]!='\0')
        {
          if(str[i]>='A'&&str[i]<='Z')
            str[i]=str[i]+32;
          fputc(str[i],fp);             //将字符写到文件
          i++;
        }
      fputc('\n',fp);
    }
    rewind(fp);                         //将文件读写指针移动到文件头
    ch=fgetc(fp);
    while(ch!=EOF)
      {
        putchar(ch);
        ch=fgetc(fp);
      }
```

9.2.3 实验案例 9-3:调用 fprintf 函数写文件

【实验内容】 从键盘输入若干学生的姓名、平时成绩及期末成绩并保存到学生成绩表 grade.txt 中。要求文本文件 grade.txt 中每行数据的格式为

8 个字符(姓名) 4 位整数(平时成绩) 4 位整数(期末成绩) 5 位实数(总评成绩),其中,总评成绩根据平时成绩和期末成绩自动生成,计算公式:总评成绩=平时成绩×

0.6＋期末成绩×0.4。

【编程分析】 首先定义文件指针变量，然后以“w＋”方式打开成绩表 grade.txt。通过循环结构将从键盘输入的数据保存到文件中，写完之后关闭文件。

程序的实现要点：调用 scanf 函数将键盘数据输入变量，然后再调用 fprintf 函数将变量按照指定的格式写到文件中。

需要说明的是，fputc 函数实现的是将字符写入文件，而 fprintf 函数则是按照规定的格式将变量写到文件。

【参考源代码】

```
#include <stdio.h>
main()
{
    char ch,name[9];
    int i,score1,score2,n;
    float score;
    FILE * fp;
    fp=fopen("grade.txt","w+");
    printf("请输入学生总人数:") ;
    scanf("%d",&n);
    printf("请依次输入%d位同学的姓名、平时成绩、期末成绩:\n",n);
    for(i=0;i<n;i++)
      {
        scanf("%s%d%d",name,&score1,&score2);
        score=score1 * 0.6+score2 * 0.4;
        fprintf(fp,"%-8s%4d%4d%5.2f\n",name,score1,score2,score);
      }
    fclose(fp);
}
```

9.2.4 实验案例 9-4：复制文件

【实验内容】 文本文件 grade.txt 保存了若干学生的姓名及成绩，编程将成绩大于或等于 90 分的学生信息复制到文件 newgrade.txt 中。

其中，文件 newgrade.txt 中每行数据格式：8 个字符(姓名) 4 位整数(成绩)。

【编程分析】 根据题意，需要读文件 grade.txt 的内容，经筛选后将部分内容写到文件 newgrade.txt 中，涉及两个文件的操作。因此，首先需要定义两个文件指针变量，分别指向 grade.txt 和 newgrade.txt，然后以只读方式打开 grade.txt，以可读、可写方式打开文件 newgrade.txt，接着利用 while 循环结构遍历文件 grade.txt 并筛选数据，最后调用 fprintf 函数按照给定的格式将学生姓名及成绩写入文件。注意，fputc 函数仅支持写字符到文件，不能定义格式，在这里不适用。

程序的实现要点如下。

(1) 调用 fscanf 函数从文件 grade.txt 中读数据到变量。

(2) 调用 fprintf 函数按照题目给定的格式将数据写到文件 newgrade.txt 中。

(3) 循环执行 fscanf 函数和 fprintf 函数,直到文件结束。其中,文件是否结束可以通过符号常量 EOF 的值进行判断。EOF 是在头文件"stdio.h"中定义的符号常量,其值为−1,表示文件的结束。由于文本文件的内容是字符流,字符的 ASCII 码值不可能出现−1,因此,如果读入的值是−1,表示读入的不是正常字符而是文件结束符。通常结合 while 循环结构判断文件是否结束。

【参考源代码】

```
#include <stdio.h>
main( )
{
  char name[9];
  int i,score;
  FILE * fp1, * fp2;

  fp1=fopen("grade.txt","r");
  fp2=fopen("newgrade.txt","w+");
  while(fscanf(fp1,"%s%d",name,&score)!=EOF)
    {
      if(score>=90)
        fprintf(fp2,"%-8s%4d\n",name,score);
    }
  fclose(fp1);
  fclose(fp2);
}
```

9.2.5 实验案例 9-5:查找某学生信息

【实验内容】 已知成绩表 grade.txt 记录了若干学生的姓名及成绩,查找其中是否存在姓名为"李潇潇"的同学,如果找到则输出该学生的信息;找不到则输出"不存在该学生!"。

【编程分析】 查找是否存在某个学生的一般方法:调用字符串比较函数 strcmp 比较从键盘输入的学生姓名与文件中的姓名。首先,定义一个字符数组 name,然后循环调用函数 fscanf,将文件中的姓名读到字符数组 name 中,再调用 strcmp 进行比较。假设不存在学生重名的情况,如果函数 strcmp 的返回值为 0,则调用 break 语句,提前结束循环。

【参考源代码】

```
#include <stdio.h>
#include <string.h>
main()
```

```
{
    char name[9],sname[9];
    int score, flag=0;
    FILE * fp;
    printf("请输入要查找的学生姓名:");
    scanf("%s",sname) ;
    fp=fopen("grade.txt","w+");
    while(fscanf(fp,"%s%d%d",name,&score)!=EOF)
      {
        if(strcmp(name,sname)==0)
          {
            flag=1;
            printf("%-9s%4d%4d",name,score);
            break;
          }
      }
    if(flag==0)
      printf("不存在该学生!");
    fclose(fp);
}
```

9.2.6 实验案例 9-6：文件“另存为”

【实验内容】 将 other.txt 另存为 aother.txt，并显示两个文件的内容。

【编程分析】 “另存为”实现的操作是将文件 other.txt 的内容复制到文件 another.txt。

其中，以只读方式打开文件 other.txt，以可读、可写方式打开文件 another.txt。调用函数 fgetc 读文件 other.txt 中的内容，接着调用 fputc 函数将读出的内容写到 another.txt 中。调用函数 feof 判断文件 other.txt 是否结束。

【参考源代码】

```
#include <stdio.h>
main()
{
  FILE * fp1, * fp2;
  char ch;
  fp1=fopen("other.txt","r");
  fp2=fopen("aother.txt","w+");
  while(!feof(fp1))
    {
      ch=fgetc(fp1);
      fputc(ch,fp2);
```

```
    }
  fclose(fp1);
  fclose(fp2);
}
```

9.2.7 实验案例9-7：统计迟到学生名单

【实验内容】 文本文件list.txt中保存班级学生名单(学生序号及姓名)。文本文件list1.txt保存已签到学生名单。要求根据list.txt及list1.txt的内容,统计迟到学生的名单并保存到文件list2.txt中。班级学生名单和已签到学生名单分别如图9-1和图9-2所示。

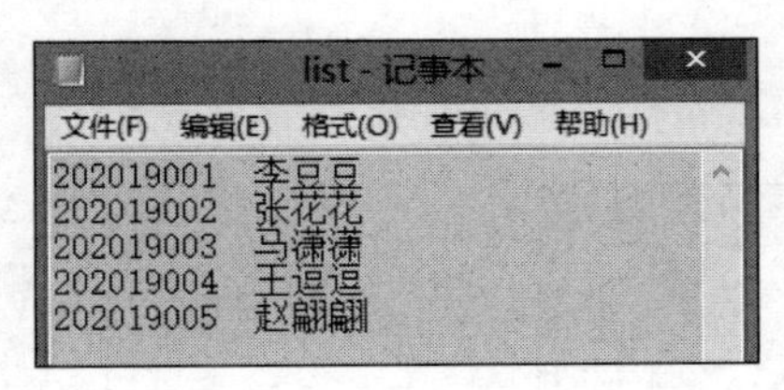

图9-1 班级学生名单

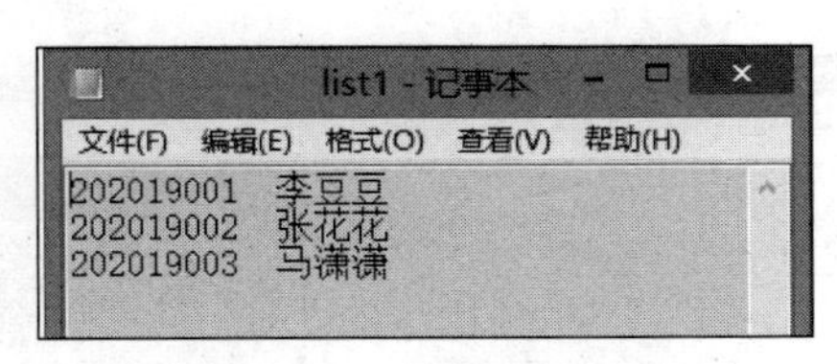

图9-2 已签到学生名单

【编程分析】 以"r"方式打开文件list.txt以及list1.txt,以"w+"方式打开文件list2.txt。

采用两层循环嵌套结构来生成list2.txt的内容。首先调用fscanf函数读list.txt中第一个学生的信息到字符数组sno及sname,然后遍历list1.txt,查找sno是否在文件list1.txt中;然后读list.txt中的第二个学生的信息,再遍历list1.txt,以此类推。

程序中定义变量flag,每次外循环开始时,将其初值置为1,内循环过程中若在list1中找到与list相同的数据时将flag置为0,内循环结束后判断flag的值,当flag的值为1时,将相应的数据写到list2.txt中。

【参考源代码】

```
#include <stdio.h>
#include<string.h>
main()
{
  FILE *fp, *fp1, *fp2;
  int flag;
  char sno[12],sname[9],sno1[12],sname1[9];
  fp=fopen("list.txt","r");
  fp1=fopen("list1.txt","r");
  fp2=fopen("list2.txt","w+");
  while(fscanf(fp,"%s%s",sno,sname)!=EOF)
    {
      flag=1;
      while(fscanf(fp1,"%s%s",sno1,sname1)!=EOF)
        if(strcmp(sno,sno1)==0)
```

```
        {
          flag=0;
          break;
        }                                    //内层循环结束

    if(flag)
      fprintf(fp2,"%s%s\n",sno,sname);
  }                                          //外层循环结束
  fclose(fp);
  fclose(fp1);
  fclose(fp2);
}
```

程序运行结果(迟到学生名单)如图 9-3 所示。

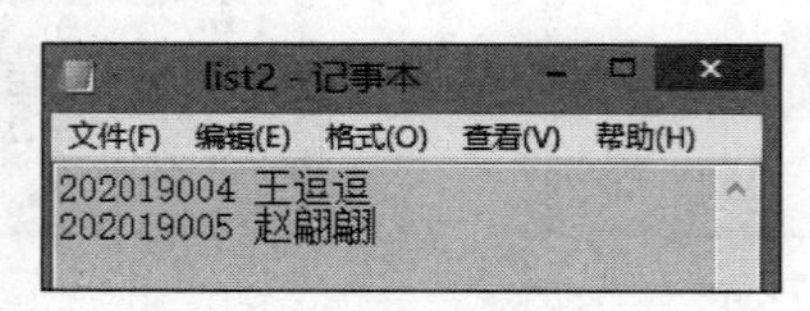

图 9-3 迟到学生名单

9.3 实践项目

9.3.1 实践项目 9-1:统计文件中各类字符个数

【实验内容】 显示文本文件 test.txt 的内容,统计文件的长度以及其中的字母和数字的个数。

【编程分析】 首先定义一个文件指针变量 fp,然后以只读方式打开 test.txt。文本文件是字符流,因此调用 fgetc 函数读文件内容直到文件结束,累计字符个数即可得到文件长度;每读一个字符,判断其是字母还是数字,并分别统计个数。调用函数 isdigit 判断字符是否为数字,函数返回值为 1 时,表示字符是数字;调用函数 isalpha 判断字符是不是字母,函数返回值为 1 时,表示字符是字母。调用函数 feof 判断文件是否结束,通常写作:

```
while(!feof(fp))
  {
    文件内容操作语句组
  }
```

9.3.2 实践项目 9-2:价格大于 10 元/斤的水果

【实验内容】 将若干水果的编号、名称及价格输入文件 list.txt 中,显示文件内容,并显示价格大于10元/斤的水果。

【编程分析】 调用scanf函数将水果信息输入内存变量,然后再调用fprintf函数将变量的值写到文件list.txt中。采用while循环结构遍历文本文件,调用fscanf函数将文件内容读到内存变量,进一步筛选出价格大于10元/斤的水果。

注意:文件内容输入完成之后,调用rewind函数将文件读写位置移动到文件头。如果忘记移动文件指针,那么输出结果为0。

9.3.3 实践项目9-3:筛选相关专业的学生成绩

【实验内容】 成绩表grade.txt登记的是网络工程和软件工程专业的学生成绩,共有3列,分别是专业名称、学生姓名和总评成绩。每行数据的格式为8个字符(专业)8个字符(学生姓名)4位整数(总评成绩)。

根据用户从键盘输入的专业名称,输出对应专业的学生成绩;如果没找到,输出提示语:"没有该专业的学生!"。

【编程分析】 题目给出了文件grade.txt记录的成绩格式,因此应该调用fscanf函数并按照指定的格式读文件内容到相应变量,然后将变量与输入数据进行比较,并筛选出对应的学生。

9.3.4 实践项目9-4:统计成绩

【实验内容】 成绩表grade.txt中记录的是计算机实验班同学的姓名及C语言笔试成绩。编程统计优秀、良好、中等、及格、不及格人数并显示。

其中,90~100分为优秀,80~89分为良好,70~79分为中等,60~69分为及格,60分以下为不及格。

【编程分析】 以只读方式打开grade.txt,然后循环调用fscanf函数读文件内容到内存变量,通过switch语句统计各成绩段的人数。根据符号变量EOF判断文件是否结束。

9.3.5 实践项目9-5:删除部分文件内容

【实验目的】 成绩表grade.txt中记录的是计算机实验班同学的姓名及C语言笔试成绩,将其中不及格的学生信息删除。

【编程分析】 C语言没有提供删除文件内容的函数,必须先将grade.txt中及格学生的信息保存到一个新文件中,然后对新文件重新命名为grade.txt。

9.3.6 实践项目9-6:合并文件

【实验内容】 grade1.txt和grade2.txt是两个已经按成绩降序排序的成绩单,请编写程序将其合并成一个新文件grade.txt,成绩按降序排列。

【编程分析】 同时打开 3 个文本文件，其中 grade.txt 以"w"方式打开。决定写入目标文件先后顺序的是信息中的成绩。下面简记文件为 A、B、C，从 A、B 中读出的成绩为 a、b，基本操作步骤如下。

(1) 读 a、b。

(2) 如果 a>b 则向 C 写入 a，再从 A 继续读 a，否则向 C 写入 b、再从 B 继续读 b。重复这一过程直到将 A 或 B 文件读到文件末尾。

(3) 如果 A 文件已到末尾，则将 B 文件中剩余的信息顺序读入并写入 C。否则，将 A 文件中剩余的信息顺序读入并写入 C。

9.4 实践项目参考源代码

1. 实践项目 9-1 参考源代码

```
#include <stdio.h>
#include <ctype.h>
main()
{
  FILE * fp;
  char ch;
  int i,j=0,k=0,m=0;
  fp=fopen("test.txt","r");

  while(!feof(fp))
    {
      ch=fgetc(fp);
      putchar(ch);
      if(isdigit(ch))
          j++;                              //j是数字个数
        else if(isalpha(ch))
              k++;                          //k是字母个数
        m++;                                //m是字符个数
      }
  printf("\n");
  printf("文件长度是%d,其中有%d个数字,%d个字母.",m,j,k);
  fclose(fp);
}
```

2. 实践项目 9-2 参考源代码

```
#include <stdio.h>
main()
```

```
{
    char name[9];
    int i,j=0,sno,price;
    FILE * fp;
    fp=fopen("list.txt","w+");

    printf("请依次输入水果的编号、名称及价格:\n");
    while(scanf("%d%s%d",&sno,name,&price)!=EOF)
      fprintf(fp,"%d%s%d\n",sno,name,price);
    rewind(fp);
    printf("超过10元/斤的水果是:\n");
    while(fscanf(fp,"%d%s%d",&sno,name,&price)!=EOF)
      if(price>10)
        printf("%d%d\n",sno,price);
    fclose(fp);
}
```

3. 实践项目9-3参考源代码

```
#include <stdio.h>
#include <string.h>
main()
{
    char ch,major[9],name[9],sname[9];
    int i,score,n,j=0,flag=0;
    FILE * fp;
    fp=fopen("grade.txt","w+");

    printf("请输入要浏览哪个专业的学生成绩:");
    scanf("%s",sname) ;
    while(fscanf(fp,"%8s%8s%4d",major,name,&score)!=EOF)
      {
        if(strcmp(major,sname)==0)
          {
            flag=1;
            printf("%8s%8s%4d",major,name,score);
          }
        }
    if(flag==0)
      printf("没有该专业的学生!");
    fclose(fp);
}
```

4. 实践项目9-4参考源代码

```
#include <stdio.h>
```

```
main()
{
  FILE * fp;
  int score,i=0,j=0,k=0,m=0,n=0;
  char sname[9];
  fp=fopen("grade.txt","r");

  while(fscanf(fp,"%s%d",sname,&score)!=EOF)
    {
      switch(score/10)
      {
        case 6:{i++;break;}
        case 7:{j++;break;}
        case 8:{k++;break;}
        case 9:{m++;break;}
        default:n++;
      }
    }
  fclose(fp);
  printf("优秀:%d个;良好:%d个;中等:%d个;及格:%d个;不及格:%d个.",i,j,k,m,n);
}
```

5. 实践项目 9-5 参考源代码

```
#include <stdio.h>
#include <string.h>
main()
{
  char name[9];
  int i,score,n;
  FILE * fp1, * fp2;
  fp1=fopen("grade.txt","r");
  fp2=fopen("temp.txt","w+");

  while(fscanf(fp1,"%s%d",name,&score)!=EOF)
    {
      if(score>=60)
        fprintf(fp2,"%-9s%4d\n",name,score);
    }
  fclose(fp1);
  fclose(fp2);
  remove("grade.txt");
  rename("temp.txt","grade.txt");
}
```

6. 实践项目 9-6 参考源代码

```
#include <stdio.h>
main()
{
  FILE * fp1, * fp2, * fp;
  char sname1[9],sname2[9];
  int score1,score2;
  fp1=fopen("grade1.txt","r");
  fp2=fopen("grade2.txt","r");
  fp=fopen("grade.txt","w+");

  fscanf(fp1,"%s%d",sname1,&score1);
  fscanf(fp2,"%s%d",sname2,&score2);
  while(1)
  {
    if(score1>score2)
      {
        //将从 grade1.txt 读出的数据写入 grade.txt
        fprintf(fp,"%s %d\n",sname1,score1);
        fscanf(fp1,"%s%d",sname1,&score1);  //下一轮比较的数据
      }
      else
        {
          //将从 grade2.txt 读出的数据写入 grade.txt * /
          fprintf(fp,"%s %d\n",sname2,score2);
          fscanf(fp2,"%s%d",sname2,&score2);
        }
      if(feof(fp1)||feof(fp2))
        break;                              //只要有一个文件到达末尾就结束循环
  }
    if(score1>score2)
      {
        //这是文件中的最后一个数据,二者比较后写入 grade.txt
        fprintf(fp,"%s %d\n",sname1,score1);
        fprintf(fp,"%s %d\n",sname2,score2);
      }

  if(feof(fp1))   //如果 grade1.txt 文件先结束,则将 grade2.txt 中剩余的数据直接写入
                  //grade.txt
    while(1)
      {
      fscanf(fp2,"%s%d",sname2,&score2);
      fprintf(fp,"%s %d\n",sname2,score2);
```

```
        if(feof(fp2)) break;
          break;
        }
    else                                                //如果 grade2.txt 先结束
      while(1)
        {
          fscanf(fp1,"%s%d",sname1,&score1);
          fprintf(fp,"%s %d\n",sname1,score1);
          if(feof(fp1)) break;
        }
    fclose(fp1);
    fclose(fp2);
    fclose(fp);
}
```

9.5 本章常见错误小结

1. 使用文件时忘记打开

例如：

```
FILE * fp;
char ch;
while(!feof(fp))
{ ch=fgetc(fp);
  putchar(ch);}
```

2. 文件的打开方式与使用情况不匹配

例如：

```
FILE * fp1, * fp2;
  char ch;
  fp1=fopen("other.txt","r");
  fp2=fopen("aother.txt","r");                  //错误,文件的打开方式应该是"w"
  while(!feof(fp1))
    {
      ch=fgetc(fp1);
      fputc(ch,fp2);}
  fclose(fp1);
  fclose(fp2);
```

3. 使用完文件之后,忘记关闭文件

例如:

```
FILE * fp;
char ch;
fp=fopen("list.txt","r");
while(!feof(fp))
{ ch=fgetc(fp);
  putchar(ch);}
```

使用完文件之后不关闭,可能会丢失数据。

参考文献

[1] 段善荣,厉阳春,钱涛,等. C语言程序设计项目教程[M]. 北京：人民邮电出版社,2013.

[2] 何钦铭. C语言程序设计经典实验案例集[M]. 北京：高等教育出版社,2012.

[3] 林晓敏,胡同森. C程序设计实验与指导[M]. 杭州：浙江科学技术出版社,2010.

[4] 华丽,黄霞,李桂华. C语言程序设计指导与实训教程[M]. 武汉：华中师范大学出版社,2016.

[5] 郭羽成,吕曦,孙骏. C语言程序设计实验指导[M]. 武汉：武汉理工大学出版社,2017.

[6] 王雪飞,孔德波,王鹏. C语言程序设计实践教程[M]. 哈尔滨：哈尔滨工程大学出版社,2020.

[7] 胡同森,田贤忠. C程序设计基础[M]. 杭州：浙江科学技术出版社,2007.

[8] 郭伟青,赵建锋,何朝阳. C程序设计[M]. 北京：清华大学出版社,2017.

复杂网络关键节点识别
（第2版）

阮逸润　汤　俊　于天元
蒋林承　老明瑞　何　华　著

国防工業出版社
·北京·

内容简介

真实网络的异质性导致不同节点对于网络结构和功能的影响差异巨大。2003年北美大断电事故、2008年我国雨雪冰冻灾害造成的电力中断和交通瘫痪事件、世界上1%的公司控制着全球40%的经济等，都体现着关键节点对网络全局的影响。准确挖掘网络中这类关键节点，对于控制信息的传播、抑制疫情的蔓延、精准投放产品广告、发现重要致病基因等具有现实意义。结合网络拓扑结构特征，本书从信息传播和网络稳健性的角度，研究复杂网络中单节点的重要性排序与多传播源组合最优的影响最大化问题，并进一步设计了基于复杂网络节点重要性排序解决无人机防撞问题的案例。

本书可以为自然科学和社会科学领域的相关研究人员提供参考。

图书在版编目（CIP）数据

复杂网络关键节点识别/阮逸润等著．—2版．—北京：国防工业出版社，2023.9

ISBN 978-7-118-13034-8

Ⅰ．①复…　Ⅱ．①阮…　Ⅲ．①无线电通信-传感器-计算机网络-研究　Ⅳ．①TP212

中国国家版本馆CIP数据核字（2023）第174683号

※

国防工業出版社出版发行

（北京市海淀区紫竹院南路23号　邮政编码100048）

天津嘉恒印务有限公司印刷

新华书店经售

*

开本 710×1000　1/16　**插页** 8　**印张** 9¾　**字数** 172千字

2023年9月第2版第1次印刷　**印数** 1—1500册　**定价** 88.00元

（本书如有印装错误，我社负责调换）

国防书店：（010）88540777　　书店传真：（010）88540776

发行业务：（010）88540717　　发行传真：（010）88540762

前　言

网络的“小世界特性”和“无标度特性”的发现，掀起了网络科学持续的研究热潮，研究的热点逐渐从早期发现跨越不同网络的宏观上的普适规律转变为着眼于从中观（社团结构、群组结构）和微观层面（节点、链路）去解释不同网络所具有的不同特征。其中，节点重要性排序问题作为复杂网络分析领域的一个关键问题，在许多重要场景中有着广泛的应用，例如帮助人们防范和控制疾病暴发、制定营销策略、保持通信网络的连通性、促进或抑制信息传播、推广新的产品或行为、避免电力网等基础设施级联失效等，意义重大。

尽管目前已经有很多种方法可以对节点重要性进行区分，且已取得一定的效果，但在大数据时代，实际网络节点数目庞大，网络结构功能十分复杂，已有算法或多或少存在一些问题，例如算法复杂度过高不适用于大规模复杂网络、对部分节点的重要性识别精度不足等。基于以上原因，设计实用且有效的排序方法用于挖掘网络关键节点仍是充满挑战的课题。本书系统地研究了复杂网络节点重要性排序的相关问题，从以下几个方面开展研究。

（1）从网络稳健性与脆弱性角度分析节点对网络的影响。针对大规模复杂网络的结构随着时间不断变化、获取网络全局信息具有局限性的这一客观现实，通过量化节点局部网络拓扑的重合程度来定义节点间的相似性，提出了一种考虑节点度以及邻居节点拓扑重合度的节点重要性评估算法，研究重要节点遭受静态攻击与动态攻击下的网络瓦解情况，根据模拟结果制定网络节点保护策略，对重要节点进行重点保护使其免受蓄意攻击威胁，降低网络因重要节点遭受攻击而级联失效的可能性。基于邻域相似度的节点重要性排序算法，由于只用到节点的局部网络拓扑信息，因而适用于大规模复杂网络。

（2）从网络信息传播动力学的角度，定义节点的传播影响力为信息从节点发起，经过传播最终可以影响到的网络节点个数。在考虑节点邻居 k-壳值的同时，还充分考虑了邻居节点间的连接关系对于节点影响力的影响，设计了基于网络约束系数与 k-壳值的节点影响力排序算法及其扩展算法 ，调整了局部高聚簇节点的重要性排名，提高了算法排序的精确度。

（3）当前多数节点影响力排序方法忽略了信息传播的重要因素——传播

概率，导致算法排序精度在不同传播率下差异较大、不够稳定。针对这一缺陷，本书提出了一种综合考虑节点与三步内邻居间的有效可达路径以及信息传播率的（Accessible Spreading Probability，ASP）算法，有效解决了不同评估指标对传播率敏感的问题。在同样只考虑三步内邻居的条件下，ASP 算法相比原算法（Spreading Probabitity，SP）。几乎不增加算法复杂度且精度更高。ASP 算法设计思想在理解节点局部聚簇性对于节点传播影响力的影响上具有一定意义。

（4）研究了多节点共同作用下的传播影响最大化问题。不同于上述单个节点的重要性排序问题，影响力最大化问题需要考虑作为信息传播源的多个节点发起传播时的影响力重叠问题。本书第 6 章设计了一种基于簇的影响最大化算法（Local Cluster Expand，LCE），以网络中相互链接的高 k-壳值节点集为子团核心，将与子团链接紧密的邻居节点加入其中，扩张之后得到内部链接紧密的簇。通过选择这些簇中影响力大的节点组成初始活跃种子节点，保证了种子节点是相对重要且分散的。

（5）通过对不同的排序指标或策略进行融合，可以获得更好的排序结果。目前大多数指标都是从某一特定角度衡量节点重要性，有一定的适用性，但也有一定的不足。本书第 7 章基于引力方法，综合考虑节点 H 指数、节点核数以及节点的结构洞位置，设计了引力模型的改进算法，与多个经典的中心性指标相比能够更好地识别复杂网络中的重要节点。

（6）为解决局部空域内的无人机群相撞和可能发生连锁碰撞问题，本书第 7 章创新地以复杂网络理论为基础，将无人机群的飞行冲突解脱分为两个步骤实施，分别对应关键节点选择算法和避撞方向选择算法。通过分析无人机群的状态信息，选择最重要无人机（关键节点）进行避撞，同时遵循稳健性最小原则进行避撞方向选择。

近年来出版的大部分复杂网络相关书籍都没有涉及对复杂网络节点重要性的分析，大多偏重于介绍复杂网络学科整体研究内容，全而不精。本书重点分析网络节点的结构影响力，着眼于揭示网络功能上精细入微的特征，为自然科学和社会科学领域的相关研究人员提供参考。

编　者

目　录

第1章 绪 论

1.1 研究背景及意义

20世纪90年代以来，随着以因特网为代表的现代信息技术的迅猛发展，人类社会从工业时代阔步迈入“网络时代”。从因特网到万维网、从电力传输网到交通运输网、从供水网到物流网、从动物脑神经网络到蛋白质交互网、从人群关系网到经济、政治、科研合作网，网络深刻地影响着人类社会生活的方方面面。以互联网为例，截至2017年12月，中国网民规模达到7.72亿，新浪微博月活跃用户达3.4亿，微信全球日均登录9.02亿次，人们通过社交朋友圈发布和获取信息，利用即时通信工具进行信息交互。虚拟社交网络的兴盛，扫除了常规社交活动在时间和空间上的障碍，大大提升了人与人之间建立社交关系的灵活度。随着物联网产业的大规模建设与发展、智慧城市建设的高速推进，人类社会的网络化程度在不久的将来将会达到一个全新的高度。

大量的复杂系统可以高度抽象为节点与连边构成的网络，这是当前研究复杂系统的一种常用方式。不同的网络在不同尺度的观察视角下表现出异质的特性。从宏观上看，不同网络之间度分布、度关联性和集群分布等统计特征不同。中观尺度上，网络之间的社团结构与层次机构存在区别。微观上，网络不同节点的度数、连边权重不同。网络科学研究的重点也从早期着眼于发现跨网络的宏观普适规律转变为聚焦中观尺度上的网络社团结构等，进而延伸到研究微观尺度上的节点与链路问题[1-3]。节点和链路异质的特性对网络的结构和功能产生巨大的影响。例如，微博网络中，一个“大V”节点如果发布一条消息，由于其庞大的粉丝基础，将很快传遍整个网络；2003年，俄亥俄州克利夫兰市的几条高压线因负荷过重而烧断，造成了波及北美大部分地区的停电事故[4]；全球1%的公司占据了人类社会40%的经济份额[5]，等等。其中关键的问题在于如何有效识别这些重要节点，一个节点之所以比其他节点更重要，是因为该节点能够在更大程度上影响着网络的结构与功能。这里网络结构指的是网络的一些拓扑特性，如度分布、度相关性、节点平均距离、网络连通性与聚集系数等，而网络功能通常指的是网络的抗毁性、同步、传播与控制等[1]。从网络结构的角度出发，具有最多邻居的中心节点或与多个社区结构存在连接的枢纽节点是重要的。从传播动力学的角度出发，重要节点可以是短时间内能够将影响扩散到网络最大范围内的节点[6]。挖掘网络重要节点在帮助人们防范和控制疾病暴发[7,8]、制定营销策略[9-11]、保持通信网络的连通性[12]、促进或抑制信息传播[13]、推广新的产品或行为[10]、避免电力网等基础设施级联失效[14-16]方面意义重大。

以北美大停电事件为例，尽管对于此类事故的预防已经在各方面做了大量的努力，但类似的灾难性事故在一些基础设施网络中仍然时有发生，在世界经济总量日益庞大的今天，此类事故造成的损失将会越来越严重。因此，如何有效预防事故的发生、减少灾难造成的损失仍是一个亟须解决的难题，具有理论和实践的研究价值。分析此类故障的系统可以发现，网络遭遇相继攻击时的脆弱性问题是造成此类事故的根本原因。如果事先掌握了整个电力网络的拓扑结构特征，并对其中的关键部位进行保护以避免重要节点故障引发网络级联失效，就可以有效预防此类事故的发生。系统中的关键节点一般数量很少，但其影响却能够快速波及网络中大多数节点[17]。例如在无标度网络中蓄意攻击少量最重要的节点中可以轻松瓦解整个网络[18,19]。由此可见，对节点进行重要性排序并对级联失效过程加以研究是解决该问题的关键。尽管目前已经有很多种方法可以对节点重要性进行区分，且已取得一定的效果，但在大数据时代，实际网络节点数目庞大，网络结构功能十分复杂，已有算法或多或少存在一些问题。例如，算法复杂度过高不适用于大规模复杂网络、对部分节点的重要性识别精度不足等。基于以上原因，设计实用且有效的排序方法用于挖掘网络关键节点仍是充满挑战的课题。

社交网络的广泛流行将人们带入了自媒体时代，网络中每一个用户既是信息的传播者也是信息的创造者。当用户接收到自己感兴趣的信息时，他可以很方便地将信息在朋友圈内发布分享，而看到这条消息并对该消息感兴趣的人可以再次加工分享，这种网状传播模式极大地提高了信息传播的便捷性。然而，并非每一条存在于社交网络中的信息都能得到广泛的传播，除了信息内容本身是否吸引眼球，信息发布者自身在网络中的影响力也至关重要。用户的影响力是指由该用户发起的某一行为引发其他用户产生相应行为的能力[20]。有影响力的节点在信息扩散过程中扮演重要角色，信息经由这些节点发布或转发可以引起广泛关注，加速信息的扩散。2017 年 10 月 8 日，明星鹿晗在新浪微博上宣布其与关晓彤确定恋爱关系，这条微博发出不久就引爆整个网络，甚至因为流量过大，一度造成后台服务器瘫痪。对于网络上的传播行为，评价节点的重要度可以从两方面出发，一是经由节点发起的传播最终影响到的节点数量越多则影响力越大，二是对节点进行免疫或隔离时越能够阻滞传播扩散的节点影响力越高。当前，越来越多的科研工作者开始关注网络中节点和连接的特征的差异性对传播过程的定量影响。对网络节点影响力进行排序并挖掘其中最有影响力的节点，对于控制流行病传播、公益广告推广等具有实际意义。此外，用户影响力在网络营销领域的巨大作用使人备受鼓舞，越来越多的企业愿意聘选有影响力的用户进行口碑营销，以较低的投入达到“杠杆营销”的效果。设计合理的策略用于挑选初始激活节点实现传播影响最大化是其中的关键，本质上也是多信源组合传播最优问题，是本书研究的内容之一。目前关于网络节点影响力排序及多节点综合影响力最大化问题的研究中，部分算法计算复杂度偏高，不适用于大规模复杂网络。此外，计算简单的算法由于考虑到的信息有限，评价节点影响力的准确度不高，无法满足实际应用的需求。因此，如何平衡算法效率和精度之间的关系，提高算法在现实应用中的效果，是影响力传播研究领域的重要课题。

1.2　复杂网络研究进展与网络重要节点挖掘简介

1736 年，瑞士数学家莱昂哈德·欧拉（Leonhard Euler）通过将哥尼斯堡题中的两座小岛和河的两岸抽象为 4 个点，将连接岛屿与河岸的 7 座桥抽象为 4 个点之间的连边（图 1-1），成功地解决了哥尼斯堡问题，宣告了图论的诞生。此后，图论发展成为数学上的一个重要分支，其应用渗透到许多研究领域中。自然界中存在着形形色色的复杂系统，如果将组成系统的个体看作节点，个体之间相互联系和相互作用关系看作连边，便可将这些复杂系统建模成网络，并用图论的方法加以研究。比较不同的实际复杂网络，会发现网络与网络之间存在一些相同或相近的结构特征，因而早期科学家试图通过构建通用的网络模型来模拟这些网络的结构，将研究这些网络模型得到的结论用于指导实际网络的研究。其中，规则网络和随机网络是最简单的两种网络模型，在规则网络中每个节点所拥有的邻居节点数是相同的。1959 年，Erdos-Renyi 随机网络模型[21,22]被提出，这类网络模型里网络中的节点建立连接的概率是介于 0 和 1 之间的随机数。上述两种模型是图论研究中重要的理论模型，然而实际网络并非完全随机或完全规则的，因此这两种网络模型还不足以完全描述实际网络的一些现象和特征，如经典的网络小世界现象等。

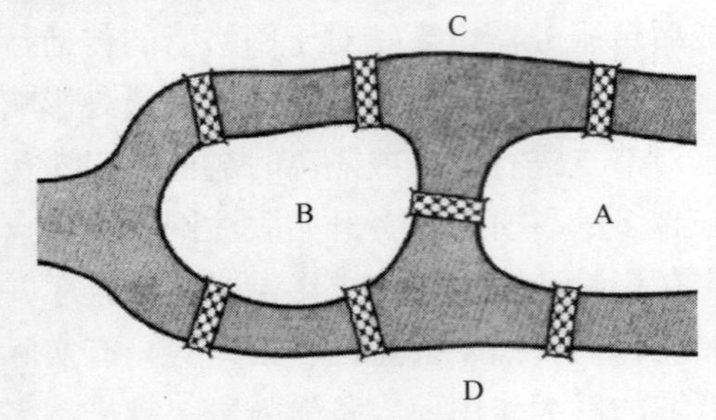

图 1-1　哥尼斯堡题

1929 年，匈牙利作家 F. Karinthy 提出了著名的小世界论断，他认为世界上任意两个人至多通过 5 个中间人就能建立联系。20 世纪 60 年代，社会心理学家 Stanley Milgram[23] 首次验证了人际网络中的小世界特征，他设计了一个连锁信实验，随机选择美国内布拉斯加州奥马哈市内的 160 个人，并给他们每一个人发送了内容相同的一封信，信里指定最终的收信人是在波士顿的一个股票经纪人，信中要求收信人收到信后接力送信，每一个人都将这封信寄往自己认为比较接近那个股票经纪人的朋友。实验发现，大部分最终送达该股票经纪人手里的信件中间只需经过五六个转送过程，这也是“六度分隔（Six Degrees of Separation）”理论的由来。此后，哥伦比亚大学的 Duncan Watts 等科学家在 1998 年提出了著名的小世界网络模型[24]，并在互联网上发动了六万多名网友进行邮件转发实验，最终验证了“六度分隔”理论。小世界模型是通过将规则网络中的边以概率 p 随机重连，从而提高网络的无序度，如图 1-2 所示。重连时边一端的节点保持不变，而另一端则随机选取网络中的另一个节点。改变重连概率大小可以实现从规则网络（$p=0$）到随机网络（$p=1$）的转变。在 2011 年，Facebook 与米兰大学进行联合研究发现，Facebook 网络上用户之间的平均距离仅为 4.74[25]，同样符合“六度分隔”理论，证明了社交网络上小世界特征的显著性。1999 年，Barabasi 和 Albert 在《科学》期刊上发文指出[26]实际复杂网络结构往往具有无标度特性，网络中节点的度分布满足幂律形式 $p(k)\sim k^{-\lambda}$，少数节点具有较大的度，更多的节点则是连接松散的度小节点。小世界模型和无标度模型的提出，掀起了复杂网络理论研究的高潮。当前，科学家们研究复杂网络理论的着眼点主要包括：揭示网络整体结构的统计特性，以及如何度量这些性质的方法；根据问题背景建立适用的网络模型，用于求解实际问题；分析节点和连边的特性，并结合网络结构整体性质对网络行为进行分析与预测[27]。

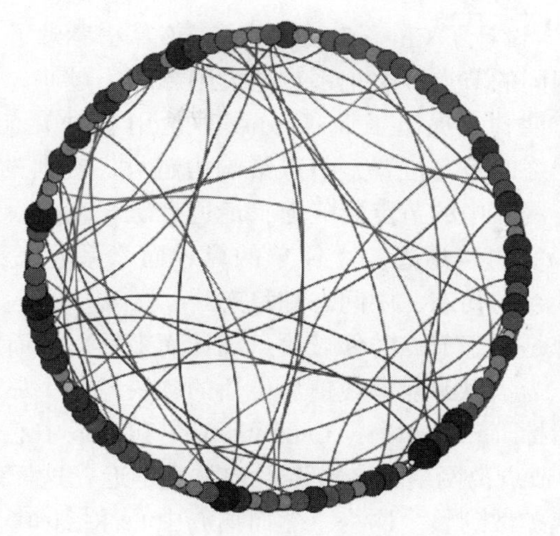

图 1-2　小世界网络

1.3　节点重要性研究现状

本节主要介绍复杂网络节点重要性排序方法以及影响最大化算法的相关国内外研究工作。

1.3.1　节点重要性排序方法

节点重要性是一个相对宽泛的概念，从不同角度出发同一个节点的重要性又有不同的解释。到目前为止，科研工作者根据具体问题，设计了多种算法对节点进行重要性排序打分。总体上，评价节点重要性的途径可分为三种，分别是基于网络拓扑的结构性指标、基于用户网络行为的指标、基于节点间交互信息的指标。目前研究复杂网络的数据来源通常是经过严格抽象后的网络点边关系数据，以此保证用户个人信息免遭泄露，由于这个原因，当前研究的主流大多着眼于基于网络拓扑结构的度量方法。其中最为常用的标准就是节点的重要性（影响力）由直接引发周围节点产生特定行为的能力决定。例如在微博上，通过一个有影响力的用户发布一条信息，由于该用户庞大的粉丝基础，这条信息第一时间可以被更多的人直接接收到，这也是度排序指标[28]的思想。Chen 等人[29]考虑了节点四阶邻居内的信息对度排序指标进行改进，称为半局部度指标（Semilocal Centrality）。度与半局部度指标都是基于节点间的连接数量设计的，然而节点邻域内过度冗余的连接对于信息的传播具有抑制作用[30-32]，由此，Chen等人[33]设计了ClusterRank算法，该算法考虑了节点度以及节点聚集系数，对于度相同的节点，聚集系数越大则影响力越小。近来，Kitsak等人在《自然物理》[34]期刊上提出了k-壳分解理论用于对节点影响力进行评价，认为节点越处于网络的核心位置，节点影响力越大。经典的H指数[35]方法也常被用于评价社交网络中的节点影响力，最近有研究表明，节点度、H指数以及核数（Coreness），可以通过一个简单的算子而联系起来，而度、H指数和核数是这一连串关系的初态、中间态和稳态[36]。

上述的指标都是基于节点的邻域信息设计而来的，然而从信息传播的角度出发，一个节点作为信息源能够使信息传播的越快越广，那么这个节点就越重要。离心中心性指标（Eccentricity Centrality）[37]和接近中心性指标（Closeness Centrality）[38]认为节点离网络其余节点平均距离越近，这样的节点具有更大的潜力使得信息快速扩散到整个网络。然而离心中心性指标考虑的是节点间的距离最大值，排序精度容易受到特殊值的影响，例如一个节点和多数节点距离都很小，只和某个节点的距离较大，这种情况下离心中心性指标仍会取该较大的距离值。接近中心性指标由于考虑的是节点间的平均距离，因此没有此类问题。介数中心性（Betweenness Centrality）[39,40]认为如果一个节点出现在网络所有节点对的最短路径上的频次越高，那么这个节点就越重要。通常网络中一个节点的介数值比较大时，节点两端往往连接着两个社区，这样的节点对于网络有特殊的意义[41,42]。简单来说，介数值最大的节点通常可以直接左右网络信息流的传播，而接近中心性指标值最大的节点则具有最好的观察网络信息传播的视野。然而，信息并不总是沿着节点间的最短路径进行传播，Katz指标[43]考虑了节点间的所有路径，并认为短路径比长路径更加重要。信息指标[44]同样考虑了信息传播的所有可能路径，但不同的是该指标认为信息在传递的过程中会存在一定的损耗，传播路径越长，信息损耗越多，并通过电阻网络对计算过程进行了简化。

节点的重要性不仅由节点邻居的数量决定，同时也由邻居节点的重要程度决定，这也就是所谓的相互增强效应[45]。特征向量中心性[46]和累计提名方法[47]就是基于这个思想设计而来的，这两种算法适用于无向网络，后者的算法收敛速度更快。此外，在有向网络中，常用的算法一般是PageRank[48]和LeaderRank[49]，这两种算法都是模拟人们浏览网页的过程，网页的访问路径越多，访问该网页的链入网页影响力越大，网页得分值越高。LeaderRank算法是在PageRank算法的基础上改进的，因而通常算法表现更好。HIT指标[50]、自动资源汇聚算法[51]、SALSA[52]这三种算法同时考虑节点相互影响的双重特征：权威性和枢纽性。

1.3.2　多信源传播最大化

1.3.1 节主要介绍的是如何发现网络中单个节点的影响力，实际上在很多现实应用中，人们往往需要同时识别多个重要节点，计算他们作为信息传播源时最终的信息传播范围，或者考察同时移除这些重要节点对于整个网络连通度的毁伤程度。例如网络营销中，在预算有限的情况下，挑选第一批客户，通过给予他们一定折扣或者免费使用的优惠，鼓励他们向朋友推荐该产品并最终将产品推广到客户朋友的朋友，实现杠杆营销。又如在疾病传播网络中，挑选一批关键节点对他们进行免疫，从而实现对疾病传播范围的控制。

本书重点是基于信息传播的角度，研究设计一定的选择规则挑选初始激活节点，使得这些初始传播源发布的信息通过影响传播，最终可以影响到最多的网络节点，这个问题就是影响最大化问题。求解此类问题最直接的方法是通过预先定义的节点中心性方法挑选排名靠前的 k 节点，如单纯按照度排序选择前 k 个节点，然而由于网络中存在“富者越富”[53,54]效应，初始激活节点间存在彼此连接的情况，从而导致传播上的冗余。此外，这类问题已被证明是 NP 难问题，因此，单纯利用单节点重要度排序方法选择排名靠前的节点无法满足实际需求，目前常用的求解影响力最大化算法可分为两种，一种是贪心算法[55]，另一种是启发式算法。贪心算法选择可以使得影响范围增大的节点作为种子节点，但由于节点集合的传播影响力需要通过大量的蒙特卡罗模拟，因此贪心算法尽管求解思想简单，但计算复杂度却很高，不适用于大规模复杂网络。后续很多基于贪心算法进行改进的算法尽管可以取得较好的影响范围，且在一定程度上缩短了贪心算法求解的时间，然而随着社交网络规模爆炸式增长，这些算法的效率依然无法满足现实需要，因此更多的研究者将研究的重点放在启发式策略的设计上。通过启发式策略挑选种子节点，除了需要保证种子节点本身是重要的，也要考虑节点之间的影响力重叠。Chen 等人[56]将邻居中存在种子节点的节点进行定量折扣，由此提出了一种折扣度（Degree Discount Method）方法。Zhang 等人[57]模拟选举投票规则，提出了一种简单而实用的启发式算法——VoteRank，每一轮投票选择中，除已被选出的种子节点外，其余节点都可以对邻居节点进行投票，得票数最多的节点于当轮被选择。参与投票的节点，其投票能力在下一轮投票过程中将会被削减，VoteRank 算法被证明可以有效应用于大规模社交网络。通过选择局部网络中度最大的节点，Liu 等人[58]设计了 LIR 算法，可以有效避免“富者越富”效应导致的种子节点影响力重叠。此外，一些研究发现，网络中社区结构节点间的链接往往较为紧密，社区之间节点的链接往往稀疏，这个特征暗示社区内部的节点之间容易受到彼此的影响。

因此，与从整个网络中挑选种子节点相比，从不同社区挑选种子节点被认为是一种更好的选择。He 等人[59]利用社区划分方法寻找网络中的社区结构，并将社区按照社区节点数从大到小进行排序，根据特定的中心性排序方法对每一个社区内的节点进行评价，然后依次选择每个社区中影响力最大的节点组成初始激活节点集合（如果初始激活节点数量大于划分出的社区数，则从第一个最大的社区开始继续挑选节点，直到满足条件为止）。通过这种方法选择出来的节点可以保证节点是相对分散且重要的。Zhao 等人[60]应用图着色理论对复杂网络节点进行着色，由此得到的一组影响力节点可以保证节点间互不相邻。在此基础上，Guo 等人[61]考虑了同一色集节点间的距离问题，进一步提高了图着色方法的实验效果。最近，Bao 等人[62]根据节点间的相似程度对节点进行划分，提出了一种启发式簇发现算法。Ji 等人[63]通过随机断边和链路恢复[64]的方式，找出网络中连接紧密的结构，并从中挑选有影响力的种子节点。

除了上述这些算法，影响最大化问题还有许多其他方面的工作，例如：Goyal 等人[65]通过用户间的历史行为数据计算用户之间的传播概率；Kim 等人[66]在 Twitter 网络中通过挑选最有影响力的邻居实现信息传播的最大化。此外，还有利用影响最大化挑选出的节点进行谣言的阻断[67]等工作。影响最大化问题起源于市场营销，社交网络的流行在为传统企业的营销理念和营销方式带来深刻变革的同时，也为在线网络“病毒式营销”提供了平台和机遇。在社会网络规模急速膨胀和市场营销面向互联网的深入发展，根据实际场景改进影响最大化问题在应用上的实用性，仍会是今后研究的热点。

1.4 本书主要研究思路与内容

本书首先从网络稳健性与脆弱性、信息传播动力学的评价角度研究了节点影响力排序问题，然后研究了多节点共同作用下（组合最优）的影响力最大化问题，最后进一步设计了一个基于复杂网络节点重要性排序解决无人机防撞问题的案例。

（1）针对大规模复杂网络的结构随着时间不断变化、获取网络全局信息具有局限性的这一客观现实，本书通过量化节点局部网络拓扑的重合程度来定义节点间的相似性，提出了一种考虑节点度以及邻居节点拓扑重合度的节点重要性评估算法，并从节点移除对于网络瓦解的影响方面，对复杂网络中的节点进行重要性排序，研究重要节点遭受静态攻击与动态攻击下的网络瓦解情况，根据模拟结果制定网络节点保护策略，对重要节点进行重点保护使其免受蓄意攻击威胁，降低网络因重要节点遭受攻击而级联失效的可能性。这种方法由于只用到节点的局部网络拓扑信息，因而适用于大规模复杂网络。

（2）研究发现节点领域的高聚簇性对于节点影响力排序的精确性存在干扰，对于网络中密集链接的簇，节点间的相互链接会使得簇中节点的度都较大，导致基于度的算法在对节点重要性打分时，都容易赋予这些节点较大的分值。但在仿真模拟中，信息从簇中的这些节点发起，却很容易局限在簇中而无法有效扩散至网络其他部分。本书针对这一问题，引进了节点结构洞信息，改进了核数指标，调整了局部高聚簇节点的重要性排名，提高了算法排序的精确度。

（3）当前的中心性指标对节点影响力进行测度时，通常只在特定范围的信息传播率下才能取得理想结果。例如，度排序中心性指标在传播率较小时表现较好，半局部度指标和接近中心性指标则在信息传播率取值稍大时表现较好。针对这一问题，本书提出了一种综合考虑节点与三步内邻居间的有效可达路径以及信息传播率的算法，有效解决了不同评估指标对传播率敏感的问题，在节点间信息传播率可计算的情况下，可以获得理想的排序精度。

（4）本书研究了多信息传播源时的复杂网络影响最大化问题，这个问题严格意义上也是属于网络重要节点发现的一部分，只是不同于单个节点的重要性排序问题，影响力最大化问题需要考虑到作为信息传播源的多个节点发起传播时的影响力重叠问题。注意到 k-壳分解方法逐渐剥离网络外围节点的过程会使得网络聚集系数不断增大，而在这些网络剩余的高 k-壳值节点集组成的簇中，信息可以有效传播，由此本书设计了一种基于簇的影响最大化算法 LCE，以网络中相互链接的高 k-壳值节点集为子团核心，将与子团链接紧密的邻居节点加入其中，扩张之后得到内部链接紧密的簇。通过选择这些簇中影响力大的节点组成初始活跃种子节点，保证了种子节点是相对重要且分散的。最后通过实验分析，证明了所提算法的优势。

第 2 章　相关理论和技术基础

现实世界中网络无所不在，网络化社会在方便人们生产生活的同时，也带来了一定的负面冲击，如谣言或疾病更容易借助网络快速扩散等。因此，借助网络科学理论对各类复杂网络的结构和行为进行定量刻画，对于理解复杂系统特征、设计行之有效的预测和控制策略是十分必要的。本章首先介绍复杂网络的相关概念特征，如网络图表示、网络拓扑特性（度分布、网络巨片、聚集系数、社区结构等）以及人工网络模型（包括无标度网络（Barabasi-Albert，BA）和（Lancichinetti-Fortunato-Radicchi，LFR）模型网络，然后介绍实验主要用到的传播动力学仿真模型（Susceptible-Infected-Removed，SIR）及传播爆发阈值，最后分类介绍节点重要性排序指标以及网络影响最大化的相关内容。

2.1　网络相关概念和基本静态几何特征

2.1.1　网络图表示

图（Graph）为研究各种实际网络提供一种统一方法，图中的点表示网络中的个体，连线表示个体之间的相互关系，通过研究抽象的图而得到实际网络的拓扑性质，使得图成为当前复杂网络研究的一种共同的语言。通过抽象的图来研究复杂网络，有助于比较不同网络之间的异同点，从而找到其中的共性特征，为分析和研究它们的拓扑性质提供有效算法。

将一个具体的网络抽象为节点集合 V 和连边集合 E 组成的图 $G=(V,E)$，其中节点总数 $N=|V|$，连边总数 $M=|E|$。图的结构通常以邻接矩阵的形式 $A=(a_{ij})_{N\times N}$ 来表示，$a_{ij}=1$ 表示网络节点 i 和 j 之间存在连边，$a_{ij}=0$ 则表示节点 i 和 j 之间无连边。根据图中连边是否存在方向和是否有权重区分，可将图的类型分为 4 种，分别是加权有向图、加权无向图、无权有向图以及无权无向图。本书主要研究无权无向图，节点之间至多只有一条边，每一条连边的两端都是网络中的节点，图中无自环。

2.1.2　复杂网络拓扑特性

1. 度与度分布

作为刻画复杂网络中节点属性最简单直接的概念，度表示节点与网络中其他节点相连的边的总数。网络平均度（Average Degree）由所有节点度求平均值得来，用 $<k>$ 表示。度分布（Degree Distribution）$P(k)$ 指的是随机选择网络中任意一个节点的度恰好为 k 的概率，大多数概率分布呈现出中间高两边低的钟形结构，满足泊松（Poisson）分布，可表示为

$$P(k)=\frac{\lambda^{k}\mathrm{e}^{-\lambda}}{k!} \tag{2.1}$$

式中：参数 $\lambda>0$ 越大，度分布越接近正态分布。

实际网络中度分布图形类似于动物长尾巴，服从幂律分布，即

$$P(k)\propto k^{-\gamma} \tag{2.2}$$

式中：幂指数 γ 通常介于 2~3，γ 的大小体现了网络的异质性程度。γ 越小，网络中的“富者越富”效应越明显，反之则网络度分布越均匀。研究度分布对于掌握网络整体性质很有意义。

2. 无向网络中的巨片

网络巨片大小可以用于表征网络整体的连通性程度，现实中多数大型复杂网络通常是不连通的，但网络中往往会存在一个规模庞大的连通片，其中占网络节点总数比例最高的连通片称为巨片（Giant Component）[68]。如图 2-1 所示，在科学家合作网[69]中存在一个包含 379 个节点的最大连通子集，该连通子集称为网络的巨片。

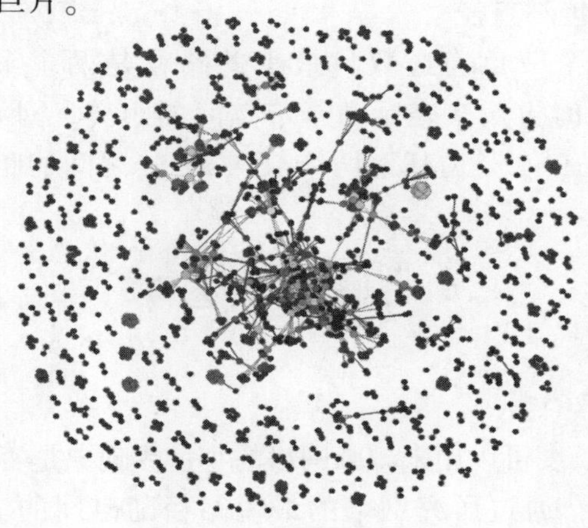

图 2-1　科学家合作网中的巨片

网络连通性是一个相对脆弱的性质，因为只要网络中有个别节点或者少数群体没有与除这个群体之外的节点发生连接，这个网络就是不连通的。但某种程度上网络连通的条件又是相对宽松的，对于两个连通网络集合，只要分属两个集合的任意两个节点发生连接，那么原来两个集合中的节点都将属于同一个连通片。

如果一个网络含有多个连通片，则可以绘制不同规模的连通片的分布图，图2-2给出了上亿个节点的Facebook网络中不同规模的连通片的数量，网络中的巨片由图2-2右侧的黑点表示，横轴和纵轴都取对数，巨片包含了网络中99.91%比例的节点。其余连通片节点数目都很小，第二大连通片中仅有3000个节点。

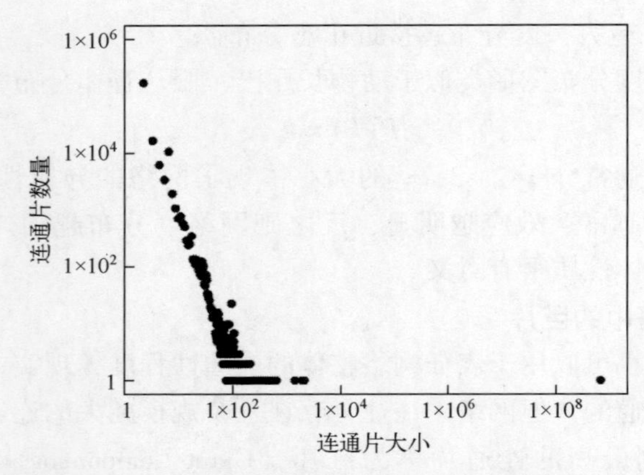

图2-2　Facebook网络中连通片规模的分布，取自文献［70］

3. 平均路径长度与直径

网络中连接两个节点连边数目最少的路径是两个节点间的最短路径（Shortest Path），同时也用来表示两个节点间的距离。网络的平均路径长度L（Average Path Length）是由任意两个节点i和j之间的距离求平均得到的，可表示为

$$L = \frac{1}{\frac{1}{2}N(N-1)} \sum_{i \geq j} d_{ij} \tag{2.3}$$

式中：N为网络节点总数。

网络平均路径长度可以用来刻画网络的小世界现象是否明显。例如在上述的Facebook网络中，通过研究网络的最短路径随时间的演化的结果，发现Facebook网络无论是以单个国家还是多个国家的组合为研究对象，网络最短路

径自 2007 年以后都呈下降趋势，网络平均最短路径在 2011 年 5 月时仅为 4.74，甚至比“六度分离”还要小[71]。

网络直径用网络中任意两个节点之间最大的距离值表示，记为 D，即

$$D=\max_{i,j} d_{ij} \tag{2.4}$$

网络直径一般是指网络中两个可达节点间的最大距离，换言之就是在网络连通的情况下，这个概念才有意义。否则，在不连通网络中，网络最大直径是无穷大。

4. 聚集系数

聚集系数（Cluster Coefficient）反映了节点邻居间的连接紧密程度，可用于表示节点任意两个邻居间相互连接的概率。考虑网络中度为的节点 i，如果 i 的 k_i 个邻居两两互相连接，那么节点 i 邻居间的连边数则是 $k_i(k_i-1)/2$，这是边数最多的一种情况。但大多情况下，节点邻居间并不一定都互为邻居。对于度为 k_i 的节点 i，若 i 的邻居间的连边数为 E_i，则该节点的聚集系数记为

$$C_i=\frac{E_i}{k_i(k_i-1)/2}=\frac{2E_i}{k_i(k_i-1)} \tag{2.5}$$

极端情况下，若节点 i 没有邻居节点或只有一个邻居节点，此时 E_i 为 0，k_i 为 0 或 1，这时聚集系数的分子分母都为 0，这种情况下记 $C_i=0$。显然，节点聚集系数介于 0 和 1 之间，并且 $C_i=0$ 当且仅当 i 的邻居节点互不相邻或至多只有一个邻居节点。

5. 网络中的社区结构

实际网络节点间的连接关系不是随机的，往往带有一些特性。大多数网络的节点度分布服从幕律分布，即绝大多数网络节点具有很小的度数，但存在少数节点度数极大。此外，网络中边的分布往往也具有较大的差异性，在一些特殊的群组中节点间的聚集性高，连边密集，而不同群组之间却很少有边。这种聚类特性形成网络的社区结构[72]。实际网络通常是由多个社区（Community）组成的，社区内部节点间连接紧密，社区之间连接较为稀疏。在社交网络中社区结构更加明显，网络中有着共同兴趣、工作单位、亲属关系等属性的用户倾向于相互建立社交联系，从而形成社区结构。

6. 富人俱乐部

网络“富人俱乐部”现象（Rich Club）是指网络中节点度数高的节点的更倾向于同其他度数高的节点建立连接，而较少和度较小的节点相连，导致“富者越富”的叠加效应，度大节点之间的边密度[73]更高。

将网络中的节点按照度从大到小进行排序，对于排序前 r 位的节点集合 S_r，其富人俱乐部连通度表示为

$$G(r/N)=\frac{2E_r}{|S_r|(|S_r|-1)}=\frac{1}{|S_r|(|S_r|-1)}\sum_{i,j\in S_r}a_{ij} \tag{2.6}$$

2.1.3 人工网络模型

1. BA网络模型

20世纪末，网络科学研究上的一个标志性发现就是Internet、WWW、电力网、线粒虫神经网络等大量不同邻域网络的度分布都能够用适当形式的幂律分布加以描述。这些网络中节点度的长度没有明显特征，故而称为无标度BA网络[26]。通常，实际网络具有以下两种特性：

（1）增长特性。实际网络通常是动态增长的，规模不断扩大。例如社交网络中，每天都有新的用户加入其中并与其他用户成员建立朋友关系，万维网上每天都有新的网页产生，科研网上每月都有新的成果被发表。

（2）优先连接。新加入的节点倾向于与网络中高影响力的节点（如度大节点，hub节点等）建立连接，这种现象称作“马太效应”或“富者越富”。例如，社交网络中的“大V”节点，更有可能作为潜在关注对象被网站推荐给新入网的用户；新发表的文章更倾向于引用影响因子高的经典文献。

Barabasi和Albert基于上述增长和优先连接机制，提出了BA无标度网络模型。BA网络度服从幕律分布，且幕指数与网络节点数和优先连接概率无关。

2. LFR网络模型

真实社交网络往往是由若干个“社区”或“组”构成的。社区内部成员之间的连接相对紧密，社区与社区之间的连接相对来说却比较稀疏。LFR模型[75]模拟真实网络中存在的社区结构，通过调节一系列的参数来生成网络模型，包括网络节点总数N、网络节点平均度$\langle k\rangle$、节点最大度值$k_{\max}$、网络度幕律分布τ_1、社区规模幕律分布τ_2、社区最大规模$s_{\max}$与最小规模$s_{\min}$、混合参数μ。通过调节参数μ可以控制社区内节点间连接紧密程度，μ越小，社区内节点间的链接越紧密，社区与社区间的链接越稀疏。

2.2 网络传播动力学

信源节点的传播影响力是由信源节点发起的信息最终影响到的网络节点总数决定的，节点在网络中的位置和信息传播动力学过程是决定节点影响扩散范围的重要元素。剖析传播动力学过程对于发现网络中最有影响力的节点大有裨益。网络传播行为在实际网络中多有体现。例如，社会网络上的信息传播和疾病传播、电力网络的相继故障、通信网络上的病毒传播等。归功于网络通信技术和交通网络发展的日新月异，人与人之间的接触和交流变得更加方便快捷，但伴随而来的还有谣言和疾病快速蔓延的突然性，在某一个地区发现疫情，很可能在几天之内扩散到世界的另一端。例如，2014 年在非洲大规模爆发的埃博拉病毒（图 2-3），短短几个月时间就夺走无数条生命。因此如何对传播行为进行有效预警、掌握传播规律并设计预防策略是一个迫切的问题，这也促使科学界对于网络传播动力学理论开展了深入研究。

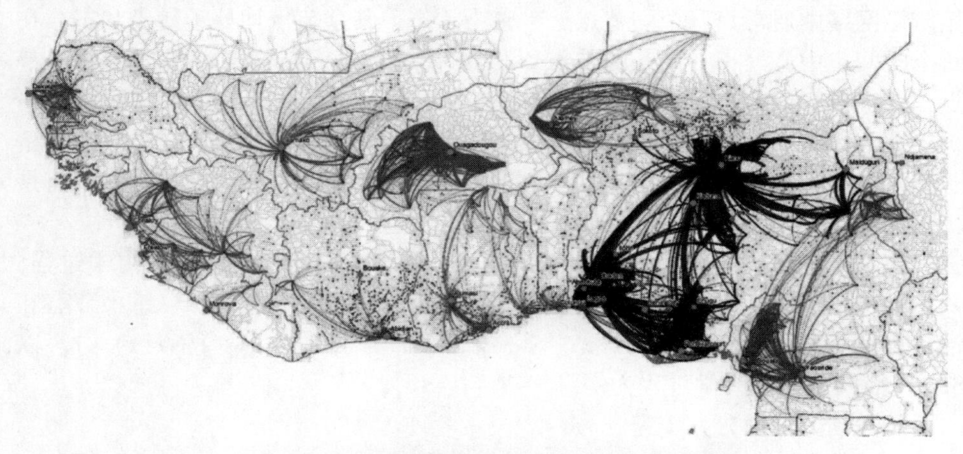

图 2-3　埃博拉病毒在尼日利亚国的传播情况

2.2.1　传染病传播动力学模型

在传染病模型中，网络中个体一般处于以下 4 种状态中的一种：

（1）易染状态 S（Susceptible）。个体可能被邻居个体所感染，但还未被感染。

（2）感染状态 I（Infected）。个体已经被感染，并会以一定概率感染其邻居节点。

（3）恢复状态 R（Removed）。个体被感染后以一定概率被治愈，治愈后的健康个体对该疾病免疫，不再被感染。

（4）暴露状态 E（Exposure）。个体虽然已经被某些病毒所感染，但仍表现出健康状态，这种状态称作暴露态，如感染登革热和艾滋病等病毒的患者，在感染病毒到症状爆发之间还有一段时间的潜伏期。

目前常见的信息传播模型有 SIS 模型（Susceptible-Infected-Susceptible Model）[76]、SIR 模型（Susceptible-Infected-Recovered Model）[77]、SIRS 模型（Susceptible-Infected-Recovered-Susceptible Model）和 SEIR 模型（Susceptible-

Exposure-Infected-Recovered Model）。

在SIS模型中，处于S状态的节点，会以概率β被其邻居节点中处于I状态的节点所感染，转变为I状态。经过一个完整的感染周期后，I状态节点会以概率μ转化为S状态，整个网络达到稳定状态的标志是I状态节点的数目不再变化。SIS模型常用来模拟流感、肺结核等疾病的感染模式，患者在治愈后并没有对感染过的疾病免疫，仍然存在被感染的风险。在SIR模型中，传播初始阶段网络中通常只有个别节点处于感染状态，其余节点均处于易染状态。在每个时间步中，处于I状态的节点以传播率β尝试感染处于S状态的邻居节点，并且自身以一定概率μ恢复成R状态，传播过程结束的标志是网络中不再出现I状态节点。若处于R状态的节点将以概率η恢复成S状态，则是SIRS模型。若是易感节点S被I状态节点感染后不是立即转换为I状态，而是仍然可以在一段时间内保持健康状态E，这个过程则符合SEIR模型。

在对传染病传播动力学过程建模时，通常忽略掉其他人口的动力学过程，认为网络中个体总数N保持不变。假设t时刻，网络中易感节点、感染节点和治愈节点所占的比例分别是$s(t)$、$i(t)$和$r(t)$，则有$s(t)+i(t)+r(t)=1$。以SIR传播模型的动力学过程为例。

传播动力学微分方程为

$$\frac{\mathrm{d}s}{\mathrm{d}t}=-\beta si,\quad \frac{\mathrm{d}i}{\mathrm{d}t}=\beta si-\mu i,\quad \frac{\mathrm{d}r}{\mathrm{d}t}=\mu i \tag{2.7}$$

根据式（2.7）可得

$$\frac{1}{s}\frac{\mathrm{d}s}{\mathrm{d}t}=-\frac{\beta}{\mu}\frac{\mathrm{d}r}{\mathrm{d}t} \tag{2.8}$$

两边求积分，可得

$$s=s_0\mathrm{e}^{-\beta r/\mu},\quad s_0=s(0) \tag{2.9}$$

将$i=1-s-r$代入式（2.7），结合式（2.8），可得

$$\frac{\mathrm{d}r}{\mathrm{d}t}=\mu(1-r-s_0\mathrm{e}^{-\beta r/\mu}) \tag{2.10}$$

其积分表达式为

$$t=\frac{1}{\mu}\int_0^r\frac{1}{1-x-s_0\mathrm{e}^{-\beta x/\mu}}\mathrm{d}x \tag{2.11}$$

如果参数已经确定，令$\mathrm{d}r/\mathrm{d}t=0$，得到恢复节点的稳定值，即

$$r=1-s_0\mathrm{e}^{-\beta r/\mu} \tag{2.12}$$

在大规模网络中，若初始时刻只有少数节点处于感染状态，没有节点处于治愈状态，则令$s_0\approx1$，$i_0\approx0$，$r_0=0$。记$\lambda=\beta/r$，则有

$$r = 1 - e^{-\lambda r} \tag{2.13}$$

参数 λ 常被称作基本再生数，表示一个处于感染状态的节点在恢复成健康状态之前平均能够感染到其他处于易感状态的节点的数目。

2.2.2 传播爆发阈值的确定

确定网络传播爆发阈值在网络舆情监控、谣言监测、疾病防控等领域意义重大，在 SIR 模型中，假设网络仅具有度-度相关性，以 $p(k'|k|)$ 表示条件概率，$s_k(t) = n_s(k)/Np(k)$ 表示度大小为 k 的节点在 S 状态下的演化概率，类似的有 $i_k(t) = n_i(k)/Np(k)$，$r_k(t) = n_r(k)/Np(k)$。模型除了参数 λ，其他参数皆设为 1，则与 SIR 模型对应的平均场方程为

$$\frac{\mathrm{d}r_k(t)}{\mathrm{d}t} = i_k(t) \tag{2.14}$$

$$\frac{\mathrm{d}i_k(t)}{\mathrm{d}t} = -i_k(t) + \lambda k[1 - i_k(t)] \sum_{k'} \frac{k'-1}{k'} P(k'|k|) i_{k'}(t) \tag{2.15}$$

对于度不相关网络，可将等式 $P(k'|k|) = k'P(k')/\langle k \rangle$ 代入上述两式中，得到疾病传播的爆发阈值为

$$\beta_{\mathrm{th}} = \langle k \rangle / (\langle k^2 \rangle - \langle k \rangle) \tag{2.16}$$

文献［79］中指出，在 $\langle k^2 \rangle$ 收敛的度不相关网络中，传播的阈值几乎等于 0；而当网络大小有限时，阈值又将恢复。SIR 传播过程与边渗流的过程本质上相同，前者的爆发阈值与后者的渗流阈值相同[80,81]，SIR 在阈值附近传播爆发的统计规律与连通簇的规模接近产生极大连通分量的状态类似。

SIR 模型随时间演化过程如图 2-4 所示，在度过统计规律呈现强波动性的初始阶段 $0<t<t_1$ 后。在 $t_1<t<t_2$ 时间段，感染节点的数量呈指数增长。其后感染节点的数量在到达顶峰后快速衰减，在 $t \to \infty$ 时接近于 0。

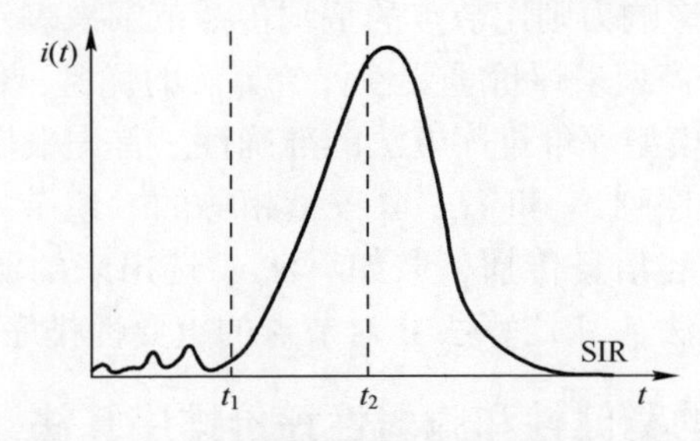

图 2-4　SIR 模型处于 I 状态节点的比例随时间变化过程（取自文献［78］）

2.3 节点重要性评价标准

早期的网络科学研究中，评价网络节点重要性的方法往往是采用调查问卷的形式对每个节点进行打分，并以此作为其他算法对比的标准，评价各个算法的优劣。由于当时所关注的网络通常是小规模的，只有几十上百个节点，如经典的空手道俱乐部网络[82]和同性恋接触网络[83,84]等，因此在技术上这是一种获得评价标准的可行方式。随着大数据时代的到来，网络规模呈海量之势，对于动辄百万千万节点的网络，想要获得一个能够客观评价所有节点重要性的标准几乎是不可能的。目前评价一种重要性排序算法优劣与否的主要思路是：将算法得到的节点重要性排序序列作为研究对象，根据各个节点对网络某种结构和功能的影响程度与排序结果的一致性程度进行比较，从而判断排序是否恰当。例如，算法A中，节点v_1比节点v_2重要性更高，通过比较发现节点v_1对网络的结构和功能的影响程度确实比节点v_2更大，这说明A算法符合实际，排序结果较准确。通常用来评价排序算法优劣的方法有两类，一类是基于网络的传播动力学模型的方法，另一类是基于网络的稳健性和脆弱性的方法。下面将分别介绍这两类方法。

2.3.1 传染病传播动力学模型

复杂网络上的信息传播过程吸引了大量学者的关注，传播研究的范围极广[85-86]，包括计算机网络中的病毒传播[87]、社交网络中的谣言传播[88]、电力网络中的相继故障[89]等。信息传播模型描述了复杂网络中影响力传播的方式和机制，对评价节点重要性挖掘算法的准确性具有重要影响。当前评价节点重要性排序算法最常用的信息传播模型主要有SIR和SIS传染病模型。在SIS模型中，节点的传播影响力由网络达到稳态时该节点被感染的概率决定；在SIR模型中，节点的传播影响力则用节点的平均传播范围来表示。以一个应用例子来说明如何应用传播模型来评价重要性评价算法的优劣，假设存在两种算法A和B，基于SIR传播模型评价排序方法的准确性。首先根据算法A和B对节点进行排序，得到排序序列s_A和s_B。取数量相等的一组节点（也可以是一个）为信息传播源节点发起信息传播，假如算法A选出来的源节点使得信息传播又快又广，则表示算法A相比算法B对节点的重要性排序更加准确。

2.3.2 基于网络的稳健性和脆弱性评价排序算法

根据节点重要性挖掘算法的排序结果，按顺序移除网络中的节点时，网络结构和功能的变化越大，被移除的节点越重要。通常使用网络极大联通系数和网络效率两种评估指标，衡量网络结构和功能变化的剧烈程度。

1. 极大连通系数

将节点按照算法计算出的重要性程度从大到小进行排序，考察移除一定比例的节点后对网络极大连通子集（网络巨片）[68]的影响，表达式为

$$G=R/N \tag{2.17}$$

式中：N 为网络节点总数；R 为网络中属于巨片的节点数量。网络极大联通子集的节点数随着节点移除而变小的趋势越明显，表明采用该方法攻击网络的效果越好。

2. 网络效率

考察移除部分网络节点对于网络效率的影响[90-91]，网络效率可用于评价网络的连通性强弱，移除网络中的节点及其对应的所有边，使得网络中的某些路径被中断而导致一些节点之间的最短路径变大，进而使整个网络的平均路径长度增大，影响网络连通性。网络效率表示为

$$\eta=\frac{1}{N(N-1)}\sum_{i,j\in V}\eta_{ij} \tag{2.18}$$

式中：d_{ij}为节点 i 和 j 之间的最短路径长度；N 为网络节点数。本书通过删除网络中一定比例的特定节点，模拟网络遭受攻击的仿真效果，计算网络遭受攻击前后的网络效率下降比例用以量化各个节点重要性评价指标的准确性。网络效率下降比例表示为 $\mu=1-\eta/\eta_0$，η 为移除节点后的网络效率，η_0 为原始的网络效率，$0\leqslant\mu\leqslant1$，μ 的值越大，表示移除节点后网络效率变得越差。

2.4　节点重要性排序指标

复杂网络拓扑结构的异质性，导致网络中不同节点对于网络的结构和功能的影响表现迥异。网络的关键节点或重要节点是指网络中那些可以更大程度或更大范围地影响网络结构与功能的特殊节点。这些特殊节点的状态对整个网络的功能和效率有直接影响。例如，实际网络大多呈无标度特性，节点随机失效对网络的破坏性较小，但蓄意攻击网络中的重要节点却很容易使整个网络陷入瘫痪。因此，设计行之有效的网络关键节点识别策略，对于控制疫情爆发、保护系统免受蓄意攻击、维护通信网络的连通性等意义重大。对于节点重要性排序方法的研究方兴未艾，当前已有多种多样的排序算法被提出，其中有基于网络结构的，也有基于传播动力学的。本书重点介绍 4 类基于网络结构的节点排序算法，包括基于节点近邻的排序方法、基于网络全局信息的排序方法、基于

节点位置信息的排序方法以及基于随机游走的排序方法。

2.4.1 基于节点近邻的排序方法

考虑节点自身及其邻域信息是设计节点重要性排序方法最直接的思路，这类方法因需要的信息简单，计算复杂度低，适用于大型复杂网络。度中心性指标最早被提出用于对节点进行重要性排序，节点拥有的直接邻居越多，它在网络中的影响力越大。在研究网络稳健性和脆弱性时，对于无标度特征明显的网络，实验发现选择度排序指标靠前的节点进行攻击，网络瓦解效果要比选择介数中心性、接近中心性以及特征向量中心性中排序靠前的节点要好。度中心性指标仅考虑节点最局部的信息，没有对节点在网络中的其他信息如所处的网络位置、领域邻居属性等进行更深入的探讨，导致算法精度在多数情况下不足于满足应用需求。为了提高算法排序效果，Chen 等人[29]提出了半局部度排序指标（Semilocal Index）用于定量分析节点的重要性，该指标考虑了节点 4 层邻居的度信息，在提高精度的同时，保证了算法的求解效率。王建伟等人[92]根据节点度和节点邻居度信息对节点进行排序，节点的度及其邻居节点的度越大，节点在网络中的地位越重要。任卓明等人[93]考虑节点邻居数目以及邻居节点之间的连接紧密度，设计了一种基于度和聚集系数的节点重要度度量方法。

2.4.2 基于网络全局信息的排序方法

相比基于节点近邻信息的方法，尽管基于网络全局属性的排序方法的计算复杂度更高，但在多数情况下这些牺牲计算效率的指标在精度上会获得一定的补偿，得到更准确的节点重要性排序结果。其中，最有代表性的两种基于网络全局信息的指标是介数中心性（Betweenness Centrality）和接近中心性（Closeness Centrality），这两种排序指标都是基于节点间的最短路径计算得来的。

介数中心性规定如果一个节点出现在网络所有节点对的最短路径上的频次越高，那么这个节点就越重要。对网络中的节点 v_i，其介数中心性值为

$$BC(i) = \sum_{i \neq s, i \neq t, s \neq t} \frac{g_{st}^{i}}{g_{st}} \tag{2.19}$$

式中：g_{st}为节点对 v_s和 v_t间的最短路径数目；g_{st}^{i}为其中经过节点 v_i的路径数。介数中心性指标在网络通信协议设计、网络优化部署以及网络瓶颈检测上都有应用。王延庆[94]将介数应用在负载网络中，提出了过载函数用于研究网络的级联失效问题。Goh 等人[95]模拟介数理论的设计思想，研究负载网络中信息包的传输过程，根据负载大小评价节点重要性。

接近中心性指标是根据节点与网络中其他节点的平均距离大小对节点进行排序，如果一个节点跟网络其余节点的平均距离越小，则该节点越重要。对网络中的节点 v_i，其介数中心性值为

$$CC(i) = \frac{1}{d_i} = \frac{n-1}{\sum_{j \neq i} d_{ij}} \tag{2.20}$$

式中：$d_i = \sum\limits_{j \neq i} d_{ij}/(n-1)$ 为任意节点 v_i到网络其余节点的平均距离。

在数据爆炸的今天，网络规模动辄上千万，网络中的节点和连边也随时间不断演化，获取全局属性十分困难，因而基于网络全局属性的指标在应用中常常受到限制。

2.4.3　基于节点位置的排序方法

有研究表明，节点在网络中的位置是决定节点重要性的关键要素，对于处于网络核心层的节点，即使节点本身度数较小，往往仍具有较高的影响力。2010 年，Kitsak 等人[34]在《自然物理》期刊上提出了 k-壳分解理论用于对网络进行分解，确定节点在网络中的位置。该方法类似于生活中剥洋葱的过程，由外向内逐层剥离外围节点，最后处于内层、越接近中心的节点影响力越高。k-壳分解算法常用于对复杂网络结构进行分析，可以识别各类复杂网络的核心结构，包括生物网络[96-98]、社会网络[99-100]、技术网络[101-104]和经济网络[105]等。网络具体分解过程如下。

（1）剥离网络中度为 1 的节点。如果网络中因为度为 1 的节点被剥离而产生新的度为 1 的节点，则再将这些节点剥离，这个过程持续到网络中剩余的所有节点的度都大于 1 为止。此时，所有被剥离的节点记为 1-壳。

（2）按照步骤（1）中的方法，对剩余网络中度为 2 的节点进行剥离，重复这些操作，直到网络中所有节点都被剥离为止，如图 2-5 所示。

k-壳分解算法的优势在发现网络中最具有影响力的单个节点，如图 2-5 所示，在同一个网络中单点传播影响力实验中，同样度大小的节点 A 和 B，以 k-壳值更高的节点 A 发起的传播可以影响到更多的节点。k-壳分解方法计算复杂度低，适用于大型复杂网络，但对于网络整体节点的排序精度不高，容易将大量节点划分到同一重要性等级，对节点重要性的区分能力不够，是一种粗粒度的排序方法。

此外，对于某些特殊的网络结构如无标度 BA 网络、星形网络等，k-壳分解方法无法发挥作用。众多学者基于 k-壳分解方法进行了改进。Hou 等人[106]综合考虑度、介数和 k-壳分解三种指标对节点重要性的作用，采用欧拉距离

公式将三个指标有效结合起来用于度量节点的重要性，取得了较好的实验效果。Liu 等人[107]考虑节点与核心层高影响力节点的距离关系，提出了一种可以区分处于相同壳层的影响力排序方法。Zeng 等人[108]认为不能忽视节点被剥离的外部连边对于节点影响力的作用，提出了一种混合度分解指标能够很好地区分星形图以及无标度 BA 网络中节点的传播能力。Ma 等人[109]受到万有引力定律的启发，将节点的 k-壳值作为节点的质量，综合考虑节点间的距离与质量的关系，提出了一种新的节点影响力排序方法，相比 k-壳分解算法的精度有较大的提高。

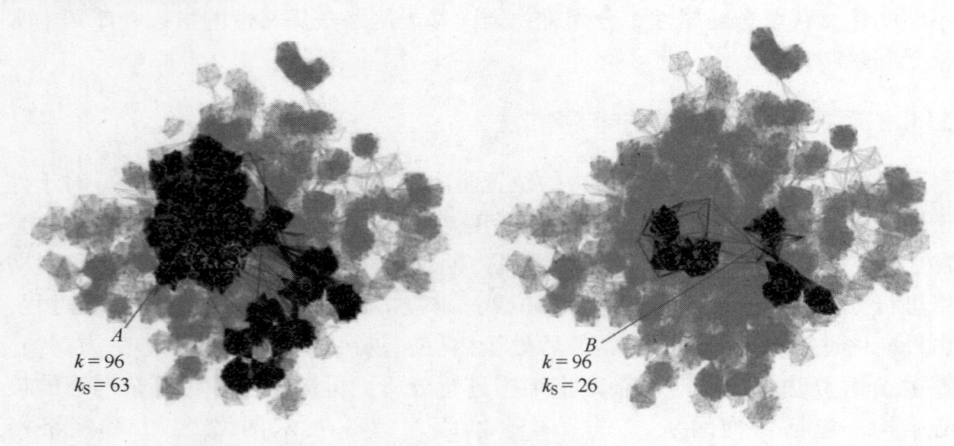

图 2-5　度相同、k-壳值不同的节点的传播影响力对比，取自文献［34］

2.4.4　基于随机游走的排序方法

本节主要介绍网页重要性排序中经典的 PageRank 算法及其改进算法 LeaderRank，同时还有 HIT 指标。

1. PageRank 算法

PageRank 算法基于马尔科夫随机游走思想对网页重要性进行排序，是 Google 搜索引擎中的核心算法。它的基本思想是：一个网页的重要性程度由指向它的网页的数量和质量综合决定。如果一个页面被许多高影响力的网页所指向，那么这个网页的影响力也高。初始时刻，每一个网页被赋予相同的 PR 值，之后进行迭代，每一次每一个网页的 PR 值都会平分它所链入的网页，由此得到各个网页新的 PR 值，t 时刻网页 v_i 的 PR 值记为

$$\mathrm{PR}_i(t) = \sum_{j=1}^{n} a_{ji} \frac{\mathrm{PR}_j(t-1)}{k_j^{\mathrm{out}}} \tag{2.21}$$

式中：k_j^{out}为节点v_j的出度。当所有网页的 PR 值达到稳定状态，迭代过程结束。注意到当迭代中 PR 值到达某个出度为零的悬挂节点（Dangling Node）时，悬挂节点会不断吸收 PR 值，使得 PR 值的传递过程停止。为此，进一步引入了跳转概率 c 对原 PR 表达式进行改造，记为

$$\mathrm{PR}_i(t) = (1 - c)\sum_{j=1}^{n} a_{ji}\frac{\mathrm{PR}_j(t-1)}{k_j^{\text{out}}} + \frac{c}{n} \tag{2.22}$$

由此可知，无论被传递到的节点是不是悬挂节点，其 PR 值都将以概率 c 平均传递给网络中的所有节点，以 1-c 的概率平均传递给它所链入的节点。这个过程实际上是考虑到实际生活中用户访问网页的渠道不仅可以是通过超链接，还可以是直接输入网址进行访问的这一实际情况。在 WWW 网络中，c 通常取 0.15，c 越大 PageRank 算法收敛的速度越快；$c=1$ 时，网络所有节点的 PR 值相同。

2. LeaderRank 算法

PageRank 算法尽管为 Google 公司带来了巨大的成功，但仍有其缺陷，例如，算法规定从当前网页上随机跳转到下一个网页的概率都相同，然而这并不符合现实中人们的网页浏览方式，明显在内容丰富的网页上浏览时相比浏览一个无趣的网页时，人们跳转页面的概率大不相同。此外，最优参数 c 的选取需要通过实际实验获得，根据实际情况的不同，参数 c 的大小也不相同，并不存在一个普适解。为了解决上述两个问题，吕琳媛等人[49]提出了 LeaderRank 算法，通过向网络中增加一个与原网络所有节点双向连接的背景节点，成功取代了 PageRank 算法中跳转概率 c，同时还提高了算法的收敛速度。初始时刻，除了背景节点 v_g 的 LR 值为 0，其他所有节点都被赋予相同的单位资源 $\mathrm{LR}_i(0)=1$，之后通过迭代达到稳态，即

$$\mathrm{LR}_i(t) = \sum_{j=1}^{n+1}\frac{a_{ji}}{k_j^{\text{out}}}\mathrm{LR}_j(t-1) \tag{2.23}$$

此时，将背景节点的分数值 $\mathrm{LR}_g(t_c)$ 均分给网络其他节点，得到每一个节点的最终 LeaderRank 分数值为

$$\mathrm{LR}_i(t) = \mathrm{LR}_i(t_c) + \frac{\mathrm{LR}_g(t_c)}{n} \tag{2.24}$$

3. HIT 算法

1998 年，Kleinberg 提出了 HIT 算法[50]，通过赋予每个页面两个度量值来评价一个网络页面的重要性，分别是权威值（Authorities）和枢纽值（Hubs）。一个页面的原创性程度越高，权威值越大。如果页面存在很多指向权威的、链接数较多页面的链接，则是枢纽页面。节点的权威值通过所有链入该节点的网

页的枢纽值求和得到，节点的枢纽值则由该节点指向的所有节点的权威值相加得到。两个度量指标相互影响相互制约，节点的权威值很高，则节点被很多枢纽节点关注；节点的枢纽值很高，则其指向很多权威节点。

定义节点 v_i 在 t 时刻的权威值和枢纽值分别用 a_i^t 和 h_i^t 表示，在时间步为 t 的迭代中，有

$$a_i^t = \sum_{j=1}^{n} a_{ji} h_j^{'t-1}, \quad h_i^t = \sum_{j=1}^{n} a_{ij} a_j^{'t} \tag{2.25}$$

每一步迭代结束都进行归一化处理，有

$$a_i^{'t} = \frac{a_i^t}{\| a^t \|}, \quad h_i^{'t} = \frac{h_i^t}{\| h^t \|} \tag{2.26}$$

HIT 指标开创了用不同指标同时评价网络中节点重要性的先例，但对于存在特殊结构的网络，HIT 指标的表现会受到影响。例如，WWW 网络中广泛存在的社团结构，社团内节点间的链接关系非常紧密，导致社团内节点的权威值和枢纽值相互增强，这对于评价网页的真实影响力是不利的影响，通常会使搜索结构偏离用户关心的主题。

2.5 影响最大化问题

随着科学技术的高速发展，人类社会生活已高度网络化。网民队伍不断扩大，通过社交媒介（如 Facebook、微信和微博等）进行交流已经成为多数人的一种生活方式。社交网络作为人与人之间沟通的重要传播媒介，在信息扩散、相互影响和舆论引导等方面具有重大作用。社交网络的流行在为传统企业的营销理念和营销方式带来深刻变革的同时，也为在线网络“病毒式营销”提供了平台和机遇。为了使得营销信息通过级联传播最终可以扩散到网络中最多的用户，设计合理的策略用于挑选初始激活节点是其中的关键，这就是影响最大化问题。

2.5.1 影响最大化问题定义

Doningos 和 Richardson[9,110] 将影响最大化问题定义为算法问题。用符号 $\sigma(s)$ 代表节点集合 $S=\{v_t \mid i\in[1,s]\}$ 通过信息传播最终影响到的节点数。对于特定的信息传播模型，影响最大化问题的目标是挑选出能使得网络中最终信息传播范围最大的 k 个节点，满足

$$\sigma(s_{\max}) \geqslant \sigma(s), \quad |S_{\max}| = |S| = k, \quad S\text{ 为任意节点集合} \tag{2.27}$$

下面给出影响最大化问题研究中涉及的函数的边际收益以及子模函数的

概念。

（1）**边际收益**：在当前的初始激活种子集合的基础上，再新增一个节点 v_i 作为初始激活节点，节点增加前后影响值的增加量，即

$$\sigma_{v_i}(S)=\sigma(S\cup\{v_i\})-\sigma(S) \tag{2.28}$$

（2）**子模函数**：对于有限集合 S 的子集 T，将除了集合 S 以外的任意一个节点 v_i 加入到 S 和 T 中，如果有

$$f_{v_i}(S)\geqslant f_{v_i}(T) \tag{2.29}$$

或者

$$f(S\cup\{v_i\})-f(S)\geqslant f(T\cup\{v_i\})-f(T) \tag{2.30}$$

则称函数 $f(\cdot)$ 为子模函数。

影响力最大化问题在数学上是一个组合优化问题，无论是基于独立级联模型还是线性阈值模型，求解该问题都是非确定性困难（Non-deterministic Polynomial-hard，NP）的，因而只能求其近似最优解。已有研究表明，通过爬山贪心算法可以取得 $1-1/e-\varepsilon$ 的近似最优解，其中 e 表示自然对数的底，ε 是任意正实数。

2.5.2　影响最大化算法的度量标准

影响范围和计算时间复杂度是评价一个影响最大化算法优劣的重要标准。大规模复杂网络节点数量众多，节点间的连边关系复杂，计算复杂度过高的算法运行时间长、难以处理，满足不了实际应用需求。因此，算法效率是求解影响最大化问题中首要考虑的问题。同时，脱离算法精度谈效率问题也不符合实际，影响最大化算法设计的可行性也需要考虑算法选择的初始节点最终可以影响到的网络节点数的大小，算法精度是另一个需要考虑的重要因素。

1. 算法效率

影响最大化算法的求解效率对于解决特定应用需求具有重大影响，例如：在疫情监控邻域，一个快速有效的求解算法对于决策制定者及时制定防控策略至关重要；在水质监测领域，迅速发现重要节点对于及时制止水域大范围污染意义重大。

可见，算法效率是求解影响最大化算法问题重要标准之一，在算法精度不相上下的情况下，一个算法的运行时间越短，则该算法相对更加优秀。当前，通过贪心算法求解影响最大化问题时，为了得到初始激活节点集合的可以最终影响到的网络节点数量，需要经过多次蒙特卡洛模拟，这是制约贪心算法运行效率的关键因素。当前社交网络节点和连边规模已呈海量之势，针对实际应用背景设计满足计算效率的算法是必要的。

2. 算法精度

影响最大化算法的精度是指在特定的传播模型中，通过算法挑选出来的初始激活节点集合，经过影响传播过程，最终影响可以覆盖到节点总数。大多数实际应用中，算法影响范围越大越好，更大范围的受众代表了更高的潜在商业利润。在市场营销和产品推广中，通过一定的代价如免费提供试用品或者支付一定数额酬金的方式，让种子用户在网络上积极地向他们的朋友宣传或推荐该产品，如果有朋友接受了该产品，进一步就有可能将其推荐给朋友的朋友，通过自发的口碑宣传，实现了“杠杆营销”的效果。因此，高精度同样是设计影响最大化算法的重要目标。

2.5.3 求解影响力虽大化问题的常用算法

影响最大化问题的求解是根据特定的影响传播模型，搜寻出网络中一组数量为 k 的具有高影响力的点集，已被证明是 NP-hard 问题。相同算法在不同传播模型下的表现并不一致，一些算法（如基于社区结构的算法）只在特定的传播模型下可用。目前常用的求解影响力最大化算法可分为两种，一种是贪心算法[55]，另一种是启发式算法，本书所设计的算法是基于独立级联模型(Independent Cascade Model)，因此本节主要介绍基于该模型的算法。

1. 贪心算法

Doningos 和 Richardson 最早在文献［9］中将影响最大化问题定义为算法问题，并利用马尔科夫方法对市场上个体的购买行为以及营销盈利问题进行建模，利用一遍扫描法和贪心算法求近似解。然后，Kempe 等人[3]对该问题进行了提炼，将该问题抽象为离散组合寻优问题，并利用独立级联模型的子模特性和单调特性，提出用爬山贪心算法（KK 算法）求解该问题，算法每轮选择能够实现最大边际收益的节点。尽管利用 KK 算法选择初始节点的影响扩散效果有理论保证，但在计算节点集合的影响力时需要做大量的蒙特卡洛模拟，因而十分耗时。

Leskove 等人[111]利用影响值函数的子模特性对 KK 算法优化设计了 CELF 算法，在精度与原算法大致相当的情况下，大大降低了算法计算时间。Chen 等人[56]针对 KK 算法中获取每一个节点的影响值时，都要进行蒙特卡洛模拟导致算法过于耗时，为此设计了 NewGreedy，采取删除每次模拟中未成功影响到的边，有效提高了算法效率。Wang 等人[112]考虑了网络中的社区特性，利用局部搜索节点所属社区内最有影响力节点的等价节点的影响力，降低传统算法中计算节点影响值的开销，提出了 CGA 算法。尽管 CELF 算法、NewGreedy 算法和 CGA 算法效果都要好于 KK 算法，但在算法运行绝对时间上还是不够理想，不适用于大规模复杂网络。

近来，Borgs 等人[113]设计了基于随机抽样的 RIS 算法，可以在算法时间复杂度为 $\Theta(k(n+m)\log n/\varepsilon^2)$ 取得与 KK 算法精度相近的效果。进一步，Tim 算法[114]将 RIS 算法的时间复杂度降到 $\Theta(k(n+m)\log n/\varepsilon^3)$。RIS 和 TIM 算法尽管相比被改进的 KK 算法已将算法时间降低到逼近线性时间，但这两个算法需要记录大量的随机抽样结果，十分耗费空间，因而依然不适用于大规模复杂网络。

综上所述，作为大量点的集合，虽然基于贪心爬山算法求解可以满足较高的精度要求，然而这些算法复杂度高、计算量大，难以避免效率低下或空间开销问题。因此，通过贪心算法求解大规模复杂网络最大化问题并不是最优的选择。

2. 启发式算法

尽管很多针对爬山贪心算法进行改进的算法在算法效率上有了明显提高，然而随着社交网络规模爆炸式增长，优化之后的算法依然无法满足现实需要，研究者开始关注采用启发式算法来降低影响最大化问题求解所耗费的时间。最基本的启发式算法是根据节点度大小依次选择排序前 k 个节点作为初始激活节点。然而这种方式挑选初始激活节点的过程并没有考虑到节点间的影响力重叠问题，由于网络中存在“富者越富”效应，初始激活节点间存在彼此连接的情况，从而导致传播上的冗余，使得算法表现难以满足要求。因此，选择初始激活节点时，不仅需要保证节点本身的传播影响力，同时还需兼顾节点的分散性。

目前，已有许多研究致力于解决该问题，微软亚洲研究院的 Wei Chen 等人[56]将邻居中存在种子节点的节点进行定量折扣，由此提出了一种折扣度方法（DegreeDiscount Method）。他们以节点所在网络中的局部区域的影响值作为节点的全局影响值，提出了基于独立级联模型的 PMIA 算法。Zhang 等人[57]模拟选举投票规则，提出了一种简单而实用的启发式算法——VoteRank，每一轮投票选择中，除已被选出的种子节点外，其余节点都可以对邻居节点进行投票，每轮选出其中得票数最多的节点。参与投票的节点，其投票能力在下一轮投票过程中将会被削减，VoteRank 算法被证明可以有效应用于大规模社交网络。通过选择局部网络中度最大的节点，Liu 等人[58]为了消除网络中“富者越富”、度大节点集聚的影响，设计了 LIR 算法，可以有效解决种子节点影响力重叠问题。

Zhao 等人[60]应用图着色理论对复杂网络节点进行着色，由此得到的一组影响力节点可以保证节点间互不相邻。在此基础上，Guo 等人[61]考虑了同一色集节点间的距离问题，进一步提高了图着色方法的实验效果。最近，Bao 等人[62]根据节点间的相似程度对节点进行划分，提出了一种启发式簇发现算法。Ji 等人[63]通过随机断边和链路恢复[64]的方式，找出网络中连接紧密的结构，并从中挑选有影响力的种子节点。

随着大数据时代的到来，现实生活中社交网络用户节点呈海量之势，设计一个有效的近似算法用于求解大型社交网络中影响最大化问题的意义愈显突出。相比于以爬山贪心算法为基础的算法来说，启发式方法计算简单，具有效率优势，因而设计一种复杂度低且有效的启发式算法是优选方案。

2.6 小　结

本章主要对本书算法涉及的技术基础进行了综述：首先介绍了对复杂网络相关概念和特征，包括网络图表示方式、网络拓扑特性以及本书用到的人工网络模型：无标度 BA 网络和 LFR 基准模型；然后对经典的网络传播动力学模型进行介绍，重点放在 SIR 传播模型及其传播阈值的推导过程。本书重点介绍节点重要性评价的两个角度：基于传播动力学模型和基于网络稳健性与脆弱性，对于现有的节点排序重要性指标进行分类介绍。最后详细介绍了影响最大化的相关问题，包括影响最大化问题定义、算法优劣的评价标准以及算法研究的国内外现状。在第三章中，将详细阐述基于网络稳健性与脆弱性设计的重要性排序算法。

第3章　基于领域相似度的复杂网络节点重要性评估算法

节点重要性度量对于研究复杂网络稳健性与脆弱性具有重要意义。大规模实际复杂网络的结构往往随着时间不断变化，获取网络全局信息用于评估节点重要性具有局限性。通过量化节点局部网络拓扑的重合程度来定义节点间的相似性，本章提出了一种考虑节点度以及邻居节点拓扑重合度的节点重要性评估算法，该算法只需要获取节点两跳内的邻居节点信息，通过计算邻居节点对之间的相似度，便可表征其在复杂网络中的结构重要性。

3.1　引　言

随着以互联网为代表的网络信息技术的高速发展，人类社会的网络化趋势已十分明显，人们的日常生活越来越多地依赖于各种复杂网络系统安全可靠的运行。实际复杂网络的无标度特性[26]与小世界特性[23]，使得网络中的一些特殊节点对于网络的结构和功能有着巨大的影响，我们将这些节点称为重要节点，当网络中这部分重要节点失效时，这种影响将快速波及整个网络。因此，如何准确量化网络节点的重要性，挖掘出其中的关键节点意义重大。例如，在传染病传播网络中[79,115]对网络关键节点进行接种免疫，可有效抑制病毒传播，预防其大规模爆发；在电力网中，对关键地区电路采取预防措施，可有效避免电力网络的级联失效[116,117]；在大规模路由网络中，对关键路由节点采取有效防护措施，可有效避免路由节点遭受攻击时对网络的毁灭性破坏；在计算机网络中，对承担重要任务的关键服务器进行备份并设计冗余结构，可以对重要的数据资源进行保护，并提高网络的抗攻击能力。无标度网络可以有效应对节点随机失效的挑战，然而如果对网络实施蓄意攻击，每一次攻击都选择网络中连边数最多的节点，网络将很快被瓦解掉。生活中这些维持人们正常生活的基础设施，看似运行稳定，实际上十分脆弱，都面临“一点失效、全网瘫痪”的风险。

为了防范网络功能可能瘫痪的风险，科研工作者们提出了许多方法来考察节点移除或收缩后对网络结构与功能的影响，从而用以指导建造功能和结构更为稳健的新系统。李鹏翔等人[84]考察移除网络中某节点（集）后，网络中所有不直接相连的节点对之间的最短路径长度的倒数相加的值，该值越小，则移除该节点（集）对网络的连通性破坏程度更大。陈勇等人[118]认为可以通过剩余网络的图的生成树的数量来反映移除节点（集）对通信网络的破坏程度，生成树的数量越少，表明被移除的节点（集）越重要。Restrepo 等人[119]提出可以通过计算网络最大特征值的变化来考察节点移除对于网络的结构的改变程度。Dangalchev[119]设计了残余接近中心性指标用于评估节点移除给网络带来的影响。国防科技大学的谭跃进等人[120]区别于前述的节点移除法，提出节点收缩法，考察节点收缩后网络聚集度的变化程度来评价节点的重要度。上述方法为网络节点重要性评价提供了不同的视角，但因为计算复杂度较高，这些方法还只适用于节点数较少的小规模网络。

节点重要性度量是网络科学研究的一个热点，衍生出许多经典的节点重要性排序算法，包括度排序[28]、接近中心性排序[38]、介数中心性排序[39]、特征向量排序[46]、PageRank[48]、LeaderRank[49]与 H 指数[35]等。其中，度（Degree Centrality）排序方法是一种简单有效的局部算法；接近中心性排序算法与介数中心性排序算法需要用到网络全局信息，算法时间复杂度过高，在应用上具有局限性。Chen 等人[29]提出半局部中心性（Semilocal Centrality）指标，该指标有限地扩大了节点领域的覆盖范围，很好地平衡了算法精度与时间复杂度的关系。王建伟等人（WL Centrality）[121]认为节点的重要性由节点自身及其邻居节点的度数相关，即节点及其邻居的度越大，节点重要性越高。任卓明等人[93]综合考虑节点的度数及其邻居的集聚程度，提出了一种基于邻居信息与集聚系数的节点重要性评价算法。Goel 等人[122]发现邻居节点间的联通子图数目是节点重要性的决定因素。Kitsak 等人[34]提出了 k-壳分解算法，该算法类似于剥洋葱的方法，通过剥离法将网络外围度数小的节点逐层剥除，位于内层的节点拥有较高的重要度，然而 k-壳分解算法是一种粗粒化的排序方法，对于节点重要性的区分度不够。

上述节点重要性评价指标主要是基于网络稳健性与脆弱性的方法，事实上关键点检测与具体的研究背景紧密相关，在节点传播影响力以及网络可控性的背景下，节点重要性评价方式又有所不同。基于网络传播动力学模型评价排序算法的研究成果丰硕，Chen 等人[123]认为节点影响力不仅由节点拥有的信息传播路径数量决定，同时还与传播路径的多样性紧密相关。Ruan 等人[124]通过弱化节点领域的聚簇性对节点影响力排序结果的影响，提出一种基于节点邻居核数与网络约束系数的节点影响力排序算法。Li 等人[125]基于马可夫链分析，分析节点在网络中的动态行为，用于评估节点影响力；最近，Liu 等人[126]分析了离散的网络 SIR 传播动力学，同时考虑了传染率、康复率和有限的时间步三个参数用于寻找网络中最有影响力的节点。更多基于影响力传播效率的评价方法，可参见文献 [127]。而在复杂网络可控性[128,129]领域，如何寻找最佳的驱动节点使得系统达到期望的状态是该领域的基本问题，这类驱动节点可被认为是网络的重要节点。Zhou 等人[130]发现将网络一些度数小但反馈增益高的节点作为驱动节点，可有效提高网络牵制控制的速度；Liu 等人[131]根据节点的出入度情况对节点在网络中的重要性做了有效的层级划分，并基于此提出一种改进策略用于有效打击网络的可控性能；Jia 和 Pósfai[132]基于随机抽样的方法，计算节点成为驱动节点的可能性，发现节点的入度越大越不容易成为驱动节点。目前有关网络可控性的研究方法已经逐渐丰富和全面，理解不同背景下的节点重要性含义对于将理论研究进行实践应用具有指导意义。

大规模复杂网络的结构往往随着时间发生变化，受技术条件的限制，对于很多极其复杂的网络获取其完整的网络结构数据依然十分困难，因而通过全局信息定义网络节点重要性具有局限性。通过量化节点局部网络拓扑的重合程度来定义节点间的相似性，本书提出了一种考虑节点度以及邻居节点拓扑重合度的节点重要性评估算法，该算法只需要获取节点两跳内的邻居节点信息，通过计算邻居节点对之间的相似度，便可表征其在复杂网络系统中的结构重要性，在 6 个实际网络和 1 个人工小世界网络中的实验表明，所提算法相比度指标 Degree、半局部度指标 Semilocal、基于节点度及其邻居度的 WL 指标以及 k-壳分解指标更能准确评估节点的重要性。

3.2　节点领域相似度定义

节点在网络中的重要性不仅取决于节点本身的度数，还取决于邻域节点对该节点的依赖程度，这里的邻域节点特指两跳内的低阶邻居节点。如图 3-1（a）所示，小型网络除节点 a 可分为被 3 个大的椭圆包围的 3 块，尽管节点 a 度数小于邻居节点 b，c 和 d，但从网络瓦解的角度上分析，当节点 a 遭受攻击时，该小型网络将迅速分离为 3 个独立的网络，对网络的破坏性最大。不仅如此，从信息传播的角度分析，从每一块中的任一节点到其他块中的任一节点的信息的传输都必然要经过节点 a，因此信息从节点 a 发起将有更大的概率传播到网络中的大部分区域。若图 3-1（a）中节点 a 邻居节点的邻域存在如图 3-1（b）中的交集，即 a 的邻居 b 和 c 有 3 个共同邻居，此时即使节点 a 被拿掉，网络中大部分节点还是连通的，这种情况下 b 和 c 之间的连接关系使得节点 a 的枢纽地位被削弱，大大提高了网络的稳健性和抗毁性。

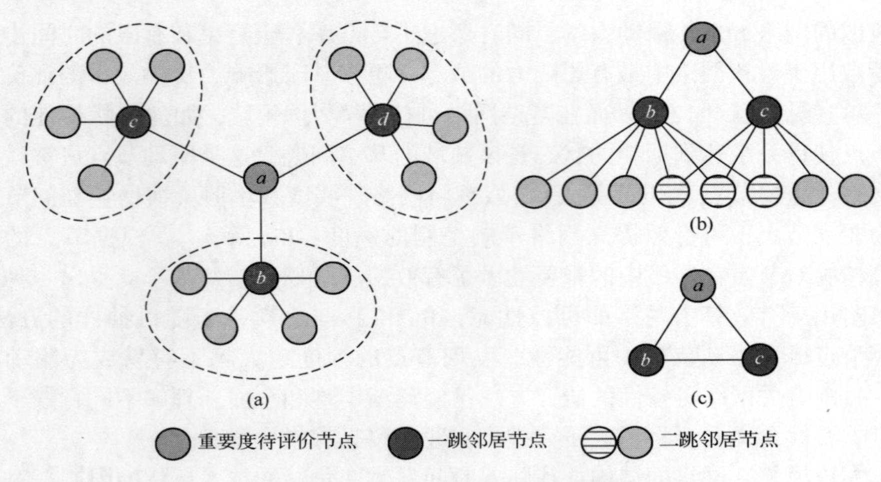

图 3-1　节点 a 的领域重合情况

通过量化节点局部网络拓扑的重合程度，定义了节点领域相似度，节点领域相似度越高，网络对于节点的依赖程度越低，节点的结构重要度也越低。图 3-1（b）中，当节点 a 的邻居节点 b 和 c 之间不存在连边时，b 与 c 的相似度定义为 Jaccard 指标[133]值，即 $\text{sim}(b,c)=|n(b)\cap n(c)|/|n(b)\cup n(c)|$，若 b 和 c 之间存在连边如图 3-1（c）所示，定义节点 b 和 c 的相似度值为 $\text{sim}(b,c)=1$，sim 值介于 0 和 1 之间，节点局部网络拓扑的重合程度越高，则节点相似度值越大。按照上述公式，在图 3-1（a）中，可得 $\text{sim}(b,c)=1/9$；在图 3-1（b）中，可得 $\text{sim}(b,c)=4/9$。在图 3-1（c）中，节点 b 和 c 之间存在连边，则 $\text{sim}(b,c)=1$。节点的邻居数目越多，且邻居间的网络拓扑重合程度越低，节点在网络结构和功能中的作用越不容易被其他节点所替代，节点重要度越高。

3.3　基于领域相似度的节点重要性排序算法

事实上，节点领域间的拓扑相似性，与每一对邻居节点的链接冗余表现相关，但如果需要衡量节点维持网络拓扑连通性的能力，仅仅对邻居节点间的相似度值进行求和，不足以准确反映节点的重要性。为了更准确地对节点重要性进行评价，不仅需要考虑邻域拓扑的链接冗余情况，还需要综合考虑节点邻居数量对于节点重要度的影响。由此，本章提出了一种综合考虑邻居节点间相似性的节点重要度评估指标 LLS，可表示为

$$\text{LLS}(i)=\sum_{b,c\in n(i)}(1-\text{sim}(b,c))\tag{3.1}$$

式中：$n(i)$为节点 i 的邻居节点。LLS 算法表达式展开后形式如下：

$$\mathrm{LLS}(i)=\sum_{b,c\in n(i)}(1-\mathrm{sim}(b,c))=k_i-\sum_{b,c\in n(i)}\mathrm{sim}(b,c) \tag{3.2}$$

式中：k_i 为节点 i 的度。LLS 指标综合考虑了节点的度与邻居节点间的相似度。LLS 值越大，节点的度越大，邻居节点之间邻域重合程度越低。

以图 3-1 中的节点 a 为例，在图 3-1（a）中，有

$$\mathrm{LLS}(a)=(1-1/9)+(1-1/9)+(1-1/9)=2.667$$

若节点 b 和 c 的邻域产生如图 3-1（b）中的交集，则有

$$\mathrm{LLS}(a)=(1-4/9)+(1-1/11)+(1-1/10)\approx 2.365$$

更进一步，若 b 与 c 还发生了连接，则有

$$\mathrm{LLS}(a)=(1-1)+(1-1/9)+(1-1/10)\approx 1.789$$

可见，节点 a 的邻居节点间拓扑结构重合度越高，节点 a 的 LLS 评分值越大，计算结果与本书所提的算法的结论是一致的，证明了 LLS 算法设计上是合理且有效的。

3.4 实验设置

3.4.1 实验环境与网络数据集

实验的硬件环境为：4.00GHz 的 Intel（R） Core（TM） i7－4790 CPU；8.00GB 的内存。软件环境为 Matlab R2017a。为了验证 LLS 指标评估节点重要性的效果，本书选取 6 个具有不同拓扑结构特性的真实网络以及一个 5000 个节点规模的人工小世界网络，网络的拓扑结构统计特征如表 3-1 所列：①Facebook 网络数据，Slavo Zitnik 的脸谱网朋友圈关系数据[134]；②USAir 美国航空网络[135]；③Infectious 人群感染网络[136]；④Email 邮件网络[137]；⑤Yeast 蛋白质相互作用网络[138]；⑥Power 美国国家电力网络[24]。表 3-1 中 N 与 M 分别代表网络节点总数与连边数；$\langle k\rangle$代表网络平均度大小；ks_{max} 表示 k-壳分解后网络核心层的核值，ks_{min} 表示 k-壳分解后网络最外层的核值；L 为节点间平均最短路径长度。

表 3-1 6 个实际网络和 1 个人工小世界网络的拓扑特征

网络名	N	M	$\langle k\rangle$	ks_{max}	ks_{min}	L
USAir	332	2126	12.81	26	1	2.74
Facebook	324	2218	13.69	18	1	3.054

续表

网络名	N	M	<k>	ks_{max}	ks_{min}	L
Infectious	410	2765	13.49	17	1	3.631
Email	1133	5451	9.60	11	1	3.606
Yeast	2374	11693	9.85	40	1	5.095
Power	4941	6964	2.66	5	1	18.989
WS	5000	15000	6	4	1	5.870

3.4.2 评价标准

通常用来评价节点重要性排序算法的方法有基于网络的传播动力学模型以及基于网络稳健性与脆弱性的方法。在不同的评价模型中，节点重要性的含义有所区别，其中：在 SIS 模型中一个节点的重要性由稳态下该节点被感染的概率决定；在 SIR 模型中，一个节点的重要性由该节点的平均传播范围决定。本书基于网络稳健性对算法排序结果进行评价，主要研究渗流中的最大连通子图，采用极大连通系数与网络效率指标量化移除节点后对于网络结构与功能的影响，以此评价节点的结构重要性。

（1）极大连通系数：将节点按照重要度评估算法从大到小进行排序，观察移除一部分节点后对网络极大连通子集（网络巨片）[68]的影响，计算公式为

$$G=R/N \tag{3.3}$$

式中：N 为网络中节点总数；R 为移除一部分节点后的网络巨片的节点数。网络巨片规模随着节点移除而变小的趋势越明显，采用该方法攻击网络的效果越好。

（2）网络效率[90,91]：考察移除节点的影响，网络效率可用于评价网络的连通性强弱，移除网络中的节点及其对应的所有边，使得网络中的某些路径被中断而导致一些节点之间的最短路径变大，进而使整个网络的平均路径长度增大，影响网络连通性。网络效率表示为

$$\begin{cases} \eta = \dfrac{1}{N(N-1)} \sum\limits_{i,j \in V} \eta_{ij} \\ \eta_{ij} = 1/d_{ij} \end{cases} \tag{3.4}$$

式中：d_{ij}为节点 i 和 j 之间的最短路径；N 为网络节点数η_{ij}。本书通过删除网络中一定比例的特定节点，模拟网络遭受攻击的仿真效果，计算网络遭受攻击前后的网络效率下降比例用以量化各个节点重要性评价指标的准确性。网络效

率下降比例表示为

$$\mu=1-\eta/\eta_0$$

式中：η 为移除节点后的网络效率；η_0 为原始的网络效率。$0\leqslant\mu\leqslant1$，μ 的值越大，移除节点后网络效率变得越差。

3.5　实验结果分析

基于上述 6 个真实网络以及人工小世界网络，本书对 LLS 指标与采用局域信息的度排序方法（Degree）、半局域度排序方法（Semilocal）、基于节点度及其邻居度的排序方法（WL）以及基于节点位置信息的 k-壳分解方法进行了比较和分析。根据 5 种算法的排序结果，分别以静态攻击与动态攻击的方式移除一定比例 p 排名靠前的节点，模拟网络遭受蓄意攻击时极大联通子图规模与网络效率的变化情况，从而评价各个排序算法的准确性。在静态攻击模式中，节点重要度指标值保持与原始网络中各指标计算结果值一样，不随网络结构变化而重新计算；反之，在动态攻击模式中，每移除一个节点或一定比例的节点，节点的各个重要度指标需要重新计算一次。

3.5.1　静态攻击效果

在模拟蓄意攻击网络对网络极大连通系数的影响实验中，分别对 6 个真实网络采用 Degree 指标、k-壳分解（k-shell）指标、Semilocal 指标、WL 指标以及本书提出的 LLS 指标移除排名靠前的节点，实验结果如图 3-2 所示。在所有的网络中，LLS 指标导致网络极大连通系数变小的总体趋势最为明显，尤其在图 3-2（e）蛋白质互作用网络中，LLS 指标在网络静态攻击的初始过程

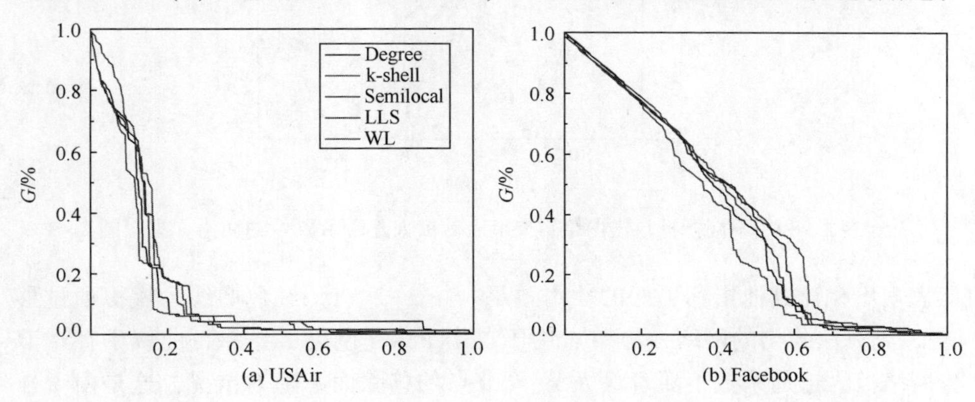

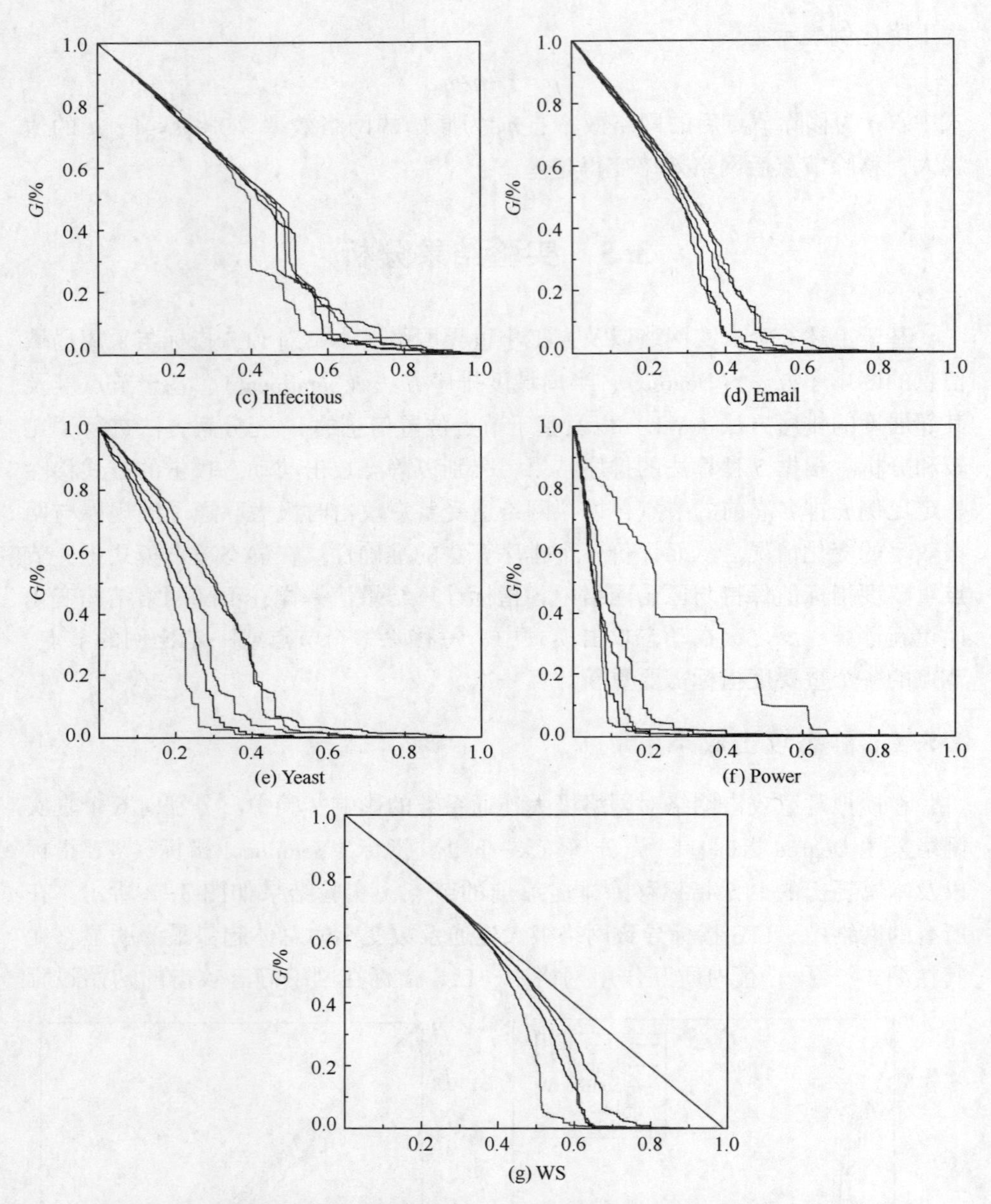

图 3-2　利用不同指标攻击网络重要节点后极大连通系数 G 的变化（见彩图）

就表现出相比其他指标更好的攻击效果。图 3-2（f）红色曲线为模拟通过移除 k-壳方法找出的网络核心节点用于攻击 Power 网络的结果，曲线中存在部分网络极大连通系数不随着最大 k-壳节点的移除而下降的情况，这是由于在静态攻击模式中，原本重要度排序靠前的节点重要性已随着网络结构的变化而变化，且 k-壳方法容易将局域连接过于紧密的小团体判断为网络核心节点[43-44]，而这些伪核心节点并不在网络极大连通子图中。在图 3-2（g）小世界网络的巨片瓦解实验中，k-壳分解方法瓦解网络的效率最差，类似随机攻击的结果，其原因是小世界网络中，节点度分布较为均匀，k-壳分解方法对于网络节点重要度的区分能力有限。

图 3-3 反映的是利用不同的节点重要性指标删除一定比例排序靠前的节点后，网络效率下降率μ 的变化，移除重要节点后网络连通性越差，网络效率的下降趋势越明显。实验结果如图 3-3 所示，采用 LLS 指标删除排序靠前的节点导致网络效率下降的幅度最大，其后依次是度指标、半局部度指标、WL 指标、k-壳指标。例如，在图 3-3（f）美国西部电力网中，选择性删除各个指标排序靠前的 1%~10%的节点，与其他指标相比，利用 LLS 指标删除节点后，网络效率变得最差。

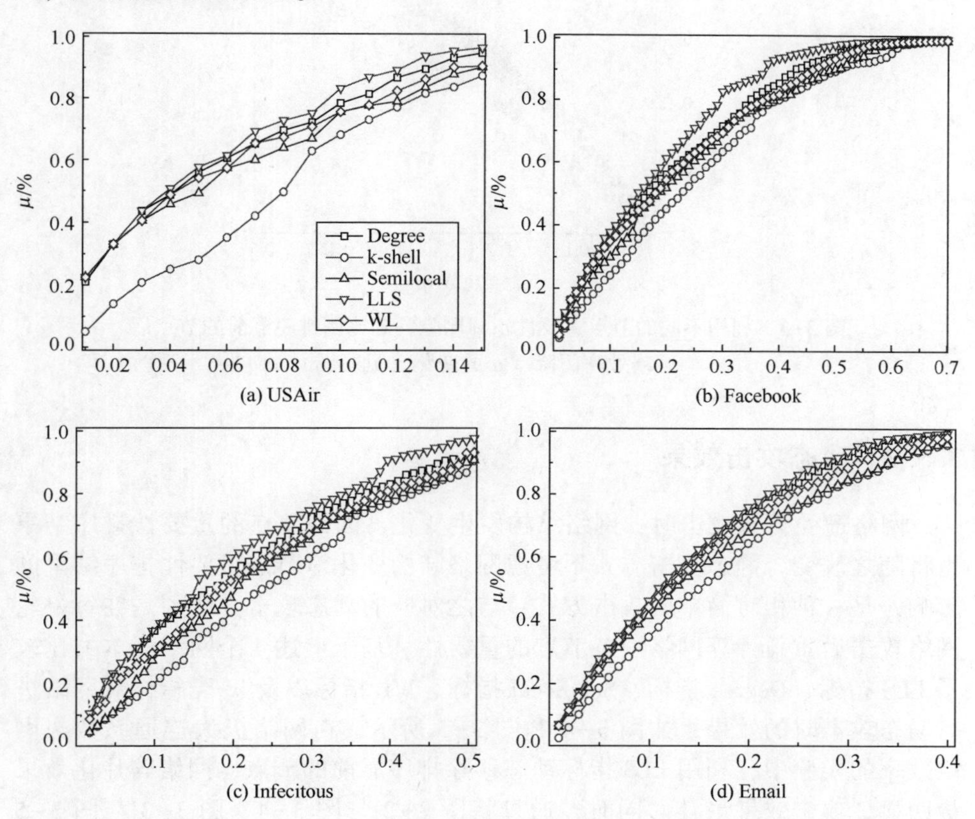

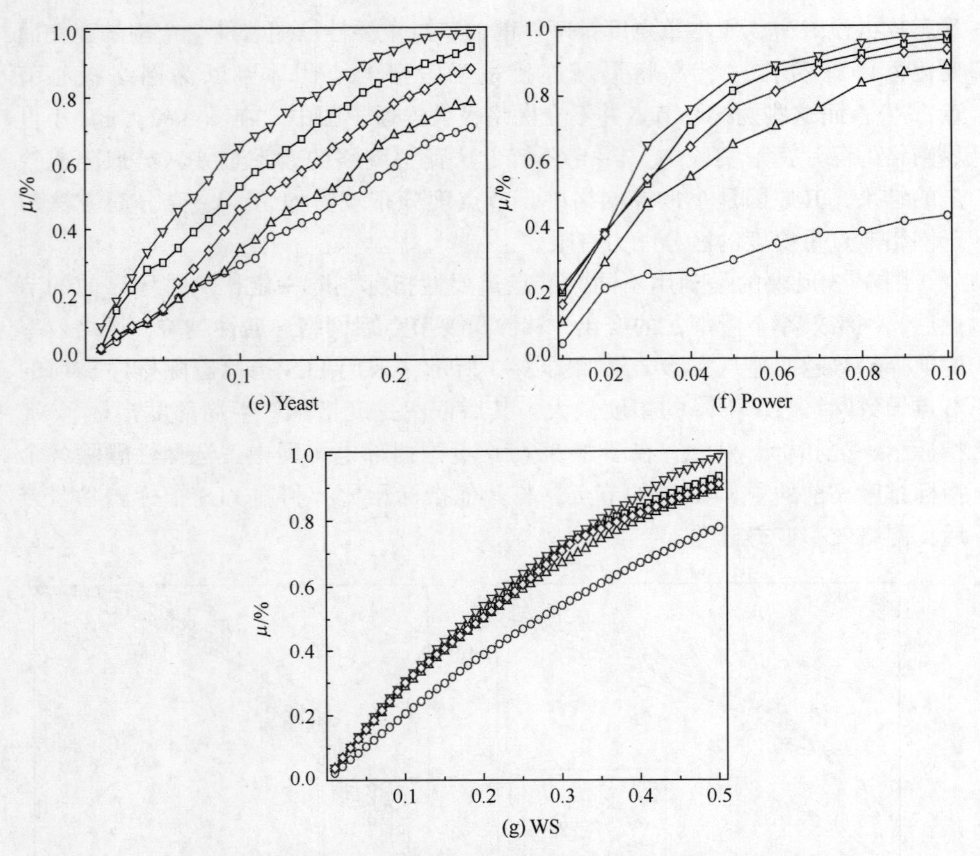

图 3-3　利用不同的节点重要性指标删除一定比例排序靠前的节点后网络效率下降率 μ 的变化（见彩图）

3.5.2　动态攻击效果

网络遭受蓄意攻击时，网络结构发生变化，因此节点的重要性排序结果也将随之改变。静态攻击方式不考虑网络结构变化对节点重要性排序结果的影响，是一种相对简单的攻击方式；与之对应的动态攻击方法则是在每一轮网络攻击后重新计算网络中各节点的重要性。基于上述 4 个网络，本书比较了 LLS 指标、Degree 指标、Semilocal 指标、WL 指标以及 k-壳指标对网络进行动态攻击时的效果，如图 3-4 和图 3-5 所示，在网络极大连通系数与网络效率的实验中，利用 LLS 指标动态移除排序靠前的节点，网络碎片化效果最明显，攻击效果最佳。同时，通过将图 3-2 与图 3-4，图 3-3 与图 3-5

进行对比，不难发现，对于一种特定的重要度排序方法，动态攻击的效果总是好于静态攻击。尤其在小世界网络中对比得更为明显，观察图 3-2（g）与图 3-4（g）两种攻击模式下的网络瓦解效果，发现动态攻击方式明显优于静态攻击。

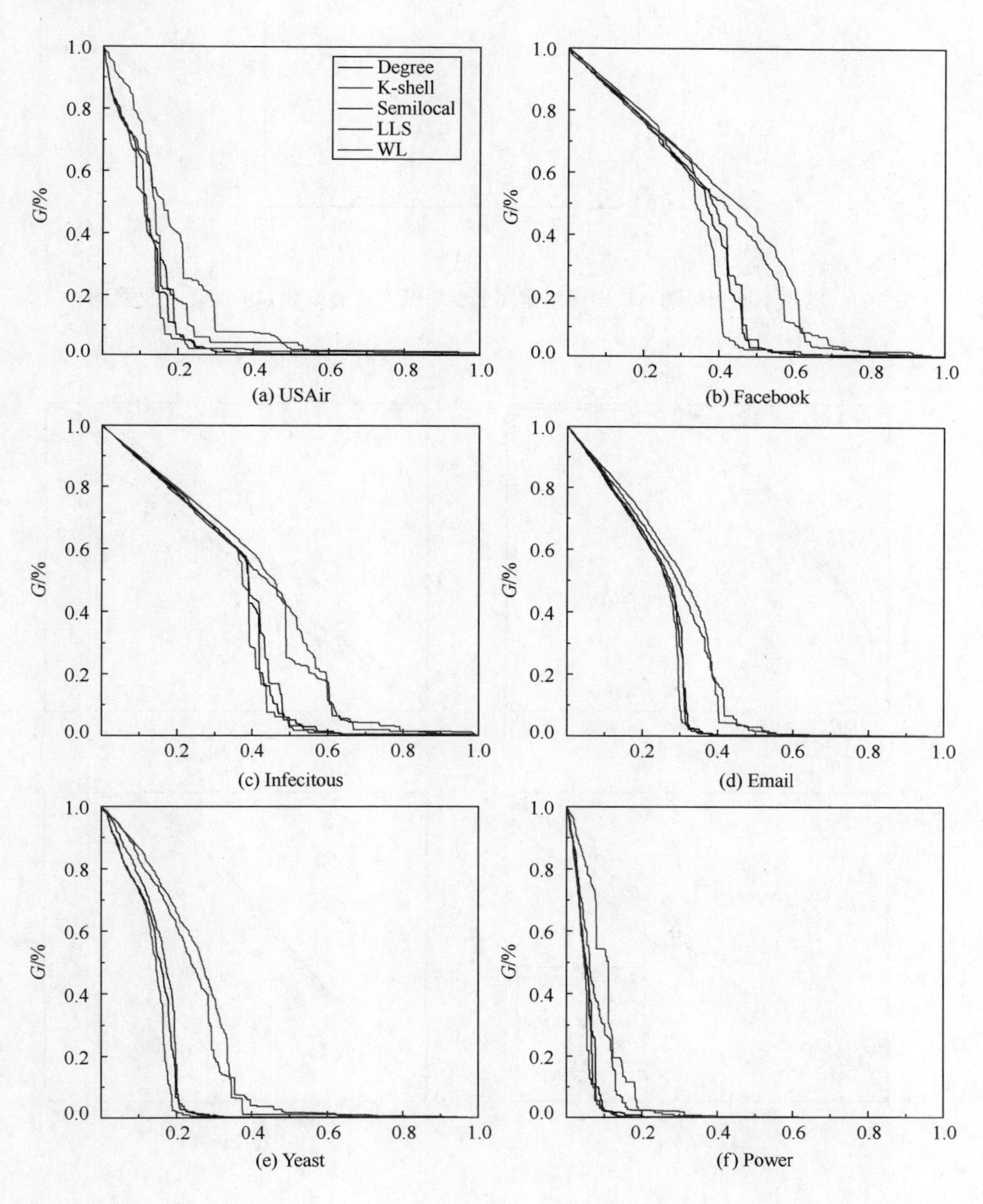

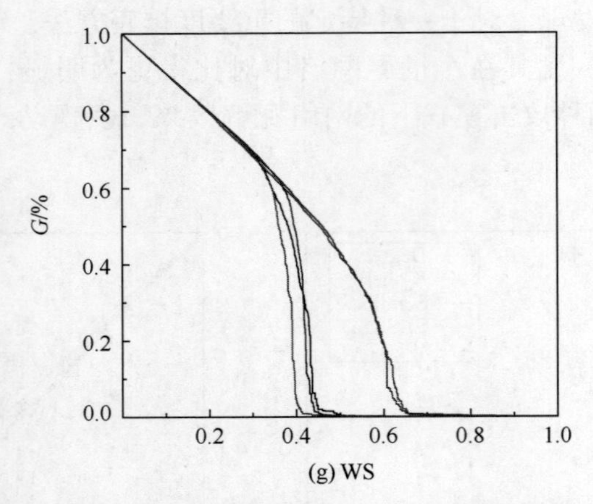

(g) WS

图 3-4　利用不同指标动态攻击网络重要节点后极大连通系数 G 的变化（见彩图）

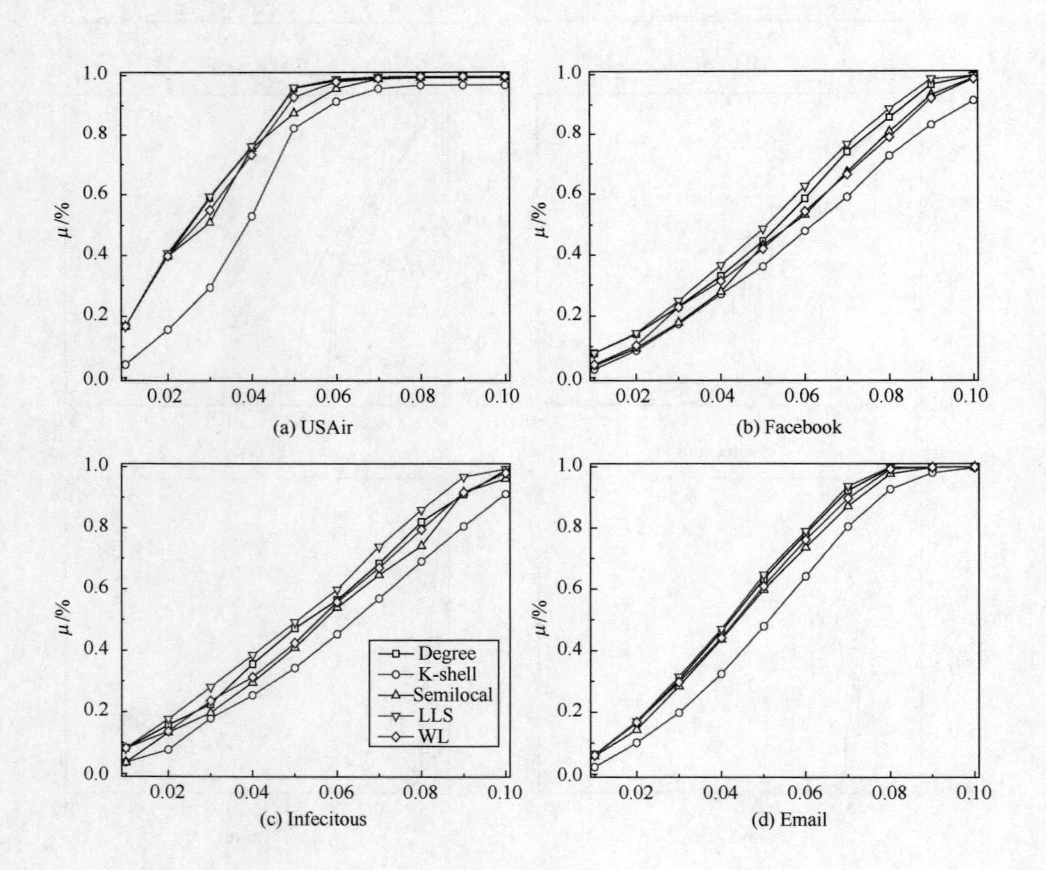

(a) USAir　(b) Facebook　(c) Infecitous　(d) Email

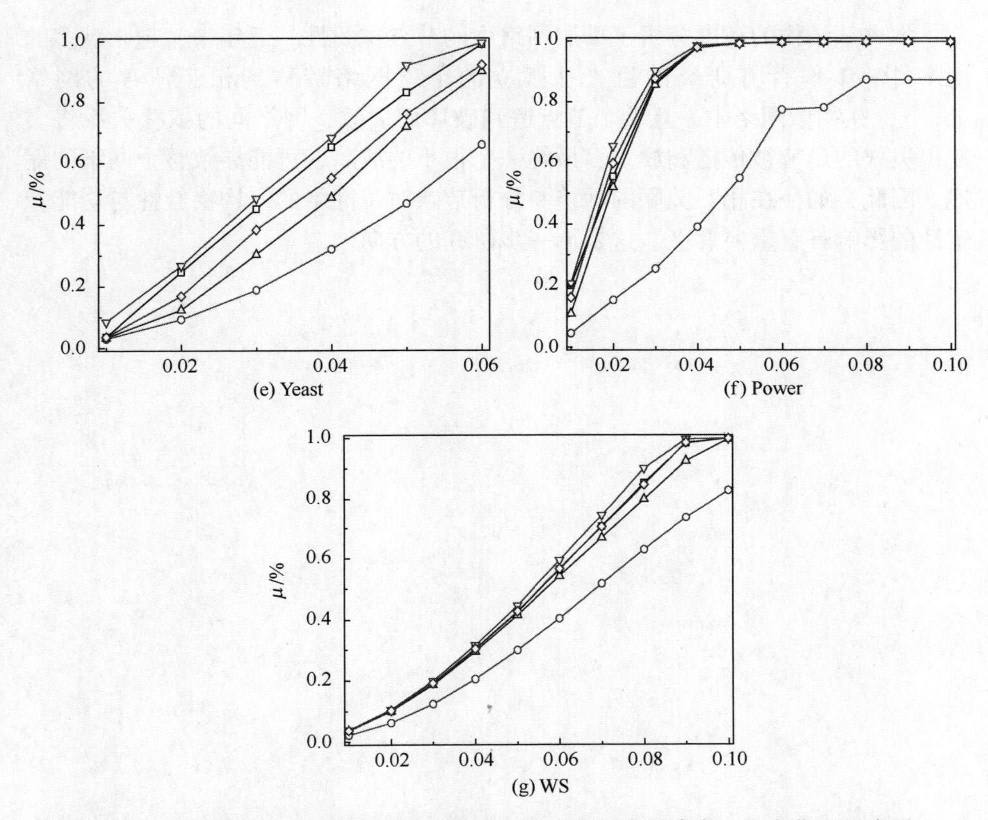

图 3-5　动态删除一定比例排序靠前的节点后网络效率下降率 μ 的变化（见彩图）

3.6　小　　结

识别复杂网络中的关键节点可以帮助我们有效地设计防护策略用于提高网络枢纽节点的安全防护能力，对于提升网络抗毁性与结构稳定性有重要作用。通过量化节点局部网络拓扑的重合程度来定义节点间的相似性，本书提出了一种考虑节点度以及邻居节点拓扑重合度的节点重要性评估算法，该算法只需要获取节点二跳内的邻居信息就可计算出节点的重要性，因而对于刻画大规模网络的抗毁性与结构可靠性具有现实意义。在实际网络和人工的小世界网络中，通过对极大连通系数与网络效率两种评估指标的实验结果对比，证明了所提算法优于基于局域信息的度指标、半局部度指标、基于节点与邻居度的 WL 指标以及基于节点位置的 k-壳指标。

本书从结构的角度分析了单层网络中的节点重要性。近年来，越来越多的网络科学工作者将研究的目光从孤立的单层网络转移到相互依存的网络上[153]，在相依网络中一旦某个节点遭到破坏而失效，网络间的依存关系将会使得失效的影响被传播和放大，最终一个很小的故障就可能导致整个网络的瘫痪。因此，如何在相互关联的网络中分析节点对于网络的结构稳健性与功能稳定性的影响具有重要意义，这是下一步研究的方向。

第4章　基于核数与结构洞特征的节点影响力排序算法

随着社交网络的快速普及，社交网站上的活跃用户与日俱增，面对数据规模爆炸增长的网络，从节点局域结构出发评价节点的传播影响力是更为经济且实用的策略，也是当前优先选择的设计方案。目前已有多种基于网络局域结构的影响力排序指标被提出，其中基于节点核数的排序指标通过计算邻居节点核数的累加值用于评价节点的传播影响力。这种方法计算复杂度低且具有一定的精度，然而仅仅累加邻居节点的核数而不考虑邻居节点间的相互连接对节点传播过程的影响，显然并不合理。通过弱化节点局域链接紧密度来提高核数指标的排序精度，本章设计了核数指标的改进算法 IC 及其扩展算法 IC+，在多个实际网络中的 SIR 信息传播仿真实验表明，本章所提的算法相比 k-壳分解算法、基于节点与核心节点距离的 kl 算法、混合度分解 MDD 算法及核数指标可以取得更高的排序精度。

4.1　引　言

21 世纪以来，网络科学研究的焦点逐渐从发现网络宏观统计规律（如小世界、无标度、网络同配等特征）转而揭示中观层次上社区结构，进而延伸到研究微观尺度上的节点与链路问题[1-3]。网络的无标度特性暗示着网络中的不同节点对于网络结构和功能的影响可能大不相同。事实上，识别网络中那些对网络结构和功能有重要影响的重要节点意义重大，它可以帮助人们更好地控制疫情的爆发[7]，设计产品广告投放策略[9-11]，防止电网或互联网[14-16]等基础设施发生灾难性故障，促进信息的有效传播[13]，发现候选药物靶标和必需蛋白[139]，维持通信网络连通性[12]等，意义重大。

然而，识别网络重要节点的工作并不简单。首先，节点重要性的定义在不同需求背景下有所不同，在传染病免疫工作中，重要节点是指经过针对性免疫之后可以防止疫情在人群中爆发的那些节点，而在网络级联失效领域，重要节点又指的是网络中那些功能失效后会导致网络级联失效的节点。因此，在不同研究背景下，科学家们设计了多种节点重要性排序算法。本章着眼于研究信息传播背景下的节点重要性排序问题，认为信息从网络中的某个节点发起最终可以扩散到网络最大范围的节点是最重要的，依据此标准对网络节点进行排序。目前经典的节点影响力排序算法包括度排序[28]、接近中心性排序[38]、介数中心性排序[39]、特征向量中心性排序[46]、半局部度排序[29]、PageRank[48]以及LeaderRank[49]。然而，设计一种有效的影响力排序算法依然是一件具有挑战性的事情，研究者们尝试从信息传播的动态过程出发解决这个问题。Konstantin 等人[140]提供了一个通用的框架，将动态传播过程定义为节点中心性度量的决定因素，发现节点的影响力大小取决于传播动态过程与网络结构之间的相互作用。Bauer 等人[141]提出了一种通过计算节点潜在感染足迹用于评价节点影响力的方法。Li 等人[125]通过马尔可夫链分析从传播动力学的角度计算节点的影响力。Lin 等人[126]提出了一种将网络拓扑特征和动态特性相结合的动态敏感中心性指标来量化节点的传播影响力。

有研究表明，节点在网络中的位置是决定节点重要性的关键要素，对于处于网络核心层的节点，即使节点本身度数较小，往往仍具有较高的影响力。Kitsak 等人[34]在《自然物理》期刊上提出了 k-壳分解理论用于对网络进行分解，确定节点在网络中的位置。该方法类似于生活中剥洋葱的过程，由外向内逐层剥离外围节点，最后处于内层、越接近中心的节点影响力越高。然而，k-壳分解方法无法区分处于同一个壳层的节点间的重要性，并且会给网络中类核结构内节点于过高的 k-壳值。为了解决上述问题，Zeng 等人[108]提出了一种含可调节参数的度混合分解算法 MDD，在网络分解的过程中同时考虑节点已剥离的外部度对于节点的贡献，提高了 k-壳分解算法的精度。然而 MDD 算法中的参数在不同网络中的最佳参数值是不同的，需要根据实际网络结构进行调节。Liu 等人[107]考虑了节点与网络最内层节点集合之间的最短距离，提出了一种 k-壳分解算法的改进算法。然而这种方法计算复杂度过高，不适用于大型网络。Bae 等人[142]指出节点的传播影响力依赖于节点链接的对象并提出了一种新的 k-壳分解算法的改进算法核数指标（Coreness Centrality），核数指标通过累加邻居节点的 k-壳值对节点影响力进行排序，计算复杂度低且具有一定的精度。然而核数指标仅仅考虑邻居节点的 k-壳值，没有考虑到邻居节点间的相互连接对节点传播过程的影响，显然并不合理。实际上，节点邻域过于密集的连接并不利于信息的有效扩散。Chen 等人[33]认为信息从高聚簇节点发起，容易局限在节点邻域中而无法有效扩散到网络其他部分，并设计了一种考虑节点度以及节点聚集系数的影响力排序算法 ClusterRank，对于度相同的节点，聚集系数越大，节点影响力越小。Burt[142]设计了网络约束系数指标来量化节点形成结构洞时所受到的约束，结构洞可用于反映一个节点的局部枢纽作用，度值大的枢纽节点结构洞特征明显。

受到上述研究工作的启发，本书通过引入网络约束系数指标，根据节点邻域节点间的链接情况对节点的 k-壳值进行校正，进而通过累加校正后的邻居 k-壳值，设计了核数指标的改进算法 IC 及其扩展算法 IC+，在多个实际网络中的 SIR 信息传播仿真实验表明，本章所提的算法相比 k-壳分解算法、基于节点与核心节点距离的 kl 算法、混合度分解 MDD 算法以及核数指标可以取得更高的节点影响力排序精度。

4.2　k-壳分解算法及其改进算法

2010 年，Kitsak 等人[34]在《自然物理》期刊上提出了 k-壳分解理论用于对网络进行分解，确定节点在网络中的位置。该方法类似于生活中剥洋葱的过程，由外向内逐层剥离外围节点，最后处于内层、越接近中心的节点影响力越高。k-壳分解方法计算复杂度低，适用于大规模复杂网络，但对于网络整体节点的排序精度不高，是一种粗粒度的排序方法，容易将大量节点划分到同一重要性等级，对节点重要性的区分能力不够。为了识别处于相同壳层内的不同节点间的影响力，可以在原方法的基础上，对同一壳内的节点按照节点度大小进行排序，通过这种方式增加 k-壳分解的层级，提高排序精度。

k-壳分解算法在对网络进行动态分解的过程中，网络中剩余节点的度在每一步分解过程中都会进行更新，然而已被移除的节点的信息却完全没有考虑进去。为此，Zeng 等人[108]针对 k-壳分解方法仅考虑网络剩余度 kr 的影响这一缺陷，通过结合节点外部度 ke，设计了一个带可调参数的混合度分解方法，可表示为

$$\mathrm{Mdd}_i = kr_i + \lambda \cdot ke_i \tag{4.1}$$

式中：参数 λ 为取值为 0~1 的可调参数。本书参考文献［108］，取 $\lambda = 0.7$。

Liu 等人[107]对 k-壳分解算法进行改进，提出一种考虑节点与网络中最核心层节点之间的最短距离的算法 kl，其表达式为

$$kl_i = (ks_{\max} - ks_i + 1) \sum_{w \in S_c} d(i,w) \tag{4.2}$$

式中：$ks_{\max}$为网络中最大的 k-壳值；S_c为最核心层节点集合；$d(i,w)$为节点待 i 与 S_c中的节点 w 的距离。

Bae 等人[142]指出节点的传播影响力依赖于节点链接的对象并提出了一种

新的 k-壳分解算法的改进算法核数指标（Coreness Centrality），核数指标通过累加邻居节点的 k-壳值对节点影响力进行排序，其表达式为

$$C_{nc}(v) = \sum_{w \in \Gamma(v)} ks(w) \tag{4.3}$$

更进一步，对核数指标进行扩展，可表示为

$$C_{nc+}(v) = \sum_{w \in \Gamma(v)} C_{nc}(w) \tag{4.4}$$

式中：$C_{nc}(w)$为节点 v 的邻居节点 w 的核数值。

4.3 核数指标的改进算法

4.3.1 结构洞理论

结构洞概念是 Burt[142]研究社会网络中个体间的竞争关系时所提出的经典理论。从社会学的角度出发，结构洞是指步长为 2 不存在冗余联系的两个人之间的缺口（如图 4-1 中的节点 A 和 B 没有冗余连接，通过 Ego 节点间接产生联系），结构洞可以给洞两边的联系人带来累加而非重叠的网络收益，Ego 作为中间人，相比邻居节点可以获得更多的网络收益，因而 Ego 的网络影响力要大于其他节点。一旦邻居节点之间产生联系，Ego 获得的网络收益将减少。图 4-1 中节点 A 和 C 建立连接形成闭合三角形时，A 和 C 进行信息交换就可以绕过 Ego 节点，此时 Ego 节点的地位被削弱。

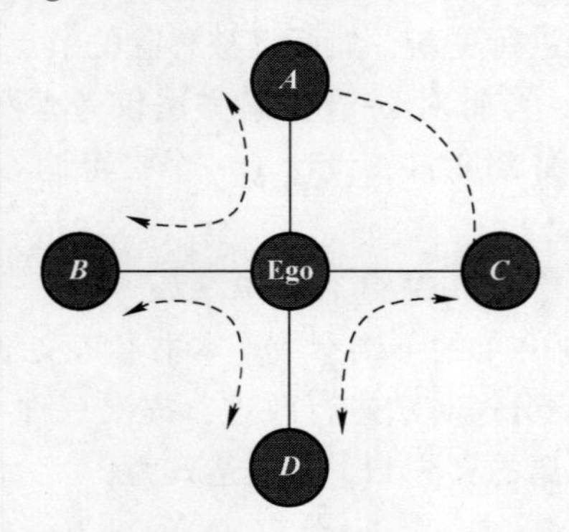

图 4-1　结构洞概念

Burt 提出用网络约束系数（Network Constraint）来表示节点的结构洞特征，有

$$C_i = \sum_{j \in \Gamma(i)} C_{ij} = \sum_{j \in \Gamma(i)} (p_{ij} + \sum_q p_{iq} p_{qj})^2, \quad q \neq i,j \tag{4.5}$$

式中：$\Gamma(i)$和$\Gamma(q)$分别为节点i和q的邻居节点；C_{ij}代表节点i形成结构洞时，节点j的贡献大小；p_{ij}为节点i为了保持与节点j的联系所投入的资源占其总资源的比例；p_{iq}和p_{qj}分别为节点i和j为了保持与共同邻居节点q的联系所投入的资源占其总资源的比例。p_{ij}可表示为

$$p_{ij} = z_{ij} \Big/ \sum_{j \in \Gamma(i)} z_{ij} \tag{4.6}$$

式中：当节点i和j存在连接时，$z_{ij}=1$；否则，$z_{ij}=0$。p_{iq}和p_{qj}的计算方法与p_{ij}道理相同。从数学形式上看，网络约束系数可以综合衡量节点度与邻居节点间的联系紧密程度，其大小介于0和1之间。节点的度越大，p_{ij}值越小，C_i值也越小，说明邻居数量多的节点易形成结构洞。$\sum_q p_{iq} p_{qj}$的大小由节点i和j的共同邻居数量决定。邻居节点间的联系越紧密，$\sum_q p_{iq} p_{qj}$越大，网络约束系数越大，节点的枢纽作用就会被削弱得越厉害。

4.3.2　算法原理及实现

核数指标仅仅考虑邻居节点的k-壳值，没有考虑到邻居节点间的相互连接对节点传播过程的影响，显然并不合理。实际上，节点邻域过于密集的连接并不利于信息的有效扩散。此外，邻居节点间连接过于紧密，也容易导致k-壳分解方法识别出来的排序靠前的节点实际是伪核心节点。以图4-2中处于同一壳层的节点i和h为例，根据核数指标有$C_{nc}(i)=C_{nc}(h)=17$，$C_{nc+}(i)=C_{nc+}(h)=70$，无法区分节点i和h的影响力。直观上节点h应该比节点i更具有影响力，这是因为节点h的邻居节点b、c、f彼此间更加分散，而节点i的三个邻居节点e、f、g之间连接过于密集。通过SIR传播仿真实验，同样也发现节点i的传播影响力为3.83，要小于节点h大小为3.92的影响力值（节点旁的数字代表仿真得到的节点影响力大小，实验传播率取0.25，通过1000次的独立实验得到）。

基于上述分析，本书通过引入网络约束系数指标，根据节点邻域节点间的连接情况对节点的k-壳值进行校正，进而通过累加校正后的邻居k-壳值，设计了核数指标的改进算法IC_{nc}及其扩展算法IC_{nc+}，表示为：

$$\mathrm{IC}_{nc}(v) = \sum_{w \in \Gamma(v)} f(C_w) ks(w) \tag{4.7}$$

$$\mathrm{IC}_{nc+}(v) = \sum_{w \in \Gamma(v)} \mathrm{IC}_{nc}(w) \tag{4.8}$$

式中：衰减函数的形式为$f(C_w)=10^{-C_w}$，事实上这个衰减函数的形式可以多

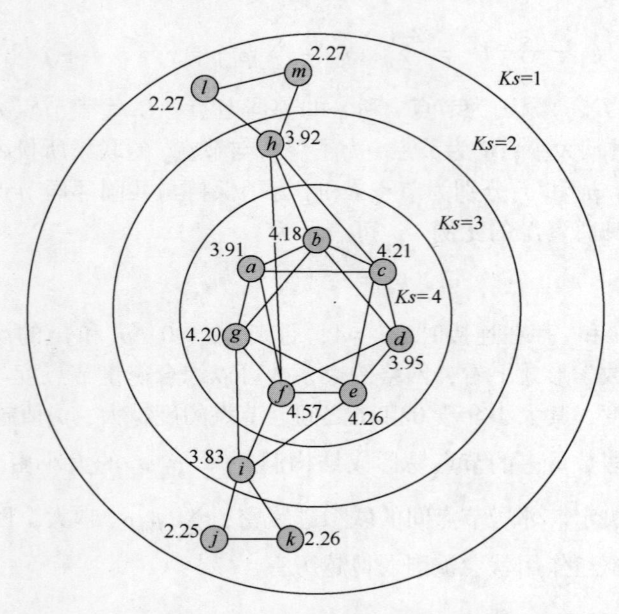

图 4-2　利用 k-壳分解方法分解简单网络

种多样的，如 α^{-C_w} 或 $C_w^{-\alpha}$ 等，然而这些形式更为复杂的衰减函数对于提高节点影响力排序的精度并没有起到多大的作用，反而会使得实验结果的分析变得困难。事实上，本书算法设计的思想与实验结果并不受特定的衰减函数的限制。

4.4　实验设置

4.4.1　实验环境与网络数据集

实验的硬件环境为：4.00GHz 的 Intel（R） Core（TM） i7－4790 CPU；8.00GB 的内存。软件环境为 Matlab R2017a。为了验证 IC_{nc} 和 IC_{nc+} 两种算法的算法效率，本书在 12 个真实网络数据集中进行实验，分别是 Dolphins 海豚数据集[143]、英文单词的字母邻接关系 Word[69]、科学家合作关系网络 Netscience[69]、线虫代谢网络 Celegans[143]、酵母蛋白结合网络 Yeast[144]、蛋白质网络 Protein[144]、博客交流网络 Blogs[145]、美国西部电力网络 Powergrid[24]、采用广义相对论范畴的合作网络（CA-GrQc）[146]、Internet 网络的路由器网络 Router[147]、PGP 网络[148]、凝聚态物理协作网络（CA-Condmat）[146]。12 个实际网络的结构特征与各个算法的排序精度如表 4-1 所列。

表 4-1　12 个实际网络的结构特征与各个算法的排序精度

网络	N	M	β_{th}	β	$<\tau>_{ks}$	$<\tau>_{km}$	$<\tau>_{kl}$	$<\tau>_{c_{nc}}$	$<\tau>_{c_{nc+}}$	$<\tau>_{IC}$	$<\tau>_{IC+}$
Dolphins	62	159	0. 147	0. 15	0. 7406	0. 8256	0. 7407	0. 8110	0. 8872	0. 8796	0. 9283
Word	112	425	0. 075	0. 10	0. 8369	0. 8730	0. 9006	0. 8958	0. 8874	0. 9158	0. 8975
Netscience	379	914	0. 125	0. 15	0. 5508	0. 6071	0. 5514	0. 6755	0. 8223	0. 8072	0. 8694
Celegans	453	2025	0. 025	0. 05	0. 7501	0. 7001	0. 8153	0. 7924	0. 8301	0. 8295	0. 8531
Yeast	1458	1948	0. 140	0. 15	0. 5575	0. 5580	0. 5797	0. 7068	0. 8229	0. 7953	0. 8420
Protein	2783	6007	0. 065	0. 10	0. 5864	0. 5280	0. 7614	0. 7021	0. 8523	0. 7745	0. 8748
Blogs	3982	6803	0. 072	0. 10	0. 5221	0. 5265	0. 5433	0. 6634	0. 7821	0. 7465	0. 8184
Powergrid	4941	6594	0. 258	0. 30	0. 4931	0. 5777	0. 331	0. 6195	0. 7841	0. 6970	0. 8118
CA-GrQc	4158	13425	0. 059	0. 10	0. 5482	0. 5388	0. 6632	0. 6380	0. 7158	0. 6843	0. 7302
Router	5022	6258	0. 073	0. 10	0. 3123	0. 3628	0. 6118	0. 6878	0. 7414	0. 7100	0. 7766
PGP	10680	24316	0. 053	0. 10	0. 4913	0. 4835	0. 6049	0. 6663	0. 7200	0. 6916	0. 7353
CA-CondMat	21,363	91,286	0. 045	0. 06	0. 5700	0. 5821	0. 6888	0. 6774	0. 7653	0. 7238	0. 7956

4.4.2　评价标准

为了验证不同算法中节点影响力排序结果的准确性，本书基于 SIR 传播模型模拟信息传播过程，将仿真得到的各个节点的传播影响力看作节点的真实传播能力。通常，SIR 模型中节点的状态有三种：

（1）易感染态 S，节点处于易被感染状态，但当前还未被感染；

（2）感染状态 I，个体由易感染状态变成 I 态；

（3）恢复状态 R，被感染的个体以概率 r 被治愈，治愈后不再被感染。

不失一般性，本书所有 SIR 传播实验中都认为处于感染状态的节点在下一个时间步将被治愈，即 $r=1$。将网络中任意一个节点态设为感染态 I，作为疾病传播的发起者，网络中其余节点都处于易感状态 S，每一个时间步，处于感染状态的节点都会以传播率 β 尝试激活处于易感状态的邻居节点。这个过程一直持续到网络中再无感染状态 I 的节点，将最终网络中恢复状态 R 的节点数目作为信息发起节点的影响力。

本书采用肯德尔（Kendall）相关系数[149,150]来衡量两种影响力排序算法的结果一致性。假设存在两个包含 n 个节点的序列 X 和 Y，即 $X=(x_1,x_2,\cdots,x_n)$，$Y=(y_1,y_2,\cdots,y_n)$，将序列 X 和序列 Y 中的元素一一对应组成一个新的

序列 $XY=((x_1,y_1),\cdots,(x_i,y_i),\cdots,(x_n,y_n))$。对于 XY 中的两个元素 $XY_i=(x_i,y_i)$ 和 $XY_j=(x_j,y_j)$，若 $x_i>x_j$ 且 $x_i>y_j$，或 $x_i<x_j$ 且 $x_i<y_j$，则认为这两个元素是同序对；若 $x_i>x_j$ 且 $x_i<y_j$，或 $x_i<x_j$ 且 $x_i>y_j$，则认为这两个元素是异序对；若 $x_i=x_j$ 且 $x_i>y_j$，则这两个元素既不是同序对也不是异序对。肯德尔相关系数 τ 表示为

$$\tau(X,Y)=\frac{C-D}{(1/2)n(n-1)} \tag{4.9}$$

式中：C 为 XY 中同序对的数量；D 为异序对的数量；τ 值为 $-1\sim1$，$\tau=1$ 时表示两个序列完全相关，反之则表示完全负相关。

4.5 实验结果

本书实验主要选择4个相对比较大的网络（Netscience、Celegans、Yeast和Blog）中的实验结果作为示例，验证改进算法与其他对比算法之间的表现，其他网络中则给出了信息传播率接近传播爆发阈值时各个算法的排序精度。实验对比了7种不同算法得到的节点影响力排序结果与节点实际影响力两者之间的相关性结果，验证了k-壳分解算法结合网络约束系数指标改进的合理性，并重点对比了不同传播率下各个算法的排序精度，最后给出了不同指标选择出的排序靠前的节点集的传播效果。

4.5.1 算法排序结果与节点传播影响力的相关性

图4-3给出了Netscience、Celegans、Yeast和Blog这4个真实网络中7种不同算法计算得到的节点影响力排序结果与节点实际传播影响力之间的相关性结果，可以看到 IC_{nc} 及其扩展算法 IC_{nc+} 得到的节点影响力排序结果与真实传播影响力呈正相关：节点排序得分值越大，影响力越高节点排序得分值越大，影响力越高。k-壳分解方法对于网络节点影响力的区分能力有限，导致很多节点被赋予相同的k-壳值，因此相关性曲线最为发散。kl指标与实际影响力呈负相关关系，相对k-壳分解方法有所改进但并不明显。观察图4-3所示的实验结果可以看出，核数指标与本书提出的改进指标所得到的节点影响力排序结果与实际影响力正相关程度最高，而 IC_{nc} 及其扩展算法 IC_{nc+} 的结果分别比 C_{nc} 和 C_{nc+} 指标得到的结果要好。

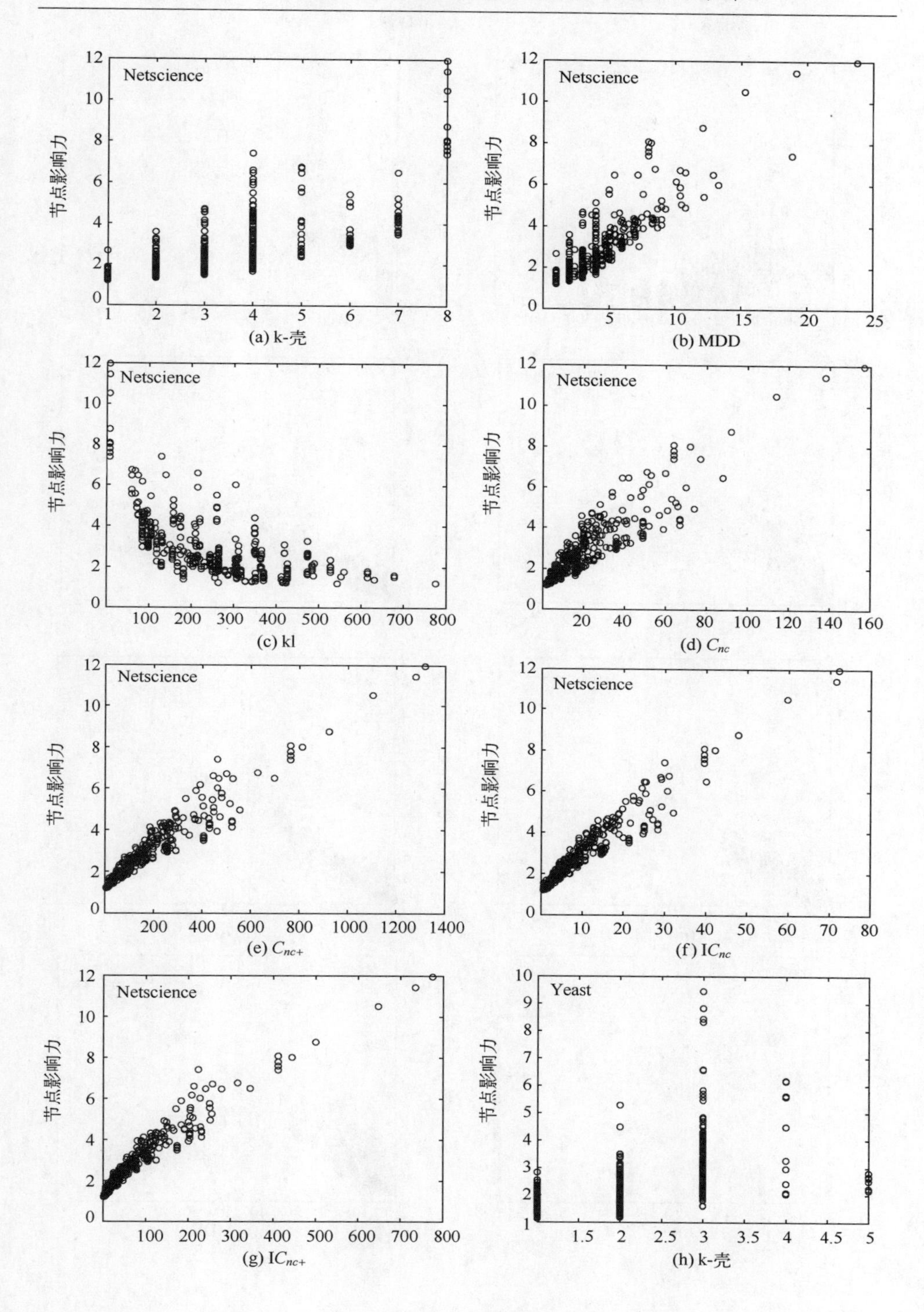
Netscience
节点影响力
(a) k-壳
Netscience
节点影响力
(b) MDD
Netscience
节点影响力
(c) kl
Netscience
节点影响力
(d) C_{nc}
Netscience
节点影响力
(e) C_{nc+}
Netscience
节点影响力
(f) IC_{nc}
Netscience
节点影响力
(g) IC_{nc+}
Yeast
节点影响力
(h) k-壳

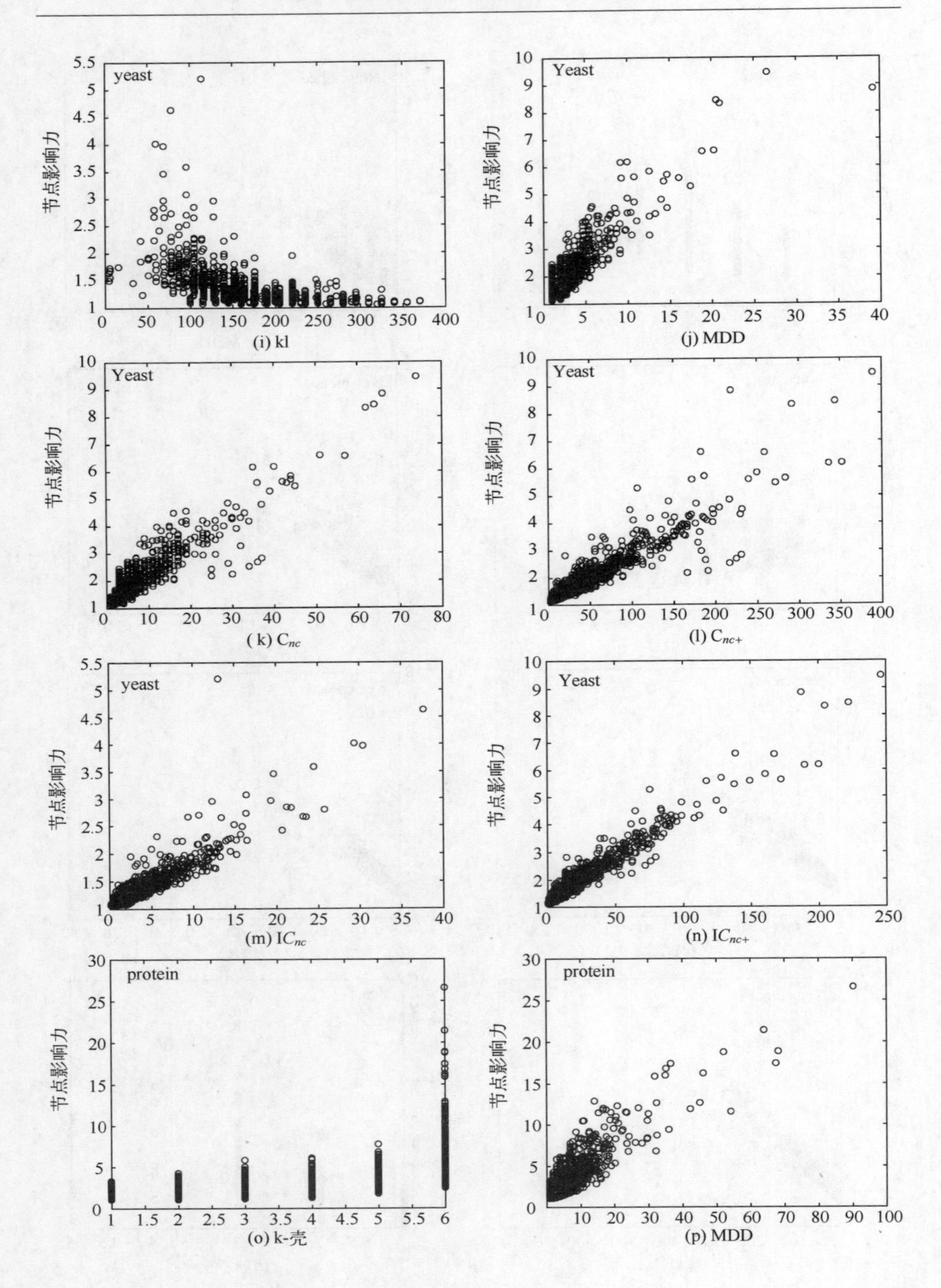

(i) kl
(j) MDD
(k) C_{nc}
(l) C_{nc+}
(m) IC_{nc}
(n) IC_{nc+}
(o) k-壳
(p) MDD

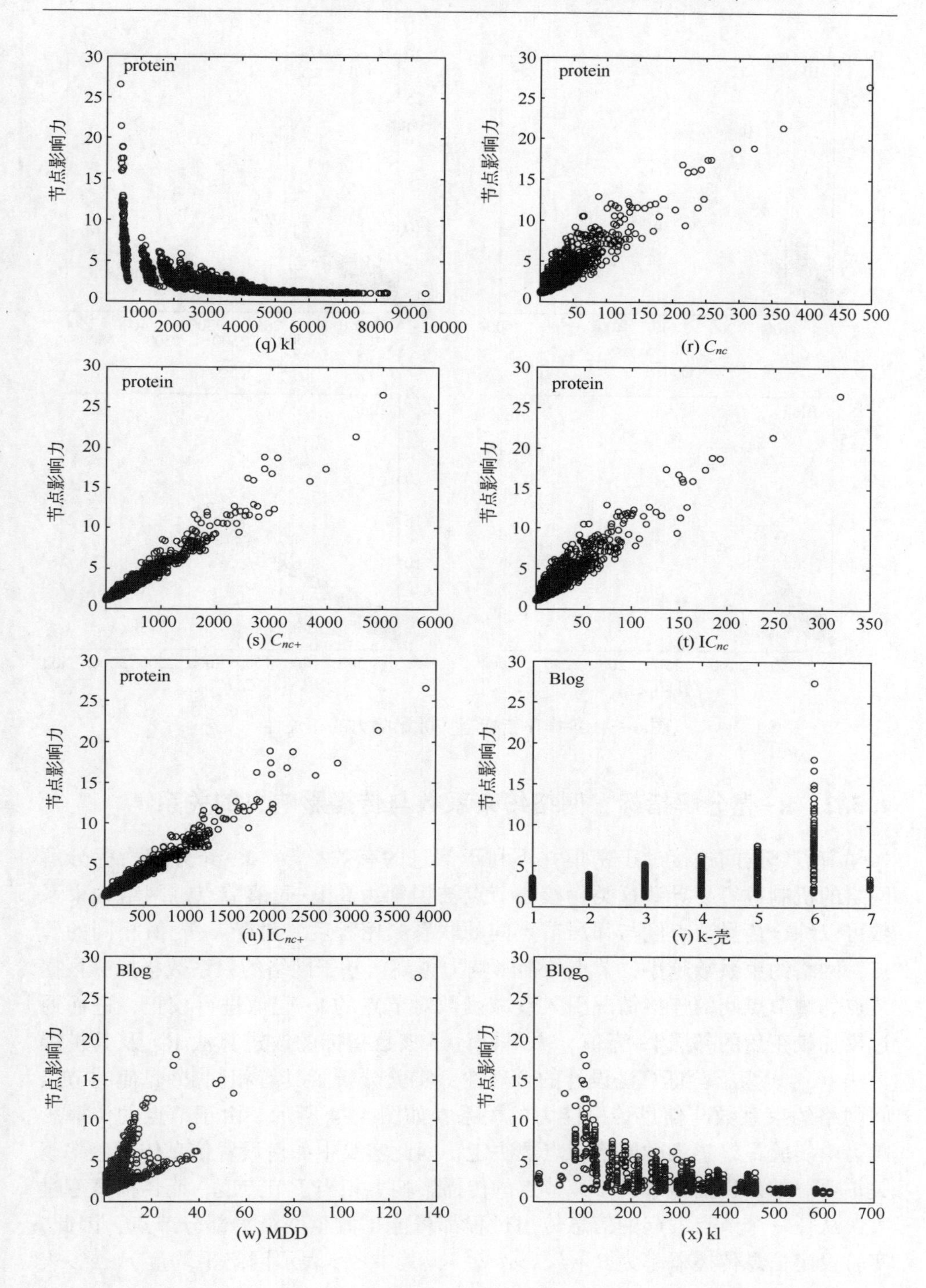
protein
节点影响力
(q) kl
protein
(r) C_{nc}
protein
(s) C_{nc+}
protein
(t) IC_{nc}
protein
(u) IC_{nc+}
Blog
(v) k-壳
Blog
(w) MDD
Blog
(x) kl

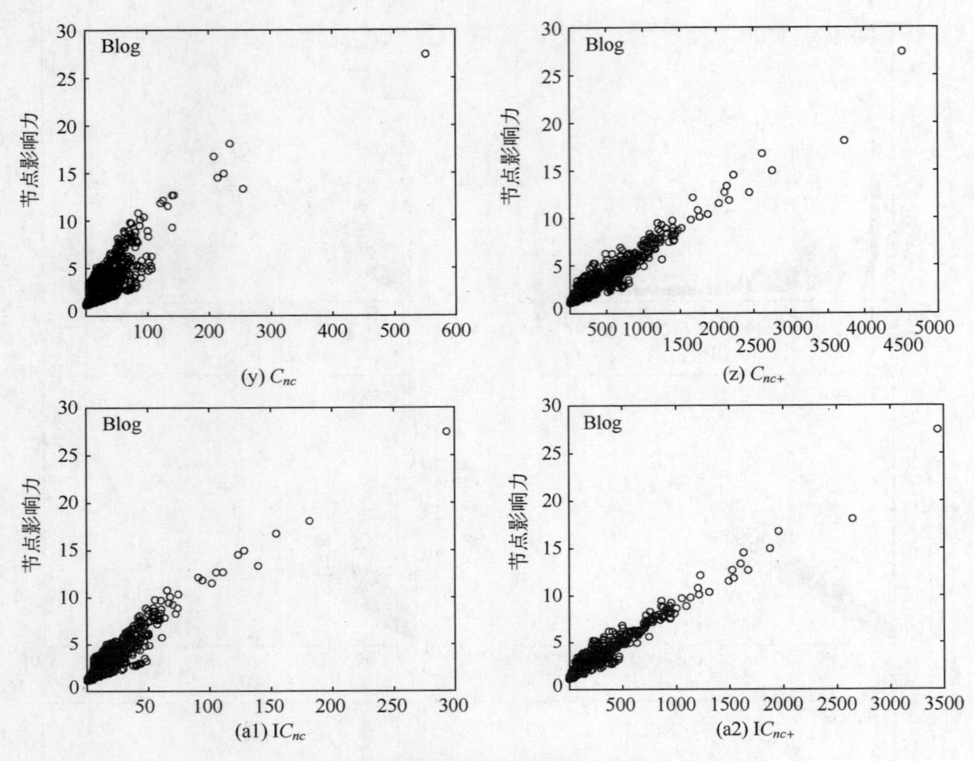

图 4-3　各排序指标与实际影响力的相关性

4.5.2　k-壳分解指标、网络约束系数与传播影响力的关系

节点邻居间连接过于密集并不利于信息的有效扩散，k-壳分解指标分解网络的机制也容易导致这类伪核心节点被识别为高k-壳值节点。网络约束系数可以综合衡量节点度与邻居节点间的联系紧密程度，对于k-壳值相同的节点，网络约束系数越小，节点传播影响力越高。基于网络约束系数指标，根据节点邻域节点间的连接情况引入衰减函数对节点的k-壳值进行校正，进而通过累加校正后的邻居k-壳值，本书设计了核数指标的改进算法IC_{nc}及其扩展算法IC_{nc+}。为了验证算法设计的合理性，实验分析了具有相同k-壳值的节点间网络约束系数与信息传播能力的关系，如图4-4所示。由于节点的传播影响力由实验最终感染的网络节点数决定，因此实验中如何设置信息传播概率至关重要。如果传播概率过小，节点的传播影响力相当于节点度，而传播概率过大，从任一个节点发起的信息传播过程都可能扩散至网络大部分节点，因此，实验设定信息传播概率为$\beta_{th} \approx \langle k \rangle / \langle k^2 \rangle$，其中$\langle k \rangle$表示网络平均度，$\langle k^2 \rangle$表

示网络二阶平均度。β_{th}为网络信息传播阈值，其中当信息传播概率大于β_{th}时，信息极可能在网络中引起较大范围的传播；当信息传播概率小于β_{th}时，信息更容易局限于节点局部邻域内传播。每个网络中都独立进行了 1000 次的 SIR 传播仿真实验。

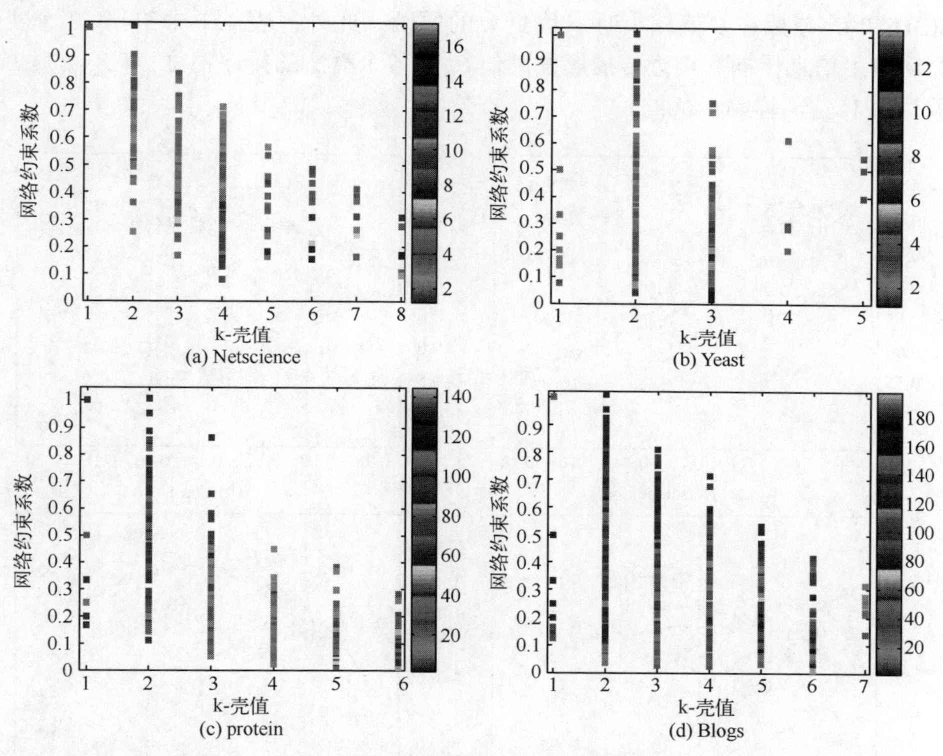

图 4-4　各排序指标与实际影响力的相关性（见彩图）

从图 4-4 可以看出，对于 k-壳值相同的节点，网络约束系数越小，节点传播影响力越大。对于同一壳中的节点，节点的网络约束系数越小，代表节点具有更多的邻居且邻居间连接较稀疏。这种情况下，信息从该节点发起，将有更多的机会将信息传播出去。这也验证了本书的设想，即可以通过综合考虑节点的结构洞特征提高 k-壳分解方法的排序结果。

4.5.3　不同传播概率下各个算法的效果分析

图 4-5 对比了 4 个网络中 IC_{nc} 及其扩展算法 IC_{nc+} 与 k-壳分解算法、MDD、kl、C_{nc} 以及 C_{nc+} 的实验效果，设置信息传播率范围为$\beta=(\beta_{th}\pm 6\%)$，如果网络信息传播阈值$\beta_{th}\leqslant 0.07$，信息传播率范围设置为 0.01~0.13。如图 4-6 所示，

本章设计的 IC_{nc} 及其扩展算法 IC_{nc+} 可以在更大的信息传播率范围内取得更高的节点影响力排序精度。尤其在传播率 $\beta \geqslant \beta_{th}$ 时，IC_{nc} 及 IC_{nc+} 指标分别比 C_{nc} 及 C_{nc+} 指标表现更优。当传播率远小于 β_{th} 时，信息从节点发起只能获得有限的传播，局限在节点邻居范围内，因此节点度更大优势就更明显，这也解释了 MDD 和 C_{nc} 指标在 β 值较小时 τ 值更大的原因。此外，表 4.1 中给出 12 个实际网络中信息传播率接近传播爆发阈值 β_{th} 时各个算法的排序精度，IC_{nc} 及其扩展算法 IC_{nc+} 同样是最优的。

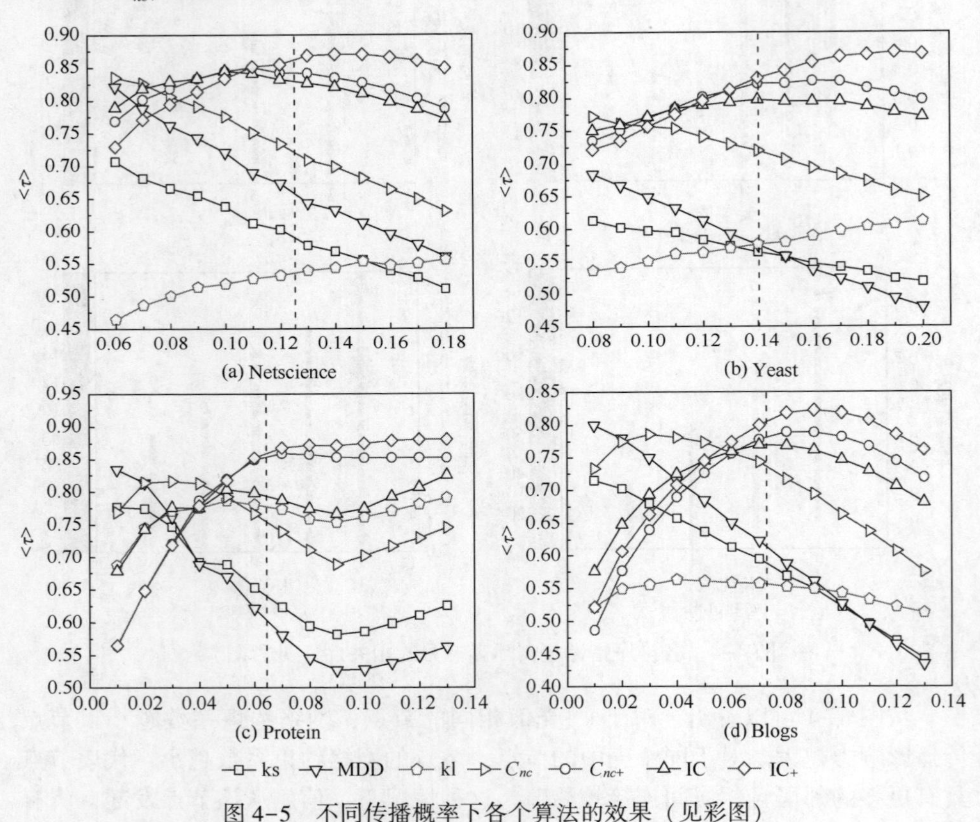

图 4-5　不同传播概率下各个算法的效果（见彩图）

4.5.4　不同比例节点下各算法排序效果分析

在某些时候，研究者们更关注网络中一小部分最具有影响力的节点[151]。在 4.5.3 节中，肯德尔相关系数 $\langle\tau\rangle$ 考虑了网络中的所有节点，而从另一个角度出发，可以对相关系数的研究对象范围进行调整，如只考察网络中一部分节点的排序。因此，实验进一步研究了各个算法得到的不同比例排序靠前的节点与实际影响力排序的一致性结果$<\tau'>$，除了考察的节点从整体节点变为部分节点，$<\tau'>$计算方式与$<\tau>$相同。如图 4-6 所示，实验给出了不同节点比例 L 下的$<\tau'>$值，设置 L 的变化范围为 0.05～1，从结果图中可以看出，本章设计的 IC_{nc} 及其扩展算法 IC_{nc+} 可以在更大范围的 L 值下取得更好的排序结果。

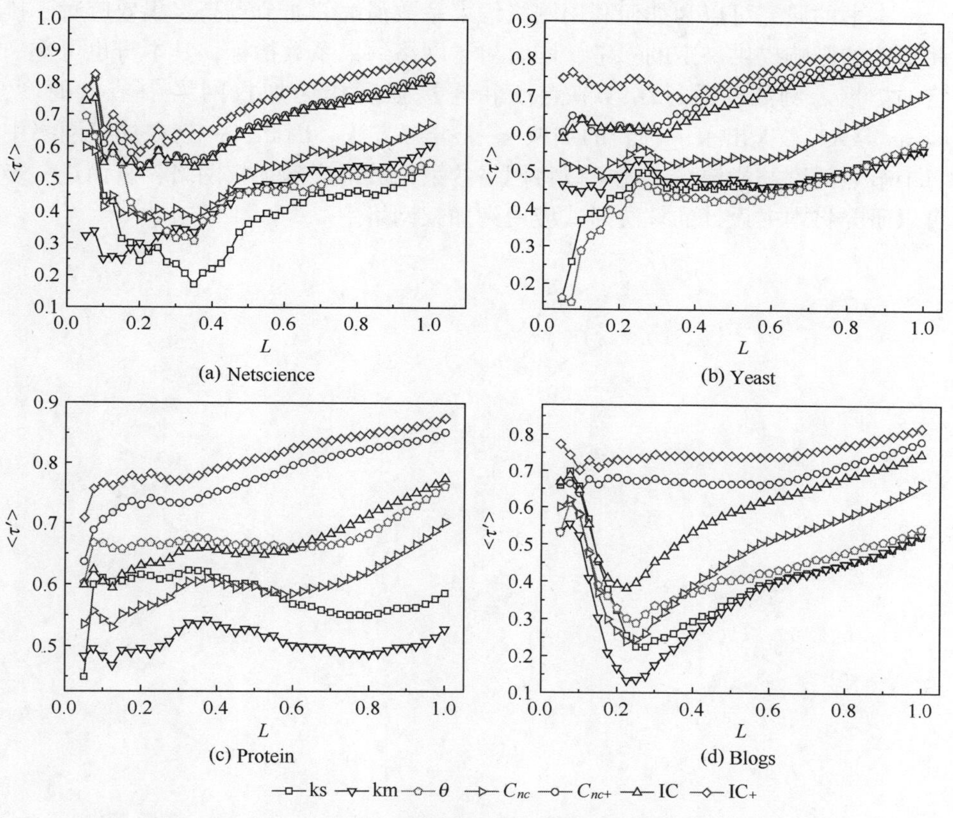

图 4-6　不同比例节点下各算法排序效果（见彩图）

4.6　小　　结

识别网络中具有影响力的节点具有重要的理论和实际意义。本书在考虑节点邻居 k-壳值的同时，还充分考虑了邻居节点间的连接关系对于节点影响力的影响，设计了基于网络约束系数与 k-壳值的节点影响力排序算法 IC_{nc} 及其扩展算法 IC_{nc+}，实验将恢复率为 1 的 SIR 传播模拟中得到的节点感染结果看作节点的真实影响力，分析了具有相同 k-壳值的节点间网络约束系数与信息传播能力的关系，证明了算法改进的可行性。本章研究了不同传播概率下各个算法的排序效果，发现所提算法可以在最大范围的信息传播率下取得最优的排序精度，研究了不同比例节点下网络中最有影响力的那部分节点的影响力排序精度，证明了所提算法优于k-壳分解算法、MDD、kl、核数指标 C_{nc} 及 C_{nc+}。

本书的研究可以为如何利用网络约束系数消解邻居节点高聚集效应对于排序精度的影响提供一定的参考，同时对于网络约束系数指标，其本身也可作一定的扩展。例如，通过结合节点度和连接强度作为加权网络中节点的度，Garas等人[152]提出了一种新的加权k-壳分解方法。因此，一旦在加权网络中每个节点的度被指定后，就可以将网络约束系数推广到加权网络，从而进一步可以研究将本书设计的算法形式应用到加权网络中。

第5章　基于信息传播率的复杂网络影响力评估算法

评价网络中节点的信息传播影响力对于理解网络结构与网络功能具有重要意义。目前，许多结构性指标如度中心性、半局部度中心性、接近中心性、介数中心性指标等，相继被提出用于评价节点传播影响力，然而这些指标忽略了决定信息传播效果的关键因素——传播率。实际上，在线网络中不同内容的信息传播率可能大不相同。有研究表明，度中心性指标和半局部度中心性指标一般在信息传播率较小时能取得较好的影响力度量效果，而接近中心性指标与介数中心性指标通常在信息传播率较大时表现更佳。这些经典的节点影响力排序算法对信息传播率的敏感性表明：不同传播率下，节点表现出的传播影响力有所不同，排序方法应给出不同的影响力排序结果。综合考虑节点与三步内邻居间的有效可达路径以及信息传播率，本书提出了一种节点影响力排序算法ASP。在多个经典的实际网络和人工网络上利用SIR模型对传播过程进行仿真，结果表明ASP指标相比度指标、核数指标、接近中心性指标、介数中心性指标以及SP指标可以更精确地对节点传播影响力进行排序，且对信息传播率的敏感性较低。

5.1　引　　言

自然界中存在的诸多复杂系统都可以网络的形式存在，如神经网络、互联网、电力网络和社交网络等。科学界真正开启网络研究的热潮是在网络的无标度特性[26]和小世界特性[23]被发现之后，网络的无标度特性说明复杂系统内部存在严重的不均匀分布，不同节点对于网络结构和功能的影响大不相同；而小世界特性表示网络中信息传递速度快，大部分节点都可以通过少数几步就可到达其他节点。当前，越来越多的学者将研究焦点放在网络节点个体的分析上，如何准确识别网络节点的传播影响力是研究热点之一。一个节点的传播影响力指的是以该节点作为信源发起信息传播，传播过程结束时整个网络中被影响的节点数量。它对于控制谣言在社交网络上的传播[154,155]、传染病控制[156,157]、设计有效广告投放策略进行病毒式营销[9-11]等方面有着非常重要的作用。

目前，已有许多经典的中心性指标被提出用于对节点的传播影响力进行排序，包括度排序[28]、接近中心性排序[38]、介数中心性排序[39]、特征向量中心性排序[46]、半局部度排序[29]、PageRank[48]以及 LeaderRank[49]算法与 H 指数[35]等。其中，度排序方法最为简单直观，但其精度有待进一步提高；半局部中心性指标有限地扩大了源节点领域的覆盖范围，在提高算法精度的同时兼顾了算法的时间复杂度。Kitsak 等人[34]提出了 k-壳分解算法，该算法通过逐步剥离网络外围度数小的节点，可以较为准确地识别网络中最有影响力的内核节点，然而该方法对于网络整体节点的排序结果粒度较粗，节点间的传播影响力区分度不够。核数中心性指标[142]认为节点的影响力由其邻居在网络中的地位决定，节点与网络中 k-壳值大的节点存在的连接越多，则其影响力越大。Liu 等人[126]综合考虑了传染率、康复率和有限的时间步三个因素用于评价网络节点影响力。更多关于节点传播影响力排序方面的研究，可以参见文献［127］。

上述排序方法从各个角度设计了基于网络拓扑结构的节点传播能力度量方法，然而这些方法都忽略了决定信息传播的一个重要因素——传播率。实际上，在线网络中不同内容的信息传播率可能大不相同。例如，度中心性指标和半局部度中心性指标一般在信息传播率较小时能取得较好的影响力度量效果，而接近中心性与介数中心性指标通常在信息传播率较大时表现更佳，这些经典的节点影响力排序算法对信息传播率的敏感性表明：不同传播率下，节点表现出的传播影响力有所不同，排序方法应给出不同的影响力排序结果。Min 等人[158]设计了一种基于扩展度的节点影响力排序算法，对于不同的信息传播率，节点邻居扩展的层级不同，有效解决了算法对于传播率敏感的问题，然而该算法对于不同的信息传播率对应的扩展层次都需要进行计算，较为复杂。最近，Bao 等人在文献［159］中指出，节点将信息扩散至另一个节点的概率近似等于两节点间最短路径数与传播概率的乘积，并基于此设计了一种半局部算法 SP 用于评价节点传播影响力。最短路径表示节点间信息传播途径始终选择最优方式，然而实际上网络中的消息、谣言或者资讯等在节点间进行传播时并不会遵循最短路径，信息扩散的过程更类似于随机游走[160]。在集聚系数高的网络中，节点间的密集连接使得信息有更多的路径进行有效扩散，若只考虑信息按最优传播方式——最短路径传播，则会低估节点信息传播的能力，从而降低节点影响力的排序精度。综合考虑节点与局域三步内邻居的有效可达路径及信息传播率，本书提出了一种 SP 指标的改进算法 ASP。在多个真实世界网络和人工网络中的实验表明，相比 SP 指标、核数中心性指标、半局部度指标以及介数中心性指标，ASP 算法更能准确评估节点的传播影响力，且对信息传播率的敏感性较低。

5.2　考虑多路径传播方式的节点影响力排序算法

5.2.1　算法基本思想

Bao 等人[159]从信息传播的角度分析认为，从网络中的某一节点 i 发起的信息要成功传递到另一个节点 j，其概率由节点 i 和 j 之间的最短路径数目以及信息传播率决定，它们将网络平均度 $<k>$ 的倒数近似为信息传播率，设计了 SP 指标用于评价节点传播影响力，可表示为

$$\mathrm{SP}_i = \sum_{j \in \varphi_i} n_{ij}(1/\langle k \rangle)^{d_{ij}} \tag{5.1}$$

式中：φ_i 为与节点 i 距离小于等于网络半径的节点集合；n_{ij} 为节点 i 和节点 j 之间最短路径数目；$n_{ij}(1/<k>)^{d_{ij}}$ 近似表示节点 i 成功将信息传播至节点 j 的概率。

实际上，信息按照最短路径传播只是理想上的路由方式，从某一个节点 i 发起的信息要最终传递至另一个节点 j，信息传递的路径理论上可以是 i 和 j 之间的任一可达路径，因此在计算节点 i 将信息传播至节点 j 的可能性时，若只考虑最短路径，必然会降低算法的精度。以图 5-1 为例，节点 i 和 k 将信息传递至节点 a 的概率，由于只考虑最短路径，其结果都为 $3\times(1/<k>)^3$。依次计算节点到其他领域邻居的概率，最终得到节点 i 和 k 的 SP 指标的值相等。然而直观上由于节点 i 的局部高聚簇性，节点 i 将信息传递至节点 a 的过程中相比于节点 k 具有更多的路径选择，因此可以推断节点 i 的传播影响力大于节点 k。在 SIR 模型上进行 2000 次独立仿真实验得到 11 个节点的信息传播影响力，验证了算法的猜想。

5.2.2　算法计算过程

基于 5.2.1 节的分析，本书设计了 SP 指标的改进算法 ASP，其表达式为

$$\mathrm{ASP}_i = \sum_{j \in \Gamma_i} \mathrm{ASP}_{ij} = \sum_{j \in \Gamma_i} \left(\sum_{l} n_l \, (1/<k>)^l \right), \quad 1 \leqslant l \leqslant 3 \tag{5.2}$$

式中：ASP_{ij} 为节点 i 将信息传播至节点 j 的成功率；Γ_i 为节点 i 三步内的邻居节点集合；l 为节点 i 到 j 的可达路径的长度；n_l 表示节点 i 到节点 j 可达路径长度（不包括回路）为 l 的路径总数。

算法 5.1　ASP 算法框架

输入：社交网络 $G=(V,E)$ 的邻接矩阵 $\boldsymbol{A}=(a_{ij})_{N\times N}$，$|V|=N$，$|E|=M$

输出：$\mathrm{ASP}(V)$

1 输入：$A=(a_{ij})_{N\times N}$；

2 计算机可达性矩阵 $\boldsymbol{A}^3$；

3 For $i=1$ to N；

4 For $j=1$ to k_1（k_1是节点 i 的一步邻域的个数）；

5 计算机节点 i 向节点 j 发送信息的概率；

6 $\mathrm{ASP}_{ij}=(1/\langle k\rangle)+|n(i)\cap n(j)|\cdot(1/\langle k\rangle)^2+(A^3(i,j)-n(i)-n(j)+1)\cdot(1/\langle k\rangle)^3$；

7 End；

8 For $l=1$ to k_2（k_2是节点 i 的两步邻域的个数）；

9 计算节点 i 向节点 l 发送信息的概率；

10 $\mathrm{ASP}_{il}=|n(i)\cap n(l)|\cdot(1/\langle k\rangle)^2+A^3(i,l)\cdot(1/\langle k\rangle)^3$；

11 End；

12 For $m=1$ to k_3（k_3是节点 i 的三步邻域的个数）；

13 计算节点 i 向节点 m 发送信息的概率；

14 $\mathrm{ASP}_{im}=A^3(i,m)\cdot(1/\langle k\rangle)^3$；

15 End；

16 $\mathrm{ASP}(i)=\mathrm{sum}(\mathrm{ASP}_{ij})+\mathrm{sum}(\mathrm{ASP}_{il})+\mathrm{sum}(\mathrm{ASP}_{im})$；

17 End。

由于$(1/\langle k\rangle)^l$随着 l 的增大将会快速衰减，因此考虑所有的可达路径并不必要，ASP 算法只将节点与领域节点间长度不大于 3 的可达路径纳入计算范围。

对于一步邻居节点，有

$$\mathrm{ASP}_{ij}=\sum_l n_l(1/\langle k\rangle)^l=(1/\langle k\rangle)+|n(i)\cap n(j)|\cdot(1/\langle k\rangle)^2+(A^3(i,j)-|n(i)|-|n(j)+1)\cdot(1/\langle k\rangle)^3 \tag{5.3}$$

式中：$\boldsymbol{A}$ 为网络邻接矩阵；$A^3(i,j)$为节点 i 与节点 j 之间长度为 3 的所有可达路径；$(A^3(i,j)-|n(i)|-|n(j)|+1)$为消除可达路径中的回路后剩下的路径数；$|n(i)\cap n(j)|$为节点 i 与节点 j 的共同邻居数，即长度为 2 的路径数。

对于二步邻居节点，有

$$\mathrm{ASP}_{ij}=|n(i)\cap n(j)|\cdot(1/\langle k\rangle)^2+A^3(i,j)\cdot(1/\langle k\rangle)^3 \tag{5.4}$$

对于节点 i 的二步邻居节点 j，节点 i 和节点 j 之间不存在长度为 3 且有回路的路径，因此节点 i 到节点 j 的可达路径数为 $A^3(i,j)$。

对于三步邻居节点，有

$$\mathrm{ASP}_{ij}=A^3(i,j)\cdot(1/<k>)^3 \tag{5.5}$$

以图 5-1 中的节点 i 与节点 c 为例说明 ASP 计算过程，节点 i 到节点 c 路径长度为 2 的有 3 条，路径长度为 3 的有 4 条，因此根据 ASP 指标，可计算节点 i 成功传递信息至节点 m 的可能性为 $3\times(1/<k>)^2+4\times(1/<k>)^3$。同理，可依次计算节点 i 传递信息至 j、h、g 与 a 的可能性，由此得到节点 i 的影响力值。

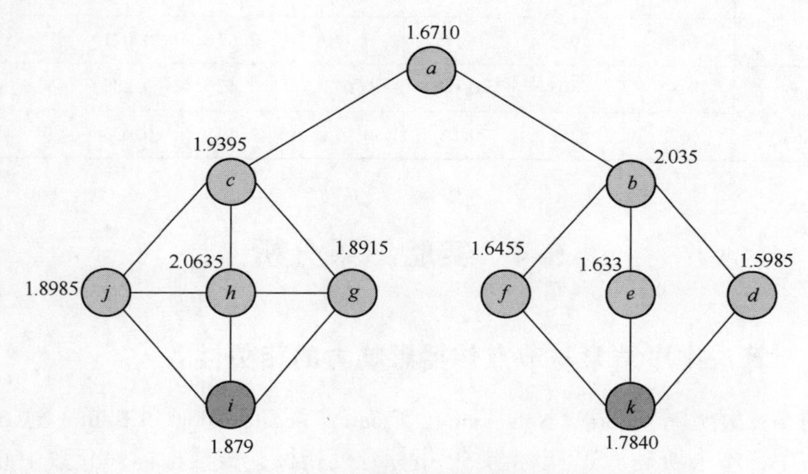

图 5-1　含有 11 个节点的网络图中节点的传播影响力

为降低计算复杂度，SP 指标只考虑三步内的邻居节点。相比 SP 指标，ASP 指标多考虑了节点与一步邻居中长度为 2 和 3 的可达路径，以及与二步邻居中长度为 3 的可达路径。尽管如此，通过表 5-2 中的算法框架依然可以看出，改进指标几乎不增加计算的复杂度。

5.3　实验环境和真实网络数据集

实验的硬件环境为：4.00GHz 的 Intel(R) Core(TM) i7-4790 CPU；8.00GB 的内存。软件环境为 Matlab R2017a。为了验证各指标评估节点传播影响力的效果，实验选取 6 个真实数据集包括：Word[69]，Netscience[69]，Email[137]，Yeast[144]，Blog[145] 和 Router[147]。这些网络的拓扑结构统计特征如表 5-1 所列。N 与 M 分别为网络节点数与连边数，C 为网络集聚系数，D 为网络直径，β 为传播概率，$\beta_{th}=<k>/<k^2>$为传播阈值，其中：$<k>$为节点平均度；$<k^2>$为节点二阶平均度。

表5-1　6个实验数据集

网络名	N	M	β	β_{th}	$<k>$	C	D
Word	112	425	0.08	0.073	7.59	0.173	5
Netscience	379	914	0.13	0.125	4.82	0.741	17
Email	1133	5451	0.06	0.054	9.62	0.570	8
Yeast	1458	1948	0.15	0.140	2.67	0.071	19
Blog	3982	6803	0.08	0.073	3.42	0.284	8
Router	5022	6258	0.08	0.073	2.49	0.033	15

5.4　实验结果分析

5.4.1　算法排序结果与节点传播影响力的相关性

图5-2给出了Word，Netscience，Email，Yeast，Blog和Router这6个真实网络中，本书所提ASP指标与SP指标、度指标、核数指标、介数中心性指标以及接近中心性指标与实际影响力$\Phi(i)$之间的相关性，相关程度越高，算法对节点传播影响力的测量越准确。由于节点的影响力是由最终感染到的网络节点数量决定，因此为了正确评价节点的真实影响力，感染概率β的值不宜选得过大或过小。若β值过小，信息传播容易局限于节点领域；相反，若β值过大，则不论传染过程从哪个节点发起，整个网络都很快被感染，很难区分单个个体的影响力。为保证传播能够进行，实验设定感染概率β等于网络传播阈值β_{th}，SIR传播实验独立运行1000次取平均结果。

从图5-2可以看出，接近中心性和介数中心性指标与SIR影响节点数的相关性相对较弱，接近中心性与SIR影响节点数总体呈正相关，介数中心性的结果较为发散。这是因为社会化网络的社区化使得绝大多数节点的介数很小，通过介数进行影响力排序，节点间区分度不大，而实际上网络中介数相近的节点的传播能力存在较大差异。SP指标、核数中心性和ASP指标的评估值与SIR影响节点数呈现较强的正相关性，其中ASP指标的相关性结果比SP指标好，可见ASP指标在评价节点传播影响力时具有优势。

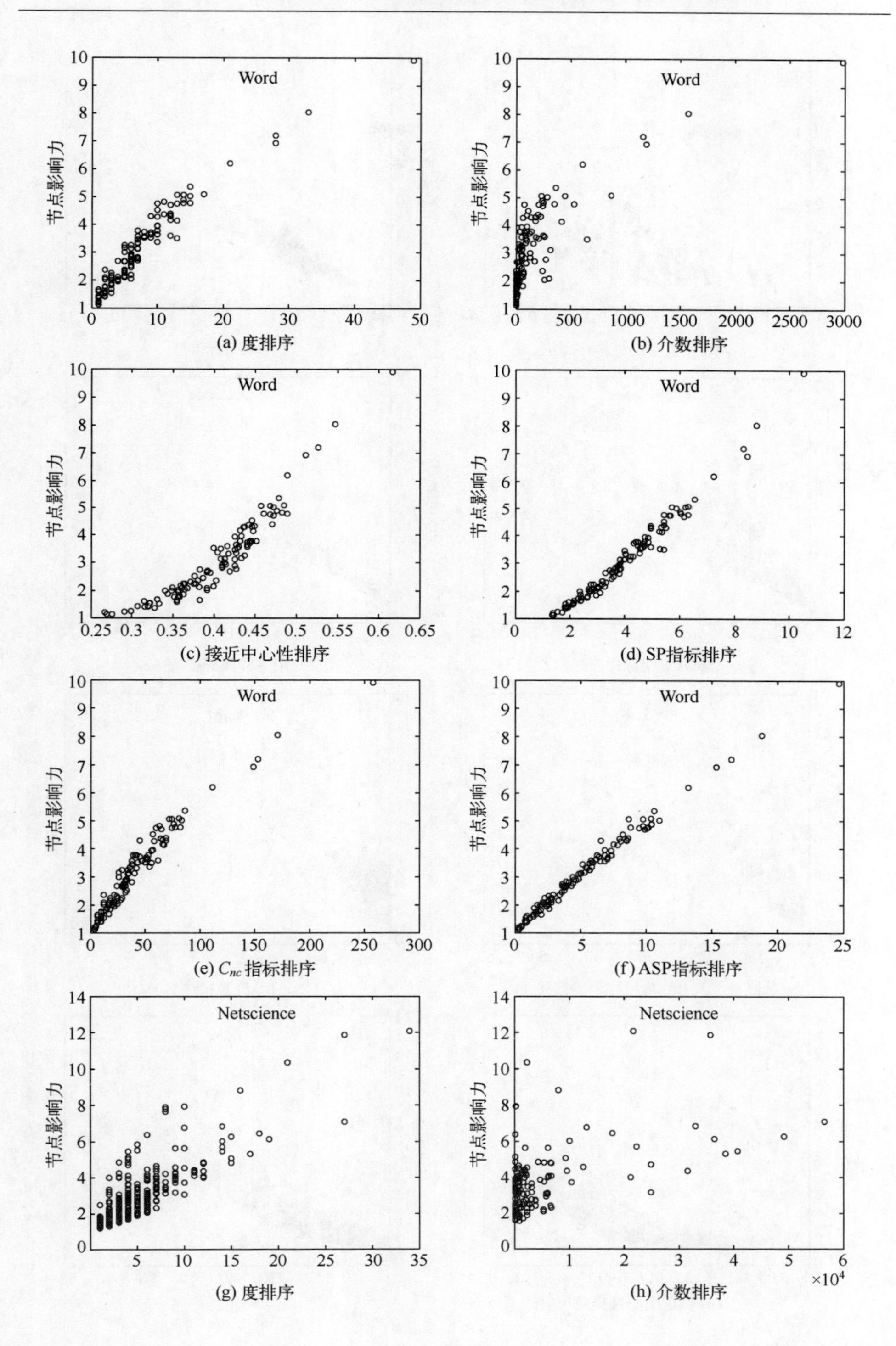

(a) 度排序　(b) 介数排序
(c) 接近中心性排序　(d) SP指标排序
(e) C_{nc} 指标排序　(f) ASP指标排序
(g) 度排序　(h) 介数排序

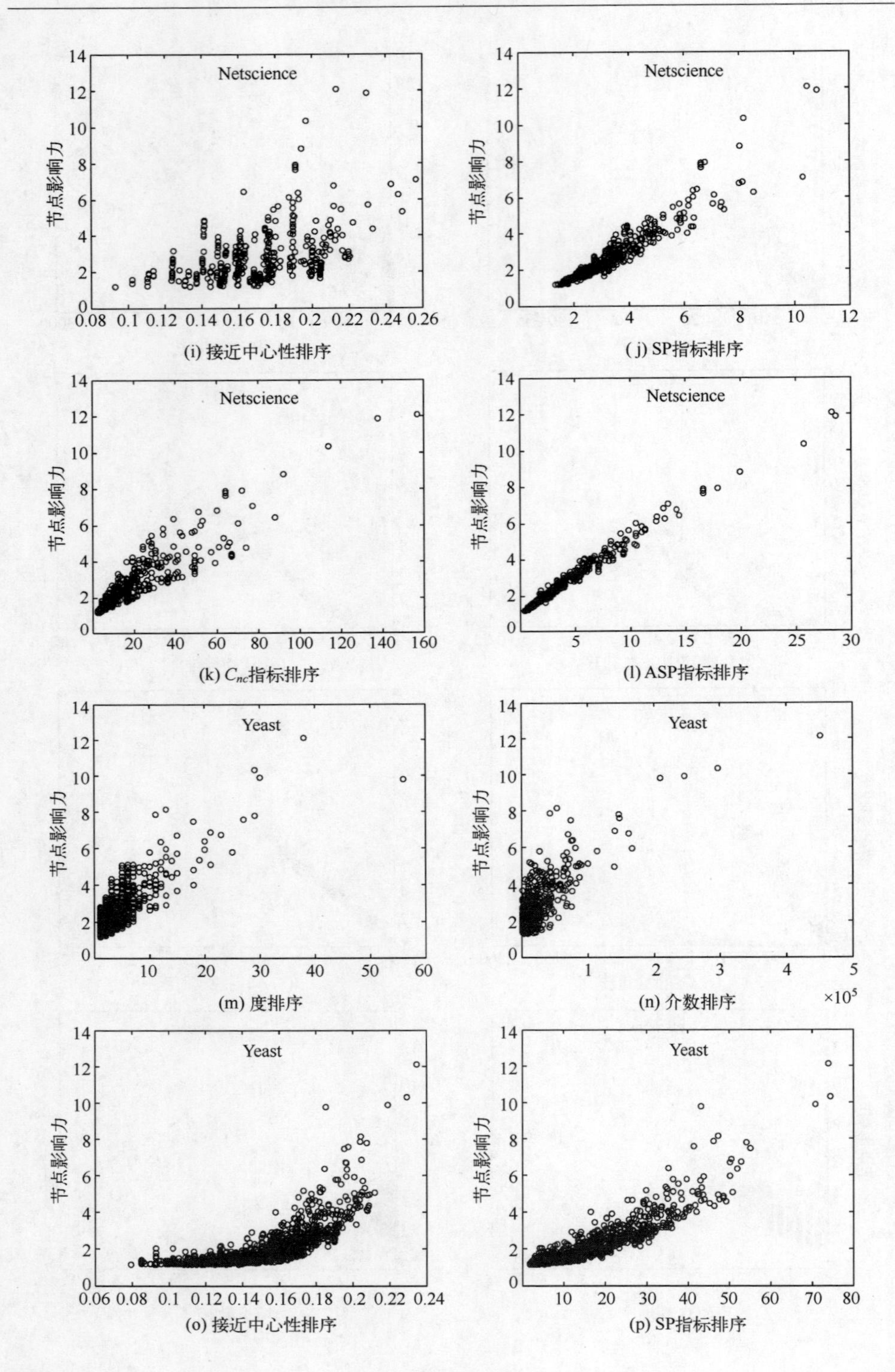

(i) 接近中心性排序

(j) SP指标排序

(k) C_{nc}指标排序

(l) ASP指标排序

(m) 度排序

(n) 介数排序

(o) 接近中心性排序

(p) SP指标排序

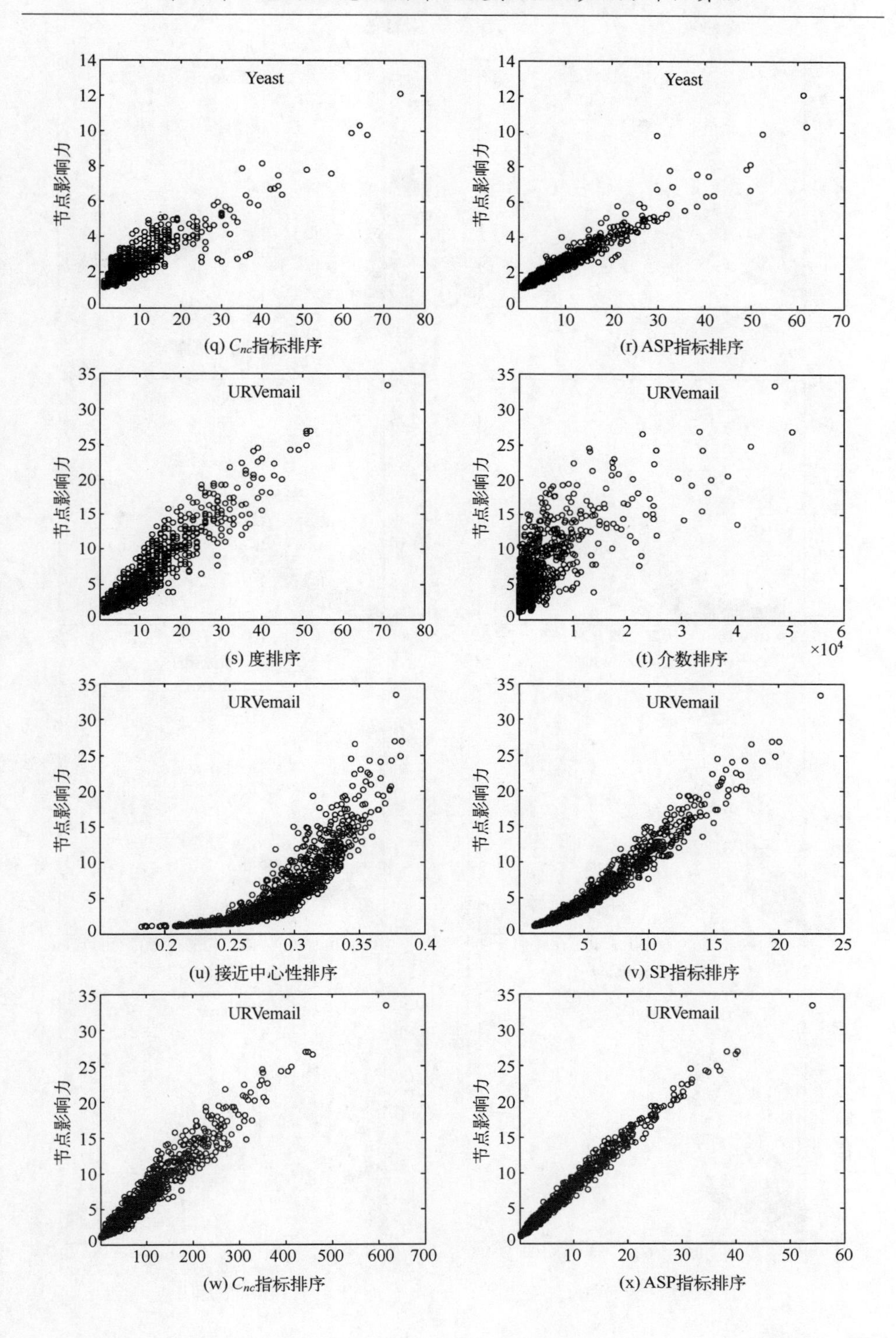
Yeast
节点影响力
(q) C_{nc}指标排序
Yeast
节点影响力
(r) ASP指标排序
URVemail
节点影响力
(s) 度排序
URVemail
节点影响力
(t) 介数排序
×10⁴
URVemail
节点影响力
(u) 接近中心性排序
URVemail
节点影响力
(v) SP指标排序
URVemail
节点影响力
(w) C_{nc}指标排序
URVemail
节点影响力
(x) ASP指标排序

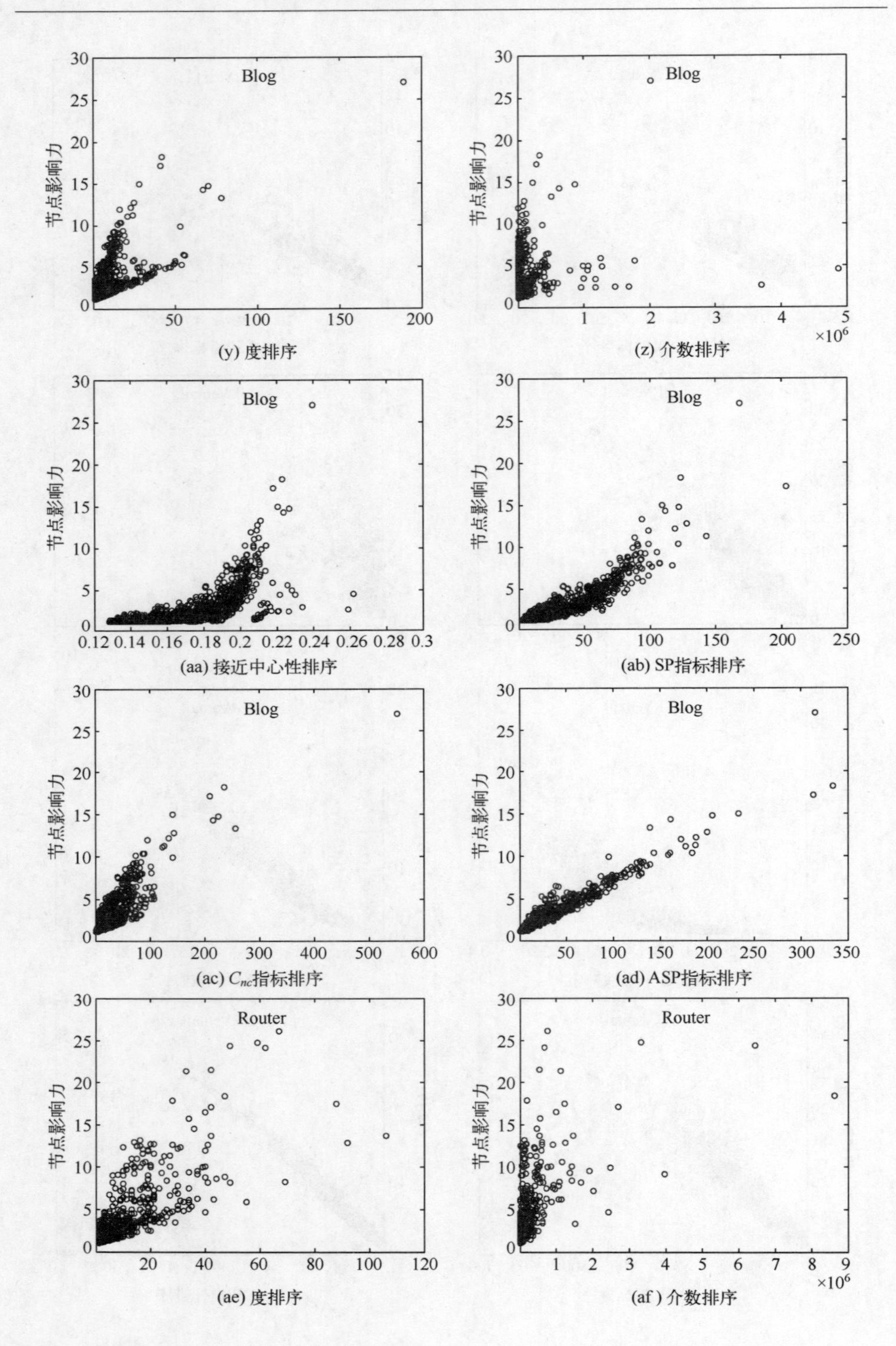
Blog
节点影响力
(y) 度排序
Blog
节点影响力
×10^6
(z) 介数排序
Blog
节点影响力
(aa) 接近中心性排序
Blog
节点影响力
(ab) SP指标排序
Blog
节点影响力
(ac) C_{nc}指标排序
Blog
节点影响力
(ad) ASP指标排序
Router
节点影响力
(ae) 度排序
Router
节点影响力
×10^6
(af) 介数排序

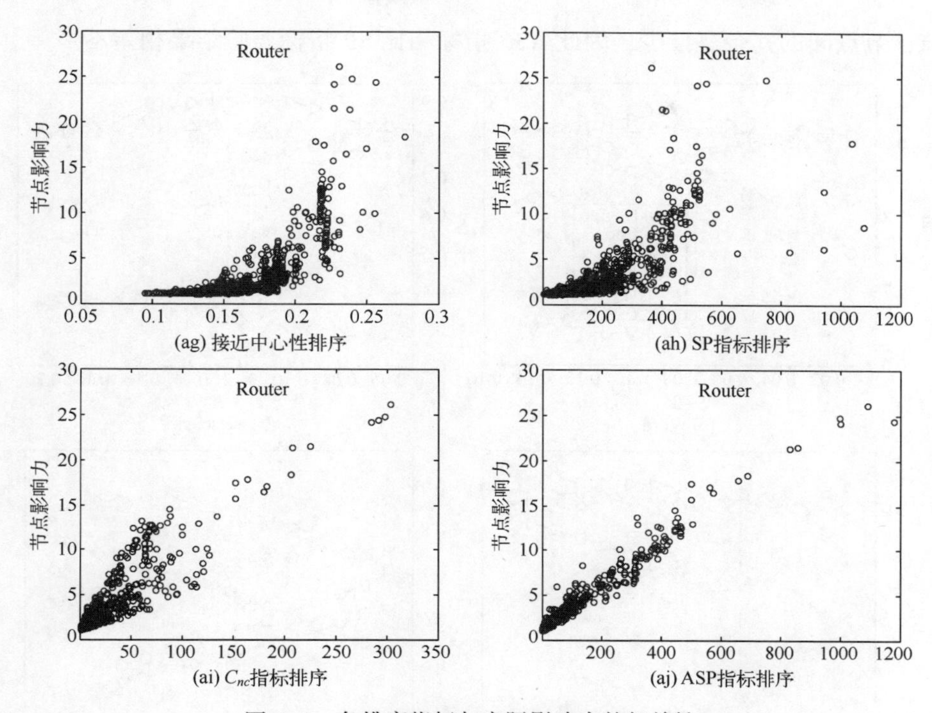

图 5-2　各排序指标与实际影响力的相关性

5.4.2　不同传播概率下各个算法的效果分析

在相关性实验中，信息传播率为网络传播阈值，实验结果只体现了特定传播率下的相关性情况。为了更全面地评价各个指标在不同传播率下的排序准确性，我们设置传播率区间为$[\,|\beta_{th}|-7\%, |\beta_{th}|+7\%]$（若$\beta_{th}\leqslant 0.07$，传播率区间取为$[0.01, 0.15]$），同第 4 章相同，将 kendall 相关系数 tau 值作为准确性度量值进行实验，结果如图 5-3 所示，从图中可以看出，传播率较小时 C_{nc} 指标准确率普遍较高，这是由于 C_{nc} 指标考虑了节点度与核数。

传播过程容易局限于局部领域，此时节点度越大感染到的节点也越多，C_{nc}指标正好适合这一情况。当传播率在传播阈值附近时，除了 Router 网络，ASP 指标相比其他指标准确性普遍较高，这是因为传播率适中时，节点局部高聚簇性能够使节点获得更多的将信息扩散出去的途径，ASP 指标充分考虑了这种因素。当传播率更大时，可以发现 ASP 指标的优势相比 SP 指标在削弱，这是因为传播率大到一定时，信息可以轻易地扩散出去，此时节点的局部聚簇性对信息的扩散作用并不明显。在 Router 网络中，由于网络结构较为稀

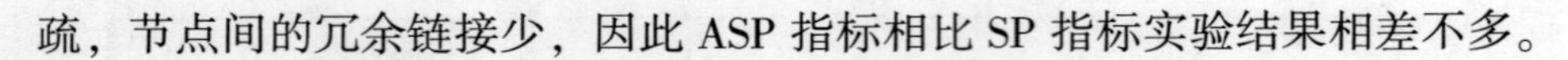
疏，节点间的冗余链接少，因此 ASP 指标相比 SP 指标实验结果相差不多。

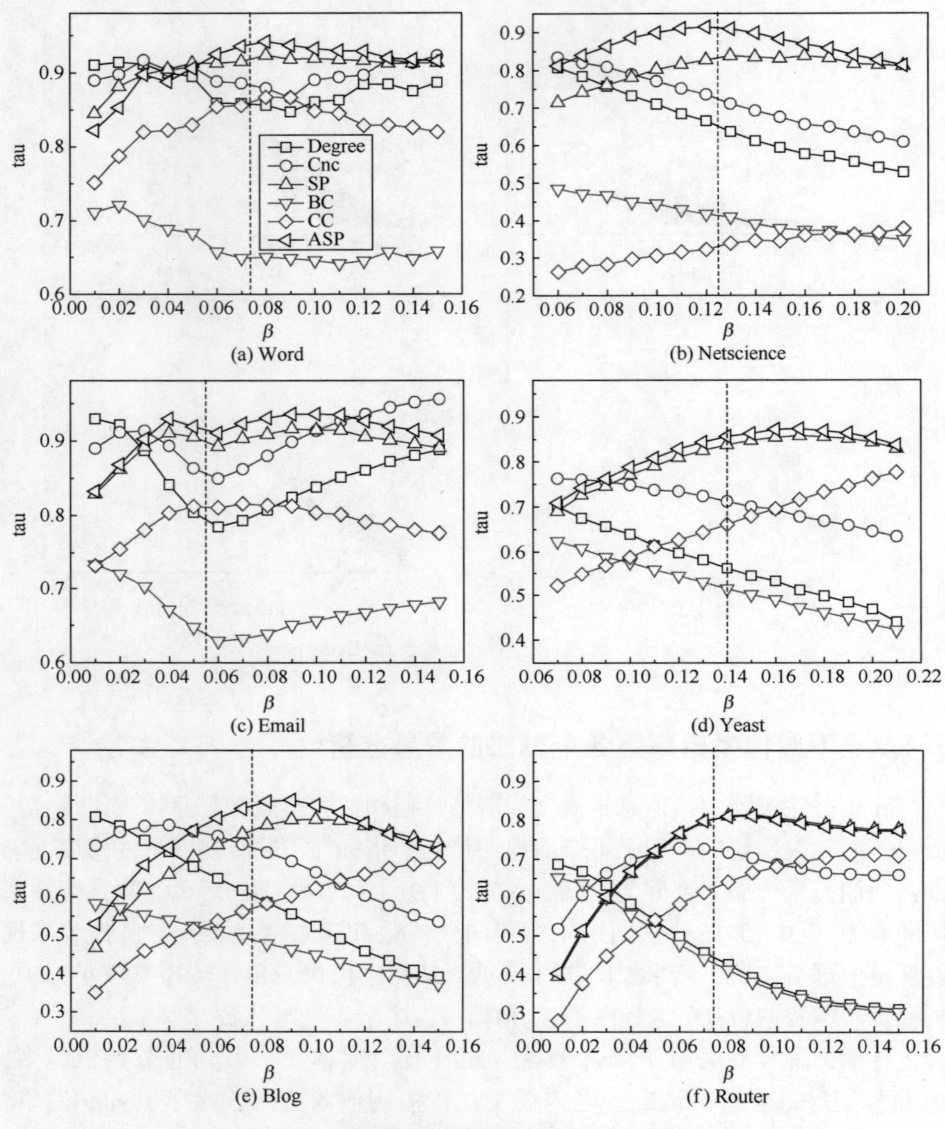

图 5-3　不同指标评估准确性对比（见彩图）

5.4.3　模拟数据集上的实验结果

除了真实数据集，实验还使用了 Lancichinetii-Fortunato-Radicchi（LFR）[75]

数据模型生成的人工数据集，通过设置不同的 LFR 参数，可以生成不同拓扑特征的网络结构。设置 LFR 参数：$N=2000$，$\min_c=20$，$\max_c=50$，$\max_k=30$，mu=0.1。其中，N 表示网络节点数，$\min_c$ 和 $\max_c$ 分别代表社区的最小和最大规模，$\max_k$ 表示网络的最大度，mu 为混合参数。调整平均度<k>来调节网络的紧密程度，分别生成<k>=5，<k>=10，<k>=15 的三个网络数据集。

三个模拟数据集上的实验结果如图 5-4 所示，实验结果证明：随着网络稀疏性与信息传播率的变化，ASP 指标与 SP 指标对节点影响力排序的相对准确性也发生变化，在<k>=5 与<k>=10 的 LFR 数据集中，传播率较小时，SP 指标略优于 ASP 指标。这个结果与真实数据集上的原因类似，都是因为传播率偏小时，节点的真实影响力接近于度；当传播率更大一些时，SP 指标相比其他指标明显具有优势。尤其在集聚程度高的网络中，如图 5-4（c）所示，ASP 指标在不同传播率下相比 SP 指标都具有优势。

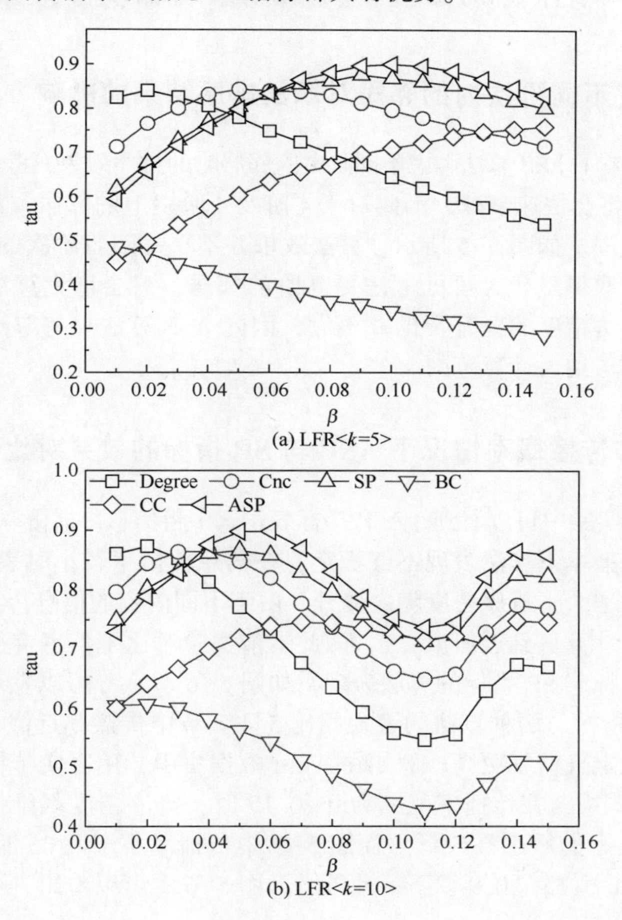

(a) LFR<k=5>

(b) LFR<k=10>

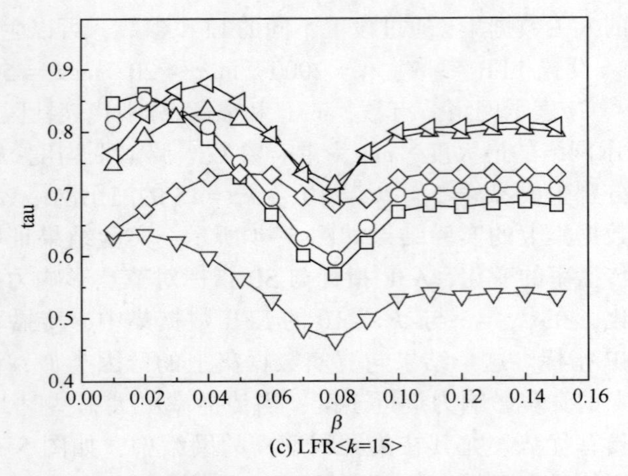

(c) LFR<k=15>

图 5-4 LFR 模拟数据集上各指标影响力排序准确性对比（见彩图）

5.4.4 考虑不同阶次内的邻居对算法排序结果的影响

实验还比较了 ASP 算法考虑不同阶次内邻居时的排序效果，考虑到$(1/\langle k\rangle)^{\ell}$随着 l 的增大将会快速衰减，因此对于 4 阶及 4 阶以上的邻居，只将其最短路径纳入计算范围。如图 5-5 所示，算法效果并不总是随着阶次的提高而变好，大多在 3 阶处取得最优。可见考虑更高阶的邻居，只会增大算法的计算复杂度，而对于算法精度的提升帮助并不大，因此 ASP 算法只将节点与领域节点间三步内的邻居纳入计算范围。

5.4.5 已知传播概率情况下 ASP 与 SP 指标的效果对比

在前面的实验中可以看到，ASP 指标表达式中将信息传播概率近似为 $1/\langle k\rangle$ 时，不同的传播率下算法表现不够稳定，在信息传播率较小时表现相对较差，随着传播率的增大，排序精度随之提升。由于不同内容的信息传播率可以通过历史数据进行计算得到近似值[161]，因此本节实验对比了信息传播率已知的情况下，ASP 指标与 SP 指标的算法表现，如图 5-6 所示，可以发现无论是 ASP 指标还是 SP 指标，两种算法的表现相比 5.4.2 节中传播率近似为 $1/\langle k\rangle$ 的情况都要更为稳定且精度更高。例如在 Word 数据集中，用真实传播率代入 ASP 和 SP 的表达式中，在传播率范围为 0~0.15 时，排序精度都维持在 0.9 以上且对信息传播率的敏感性较低。而图 5-3 中传播率小于 0.05 时，ASP 与 SP 指标得到的 tau 值都在 0.9 以下。此外，从图 5-6 中可以看出，ASP 指标在信

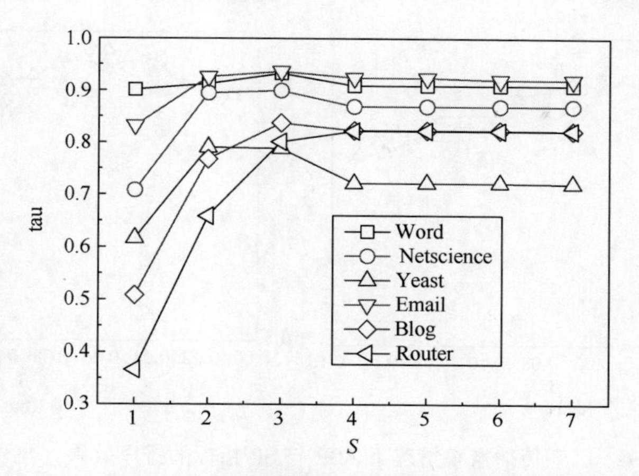

图 5-5　不同阶次内邻居对算法排序结果的影响（见彩插）

息传播率已知的情况下，表现依然比 SP 指标更好。

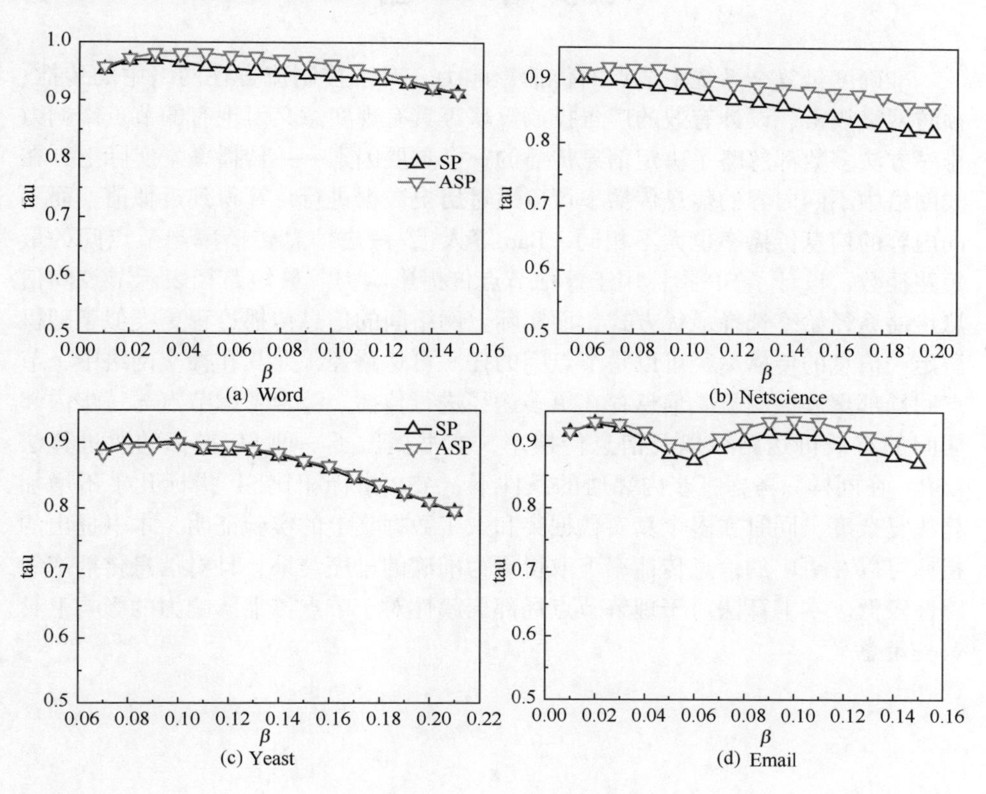

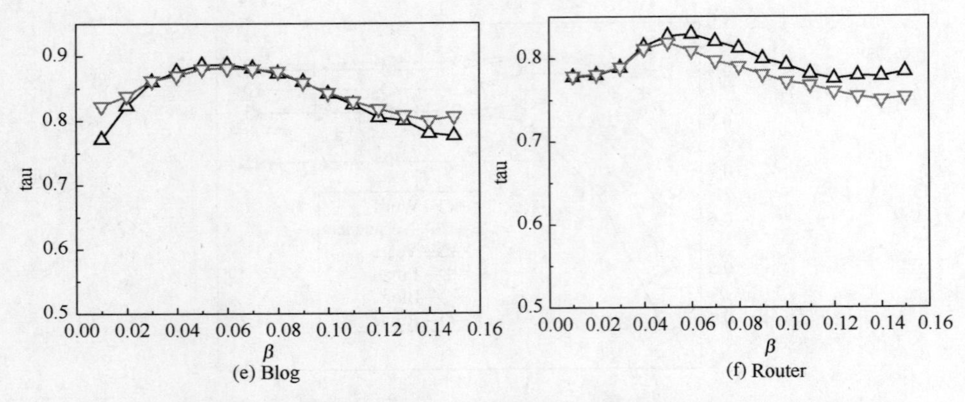

图 5-6　已知传播概率情况下 ASP 与 SP 指标的排序效果（见彩插）

5.5　小　结

准确度量复杂系统中节点的传播影响力，对于控制流言在网络中的传播、预防网络攻击、设计有效的广告投放策略等具有现实意义。现有的节点影响力排序方法多数都忽略了决定信息传播的一个重要因素——传播率。实际上，在线网络中不同内容的信息传播率可以通过历史数据进行计算得到近似值，而不同内容的信息传播率也大不相同。Bao 等人[159]考虑信息传播率与节点间的最短路径数，设计了 SP 指标用于评估节点传播影响力。最短路径表示节点间信息传播途径始终选择最优方式，而实际上网络间的信息传播过程更类似于随机游走，信息的传播途径可以是节点间的任一可达路径，尤其在社交网络中，节点间局部聚簇性明显，信息存在更多途径进行传播。综合考虑节点与三步内邻居间的有效可达路径以及信息传播率，本书提出了一种 SP 指标的改进算法 ASP。在同样只考虑三步内邻居的条件下，ASP 指标相比 SP 指标几乎不增加算法复杂度，同时在多个真实数据集和人工数据集上的实验证明，本书提出的指标可以在更广的信息传播率下取得更为准确的排序结果，且对信息传播率敏感性较低。本书算法对于理解节点局部聚簇性对于节点传播影响力的影响上具有一定意义。

第6章　基于簇的影响最大化算法

随着互联网技术的蓬勃发展，网络经济时代已然到来。互联网技术潜移默化地改变了人们的交流方式乃至生活方式，社交网络的出现对传统企业的营销理念和营销方式产生了深刻的影响，渗透到市场营销的方方面面。为了适应网络经济时代给市场带来的深远变化，越来越多的企业逐渐形成以网络营销为主的营销模式。病毒式营销是一种常见的网络营销手段，如果营销产品的内容契合公众心理，则产品信息很容易因为公众的积极性而像病毒一样在人际网络上进行传播和扩散。企业在制定病毒式营销的方案时，首先需要在社交网络中选择少部分有影响力的节点作为种子节点（Seed Nodes），通过一定的代价（如免费提供试用品或者支付一定数额酬金）让这些种子节点在网络上积极地向他们的朋友宣传或推荐该产品。如果有朋友接受了该产品，进一步地就有可能将其推荐给朋友的朋友，依靠用户自发的口碑宣传，实现“杠杆营销”的效果。影响力最大化问题的目的就是在网络中选择最有影响力的前 k 个节点作为种子节点，利用群体之间的传播，最终使得网络中被影响到的节点数最多。

6.1　引　言

求解影响最大化问题最直接的方法是通过预先定义的节点中心性方法挑选排名靠前的 k 个节点。到目前为止，已有许多基于节点局部信息的中心性指标被提出，如度中心性（Degree Centrality）、半局部度中心性指标（Semilocal Centrality）、ClusterRank 算法[33]等。其中，度中心性指标简单直接，但算法表现有所不足。一些基于节点间最短路径的指标如介数中心性（Betweenness Centrality）和接近中心性指标（Closeness Centrality）等。尽管根据这些算法的影响力排序结果，挑选最有影响力的初始激活节点可以使得影响在网络中得到广泛传播，但考虑到算法的计算复杂度过高，因此这些算法并不适用于大型复杂网络。从节点在网络中位置的角度出发，Kitsak 等[34]发现节点在网络中的位置对于节点的影响力具有重要的影响，并提出了 k-壳分解算法将网络中的节点分成不同的层级，节点的 k-壳值越大，节点的影响力就越大。然而，k-壳分解算法是一种粗粒度的排序方法，无法区分处于同一壳层的节点的影响力，同时还可给网络中的类核团（Core-like Groups）节点[43-44]分派高k-壳值。为了进一步提高算法表现，Liu等通过过滤网络中重要性较低的冗余边，并在剩余图上实施k-壳分解，大幅提高了节点影响力排序效果。

基于节点中心性的指标通过简单地挑选排名靠前的节点集合作为初始激活节点，并没有考虑到节点间的影响力重叠问题，使得算法表现难以满足要求。例如，单纯按照度排序选择前k个节点，由于网络中存在"富者越富"[53,54]效应，初始激活节点间存在彼此连接的情况，从而导致传播上的冗余。因此，选择初始激活节点时，不仅需要保证节点本身的传播影响力，同时还需兼顾节点的分散性。目前，已有许多研究致力于解决该问题，Chen等人[56]将邻居中存在种子节点的节点进行定量折扣，由此提出了一种折扣度（Degree Discount Method）方法。Zhang等人[57]模拟选举投票规则，提出了一种简单而实用的启发式算法——VoteRank，每一轮投票选择中，除已被选出的种子节点外，其余节点都可以对邻居节点进行投票，得票数最多的节点于当轮被选择。参与投票的节点，其投票能力在下一轮投票过程中将会被削减，VoteRank算法被证明可以有效应用于大规模社交网络。通过选择局部网络中度最大的节点，Liu等人[58]设计了LIR算法，可以有效避免"富者越富"效应导致的种子节点影响力重叠。Zhao等人[60]应用图着色理论对复杂网络节点进行着色，由此得到的一组影响力节点可以保证节点间互不相邻。在此基础上，Guo等人[61]考虑了同一色集节点间的距离问题，进一步提高了图着色方法的实验效果。最近，Bao等人[62]根据节点间的相似程度对节点进行划分，提出了一种启发式簇发现算法。Ji等人[63]通过随机断边和链路恢复[64]的方式，找出网络中连接紧密的结构，并从中挑选有影响力的种子节点。这些方法给求解影响最大化问题提供了一个不同角度，即可将选择种子节点集的问题转化为寻找网络中具有良好传播结构的簇的问题。注意到k-壳分解方法逐渐剥离网络外围节点的过程会使得网络聚集系数不断增大，而在这些网络剩余的高k-壳值节点集组成的簇中，信息可以有效传播。由此，本章设计了一种基于簇的影响最大化算法LCE，以网络中相互链接的高k-壳值节点集为子团核心，将与子团连接紧密的邻居节点加入其中，扩张之后得到内部链接紧密的簇。通过选择这些簇中影响力大的节点组成初始活跃种子节点，保证了种子节点是相对重要且分散的。在6个真实世界网络以及3个不同平均度的LFR人工网络中测试了算法的效果。实验结果显示，同已有的度中心性指标、k-壳分解算法、折扣度算法、VoteRank以及LIR指标相比，本章所提的LCE算法可以在范围更大的传播率下取得更高的算法精度。同时，由于所设计的算法是基于k-壳分解的，因而其适用于现实生活大规模社会网络。

6.2　影响最大化问题求解

给定网络 $G=(V,E)$，V 表示网络节点集合，E 代表节点之间的连边。$Q(S)$ 代表节点集合 $S=\{v_i \mid i\in[1,s]\}$ 通过信息传播，最终影响到的节点数。对于特定的信息传播模型，影响最大化问题的目标是挑选出能使得网络中最终信息传播范围最大的 k 个节点，满足

$$Q(S_{\max})\geqslant Q(S),\quad |S_{\max}|=|S|=k,\quad S\text{为任意节点集合} \tag{6.1}$$

从形式上看，影响最大化问题可简单理解为挑选 k 个不同节点，使节点集合共同产生的影响扩散范围最大。但是，在实际求解中，该问题被证明是一个寻求最优解的 NP -Hard 问题[55]，即在多项式的求解上存在不确定性，现阶段除了暴力求解外，并不存在统一算法可以快速计算出最优解。与之相反，如果事先已有该多项式的某个解，则能够很快验证解的正确性。因此，要求解影响最大化问题，需要综合考虑算法求解的效率与近似程度。另外，影响最大化问题与节点影响力排序问题存在一定联系，当初始激活节点子集的个数为 1 时，影响最大化问题便退化成了单一节点的传播影响力排序问题。

随着大数据时代的到来，现实生活中社交网络用户节点呈海量之势，设计一个有效的近似算法用于求解大型社交网络中影响最大化问题的意义愈显突出。基于贪心算法求解影响最大化问题，计算复杂度过高，代价难以承受，因此设计一种复杂度低且有效的启发式算法是优选方案。

6.3　基于簇的影响最大化算法

由于 k-壳分解方法逐步剥离网络外围节点的过程会使得网络中剩余节点的聚集系数不断增大，因此本章所提的 LCE 算法以这些连接密集的高 k-壳值节点为中心，通过比较其与外围邻居的连接关系，将与中心节点集连接紧密的节点逐步加入到初始子团中，以此方法可以得到多个内部连接紧密的簇，从中找出节点数最多的前 k 个簇，将每一个簇中最有影响力的节点挑选出来组成初始激活节点集合。

对于一个网络 G，通过 k-壳分解方法得到网络中每一个节点的 k-壳值，假设初始激活节点个数为 k，则本章所提 LCE 算法寻找的簇的个数为 $m=k\times 2$，簇表示为 $C=\{C_1,C_2,\cdots,C_m\}$，LCE 算法具体过程如下。

（1）对于网络中 k-壳值最大的节点集合，挑选出其中度最大的节点作为中心节点。遍历该节点的所有邻居，将 k-壳值与中心节点相同的邻居节点挑选出来与中心节点组成原始子团 C_t。

（2）原始子团 C_t 基于步骤（1）中的核心节点集开始扩张，对于子团 C_t 的一个邻居节点 i，i 的度 d_i 可分为两个部分，即

$$d_i = d_i^{\text{in}}(C_t) + d_i^{\text{out}}(C_t) \tag{6.2}$$

式中：$d_i^{\text{in}}(C_t)$ 为节点 i 与子团 C_t 的连边；$d_i^{\text{out}}(C_t)$ 为节点 i 与网络其他节点的连边。对于子团的所有邻居节点，按度从小到大逐一与原始子团比较，若 $d_i^{\text{in}}(C_t) \geqslant d_i^{\text{out}}(C_t)$，即节点的入边数不小于节点的出边数，便将节点加入到子团中，否则丢弃。重复此操作直至遍历一轮原始子团的所有邻居，得到初步扩张后的新子团。按照此方法，将子团继续往外扩张 r 轮，得到扩张后的簇 C_t。

（3）将簇 C_t 中所有节点的 k-壳值设置为 0，重复步骤（1）和步骤（2），直到网络选出 m 个簇。

（4）将 m 个簇按照簇中节点个数大小进行排序，在排名前 k 个的子团中依次选择度最大的节点，组成初始激活节点集合。

算法 6.1　基于簇的影响最大化算法

输入： 输入网络图 $G=(V,E)$，种子节点个数 k，子团扩张次数 r，簇个数 $m=(k \cdot 2)$

输出： 种子节点集 S

过程：

（1）应用 k-壳分解算法得到网络中节点的 k-壳值；

（2）For $a=1$ to m;

（3）根据节点 k-壳值从大到小排列，将其中 k-壳值最大（如果存在节点 k-壳值相等的情况则选择其中度最大的）节点挑选出来作为核心，该节点及其邻居节点中 k-壳值与其相同的节点组成原始子团 C_a；

（4）For $a=1$ to r;

（5）将子团的邻居节点从小到大排列；

（6）　For 子团 C_a 的邻居 $i \in V$;

（7）　　如果 $d_i^{\text{in}}(C_t) \geqslant d_i^{\text{out}}(C_t)$；

（8）　　　　$C_a = C_a \cup \{i\}$；

（9）　End;

（10）End;

（11）将 C_a 中节点的 k-壳值设置为 0；

（12）End;

（13）将 m 个簇按节点个数从大到小排序，挑选出前 k 个簇中度最大的节点加到 S 中。

图 6-1 给出了 LCE 算法在一个简单网络图中寻找簇的过程。应用 k-壳分

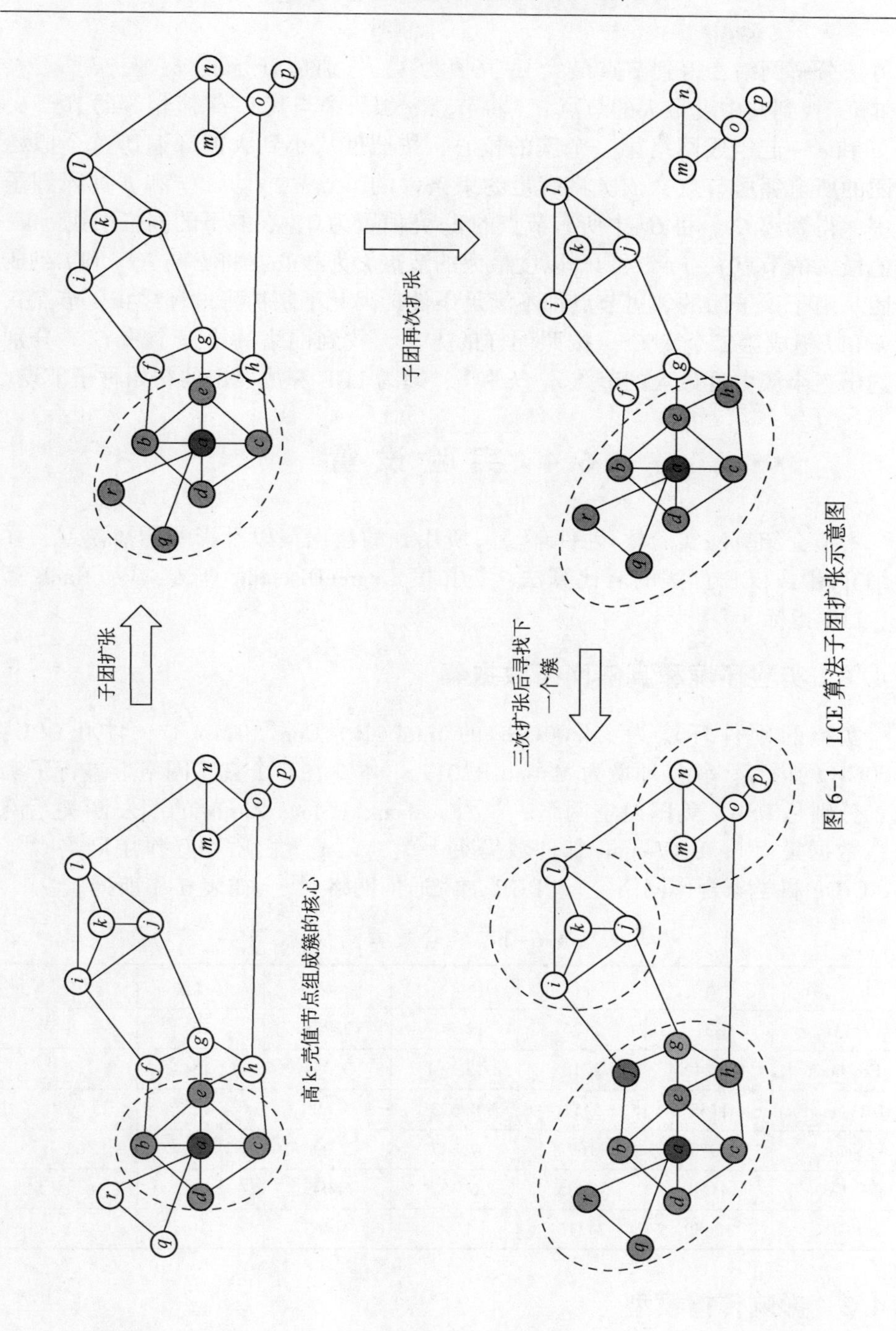

图 6-1　LCE 算法子团扩张示意图

解方法分解网络，得到节点最大k-壳值为3，分别是节点a、b、c、d、e、f、g和h，找到其中度最大的节点a，将节点a邻居中与其k-壳值相等的节点b、c、d和e一起组成网络第一个簇的核心，按照度从小到大循环遍历这个原始子团的所有邻居节点，依次将满足约束条件的节点q、r、h、f和g加入到子团中，得到簇C_1。将C_1中所有节点的k-壳值置为0，在剩下的网络中找到k-壳值最大的节点i、j、k和l，以度最大的节点k为核心，将k与i、j和l组成子团。由于该子团的邻居节点都不满足条件，因此子团扩张过程终止，节点i、j、k和l组成第二个簇C_2。按照同样的方法，找到网络的第三个簇C_3，分别挑选出三个簇中度最大的节点a、k和o，即为LCE算法找出的初始种子节点。

6.4 实验设置

本节介绍算法实验软/硬件环境、所用到的数据集以及影响传播模型，并详细介绍了LCE算法的对比算法：折扣度DegreeDiscount算法、VoteRank算法、LIR指标。

6.4.1 实验环境和真实网络数据集

实验的硬件环境为：4.00GHz的Intel(R) Core(TM) i7-4790 CPU；8.00GB的内存。软件环境为Matlab R2017a。本章在6个真实网络上进行了实验，分别是USAir美国航空网络[135]、Facebook（Slavo Zitnik的朋友圈关系网络）数据集[134]、URVemail邮件数据集[137]、Yeast蛋白质相互作用网络[144]、CA_GrQc科学家合作网络[162]、PGP加密通信网络[148]，如表6-1所列。

表6-1 实验数据集

网络	N	M	$\langle k \rangle$	L	Ks_{max}	Ks_{min}
USAir	332	2126	12.807	2.738	26	1
Facebook	324	2218	13.691	3.054	18	1
URVemail	1133	5451	9.623	3.606	11	1
Yeast	2375	11693	9.847	5.096	40	1
CA_GrQc	4158	13425	6.457	6.049	43	1
PGP	10680	24316	4.55	7.463	31	1

6.4.2 影响传播模型

影响传播模型描述了复杂网络中影响力传播的方式和机制，是求解影响最大化问题的基础。在同样的初始激活节点集合下，对于不同的影响传播模型，影响传播的结果表现差异明显。目前，最为常用的影响传播模型有两个，分别是独立级联模型（Independent Cascade Model）[163-164]和线性阈值模型（Linear Threshold Model）[165]。本章采用独立级联模型来模拟多个源节点发起的影响传播过程。独立级联模型最早由 Jacob Goldenberg、Barak Libai 和 Eitan Muller 提出，从概率的角度模拟真实环境中信息传播的过程。在该模型中，节点只有两种状态：活跃状态（Active）和未激活状态（Inactive），处于活跃状态的节点会以一定概率尝试激活处于非活跃态的邻居节点，无论是否激活成功，这种尝试只有一次。多个激活节点对于处于非活跃状态的同一个邻居节点的激活行为是相互独立的，同时已处于活跃状态的节点不会恢复成非活跃状态。

独立级联模型的影响传播过程具体描述如下。

（1）$t=0$ 时刻，网络中只有种子节点集合处于激活状态，其余节点均处于非活跃状态。

（2）$t\geqslant 1$ 时，如果节点 v 在 $t-1$ 时间从非活跃状态被激活，则节点 v 将会以一定概率 p 尝试激活邻居节点中尚处于非活跃状态的节点。如果激活成功，被激活的节点将在 $t+1$ 时刻变为活跃状态；对于同一个未激活节点，邻居节点中处于活跃状态的节点尝试激活它的过程是随机且独立的。

（3）整个网络影响传播过程参照前述过程，直到网络中没有新的节点可以被激活为止。此时网络中处于活跃状态的节点数就是种子节点的影响力值。

观察独立级联模型信息传播的过程，不难发现该模型事实上可认为是 SIR 模型取恢复率 $\mu=1$ 的一种特例。

为了消除随机误差带来的影响，独立级联模型仿真实验通常需要大量的实验次数以保证结果的准确性和稳定性。本章实验中对于节点数大于 3000 的网络，独立级联模型实验次数为 1000，其余网络实验次数为 3000。

6.4.3　参与比较的算法

参与比较的算法有度中心性指标、k-壳分解算法、折扣度（DegreeDiscount）算法、VoteRank 算法以及 LIR 指标。其中，度中心性指标以及 k-壳分解算法已在前述章节详细介绍过，因此不再赘述。本节具体介绍其他三种算法的计算过程。

1. 折扣度算法

DegreeDiscount 是一种基于度的启发式算法，在挑选种子节点时，该算法充分考虑了节点间影响力重叠的因素。如果节点 v 的邻居节点中存在节点 u 已被选为初始激活节点，为了削弱两者之间影响力的重叠，需要对 v 的度数进行一定折扣。DegreeDiscount算法是针对独立级联模型算法而设计的，相比度中心性指标有大幅度的改进，可有效降低节点影响力重叠带来的影响。

算法 6.2　DegreeDiscount 算法流程

输入：输入网络图 $G=(V,E)$，种子节点个数 k

输出：种子节点集 S

过程：

1　初始化：$S=\varnothing$，任意节点 v 的折扣度 $dd(v)=0$，邻居节点被选为种子节点的个数 $t(v)=0$；

2　For $i=1$ to k；

3　　$u=\arg\max(v)\{dd(v) \mid v\in V\backslash S\}$；

4　　$S=S\cup\{u\}$；

5　　For 节点 u 的任意邻居 $v\in V\backslash S$；

6　　　$t(v)=t(v)+1$；

7　　　$dd(v)=d(v)-2t(v)-(d(v)-t(v))\times t(v)\times p$；

8　　End；

10　End；

11　将节点按照折扣度从大到小排序，挑选其中前 k 个节点加到 S 中。

2. VoteRank 算法

现实生活中，假设 A 支持 B，将选票投给 B 助其成功当选，这个过程会消耗掉 A 的一些资源，使得 A 在下一轮投票中支持其他节点的力度有所削弱。基于这个观点，Zhang 等人[57]设计了 VoteRank 算法用来求解影响最大化问题。

在 VoteRank 中，每轮投票都选择得票数最多的节点作为初始激活节点。因此，如果需要 k 个节点，则投票过程将进行 k 轮。每一轮中被选出的节点，其投票能力被置为 0，不再参与下一轮的投票过程，给它投票的邻居节点的投票能力也相应受到削弱。VoteRank 算法中，每一个节点被赋予了一个动态的投票池(s_u,va_u)，其中 s_u 和 va_u 分别表示节点 u 的投票能力以及获得的得票数。区别于生活中的真实投票情景，VoteRank 算法中节点的得票数可以是非整数。

VoteRank 算法流程如下。

（1）初始化，设置所有节点的投票池为(0,1)。

（2）投票，节点间相互投票，投票完毕计算节点票数，投票过程中已经被选为初始激活节点，投票能力置为 0，不再参与投票过程。

(3) 选出得票最多的节点（如果同时有多个节点得到最大的投票，则随机选择其中一个），将其投票能力置为 0。

(4) 对于步骤（3）中得票数最大的节点，将其邻居的投票能力进行衰减，置为 $va_u-1/<k>$。

(5) 重复步骤（2）到步骤（4），直到选出 k 个节点。

3. LIR 指标

LIR 指标选择的种子节点都是局部网络中度最大的节点，定义为

$$\mathrm{LI}(v_i)=\sum_{v_j\in\Gamma(v_i)}Q(d_j-d_i) \tag{6.3}$$

当 $x>0$ 时，$Q(x)=1$，否则 $Q(x)=0$。根据 LIR 指标计算网络中所有节点的得分值，节点 LI 值的大小反映了节点在局部网络中的地位。例如，节点 v_i 的 LI 值为 6，则 v_i 的邻居中有 6 个节点的度大于它；如果 $\mathrm{LI}(v_i)=0$，则说明节点 v_i 的度比它的邻居节点都要大。LIR 指标选择的种子节点是由一系列度从大到小且 LI 值为 0 的节点构成。

算法 6.3　LIR 指标算法流程

输入：输入网络图 $G=(V,E)$，种子节点个数 k

输出：种子节点集 S

过程：

1　初始化：$S=\varnothing$；

2　For $i=1$ to $|V|$；

3　　$\mathrm{LI}(v_i)=\sum_{v_j\in\Gamma(v_i)}Q(d_j-d_i)$；

4　End；

5　挑选 LI 值为 0 的节点；

6　将 LI 值为 0 的节点根据度从大到小排序，挑选其中前 k 个节点加到 S 中；

7　End。

6.5　实验结果分析

本节将利用 LCE 算法在 6.4.1 节介绍的 6 个真实数据集上进行节点影响力计算，挑选影响力排序靠前的节点与其他 5 种算法结果进行比较。通过独立级联模型模拟影响的传播过程来验证算法的精度，实验对比了 LCE 算法与其他几种影响力最大化求解算法在不同传播率下的表现，同时考虑了不同数量的

种子节点对各个算法的影响。通过分析不同参数 r 对LCE算法求解精度的影响，选择出在各个数据集中表现都相对稳定的合适参数，同时对不同算法中种子节点集的分散性进行了较深入分析。

6.5.1 不同传播率下的各算法表现

本节对比了LCE算法与度中心性指标、k-壳分解算法、折扣度算法、VoteRank以及LIR指标在不同传播率下的表现。在独立级联模型中，当信息传播率过大时，从种子节点发起的信息传播过程将快速覆盖网络的大部分节点，无法区分不同算法之间的优劣，因此取信息传播率 p 为0.01~0.15。

如图6-2所示，相比其他几种算法，LCE可以在更大范围的信息传播率下取得更大的影响传播范围，尤其是当 $p \geq 0.05$ 时，表现更加明显。在图6-2（d）

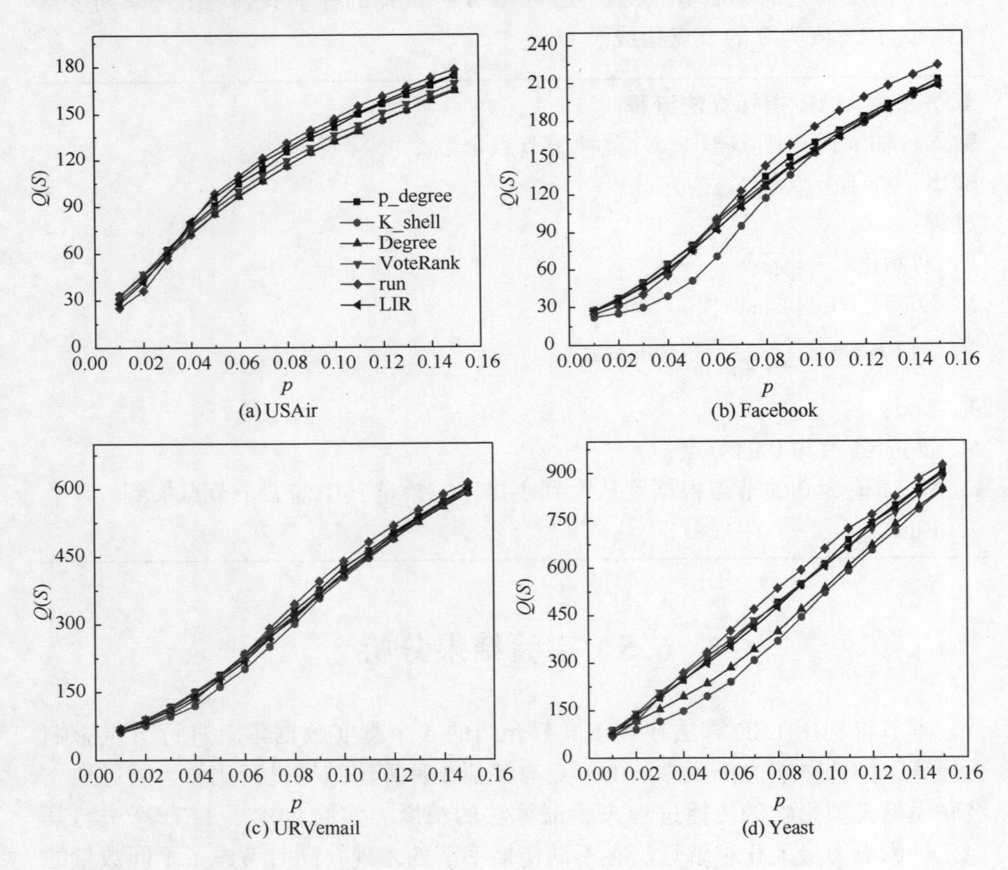

(a) USAir (b) Facebook (c) URVemail (d) Yeast

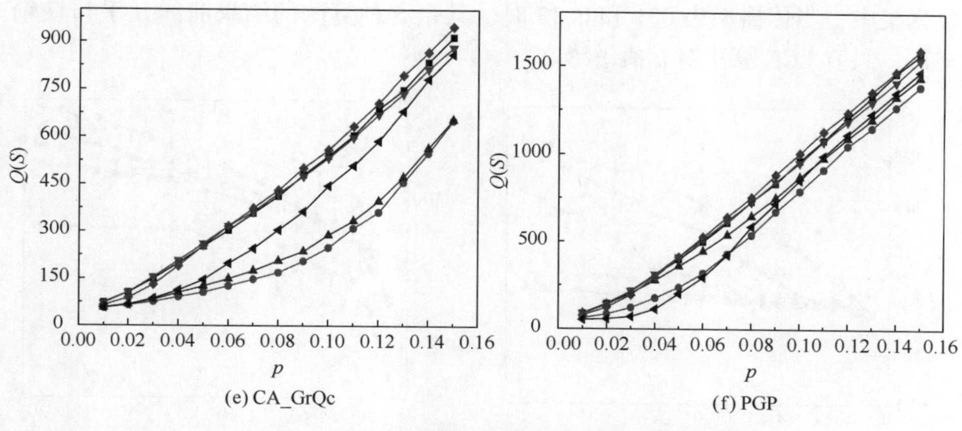

图 6-2　不同传播率下各算法的表现（见彩图）

所示的 Yeast 数据集中，当 $0.04 \leqslant p \leqslant 0.15$ 时，相比其他算法，LCE 算法挑选出的种子节点可以影响到更多网络节点。例如，当 $p = 0.08$ 时，LCE 算法在独立级联模型下可以影响到的节点数为 534.35，而度中心性指标、k-壳分解算法、折扣度算法、VoteRank 以及 LIR 指标则是 397.74、489.51、483.29、475.73 和 367.26。类似地，在图 6-2（f）所示的 PGP 网络中，同样可以观察到 LCE 算法在传播率 $0.05 \leqslant p \leqslant 0.15$ 时，是一种更好的影响最大化算法。

当信息传播率较小时（如 $p \leqslant 0.04$），多个信息源发起的传播过程也极有可能局限在各个信息源的邻域中，此时传播效果主要由节点的度大小决定，以度为基础的指标选出的种子节点集可以直接影响到更多的节点，因此算法表现更好，这解释了 LCE 算法在 $p \leqslant 0.04$ 时表现不突出的原因。

6.5.2　种子节点数目对各算法的影响

图 6-3 比较了种子节点数目 k 取不同值、传播率分别为 0.07、0.1 和 0.13 时，LCE 算法与度中心性指标、k-壳分解算法、折扣度算法、VoteRank 以及 LIR 指标的传播影响范围。如图 6-3 所示，LCE 算法在三种传播率下都可以在更大的 k 范围下取得更好地传播结果。在 6 个网络中，LCE 的影响范围会随着 k 的增大而增大，而度和 k-壳分解指标的结果曲线几乎与横轴平行，在这三种传播率下对 k 并不敏感，这意味着根据传统单节点影响力排序算法挑选出来的种子节点间存在很大程度的影响力重叠。在图 6-3（d）、6-3（j）和 6-3（p）的 Yeast 数据集中，LCE 算法相比其他 5 种算法具有明显的优势，在种子节点个数 k 取值很小的时候，就能取得最优的影响范围。在 Facebook

数据集中，当传播率为0.1和0.13时，其余5种算法的结果曲线几乎与横轴平行，只有LCE算法对k值敏感。

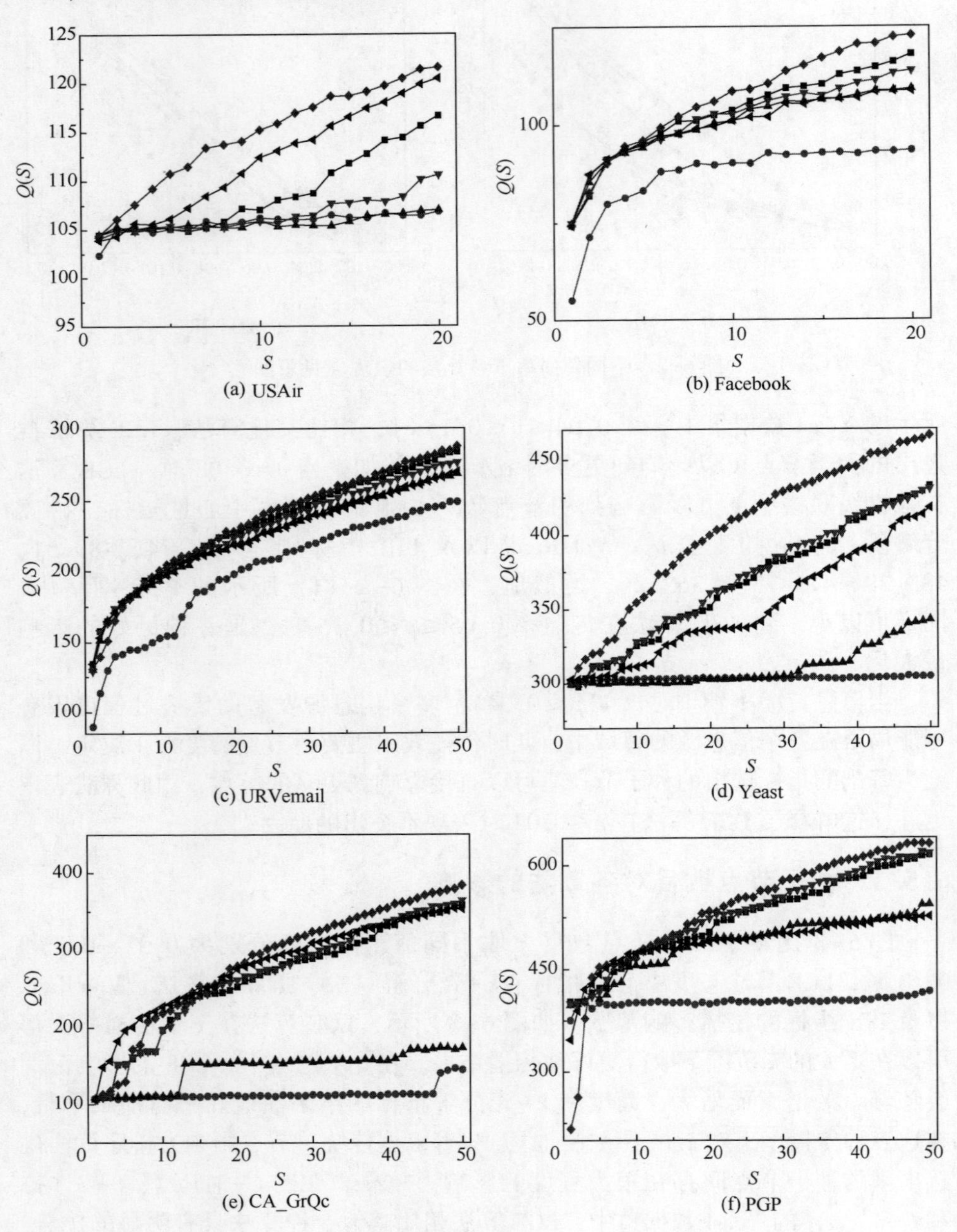

(a) USAir (b) Facebook

(c) URVemail (d) Yeast

(e) CA_GrQc (f) PGP

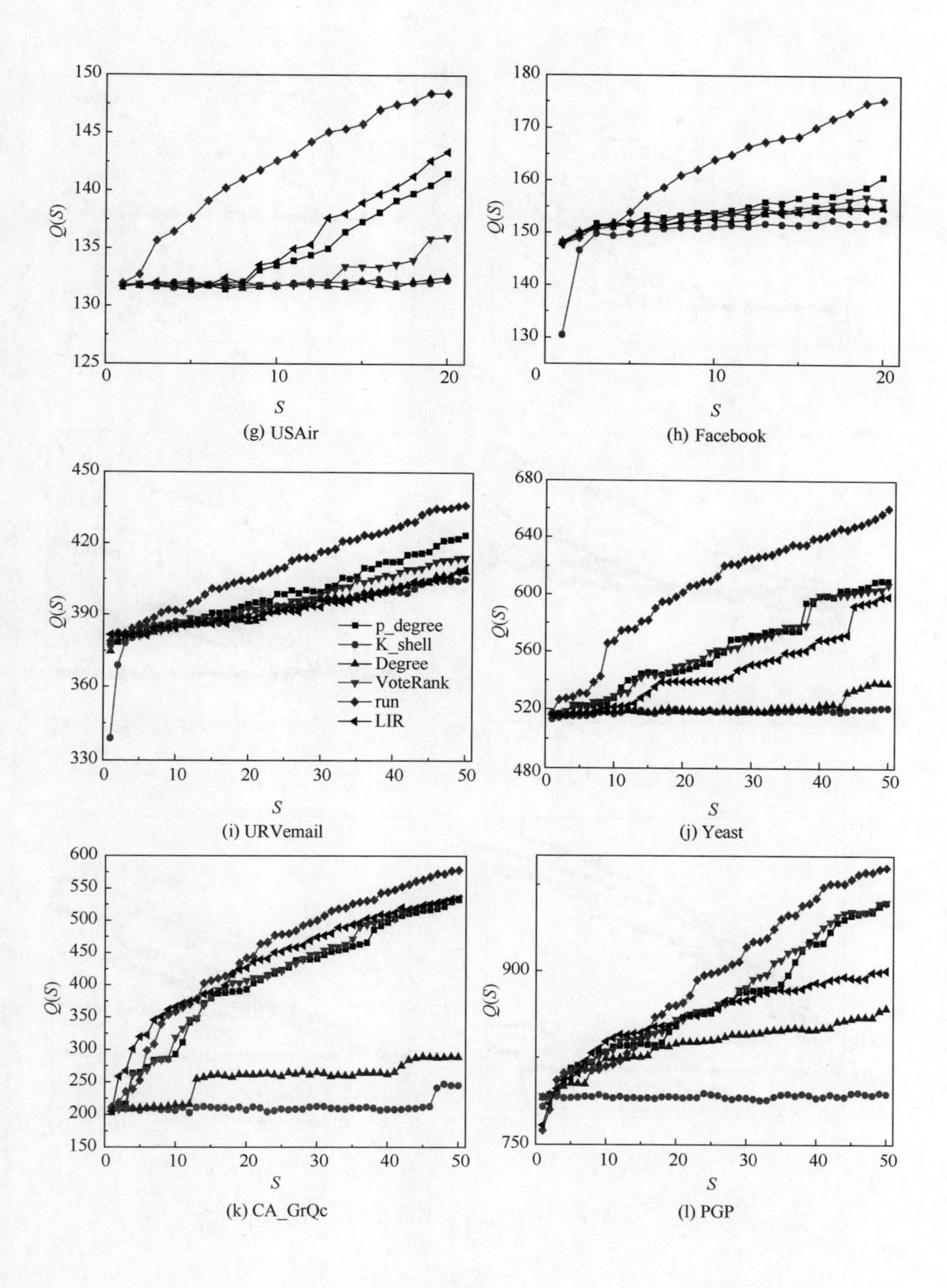

(g) USAir

(h) Facebook

(i) URVemail

(j) Yeast

(k) CA_GrQc

(l) PGP

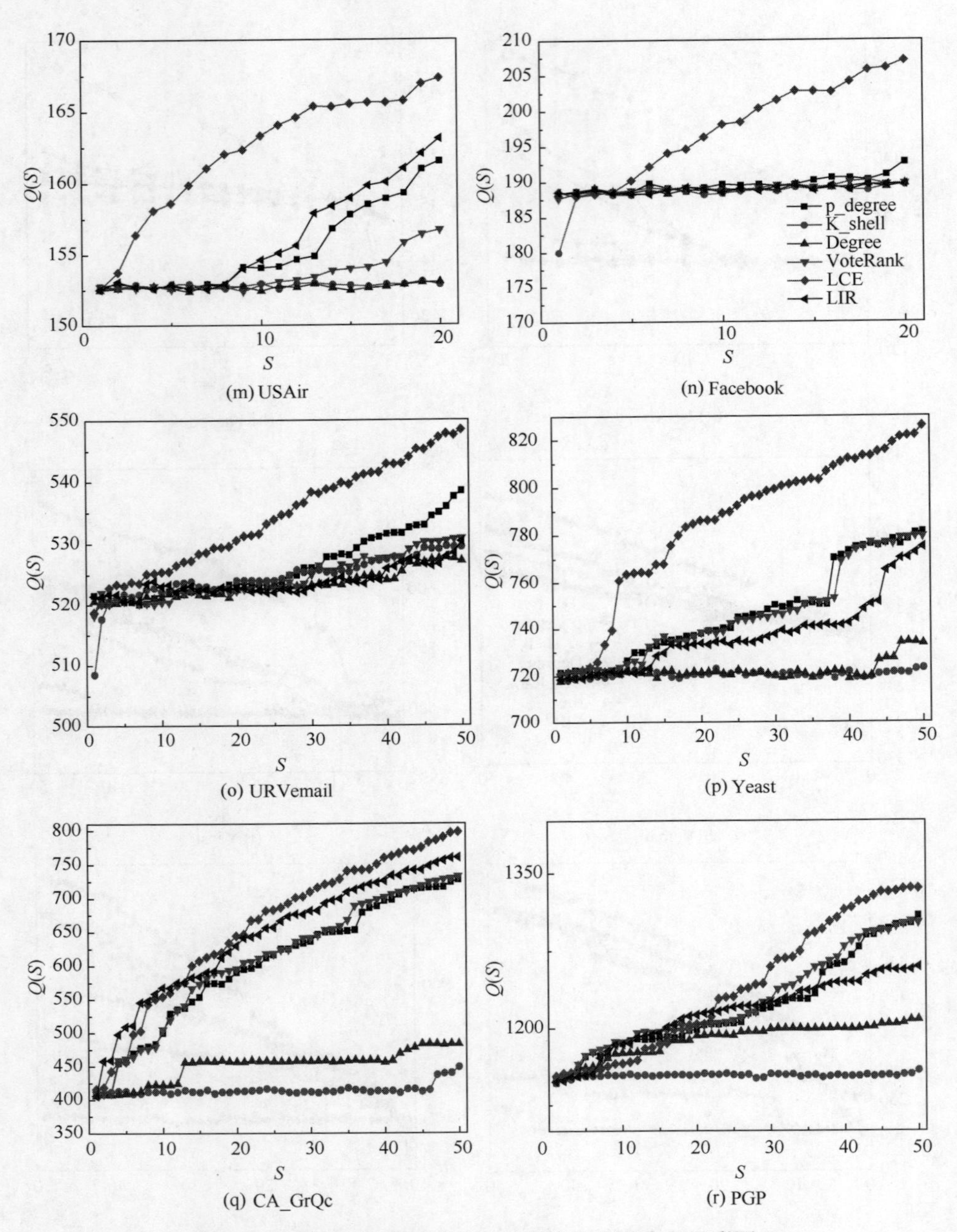

图 6-3 不同数目的种子节点对各算法的影响（见彩图）

6.5.3　不同参数 r 对 LCE 算法的影响

为了系统地分析本章所提的 LCE 算法在寻找网络具有良好传播结构的簇时，簇扩张参数 r 对算法效果的影响，本节给出了 6 个网络数据集上，LCE 分别取 $r=0$、$r=1$、$r=2$、$r=3$、$r=4$、$r=5$ 以及 $r=r_{all}$ 时的影响传播结果，其中 $r=r_{all}$ 代表簇在扩张时循环地遍历簇的邻居节点，直到没有新的节点符合约束条件。如图 6-4 所示，在 6 个网络中可以观察到参数 $r=3$ 时，算法可以在更大范围的传播率下取得更好的实验效果。尽管 $r=r_{all}$ 时，算法可以在较大的传播率下取得最优影响范围，但它的表现并不稳定。以图 6-4（c）为例，尽管在 $p\geqslant 0.09$ 时，算法取 $r=r_{all}$ 效果最好；但当 $p\leqslant 0.08$ 时，算法取 $r=r_{all}$ 的效果远不如其他取值。因此，本章所提的影响最大化算法 LCE 在所有实验中取 $r=3$。

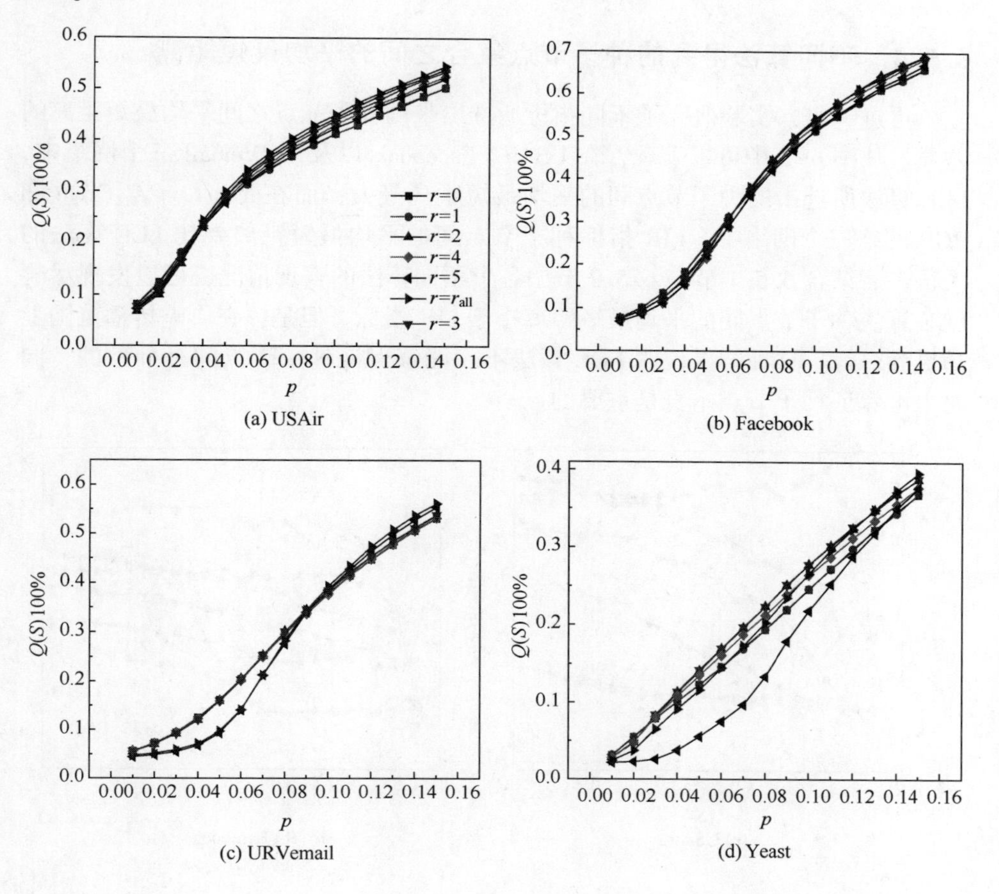

(a) USAir　(b) Facebook　(c) URVemail　(d) Yeast

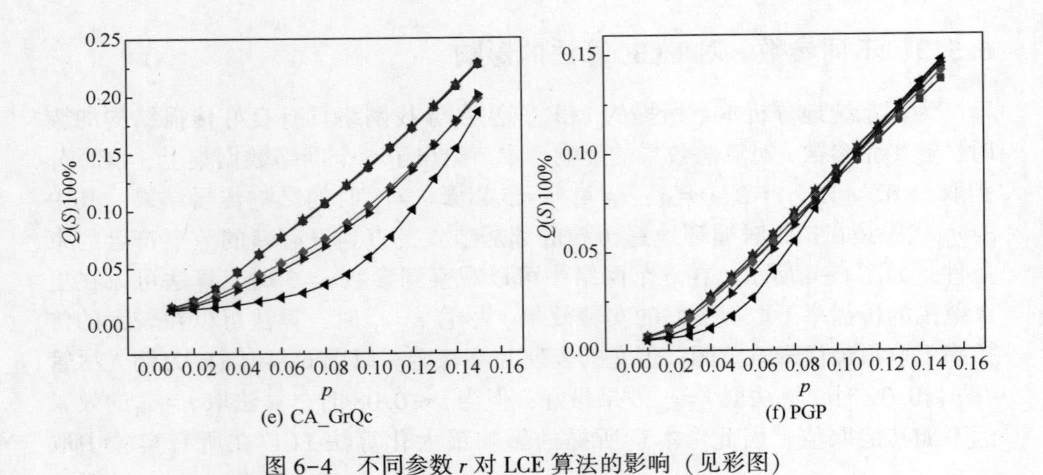

(e) CA_GrQc　(f) PGP

图 6-4　不同参数 r 对 LCE 算法的影响（见彩图）

6.5.4　不同算法得到的种子节点集合之间的平均最短距离

更进一步，实验研究了不同指标所选出来的种子节点之间平均最短距离的差异。从图 6-5 中可以发现，在 USAir，Facebook 以及 URVemail 三个网络中，LCE 算法所选出的种子节点间的平均最短距离最大；而在 Yeast、CA_GrQc 和 PGP 网络三个网络中，LIR 指标种子节点间的平均最短距离要比 LCE 算法的大很多。结合 6.5.1 节与 6.5.2 节中各个不同算法的表现情况，可以发现尽管 LCE 算法种子节点间的平均最短距离小于 LIR 指标。但是，在影响传播范围上却更胜一筹，这种结果说明 LCE 算法不仅能够保证种子节点间是分散的，同时也可保证种子节点本身是重要的。

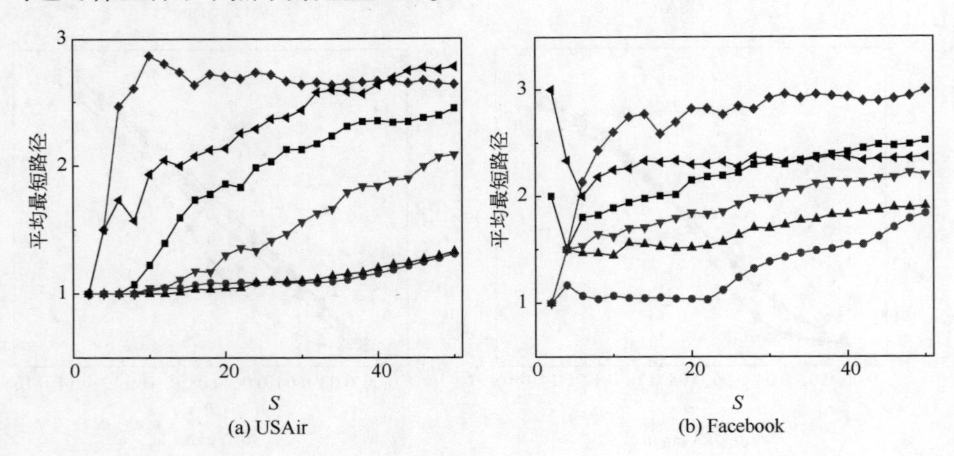

(a) USAir　(b) Facebook

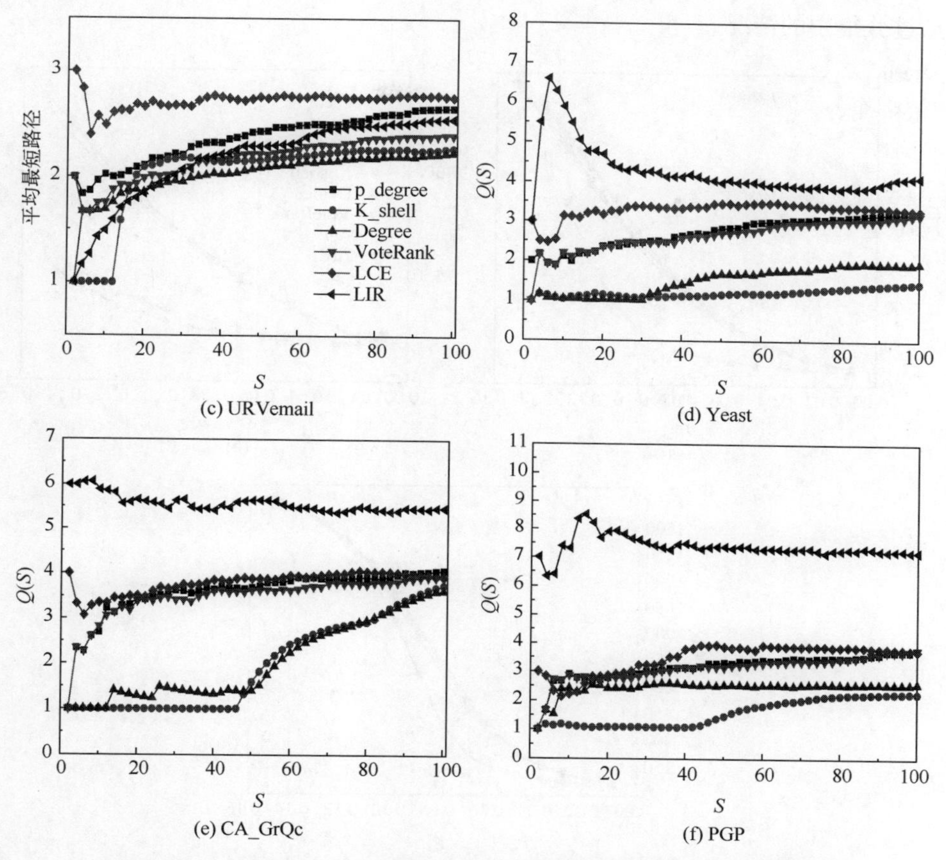

图 6-5　不同算法所选出的种子节点间的平均最短路径距离（见彩图）

6.5.5　LFR 数据集中各算法对比

除了真实数据集，本章还在 LFR 人工数据集上进行了不同传播率下的影响最大化实验。LFR 参数如下：$N=2000$，$c_{\min}=20$，$c_{\max}=50$，$k_{\max}=30$，$\mu=0.1$。其中，N 表示网络节点个数，$c_{\min}$ 和 $c_{\max}$ 分别表示社团的最小和最大节点数，$k_{\max}$ 为网络中的最大的度值，μ 是混合参数。调整平均度 $\langle k\rangle$ 为来调节网络的紧密程度，生成 $\langle k\rangle$ 为 5、10、15 的 3 个网络数据集。

如图 6-6 所示，相比其他几种算法，LCE 可以在更大范围的信息传播率下取得更好的影响传播效果。区别于真实数据集在 $p\leqslant 0.05$ 时表现不够突出的情况，LCE 算法即使在传播较小时，其表现依然和其他算法相差无几。其原因在 LFR 基准数据模型生成的数据集具有良好的社区结构，不会出现度大节

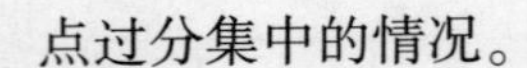
点过分集中的情况。

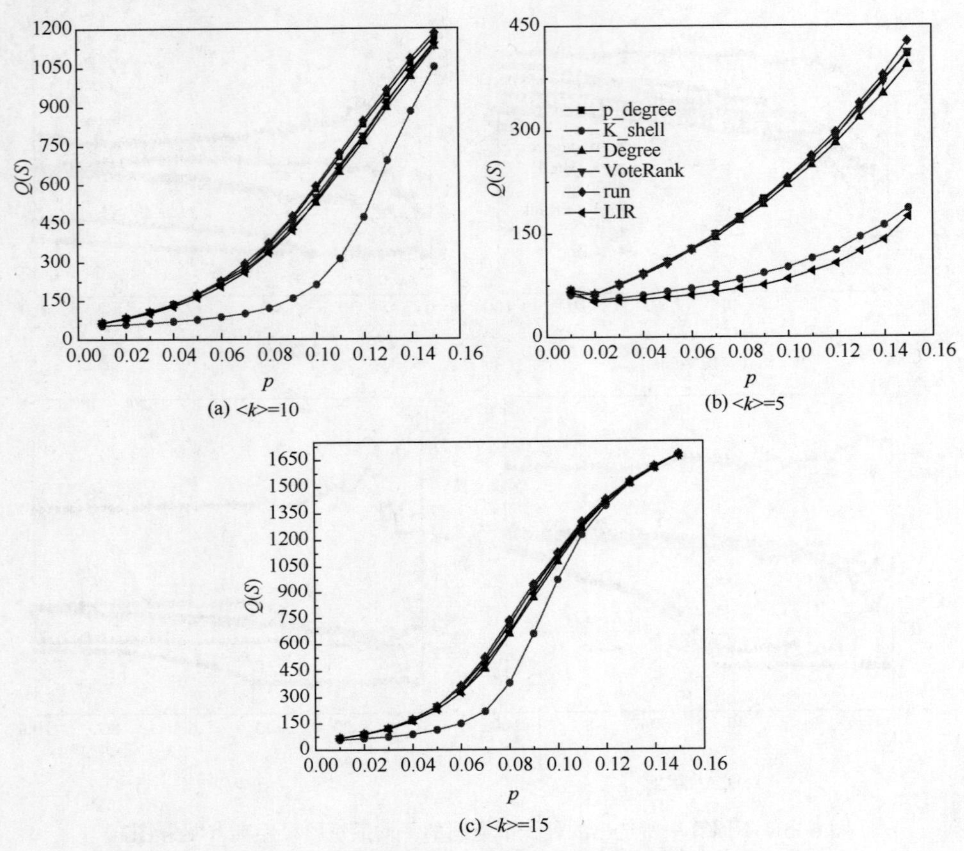

图 6-6　LFR 网络中不同传播率各算法表现（见彩图）

6.6　小　结

本章将求解影响最大化问题转变为寻找网络中具有良好传播结构的簇的问题。充分利用 k-壳分解方法剥离网络外围节点的过程会使得网络中剩余节点的聚集系数增大的这一特点，本章提出 LCE 算法以这些连接密集的高 k-壳值节点为中心，通过比较它与外围邻居的连接关系，将与中心节点集连接紧密的节点逐步加入到初始子团中，以此方法可以得到多个内部连接紧密的簇，从中找出节点数最多的前 k 个簇，最后将每一个簇中最有影响力的节点挑选出来组成初始激活节点集合。在 6 个真实世界网络以及 3 个不同平均度的 LFR 人工网络中测试了算法的效果。实验结果显示，同已有的度中心性指标、k-壳分解算法、折扣度算法、VoteRank 以及 LIR 指标相比，本章所提的 LCE 算法可以在范围更大的传播率下取得更高的算法精度。

LCE 影响最大化方法有以下两点优势。

（1）目前，大多数基于节点中心性的方法，更适用于场景单信源的信息传播问题，即挑选网络中最有影响力的某个节点用于信息传播。多信源情况下，基于节点中心性的方法挑选出来的种子节点间存在影响力重叠。一个有效的影响最大化算法不仅应该保证节点是具有影响力的，同时也是分散的。本章所提出的 LCE 算法将 k 个信源的选择问题转化为 k 个具有良好传播结构的簇的发现问题，而后在簇中选择最有影响力的节点，从而可以保证种子节点间的分散性。

（2）LCE 算法中簇的核心是基于 k-壳分解方法得到的高 k-壳值节点构造的，因此 LCE 算法的计算复杂度很低，适用于大型社会网络影响最大化问题的求解，这在当今动辄数据呈海量之势的大数据时代是具有意义的。

第7章 基于引力模型的复杂网络节点重要度评估方法

如何用定量分析的方法识别复杂网络中最重要的节点，或者评价某个节点相对于其他一个或多个节点的重要程度，是复杂网络研究的热点问题。目前，已有多种有效模型被提出用于识别网络重要节点。其中，引力模型将节点的核数（网络进行k-核分解时的*ks*值）看作物体的质量，将节点间的最短距离看作物体间距离，综合考虑了节点局部信息和路径信息用于识别网络重要节点。然而，仅将节点核数表示为物体的质量考虑的因素较为单一，同时已有研究表明网络在进行k-核分解时容易将具有局部高聚簇特征的类核团节点识别为核心节点，导致算法不够精确。基于引力模型，综合考虑节点H指数、节点核数以及节点的结构洞位置，本章提出了引力模型的改进算法ISM及其扩展算法ISM+。在多个经典的实际网络和人工网络上利用SIR模型对传播过程进行仿真，结果表明所提算法与其他中心性指标相比能够更好地识别复杂网络中的重要节点。

7.1 引　　言

网络节点重要性排序是网络科学领域研究的重点和热点，其目的是挖掘能在更大程度上影响网络结构和功能的关键节点。设计能够快速、准确地识别网络关键节点的算法在理论研究和生活实践上都具有重要意义。例如，对于病毒传播网络，有选择性地控制网络中的一些重要节点或改变其结构属性，如接种疫苗、断边重连或漏洞修复等，就可以有效降低病毒的传播速度并减小扩散范围；在军事供应链网络中，寻找关键节点并进行重点保护，可以提高物资保障的可靠性和效率，有效完成后勤保障任务；在社交网络中，通过一定策略选择有影响力的用户（如明星、网络红人等）做新产品的推广和营销，使产品信息在网络中得到大范围传播，从而增加营收效益。

最近有学者指出，通过对不同的排序指标或策略进行融合，可以获得更好的排序结果[166]。目前，大多数指标都是从某一特定角度衡量节点重要性，有一定的适用性，同时也有一定的不足。如果可以将一些从不同角度对节点重要性进行评价的指标进行融合，则排序结果将更加全面和可信[167]。韩忠民等人[168]基于ListNet的排序学习方法融合结构洞、介数等7个度量指标，能够较为全面地评估网络中节点的重要性。闫光辉等人[169]以网络模体[170,171]为基本单元研究网络高阶结构，并进一步引入证据理论[172,173]设计了一种融合节点高阶信息和低阶结构信息的重要节点挖掘算法。根据渗流理论[174]，去除一个网络节点后，剩余网络与原始网络之间存在传播阈值上的差异。Zhong等人[175]认为这种传播阈值差异可以用于表征节点的全局影响力，通过考虑传播阈值差异和度中心性，提出了一种融合局部与全局结构的重要节点识别算法。

受万有引力公式启发，最近，Ma等人[176]提出了一种综合考虑节点邻居信息和路径信息的引力方法，其中节点核数可看作是节点的质量，节点间的最短距离看作物体间距离。然而，仅将核数表示为物体的质量，考虑的因素较为单一。此外，算法利用节点与邻域节点间的相互作用力来量化节点的影响力，容易将局部呈高聚簇特征的节点误判为重要度高的节点，实际上传播从这类节点发起，容易局限在小团体内部，不利于传播快速向外部蔓延。由此，本章将节点核数作为度量节点全局重要性的指标，融合节点H指数重新定义节点的质量，并结合节点的结构洞特征，设计了引力模型的改进算法ISM及ISM+。在多个真实世界网络和人工网络中的实验表明，所提算法在识别节点影响力方面相比介数中心性、接近中心性、度中心性、引力模型、MDD、局部引力模型[177]、KSGC指标[178]等算法更有优势。

7.2 引力模型相关算法

Ma等人[176]认为如果节点的邻域节点具有更高的ks值，则节点更有可能是网络中的核心节点，同时两个节点之间的相互作用效应会随着距离的增加而减小。受万有引力公式启发，文献［176］提出了一种综合考虑节点邻居信息和路径信息的引力中心性指标，其中节点的ks值被看作节点的质量，节点间的最短距离看作物体间距离，可表示为

$$G(i)=\sum_{j\in\varphi_i}\left(\frac{ks_i ks_j}{d_{ij}^2}\right) \tag{7.1}$$

式中：φ_i为距离节点i小于或等于给定值r的邻域节点集；ks_i和ks_j分别为节点i和j的k-核分解值；d_{ij}为节点i到节点j的距离。

根据式（7.1）进一步扩展得到扩展引力中心性指标指数标记为$G+$，定义为

$$G_{+}(i)=\sum_{j\in\Lambda_i}G(j) \tag{7.2}$$

式中：Λ_i 为节点 i 的直接邻居。

7.2.1 局部引力模型

类似于引力中心性指标，Li 等人[177]认为度大的节点往往有更大的影响力，同时节点对其邻近节点的影响更大，将节点的度看作物体的质量，由此也提出了一种综合考虑节点邻居信息和路径信息的局部引力模型来评估网络节点的重要性，定义为

$$\text{LGM}(i)=\sum_{d_{ij}\leqslant R}\frac{k_i k_j}{d_{ij}^2} \tag{7.3}$$

式中：k_i 和 k_j 分别为节点 i 和 j 的度；R 为网络截断半径，是网络最短路径平均值的一半。

7.2.2 KSGC 指标模型

Yang 等人[178]指出节点的位置是节点在网络中的一个重要属性，而多数节点重要性评估算法却很少考虑节点的位置。由此他们设计了一种基于 k-核分解方法的引力模型的改进方法 KSGC，用于识别复杂网络中节点的传播影响力，可表示为

$$\text{KSGC}(i)=\sum_{d_{ij}\leqslant R}c_{ij}\frac{k_i k_j}{d_{ij}^2} \tag{7.4}$$

$$c_{ij}=\mathrm{e}^{\frac{ks_i-k_i}{ks_{\max}-ks_{\min}}}$$

式中：$ks_{\max}$ 为网络中最大的 ks 值；$ks_{\min}$ 为最小的 ks 值。

7.3 基于引力模型的节点重要性排序方法

引力模型仅将核数表示为物体的质量，考虑的因素较为单一，节点在网络中的位置是节点的重要属性，这里的位置不仅指节点基于全局信息的 k 核中心性，还包括基于局部信息的结构洞位置。此外，H 指数也是一个很好的度量节点重要性的指标，当一个节点核数和 H 指数较高，同时还占据了较多的结构洞，该节点往往具有更大的影响力。基于以上分析，本章构造了基于引力模型的节点重要度排序方法 ISM 及其扩展算法 ISM+，其基本思想是：综合考虑节点局部拓扑信息（H 指数）和全局位置信息（k-核中心性）并将其看作物体

质量的同时，融合节点的结构洞特征以此消减网络伪核心节点重要度排序虚高对算法排序准确性的影响，利用节点与领域节点间的相互作用力来描述节点的传播影响力。

由于节点核数和 H 指数不是同一个量纲，二者不能直接融合。为了融合节点这两方面的结构特征，引入一个均衡因子 γ，定义为网络平均核数值与网络平均 H 指数之比，表达式为

$$\gamma=\frac{\langle ks\rangle}{\langle h\rangle} \tag{7.5}$$

式中：$\langle ks\rangle$为网络平均核数值；$\langle h\rangle$为网络平均 H 指数。

由此，将节点局部信息和节点全局位置信息进行融合，得到节点 i 的质量 $m(i)$，定义为

$$m(i)=ks_i+\gamma h_i \tag{7.6}$$

k-核分解方法分解网络时容易将类核团节点错误识别为网络核心，类核团内节点彼此紧密相连，与网络的其他部分几乎没有联系。实际上 H 指数在衡量节点的传播影响力时也存在类似问题，对于类核团节点，H 指数同样会赋予这个节点高 h 值。然而，那些不仅彼此之间连接十分紧密，且与核心之外的节点还存在大量连接的节点，则是网络的真核心。综上所述，对于一个高 ks 值或高 h 值节点，如果该节点同时还占据着较多结构洞，那么该节点很可能是网络的重要节点。因此，进一步引入网络约束系数[142]来度量节点的结构洞特征，根据邻域节点间的连接情况对节点重要度排序值进行校正，从而消减 k-核分解方法和 H 指数识别出的类核团节点重要度排序虚高对算法精度的影响，节点 i 的重要度校正函数 $\omega(i)$ 定义为

$$\omega(i)=\frac{\mathrm{e}^{-c_i}}{2},\quad 0<\omega(i)\leqslant 1 \tag{7.7}$$

式中：e 为自然常数；C_i为节点形成结构洞所受到的约束。

当节点 i 的度越大且占据的结构洞越多，节点的网络约束系数 C_i值越小，$\omega(i)$的值越大。反之，节点 i 的度越小且邻居之间的闭合程度越高，节点网络约束系数 C_i值越大，$\omega(i)$的值越小。最后，模拟万有引力公式的形式，综合考虑节点 i 与领域节点间的相互作用力，定义节点 i 的重要度 ISM(i)，即

$$\mathrm{ISM}(i)=\sum_{d_{ij}\leqslant\psi_i}\omega(i)\,\frac{m(i)m(j)}{d_{ij}^2}=\sum_{d_{ij}\in\psi_i}\mathrm{e}^{-c_i}\,\frac{(ks_i+\gamma h_i)(ks_j+\gamma h_j)}{2d_{ij}^2} \tag{7.8}$$

式中：Ψ_i 为到节点 i 的距离小于或等于给定值 r 的邻域节点集。

为了降低算法复杂度，本章参照文献［176］将 r 值设为3。进一步，本章设计了 ISM 的扩展算法 ISM+，定义为

$$\mathrm{ISM}+(i)=\sum_{j\in\Gamma_i}\mathrm{ISM}(j)^{(\theta)} \tag{7.9}$$

其中，$0\leqslant\theta\leqslant1$。对于较小的 θ，ISM+方法会削弱具有较大 ISM 值的有影响力邻居的影响；而较大的 θ 值，则会增强具有较大 ISM 值的有影响力邻居的影响。不失一般性，后续实验中 θ 都取为0.8。

相比引力模型只考虑节点核数及节点的路径信息，ISM 与 ISM+算法在几乎不增加算法计算时间的情况下，融合了节点的多种属性信息，包括节点 H 指数、节点位置、节点结构洞特征以及节点的路径信息，从而可以更准确地对节点重要度进行排序。

7.4 实验设置

本节介绍算法实验软硬件环境、所用到的数据集以及影响传播模型，并详细介绍了 LCE 算法的对比算法：折扣度 DegreeDiscount 算法、VoteRank 算法以及 LIR 指标。

实验选取了6个来自不同领域的真实数据集，分别是安然邮件网络 Enron[134]、Slavo Zitnik 的朋友圈关系网络 Facebook[69]、科学家合作网络 Netscience[69]、美国航空网络 USAir[135]、人群感染网络 Infectious[136]以及网页网络 EPA[135]。表7-1列出了这些网络的统计特征，包括网络节点总数 N、网络连边数 E、节点间平均最短距离 $<d>$、节点平均度 $<k>$、网络集聚系数 C、网络直径 D，网络最大 k-壳值 $k_{\max}$、信息传播阈值 $\beta_{\mathrm{th}}=<k>/<k^2>$ 以及信息传播率 β，其中 $<k^2>$ 表示节点二阶平均度。

表7-1　拓扑统计参数

网　络	N	E	$<d>$	β_{th}	β	$<k>$	C	D	$<k^2>$
Enron	143	623	2.967	0.0774	0.08	8.7133	0.4339	8	9
Facebook	324	2218	3.0537	0.0466	0.05	13.6914	0.4658	7	18
Netscience	379	914	6.0419	0.125	0.13	4.8232	0.741	17	8
USAir	453	2025	2.7381	0.0231	0.03	12.8072	0.6252	6	26
Infectious	410	2765	3.6309	0.0534	0.05	13.4878	0.4558	9	17
Web_EPA	4253	6258	4.5003	0.0366	0.08	4.1839	0.0714	10	6

7.5　实验结果分析

使用 SIR 模型分析不同算法排序结果与节点真实传播能力之间的相关性，按表 7-1 中的 β 值设置 6 个网络的感染概率，独立运行 1000 次取平均结果，相关程度越高，相应算法得到的节点重要性排序结果越准确。

7.5.1　真实网络中的实验结果分析

从图 7-1 可以观察到，本章所提的 ISM 与 ISM+方法与 SIR 传播过程中感染数量 ϕ 高度相关，尤其是 ISM+方法在大多数情况下都优于其他算法，说明所提算法相比其他指标能够较为准确地识别节点的传播影响力。传统的度量方法如接近中心性和介数中心性指标与实际影响力之间相关性较弱，结果较为发散，尤其是介数中心性与 SIR 影响节点数的相关性最弱，其原因与网络的社区化有关，因为社区化的情况下节点间聚集程度高，节点介数普遍很小，导致利用介数进行传播影响力排序时节点间区分度不大。造成这一结果的另一种原因是排名靠前的节点集中在同一个社区，导致了信息传播的局部性。KSGC 方法是针对 LGM 做的改进，但在相关性实验中，两种算法的结果较为接近。

在相关性实验中，实验设置的传播率是固定的，实验结果只反映了特定传播率下的静态状态。为了更全面评价各个算法的节点重要性排序精度，我们将 τ 值作为准确性度量值，设置传播率区间为[$|\beta_{th}|-7\%$, $|\beta_{th}|+7\%$]（若 $\beta_{th} \leqslant 0.07$，传播率区间设置为[0.01,0.15]），如图 7-2 所示。图中纵轴表示节点实际传播能力排序结果与不同中心性算法得到的节点重要性排序结果间的相关系数值，该值越大，对应排序算法越准确。从图 7-2 中可见，当传播率超过传播阈值 β_{th}（不同网络的 β_{th} 值如图 7-2 中的虚线所示）时，ISM 与 ISM+方法表现一般都要优于多数算法，尤其是 ISM+方法表现更加突出，同 SIR 模型模拟传播过程得到的节点传播能力有显著的相关性。然而，从图 7-2 可以清楚地看到，尽管介数中心性和接近中心性方法是基于网络全局信息计算得到的，但在识别这些网络中重要节点方面并不具有优势。同时，度中心性、MDD、LGM 和 KSGC 这类基于度的方法在传播率较小的情况下表现较好，其原因是当传播率较小时，信息从节点发起容易局限于局部，此时影响传播结果的主要因素是邻居节点数量，即节点度越大，感染到的节点也越多。度中心性、MDD、LGM 和 KSGC 方法正好适合这一情况。

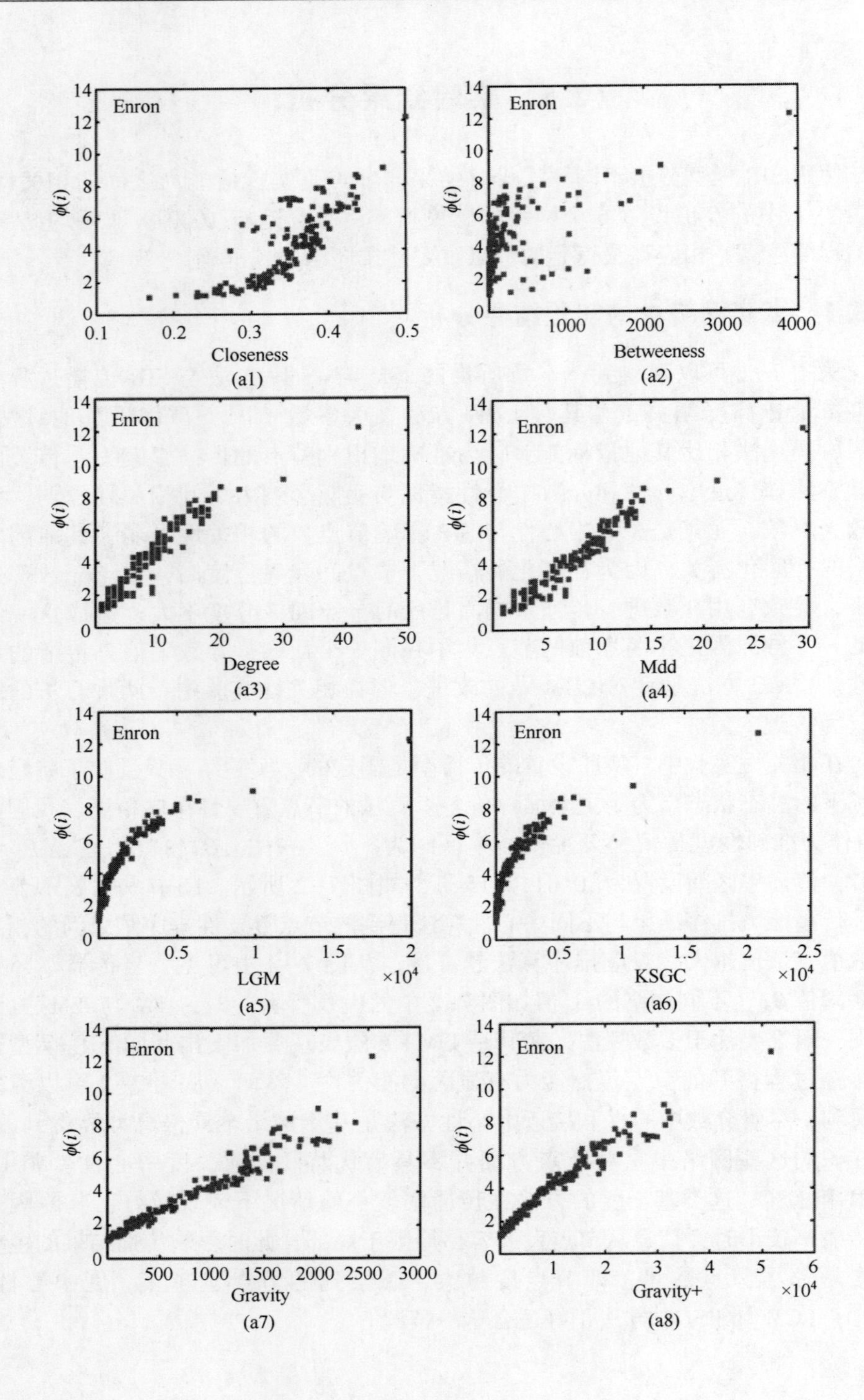
Enron
$\phi(i)$
Closeness
(a1)
Betweeness
(a2)
Degree
(a3)
Mdd
(a4)
LGM
$\times10^4$
(a5)
KSGC
$\times10^4$
(a6)
Gravity
(a7)
Gravity+
$\times10^4$
(a8)

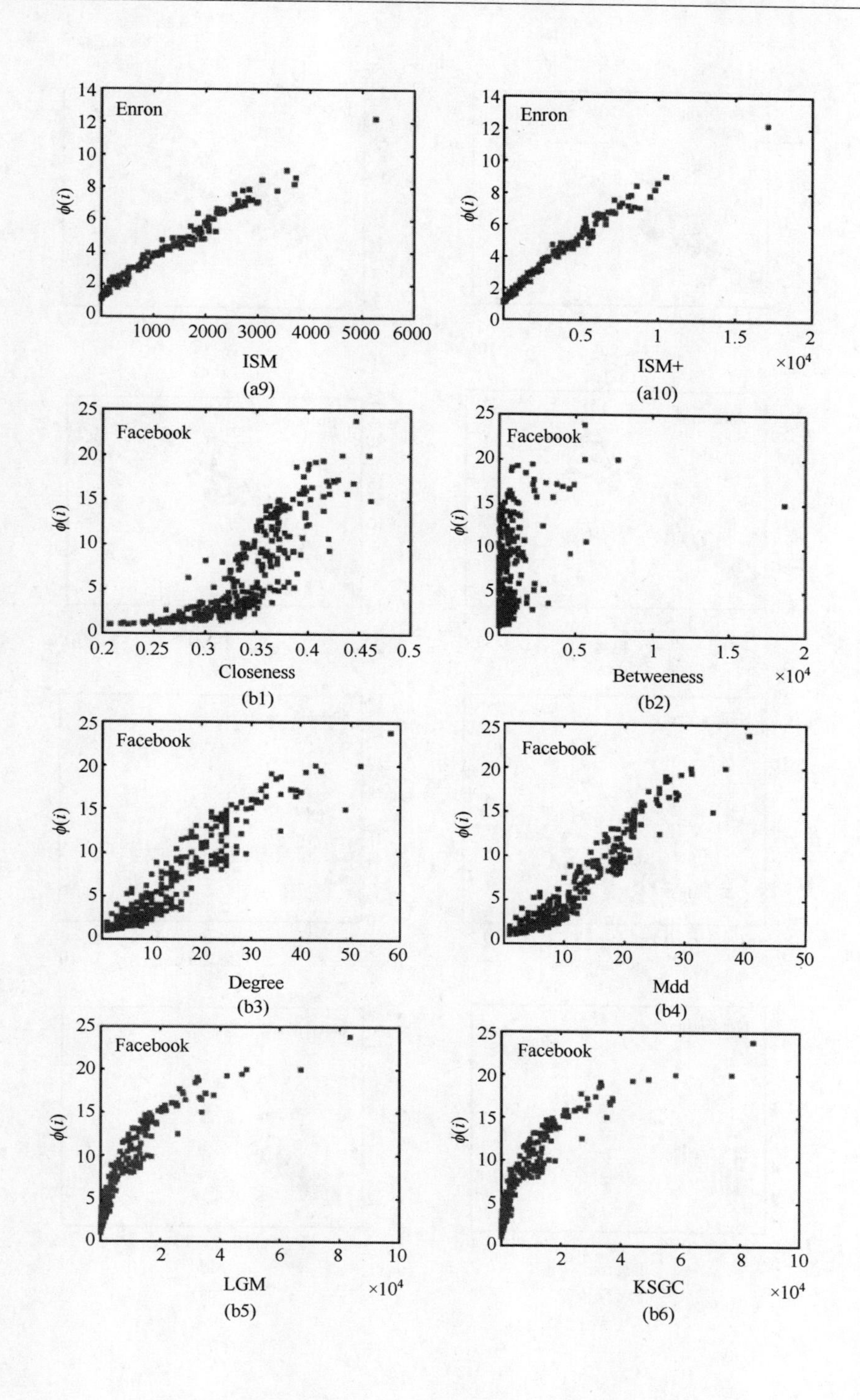
Enron
φ(i)
ISM
(a9)
Enron
φ(i)
ISM+
×10^4
(a10)
Facebook
φ(i)
Closeness
(b1)
Facebook
φ(i)
Betweeness
×10^4
(b2)
Facebook
φ(i)
Degree
(b3)
Facebook
φ(i)
Mdd
(b4)
Facebook
φ(i)
LGM
×10^4
(b5)
Facebook
φ(i)
KSGC
×10^4
(b6)

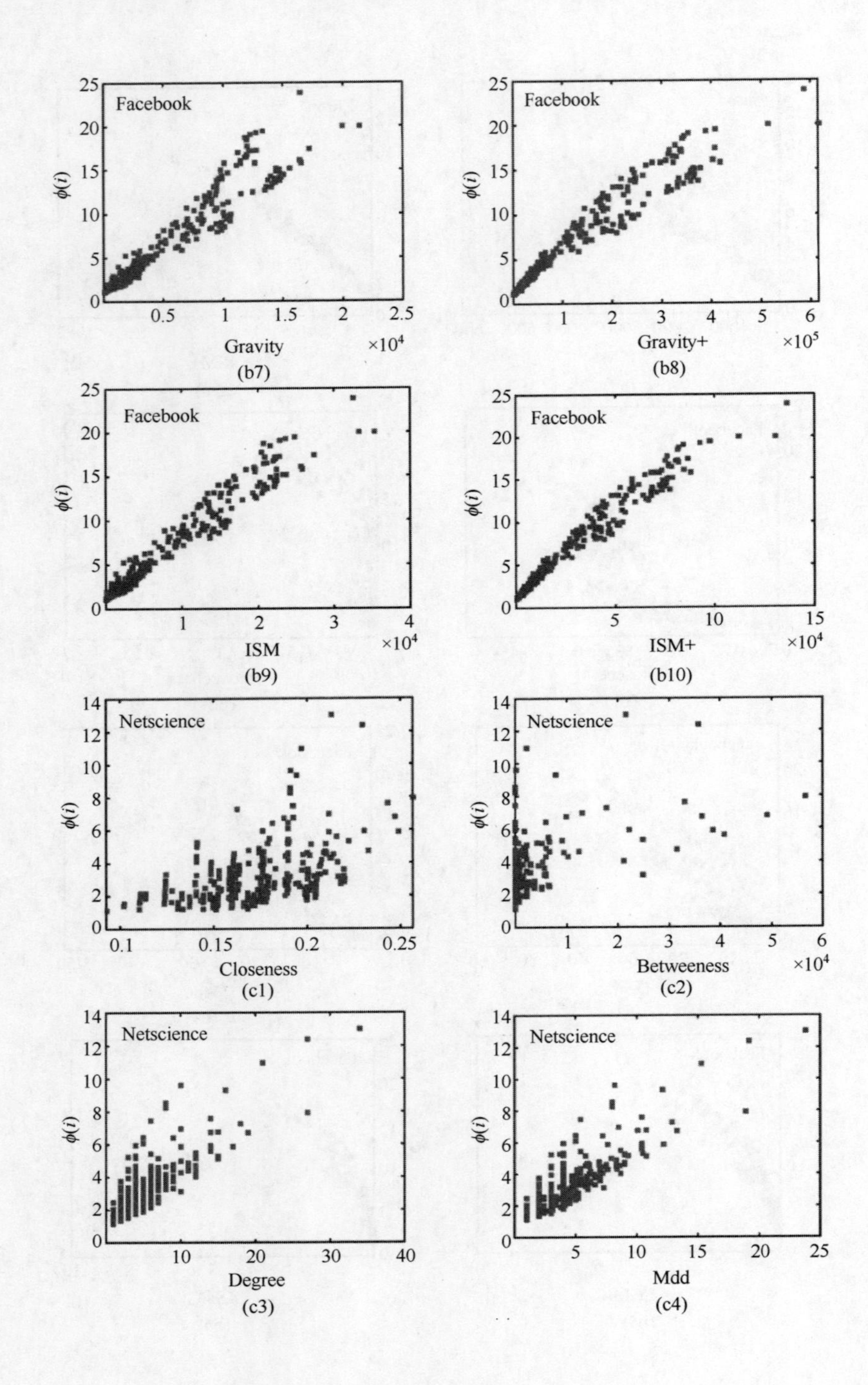

(b7) (b8) (b9) (b10) (c1) (c2) (c3) (c4)

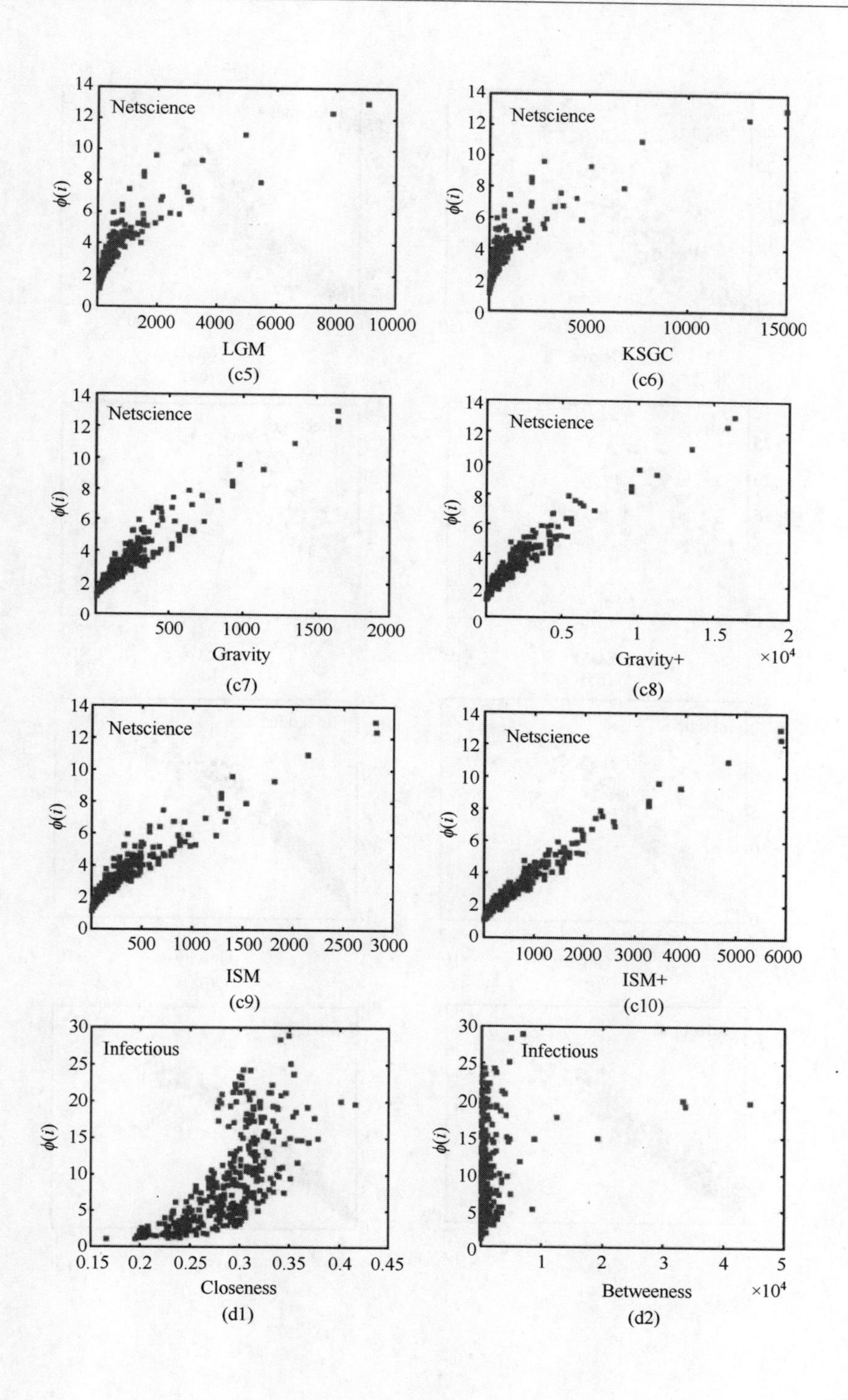

(c5)

(c6)

(c7)

(c8)

(c9)

(c10)

(d1)

(d2)

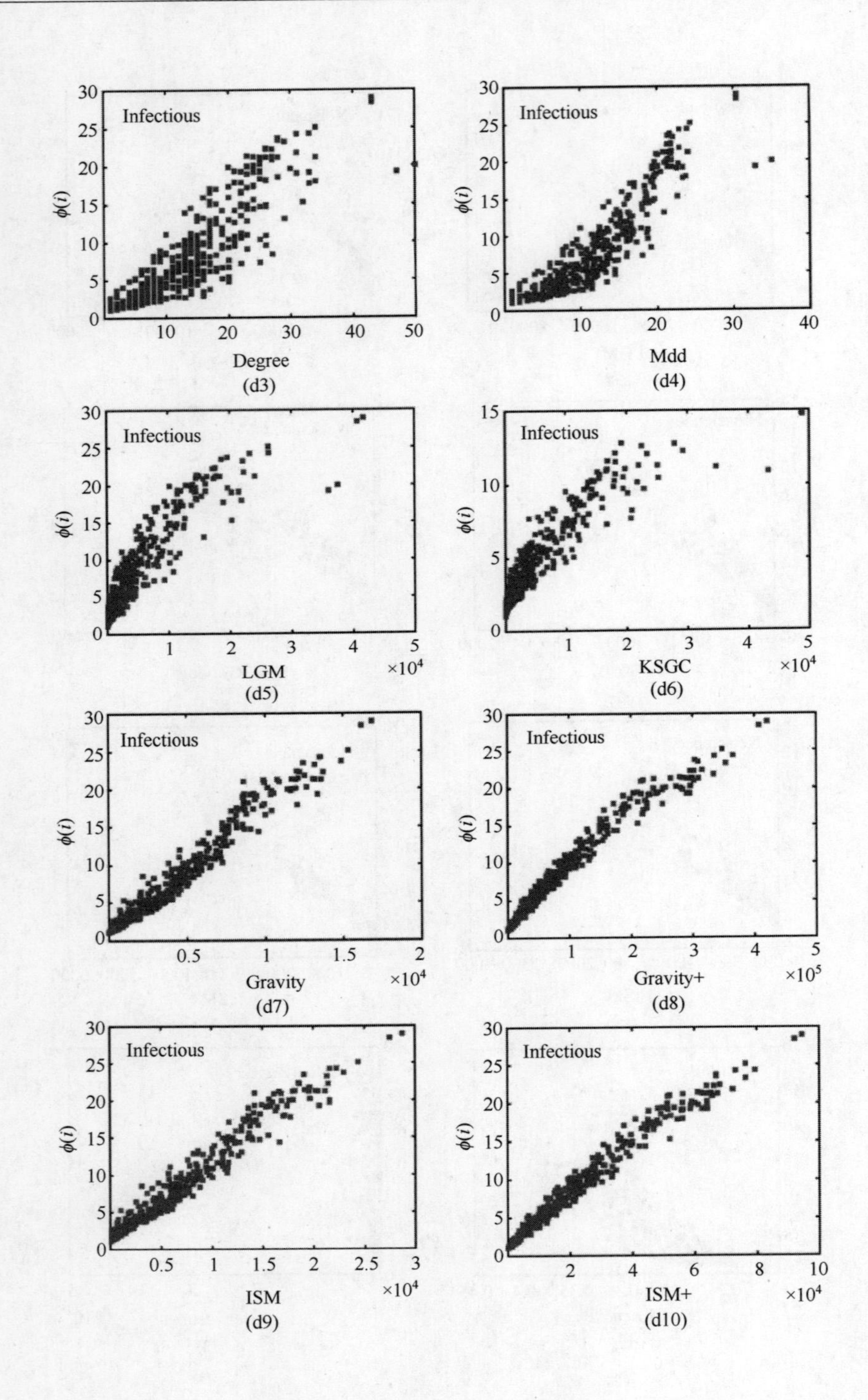
Infectious
φ(i)
Degree
(d3)
Infectious
φ(i)
Mdd
(d4)
Infectious
φ(i)
LGM
×10^4
(d5)
Infectious
φ(i)
KSGC
×10^4
(d6)
Infectious
φ(i)
Gravity
×10^4
(d7)
Infectious
φ(i)
Gravity+
×10^5
(d8)
Infectious
φ(i)
ISM
×10^4
(d9)
Infectious
φ(i)
ISM+
×10^4
(d10)

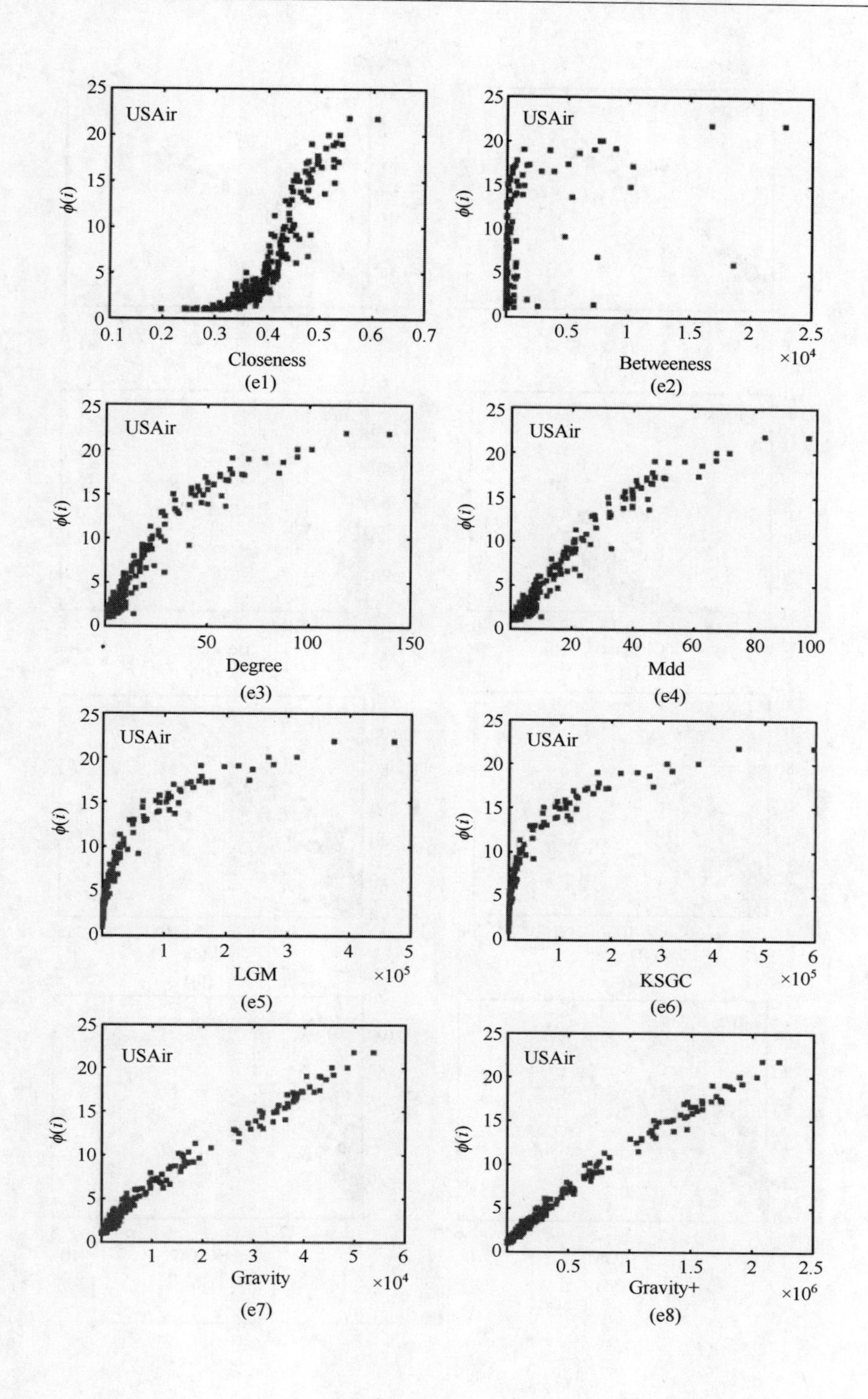
USAir
ϕ(i)
Closeness
(e1)
Betweeness
×10^4
(e2)
Degree
(e3)
Mdd
(e4)
LGM
×10^5
(e5)
KSGC
×10^5
(e6)
Gravity
×10^4
(e7)
Gravity+
×10^6
(e8)

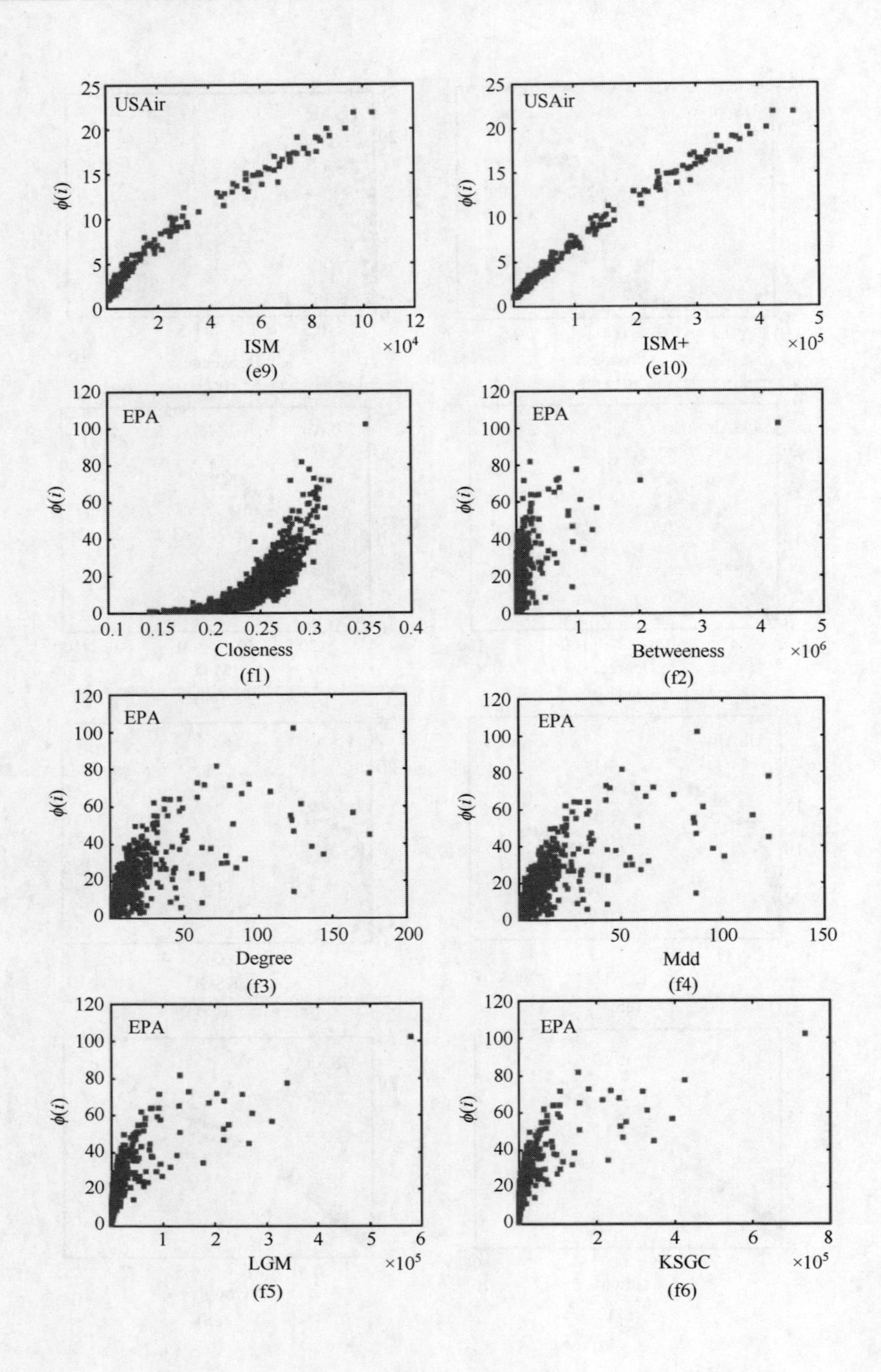
USAir
ϕ(i)
ISM
×10^4
(e9)
USAir
ϕ(i)
ISM+
×10^5
(e10)
EPA
ϕ(i)
Closeness
(f1)
EPA
ϕ(i)
Betweeness
×10^6
(f2)
EPA
ϕ(i)
Degree
(f3)
EPA
ϕ(i)
Mdd
(f4)
EPA
ϕ(i)
LGM
×10^5
(f5)
EPA
ϕ(i)
KSGC
×10^5
(f6)

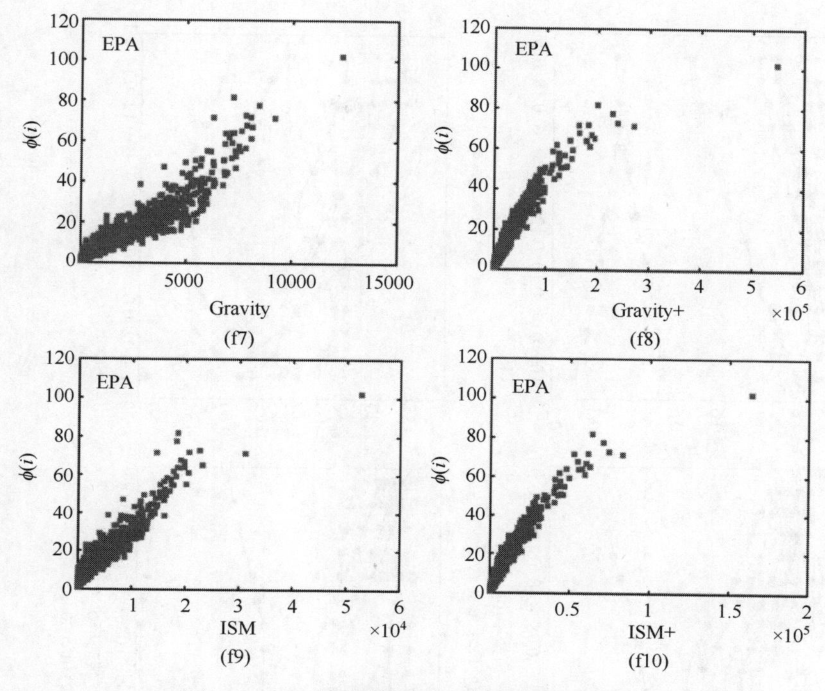

图 7-1　10 种不同排序方法得到的排序结果
与 SIR 传播过程感染节点数的相关性

调整考察的节点范围，进一步对 Kendall 相关系数的结果进行观察，设置节点比例 L 的变化范围为 0.05~1。图 7-3 给出了不同算法得到的不同比例排名靠前的节点与节点实际传播影响力排序之间的相关性结果。从图 7-3 不难看出，当 L 较小时，除了在 Enron 网络中 MDD、LGM 和 KSGM 表现要好于 ISM 与 ISM+以外，其他 5 个网络中，本章提出的 ISM+算法在不同比例节点时都可以获得较好的节点重要性排序结果，并且能够在更大范围的 L 值下取得更好的评价结果。

7.5.2　模拟数据集上的实验结果分析

除了 6 个真实网络数据，还在 LFR[75] 模型生成的人工网络数据集上比较了不同传播率下 SIR 和不同评估算法之间的 Kendall 相关系数。通过设置不同的 LFR 参数，生成拓扑特征不同的网络结构，设置 LFR 模型参数为：节点数 $N=2000$，社区的最小规模 $\min_c=20$，社区的最大规模 $\max_c=50$，网络的最大度 $\max_k=30$，混合参数 $mu=0.1$。调整网络平均度$\langle k\rangle$来调节网络的连接紧密

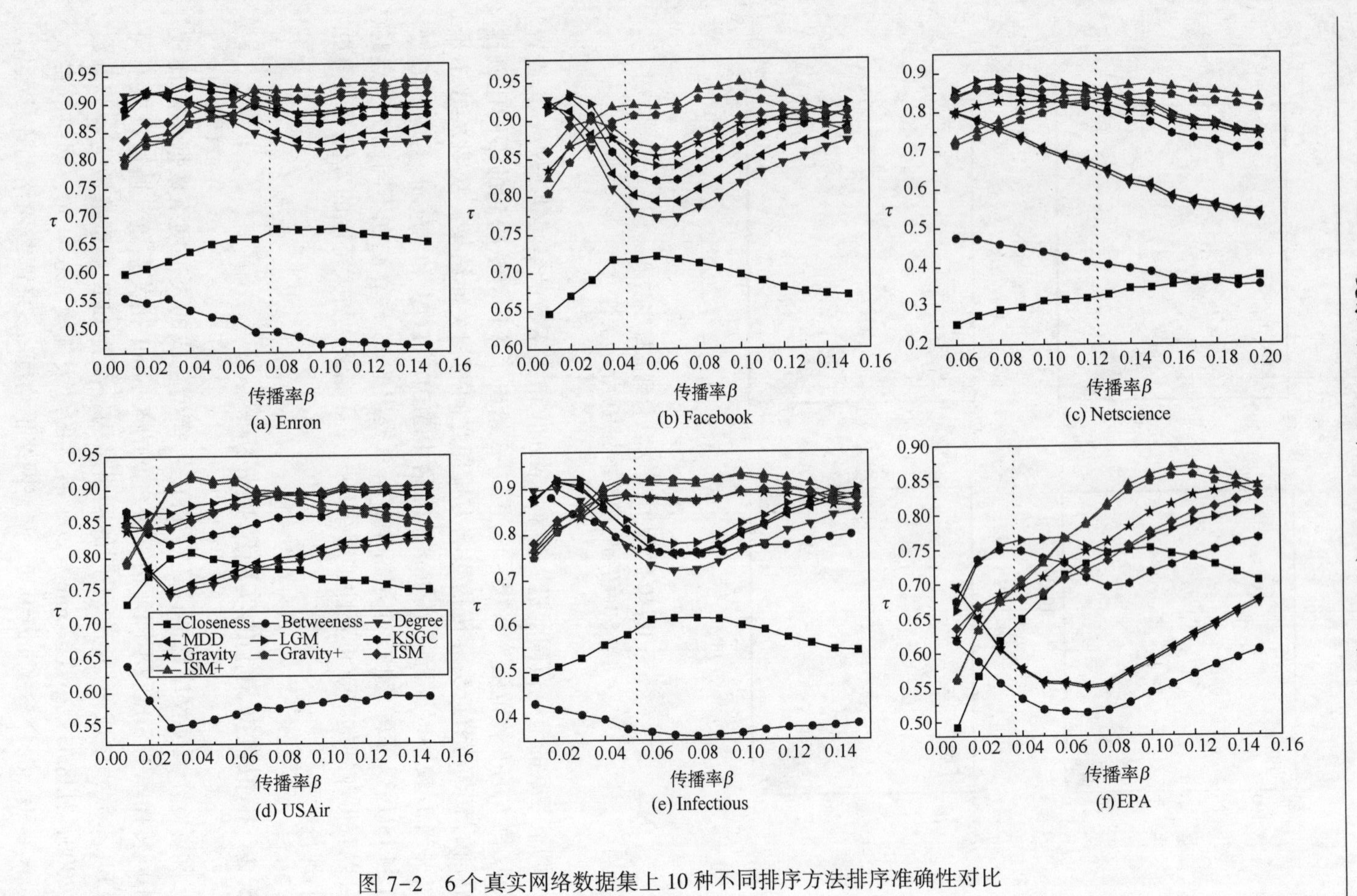

图 7-2　6 个真实网络数据集上 10 种不同排序方法排序准确性对比

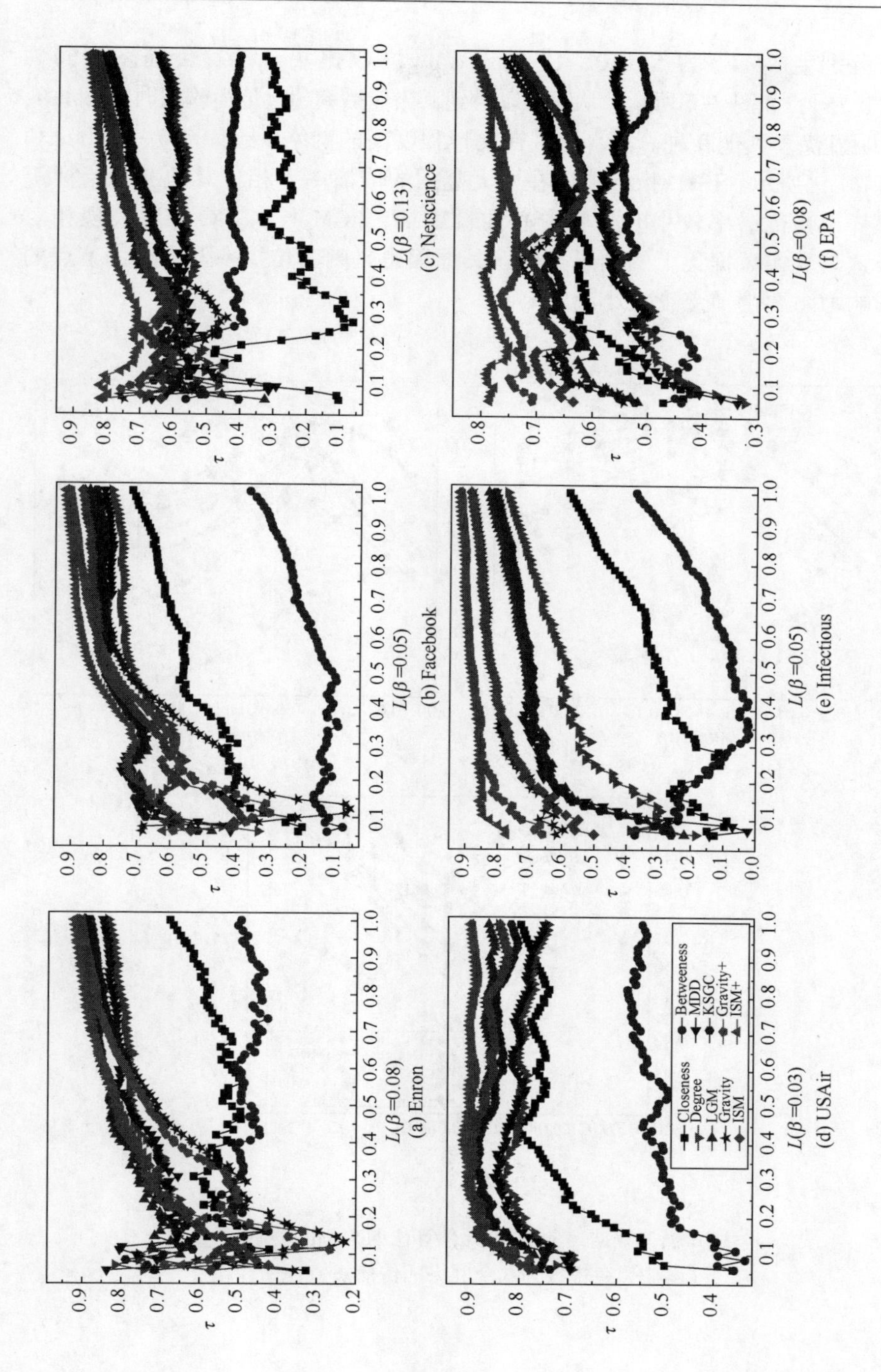

图 7-3　不同比例节点下 10 种评估算法的 Kendall 相关系数对比

程度，分别生成<k>为 5，10，15 的三个网络数据集。设置传播率区间为[0.01，0.15]，如图 7-4 所示，从图可以看到，当传播率超过传播阈值时，ISM+实验结果明显优于其他 9 种算法。尤其在集聚程度高的网络中，如图 7-4（b）和图 7-4（c）所示，ISM+指标可以在更大范围的传播率下相比其他 9 种指标都具有优势。当传播率较小时，度中心性、MDD、LGM 与 KSGC 算法表现相对较好，这与真实数据集上的结果类似，其原因也是因为传播率偏小时，节点的真实影响力主要由节点度大小决定。

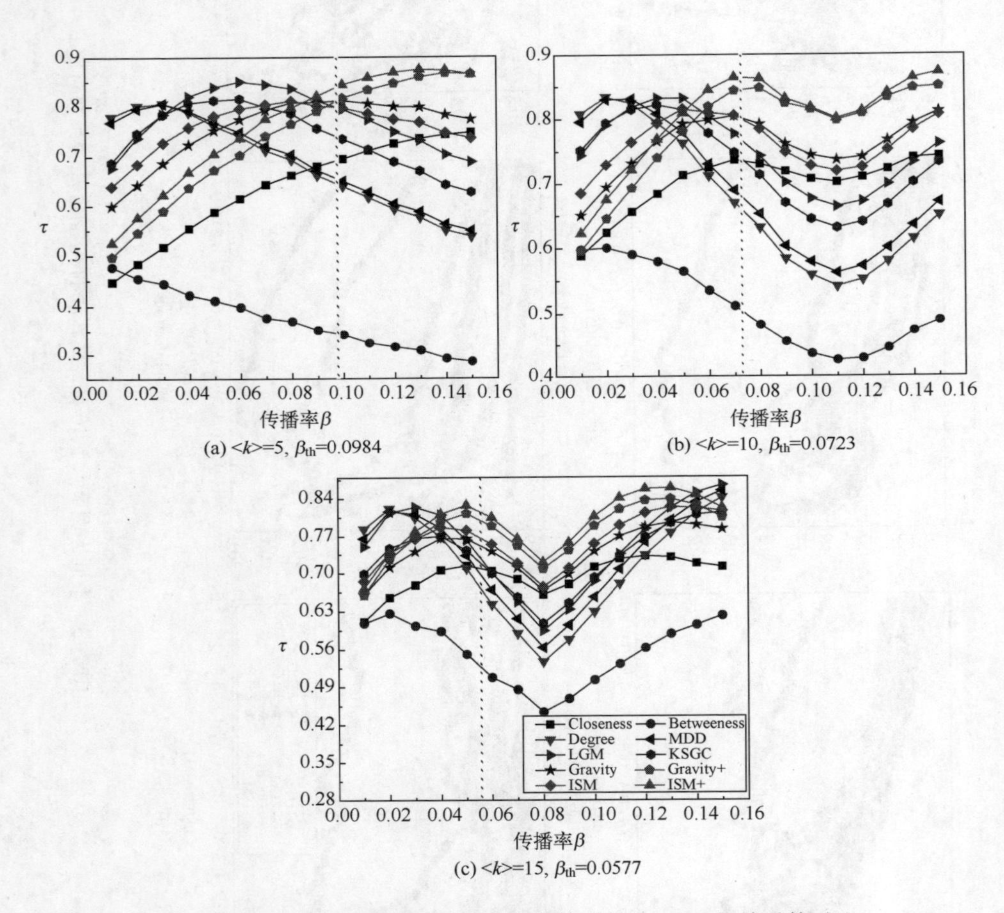

图 7-4　LFR 模拟数据集上 10 种评估算法的 Kendall 相关系数对比
（图中黑色虚线为 3 个网络的传播阈值 β_{th}）

7.5.3　ISM+算法的最优 θ 值分析

不同的实际网络可能要求不同的 θ 值，从而保证 ISM+方法可以获得最佳性能。实验取间隔为 0.02、区间为 0.02~1 的多个 θ 值，采用平均 Kendall tau τ 指标 $<\tau>$，系统分析参数 θ 对 ISM+算法性能的影响，有

$$< \tau > = \frac{1}{M} \sum_{\beta = \beta_{\min}}^{\beta = \beta_{\max}} \tau(\beta) \tag{7.10}$$

式中：β 为传播率；$\beta_{\min}$ 和 $\beta_{\max}$ 分别为最小传播率和最大传播率；M 为考察的传播率数量；$\tau(\beta)$ 表示当传播率为 β 时，ISM+方法生成的节点重要性排序序列与 SIR 过程生成节点传播影响力排序序列之间的 Kendall 相关性 tau 值。

这里，同样设置传播率区间为 $[|\beta_{th}| - 7\%, |\beta_{th}| + 7\%]$（除了 Netscience 网络传播率区间设置为［0.06，0.20］以外，其他网络的传播率区间均设置为［0.01，0.15］）。$<\tau>$的值介于-1 与 1 之间，值越大意味着对应 θ 值的 ISM+方法可以更准确地识别网络中具有传播影响力的重要节点。如图 7-5 中红色曲线所示，对于每个网络，都有一个最佳的 θ 值，该值对应的 ISM+方法可以获得最大的$<\tau>$值。Enron、Facebook、Netscience、USAir、Infectious、EPA 以及平均$\langle k \rangle$分别为 5，10，15 的 LFR 网络对应的最佳 θ 值分别为 0.6，0.6，0.56，0.38，0.6，0.64，0.46，0.68 及 0.72，多数网络中最优 θ 值都超过 0.5。由于 ISM+算法的设计原理决定了其在信息传播率超过传播阈值时更具有优势，因此进一步分析传播率超过 β_{th} 时 θ 的取值对 ISM+算法性能的影响。如图 7-5 中黑色曲线所示，Enron、Facebook、Netscience、USAir、Infectious、EPA 6 个真实网络传播率区间分别取[0.08,0.15]、[0.05,0.15]、[0.13,0.20]、[0.03,0.15]、[0.05,0.15]及[0.05,0.15]，对应的最佳 θ 值分别为 0.7、0.68、0.76、0.38、0.76 及 0.64，网络平均度为 5、10、15 的 LFR 网络的传播区间分别取[0.10,0.15]、[0.08,0.15]以及[0.06,0.15]，对应的最佳 θ 值分别为 0.72、0.96、0.88。由此可见，当传播率超过 β_{th} 时，强化具有较大 ISM 值的有影响力邻居的影响对于提高 ISM+性能具有积极作用。

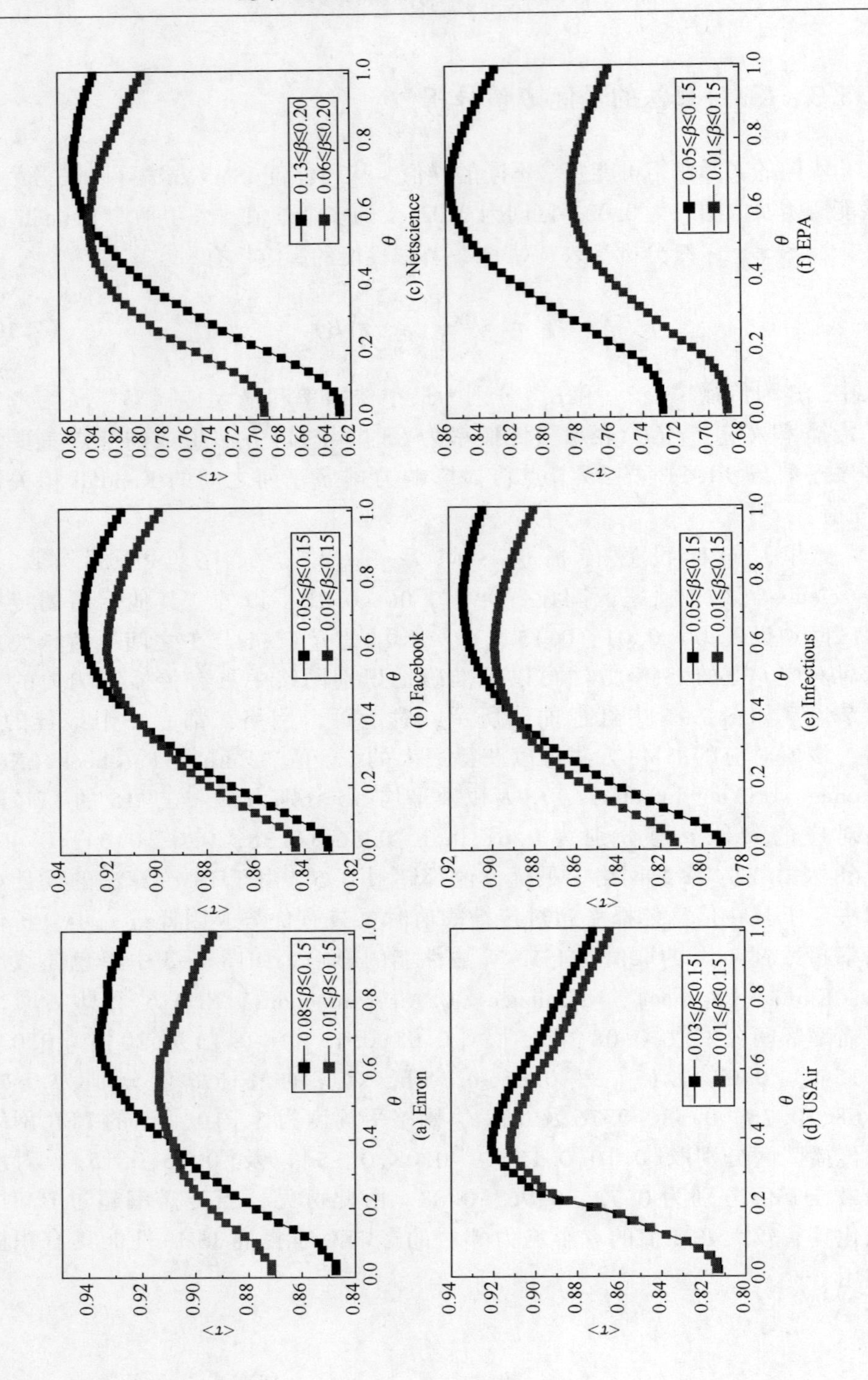
0.08≤β≤0.15
0.01≤β≤0.15
(a) Enron
0.05≤β≤0.15
0.01≤β≤0.15
(b) Facebook
0.13≤β≤0.20
0.06≤β≤0.20
(c) Netscience
0.03≤β≤0.15
0.01≤β≤0.15
(d) USAir
0.05≤β≤0.15
0.01≤β≤0.15
(e) Infectious
0.05≤β≤0.15
0.01≤β≤0.15
(f) EPA
θ
⟨τ⟩

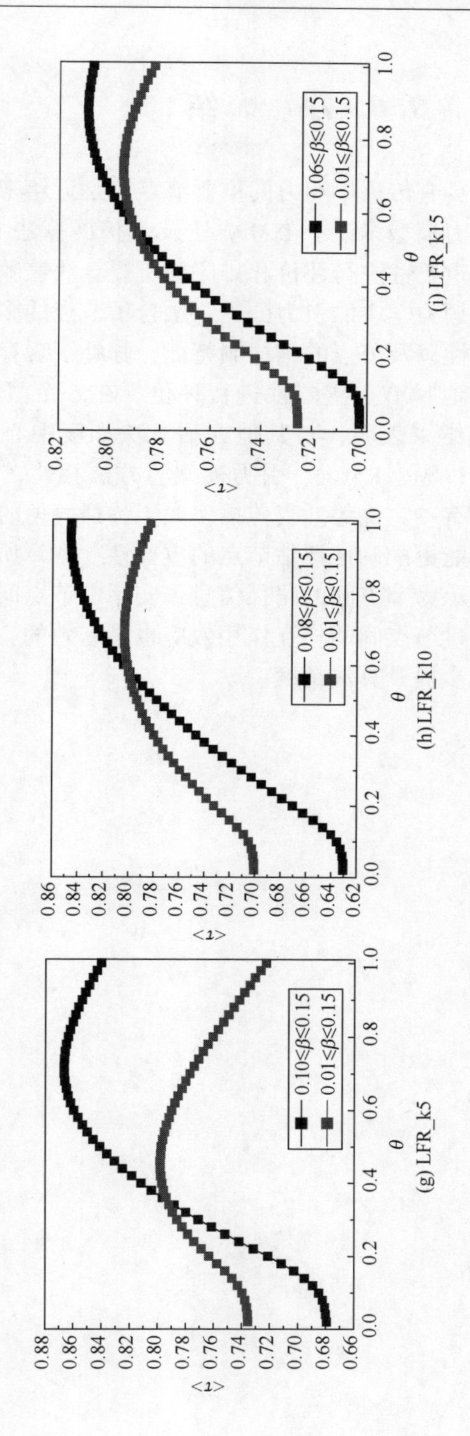

图 7-5　当传播率 β 变化时，不同 θ 值所对应的 ISM+方法生成的节点重要性排序序列与 SIR 传播扩散过程生成的节点传播影响力排序序列之间的平均肯德尔 τ 值

7.6 小　　结

如何准确识别网络中具有传播影响力的重要节点，是近年来网络科学研究的热点问题。本章基于引力模型设计了 ISM 方法及其扩展算法 ISM+，可以有效地对复杂网络中的节点重要性进行评价和排序。所提算法兼顾局部拓扑信息和全局位置信息，基于牛顿力学中的引力公式，融合了节点的多种属性信息包括节点 H 指数、k 核中心性以及节点的结构洞特征，弥补了现存方法评估角度片面的不足，可以更有效地对节点重要性进行评价。在 6 个真实网络和 3 个 LFR 模拟数据集上的实验结果表明，与其他评估方法如度中心性、介数中心性、接近中心性、MDD、LGM、KSGC、引力模型等方法相比，所提方法在识别网络节点重要性方面具有一定优势。当传播率大于传播阈值时，多数网络中算法在不同比例节点下都能更准确地评估节点的重要性。本章所提算法参照引力模型，仅将最短路径表示为节点间的路径信息，实际上节点间除最短路径以外的其他可达路径对于衡量节点间的相互作用效应也是有效的，未来的工作中我们从这一角度出发进一步提升算法精度。

第8章 基于复杂网络关键节点发现的无人机飞行冲突解脱方法

为解决局部空域内的无人机群相撞和可能发生连锁碰撞问题，创新地以复杂网络理论为基础，将无人机群的飞行冲突解脱分为两个步骤实施，分别对应关键节点选择算法和避撞方向选择算法，最大限度地保证无人机群受威胁时的安全性。通过分析无人机群的状态信息，选择最重要无人机（关键节点）进行避撞，同时遵循稳健性最小原则进行避撞方向选择。通过两个典型无人机飞行案例的仿真实验验证，该策略不仅可以有效解决当前无人机的冲突问题，而且可以防止连锁碰撞，实现整体的最优化。大量仿真实验验证了所提方法的可行性和可扩展性，以及与随机方法进行比较，结果表明该方法确实能够提升无人机群的安全性。

8.1 引 言

近年来无人机系统被广泛运用到战争环境和城市环境中。由于执行任务环境和任务本身逐渐变得复杂，多无人机的集群作业变得越来越有研究价值。无人机之间能够实现自主防撞是无人机集群控制的前提，包括无人机群内部的防撞和无人机群之间的防撞。解决无人机群防撞问题对当前无人机集群作业具有重大意义。

无人机的动力学模型较为复杂，面临的威胁也有高度不确定性。因此在无人机遇到威胁时，依赖飞控计算机进行路径生成，不仅会影响无人机群执行任务的效率，而且也可能造成连锁碰撞[179]。考虑到无人机的集群防撞面临着空中威胁数量多、运动速度大等特点，通过对无人机群构建复杂网络，分析在受威胁状态下网络的性质以确定合适的避撞策略，使得无人机群在性能约束的条件下具备自组织防撞的能力，可大大提高无人机集群防撞的实时性、准确性和适用性。

无人机避撞有很多方法。文献［180，181］对抽象的各种方法进行了广泛和细致的调查，并且总结了用于避免无人机之间碰撞的原型系统概念。蒙特卡罗方法[182]在传统 TCAS 方法上性能有所提升，但是主要是解决一对无人机之间的防撞问题，没有考虑到全局空域的无人机的状态。人工势场法[183]的优势在于应答时间很短、计算量小，因此具备实时性，但是它通常不能准确地到达目标，而且产生的轨迹往往不适用于固定翼无人机，因此不能很好地解决大规模无人机防撞问题。蚁群算法[184]可以很好地解决多无人机的路径规划问题，但是考虑的防撞问题主要是固定的障碍物，在无人机集群防撞方面很难实现，并且需要大量迭代计算，所以不能满足无人机集群飞行时的防撞问题。遗传算法[185]也是仿生优化算法，与蚁群算法存在相似的问题，无法解决无人机群的实时防撞问题。共生模拟[186]本质上还是优化算法，优势在于产生的全局路径规划更加的平滑，但是仍旧存在计算耗时长的特点，无法实时解决无人机群冲突解脱问题。几何优化[187]方法已经能解决无人机群的冲突解脱问题，但是由于仍然是优化问题，计算量比较大。概率方法[188]需要进行持续计算，很难满足实时性的需求。着色 Petri 网[189]主要应用在民航领域，主要考虑4架以下飞机之间的冲突，对大规模的集群运算无能为力。共识算法[190]解决了多个无人机交汇的问题，无人机对其将要到达交汇点的预计到达时间达成共识来解决冲突，但是也没能解决大规模条件下的无人机防撞问题。卡尔曼滤波[191]方法研究了射频信号在无人机位置估计和碰撞避免中的应用中，提出了一种有色噪声模型，并将其应用于扩展卡尔曼滤波器中以进行距离估计，该方法解决了当全球定位系统不可用时的碰撞避免方案，但是没能对全局的无人机进行协调控制，局限于最后时刻的防撞。马尔科夫决策过程法[192]被创新地用于无人机追踪目标上，其防撞的策略是提前告知威胁无人机的实时位置，以此控制无人机在安全距离范围上。基于 Dubins 曲线算法[193]主要是通过判断不同路径的优劣来选择出避撞的路径，没有办法满足无人机群之间的防撞问题。预测控制算法[194]可以解决基本的一对无人机之间的防撞，并且对直升无人机进行了仿真实验。基于可达集的方法[195]对民航的飞机防撞做了优化，可达集可以提升避撞的成功率，但是仍然无法解决无人机群的防撞问题。各种方法之间常常结合在一起使用，但这些方法都主要是考虑成对无人机防撞，没考虑复杂多机态势下的集群防撞问题，同时存在迭代次数多、计算复杂、实时性不好等缺点，无法适用于无人机技术高速发展背景下的无人机集群防撞需求。当无人机数量增多，需要适应于大规模的无人机防撞方法。文献［196，197］提供了多机情况下的冲突解脱方案，但都存在效率较低的问题。基于自组织的方法在无人机领域得到了广泛的运用，在多无人机的情况下基于自组织的方法将在很大程度上提升避撞效率。文献［198］设计了基于 Skinner 操作条件反射理论框架（GA-OCPA）的学习系统以达到对威胁的规避，这可以借鉴到多无人机条件下冲突解脱策略的方法中。

复杂网络理论认为，关键节点有十分重要的性质[199-200]，它对整个复杂网络系统的影响程度最大。本书提出的基于复杂网络的无人机避撞算法具有简洁、高效、实用等特点，最重要的是它考虑了每一时刻无人机群系统的安全性指标，使得整个飞行过程整体的安全性达到最大，这样的特性对于无人机群而言是非常有利的。该防撞系统由两个关键算法组成：关键节点选择算法和避撞方向选择算法。这两个算法将无人机群之间的威胁用复杂网络来表达，根据飞行速度、飞行角度、安全区域三个参数的变化建立无人机网络模型，通过网络的稳健性迅速减小来达到网络尽快溃散的目的，实现无人机群之间的威胁尽快消除。本书将全局空域分为很多小块，无人机分布在不同的子空间中。假设两群互相合作的无人机群朝着相反的方向飞行，在有实时通信的环境下所有的无人机朝着既定的目标进行飞行同时需要执行避撞操作。每一架无人机都配备有飞行轨迹控制单元，避撞系统计算出的避撞策略通过实时数据链接与周边的无人机进行信息交互。

8.2　模型构建

本节描述的是无人机集群的模型构建。首先对冲突进行检测，定义了无人机的属性用以刻画无人机的各种状态，构建了无人机的邻域集以及冲突发生的条件；然后说明了关键节点的选择方法以及避撞方向的选择方法，其中对一种意外入侵的特殊情况进行说明并提供解决方案；最后对无人机的安全性定义了安全性分析指标。

8.2.1　冲突检测

将无人机用节点表示无人机的状态被系统实时监控，其属性表示为{UAV，velocity，position，angle，t，state，sense，strength，approaching time，time cost，key-node}。UAV 表示无人机编号，velocity 表示无人机速度，position 表示无人机当前位置，angle 表示无人机飞行角度，t 表示无人机当前所处时间，state 表示无人机飞行状态（处于避撞路径上或原路径上），sense 表示无人机避撞方向选择，strength 表示无人机方向改变程度，approaching time 表示无人机到达最近接近点剩余的时间，time cost 表示在整个飞行过程中无人机消耗的时间，key-node 表示无人机是否被选择为关键节点。

无人机有 6 种状态，分别是：状态 1，正常的巡航状态；状态 2，由防撞系统检测到刚好遇到威胁的状态；状态 3，防撞系统检测到有威胁后开始执行避撞程序正在改变的轨迹上飞行的过程；状态 4，在执行避撞的时间达到预计的位置时，按照原有巡航状态进行飞行的过程；状态5，在状态4结束后开始按照与防撞轨迹相反的角度进行返航回到原有轨道上；状态6，在返航过程结束后按照原有巡航的角度进行巡航。

为了检测冲突的目的，无人机在笛卡儿系统中被识别。每个无人机在相应时间的位置表示为

$$V_i^t=\frac{\mathrm{d}p_i^t}{\mathrm{d}t}=\begin{bmatrix} v_{i,x}^t \\ v_{i,y}^t \\ v_{i,z}^t \end{bmatrix}=\begin{bmatrix} v_i^t\cos\varphi_i^t\cos\theta_i^t \\ v_i^t\cos\varphi_i^t\sin\theta_i^t \\ v_i^t\sin\varphi_i^t \end{bmatrix},\quad P_i^t=\begin{bmatrix} x_i^t \\ y_i^t \\ z_i^t \end{bmatrix} \tag{8.1}$$

式中：下标表示相应无人机序号及坐标轴方向。设水平面上速度矢量的方向从X轴逆时针方向测量，垂直平面内的速度方向从水平面到速度矢量测量，向上为正而向下为负值。

定义最大爬升（俯仰）角，该角度由无人机的性能决定，它限制了无人机在执行避撞任务时的航迹在垂直平面内的上升和下滑的最大角度，设最大俯仰改变角度为$\varphi_{\max}$，约束可以表示为

$$\frac{|z_t-z_{t-1}|}{\sqrt{(x_t-x_{t-1})^2+(y_t-y_{t-1})^2}}\leqslant\tan(\varphi_{\max}) \tag{8.2}$$

对无人机进行邻域集的构建，无人机遇到威胁的坐标设为(x,y,z)，最小的邻域距离为$l_{\min}$，最大的邻域距离为$l_{\max}$，最低飞行高度为$h_{\min}$，则无人机在飞行中的邻域点s的集合为

$$S(i)=\left\{s\in V-\{i\}\mid l_{\min}\leqslant d(i,s)\leqslant l_{\max};\quad z_s\geqslant h_{\min};\frac{|z_s-z_i|}{\sqrt{(x_s-x_i)^2+(y_s-y_i)^2}}\leqslant\tan(\varphi_{\max})\right\} \tag{8.3}$$

式中：$d(i,s)$为i和s之间在一个仿真步长的欧式距离。

定义最大偏航角为$\Phi_{\max}$，定义其到达目标的后向邻域$A(i)$，预计的到达角度为θ_{goal}，有

$$A(i)=\{s\in V\wedge s\neq g\mid l_{\min}\leqslant d(i,g)\leqslant l_{\max};\quad z_s\geqslant h_{\min}\} \tag{8.4}$$

$$\frac{|z_g-z_i|}{\sqrt{(x_g-x_i)^2+(y_g-y_i)^2}}\leqslant\tan(\varphi_{\max}) \tag{8.5}$$

$$|\theta_{\text{goal}}-\theta_{s,g}|\leqslant\Phi_{\max} \tag{8.6}$$

式中：$P_{ij}^t=P_j^t-P_i^t$为无人机i与无人机j之间的三维空间距离；$V_{ij}^t=V_j^t-V_i^t$为无人机i与无人机j之间的相对速度。设t时刻水平面上无人机i与无人机j之间的距离为$P_{ij}^{th,}=P_{h,j}^t-P_{h,i}^t$，设$t$时刻无人机$i$与无人机$j$在水平面上的相对速度

为 $V_{ij}^{th,}=V_{h,j}^{t}-V_{h,i}^{t}$。

在检测到第一对涉及冲突的无人机时，为了简化冲突情况，每架无人机在第一对无人机到达危险点之前保持自己的速度。为了确定是否存在冲突威胁，必须满足范围和垂直标准。在时刻 t 定义 T_{ij}^{t} 为无人机在水平面上到达最接近接近点 CPA（Closet Point of Approach）的时间，即

$$T_{h,ij}^{t}=\frac{|P_{h,ij}^{t}|}{|V_{h,ij}^{t}|\cdot\cos(\boldsymbol{\alpha}_{ij}^{t}-\boldsymbol{\beta}_{ij}^{t})},\quad (P_{h,ij}^{t}\cdot V_{h,ij}^{t}<0) \tag{8.7}$$

式中：$\boldsymbol{\alpha}_{ij}^{t}$ 表示相对位置矢量，即

$$\boldsymbol{\alpha}_{ij}^{t}=\arctan(p_{x,ij}^{t}/p_{y,ij}^{t}) \tag{8.8}$$

式中：$\boldsymbol{\beta}_{ij}^{t}$ 表示相对速度矢量，即

$$\boldsymbol{\beta}_{ij}^{t}=\arctan(v_{x,ij}^{t}/v_{y,ij}^{t}) \tag{8.9}$$

式（8.7）是在分母不等于零的条件下定义的，定义 $T_{ij}^{tz,}$ 为在垂直面上最近接近点 CPA 的时间，即

$$T_{z,ij}^{t}=\frac{|p_{z,ij}^{t}|}{|v_{z,ij}^{t}|},\quad (p_{z,ij}^{t}\cdot v_{z,ij}^{t}<0) \tag{8.10}$$

如果 β_{ij}^{t} 满足下列的条件，TA（Traffic Alert）事件将被触发，即

$$(0<T_{h,ij}^{t}<T_{\mathrm{TA}})\wedge(0<T_{z,ij}^{t}<T_{\mathrm{TA}}) \tag{8.11}$$

让我们用 T_1 来表示第一对无人机触发 TA 警报的时间。从那一刻起，构建一个网络，每个无人机都被表示为一个节点。如果一对节点发生冲突，则节点将建立连接。在时刻 T_1，系统中的所有节点将检查它们是否正在接近，如果它们正在彼此接近，则连接两个节点，判断条件为

$$(P_{h,ij}^{t}\cdot V_{h,ij}^{t}<0)\wedge(p_{z,ij}^{t}\cdot v_{z,ij}^{t}<0) \tag{8.12}$$

在一对无人机情况下，按照以下原则进行避撞。如图 8-1 所示，UAV1 从

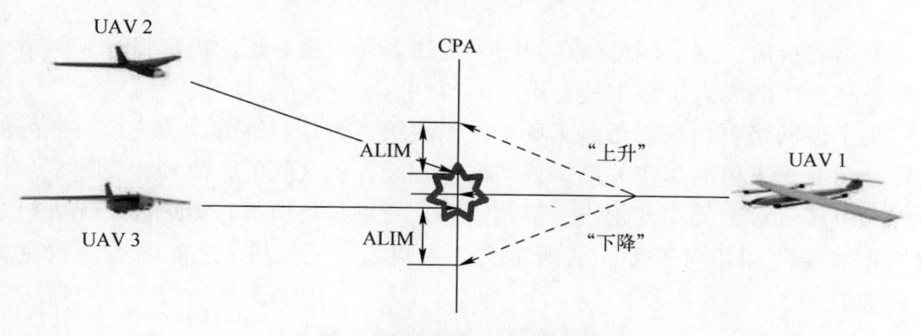

图 8-1　无人机防撞概念图

右侧至左侧进行巡航，UAV2 和 UAV3 从左侧向右侧进行巡航，此时 UAV1 被选择为关键节点，可以根据此时的场景进行避撞方向选择，其中向上爬升和向下爬升的预计 CPA 时刻的目标点与 UAV2 和 UAV3 需保持最小安全距离 ALIM（Altitude Limitation）。

8.2.2　关键节点选择

在系统检测到一对无人机有碰撞风险时，系统通过全域数据分析得到所有的未来可能撞击的无人机编号并获取对应无人机的状态。由这些无人机组成的空域被称为碰撞空间。其中，对有碰撞风险的无人机之间进行连线，形成网络进行分析。用邻接矩阵记录无人机之间的状态。用节点 N 代表无人机，用边 E 代表无人机之间的关系。定义一个集合 Ω 以包含满足条件的节点。本书以两组无人机在两个不同的垂直平面上的情景为例阐述概念。如图 8-2 所示，两组节点分布在相应的垂直平面上。

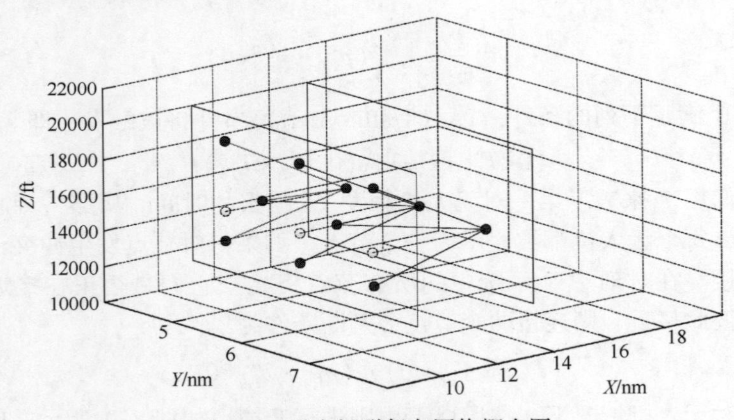

图 8-2　无人机群复杂网络概念图

网络建成后，制定网络描述规则来描述多无人机系统的内部特征。网络中的节点在不同的无人机群中具有不同的属性。

为了使网络更加接近于真实场景，只使用边数是不够的。边应该有额外的属性来监视无人机的真实关系。该关系包含无人机之间的距离和相对速度。一对无人机接近对方的速度越快，就越危险。所以每条边的权重取决于无人机之间的相对距离和相对速度，从而定义无人机 i 与无人机 j 之间的边缘权重为 ω_{ij}，即

$$\omega_{ij}=\frac{v_{ij}}{d_{ij}} \tag{8.13}$$

式中：$\boldsymbol{v}_{ij}$为矢量方向的相对速度；d_{ij}为无人机和无人机之间的距离。

式（8.13）意味着，两架无人机接近的速度越快，无人机之间的边的权重就越大。关键节点选择的公式为

$$i_{\text{key}} = \operatorname{argmax}\left(\sum_{j=1}^{n} \omega_{ij}\right), \quad i \in \{1,2,\cdots,N\} \tag{8.14}$$

计算每架无人机的边缘权重之和，边缘权重之和最大的节点被定义为关键节点，即选出使得边缘权重之和最大的无人机序号 i_{key}。

8.2.3　避撞方向选择

在这个新的冲突模型的情况下，尽可能地降低稳健性和完整性至关重要。将网络的稳健性定义为

$$R\left(\frac{I}{N}\right) = \frac{M}{N-I} \tag{8.15}$$

$$M = \frac{\sum_{i=1}^{n}\sum_{j=1}^{n} \omega_{ij}}{2} \tag{8.16}$$

式中：N 为网络中的节点数；I 为网络中被剔除的节点数量；M 为网络子图中最大的链接数量。

这个新模型的目标是尽可能快地分解网络。这意味着在关键节点被清除之后，网络的稳健性和网络的组件数量应该尽可能低。这意味着无人机相互离开，坠毁的风险越来越小。在仿真步骤中，在关键节点的不同方向选择的情况下，新模型找出关键节点并评估连接的稳健性或连接的组件的数目。关键节点将选择变化的航向，在下一个仿真步骤中形成一个新的网络，新的模型将再次选择关键节点。该模型将监测多无人机系统，以确定是否发布 TA 警报，如果模型停止查找关键节点，多无人机系统将被认为是安全的。

如图 8-3 所示，该场景描述的是在一个特殊的垂直面碰撞空间内的无人机关联情况。每个节点代表不同的无人机，黑色节点和灰色节点分别表示两个飞行朝向的无人机群，虚线框表示系统认为的灰色节点的受威胁区域，在受威胁区域内的黑色节点表示对灰色节点产生威胁的节点。由于在该场景下，黑色节点的受威胁区域内包含的灰色节点数最多为 2 个，而灰色节点的受威胁区域内包含的红色节点个数至少为两个，因此在该场景下，按照图示顺序先后由中间的蓝色节点、左侧灰色节点、右侧灰色节点作为关键节点，由稳健性最小原则可得这些节点的避撞方向均为下降的方向。

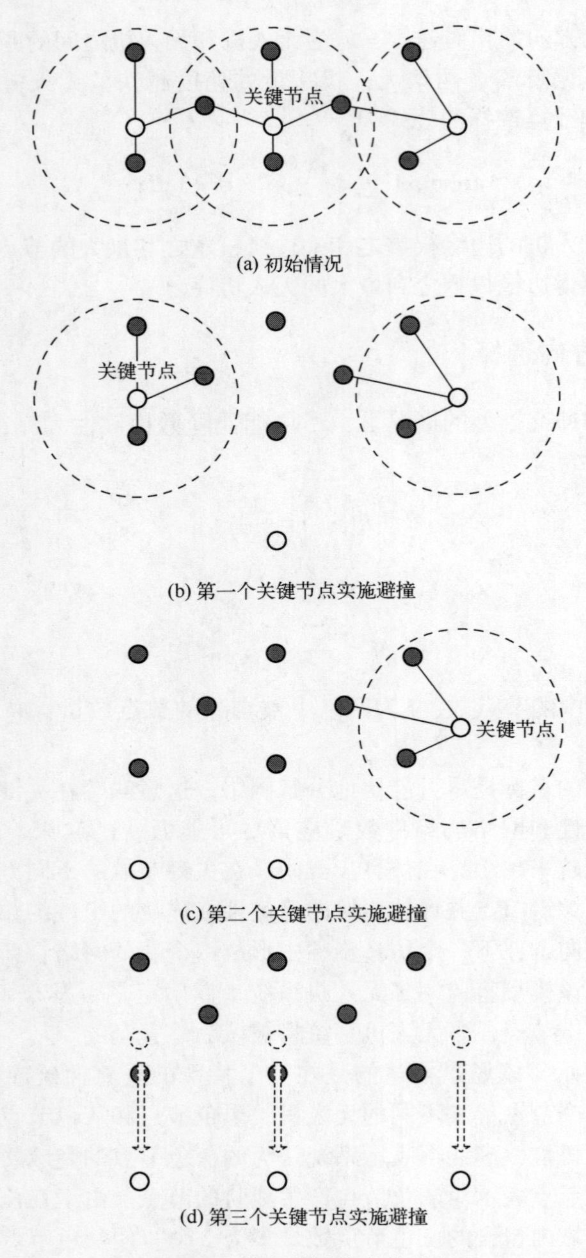

图 8-3　找出关键节点的过程

由于无人机群防撞仍然不可避免地依赖基于一对无人机的冲突解脱过程，同时也需要考虑到特殊情况，即在空域的边界处如果出现新的入侵无人机可能会发生新的碰撞，因此构造相应模型解决这种特殊情况。假设首次触发 RA（Resolation Advisory）的时刻为 t，并且关键节点对应的无人机和相应的入侵者无人机 m 是遵从同样的避撞逻辑的。在时刻 $t+\Delta t$ 出现新的入侵飞机 m，在这种情况下关键节点对应的飞机没有改变其飞行轨迹，方向改变的规则将遵循优先级规则，此时能够提供最大竖直方向分离距离的方案将被选择，这与在既定空域内的避撞方向选择的原则是一致的，即保证在威胁时刻保证安全性达到最大。

在时刻 $t+\Delta t+\tau_{\mathrm{RA}}$ 为无人机 m 假设一个可能的竖直方向的位置。

当选择向上飞时，有

$$\bar{x}^{m}_{z,t+\Delta t+\tau_{\mathrm{RA}}}(\mathrm{up})=\hat{x}^{m}_{z,t+\Delta t}+(\hat{v}^{m}_{z,t+\Delta t}+\Delta^{m}_{z,t})\cdot\tau_{\mathrm{RA}} \tag{8.17}$$

当其方向不做改变时，有

$$\bar{x}^{m}_{z,t+\Delta t+\tau_{\mathrm{RA}}}(\mathrm{current})=\hat{x}^{m}_{z,t+\Delta t}+\hat{v}^{m}_{z,t+\Delta t}\cdot\tau_{\mathrm{RA}} \tag{8.18}$$

当选择了向下的方向时，有

$$\bar{x}^{m}_{z,t+\Delta t+\tau_{\mathrm{RA}}}(\mathrm{down})=\hat{x}^{m}_{z,t+\Delta t}+(\hat{v}^{m}_{z,t+\Delta t}-\Delta^{m}_{z,t})\cdot\tau_{\mathrm{RA}} \tag{8.19}$$

在最近接近点处关键节点对应的无人机与入侵无人机 m 的竖直距离可表示为

$$a_1\equiv|\bar{x}^{m}_{z,t+\Delta t+\tau_{\mathrm{RA}}}(\mathrm{up})-\bar{x}^{i}_{z,t+\Delta t+\tau_{\mathrm{RA}}}(\mathrm{current})| \tag{8.20}$$

$$b_1\equiv|\bar{x}^{m}_{z,t+\Delta t+\tau_{\mathrm{RA}}}(\mathrm{down})-\bar{x}^{i}_{z,t+\Delta t+\tau_{\mathrm{RA}}}(\mathrm{current})| \tag{8.21}$$

$$c_1\equiv|\bar{x}^{m}_{z,t+\Delta t+\tau_{\mathrm{RA}}}(\mathrm{current})-\bar{x}^{i}_{z,t+\Delta t+\tau_{\mathrm{RA}}}(\mathrm{current})| \tag{8.22}$$

方向是由变量 $c^{it+}_{\Delta t}$ 表示的，即当向上的方向被选择时有 $c^{it+}_{\Delta t}=1$；当向下的方向被选择时有 $c^{it+}_{\Delta t}=-1$；当方向不变时有 $c^{it+}_{\Delta t}=1$。

当关键节点对应的无人机在完成自己的方向计算之前就接收到无人机 m 的方向选择建议或者无人机 i 的优先级比无人机 m 低，则无人机的方向选择可表示为

$$c^{i}_{t+\Delta t}=\begin{cases}-1,\begin{cases}[(c_1\geqslant \mathrm{ALIM_{RA}})\vee(b_1<a_1)\wedge(c_1\leqslant \mathrm{ALIM_{RA}})]\wedge\\(c^{i}_{t}=-1)\vee(c^{i}_{t}=0)\wedge[(b_1<a_1)\wedge(c_1\leqslant \mathrm{ALIM_{RA}})]\end{cases}\\1,\begin{cases}[(c_1\geqslant \mathrm{ALIM_{RA}})\vee(b_1>a_1)\wedge(c_1\leqslant \mathrm{ALIM_{RA}})]\wedge\\(c^{i}_{t}=-1)\vee(c^{i}_{t}=0)\wedge[(b_1>a_1)\wedge(c_1\leqslant \mathrm{ALIM_{RA}})]\end{cases}\\0,\text{其他}\end{cases} \tag{8.23}$$

入侵无人机的 RA 方向选择可表示为

$$c^{k}_{t+\Delta t}=\begin{cases}0, & v^{k}_{z,t+\Delta t}=0\ \text{或}\ c^{i}_{t+\Delta t}=0\\-c^{i}_{t+\Delta t}, & \text{其他}\end{cases} \tag{8.24}$$

这意味着如果入侵飞机是水平飞行的，那么其飞行状态不被改变。在方向被确定后要计算 RA 提供的幅度改变值，改变幅度应该尽可能地不对当前状态进行过多的干扰，它遵守了最小分离距离规则同时也遵守了优先级规则。如果当前无人机的状态满足$|\bar{x}^{im}_{z,t+\Delta t+\tau_{RA}}|\geqslant \mathrm{ALIM}_{RA}$那么 RA 将不被触发，否则方向改变的幅度可表示为

$$v^{i*}_{z,t+\Delta t}=\begin{cases}\hat{v}^{i}_{z,t+\Delta t}+\Delta^{i*}_{z,t+\Delta t}, & c^{i}_{t+\Delta t}=1\\ \hat{v}^{i}_{z,t+\Delta t}-\Delta^{i*}_{z,t+\Delta t}, & c^{i}_{t+\Delta t}=-1\end{cases} \tag{8.25}$$

其中

$$\Delta^{i*}_{z,t+\Delta t}=+\frac{|\mathrm{ALIM}_{RA}|-|(\hat{x}^{m}_{z,t+\Delta t}+\hat{v}^{m}_{z,t+\Delta t}\cdot\tau_{RA})-(\hat{x}^{i}_{z,t+\Delta t}+\hat{v}^{i}_{z,t+\Delta t}\cdot\tau_{RA})|}{2\cdot\tau_{RA}} \tag{8.26}$$

8.2.4 无人机的安全性分析

文献［202］对冲突解脱的机动进行了安全性验证。在本书中考虑某个时刻的无人机群的安全性，提出基于状态的安全性指标。按照 Q 统计的方法可以对无人机群进行安全性分析，有

$$Q=\left(\frac{1}{N}\right)X_1+\left(\frac{1}{N}\right)X_2+\cdots+\left(\frac{1}{N}\right)X_N=\left(\frac{1}{N}\right)\sum_{i=1}^{N}X_i \tag{8.27}$$

式中：X_i为第 i 架无人机撞毁的可能性，这里就用第 i 架无人机的稳健性指标R_i表示 X_i；N 为无人机群的无人机数目。由于 Q 衡量的是某个时刻的安全性，因此每一架无人机的安全率的提高能够提高无人机群的安全性。

8.3 关键算法分析

8.3.1 关键节点选择算法

关键节点选择算法用于选择关键节点，并由关键节点对应的无人机继续执行方向选择算法提供的方向策略，如图 8-4 所示。在关键节点选择算法中，对仿真整个过程和每一架无人机进行检测是否有 TA 事件触发，一旦有 TA 事件触发，对无人机群进行网络构建，计算被包含无人机之间的相对速度和相对距离，然后通过计算受威胁程度值选择出关键节点并执行避撞方向选择算法，在为关键节点选择好避撞方向后，更新关键节点的状态。关键节点选择算法不断执行，TA 事件消除时进入下一个循环，更新全局无人机的状态。如果所有无人机到达安全区域，则关键节点选择算法终止。

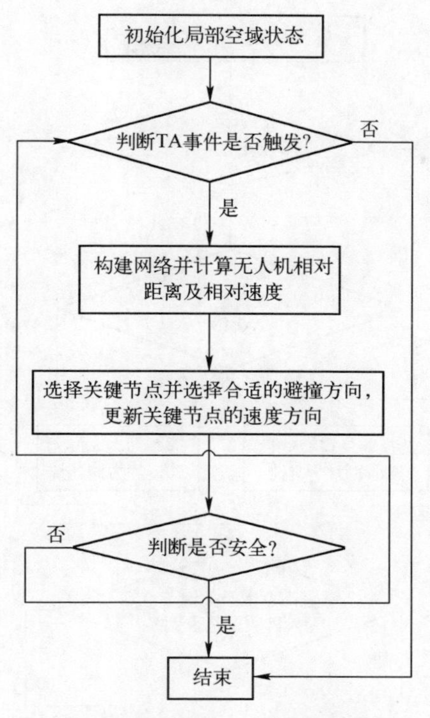

图 8-4　关键节点选择算法

8.3.2　避撞方向选择算法

避撞方向选择算法是对无人机避撞方向选取策略的描述，如图 8-5 所示，当防撞系统执行到避撞方向选择算法中，首先会为关键节点构建探测网络从而对关键节点所处状态进行分析。由于组建探测网络时是对一定范围内的空域进行探测，所以分为单机入侵和多机入侵两种场景。假设探测网络中关键节点的入侵机数为一架，如果探测与关键节点的垂直高度差小于 1/2ALIM，构建全局分析网络，分别计算关键节点选择上升和下降的全局稳健性，并选择稳健性小的方向。如果入侵机与关键节点的垂直高度差大于 1/2ALIM，则直接选择垂直方向上远离入侵机的方向进行避撞。如果探测到多机入侵，则考察入侵机群中与关键节点对应无人机垂直方向高度的相对高度，若更多的无人机高于关键节点的高度，则关键节点选择向下的放下进行避撞；若低于关键节点的入侵无人机数量更多，则关键节点选择向上的方向进行避撞。

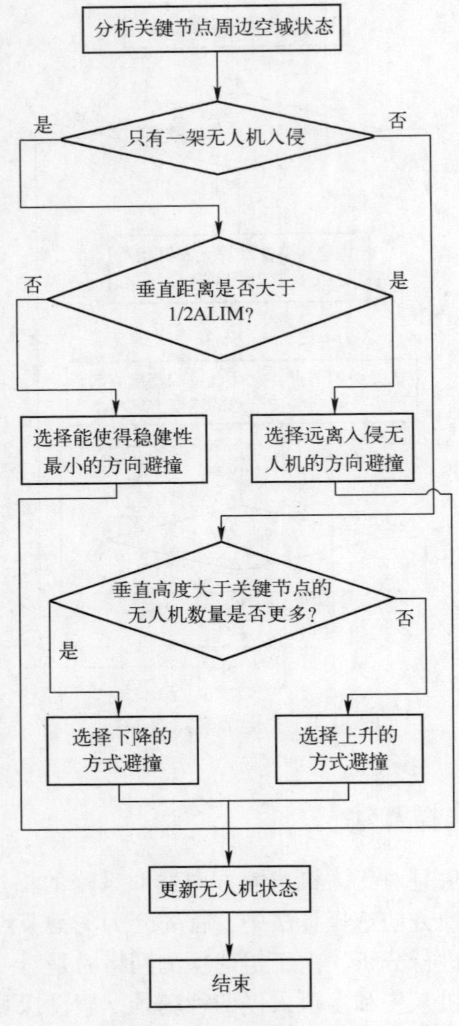

图 8-5　避撞方向选择算法

8.4　仿真实验及结果分析

在本节中仿真计算出的结果能够展示出在动态情况下的多无人机防撞操作效果。初始化参数如表 8-1 所列。

表8-1 无人机初始化参数

探测距离/km	预警范围/m	速度/(m/s)	Δt/s	A/rad	B/rad
1.2	100	30	1	−0.612	0.612

表8-1中，A和B指的是无人机避撞过程中俯仰角度改变的范围区间。仿真步长设为1s，即每1s都会对全局空域的威胁进行分析并给出解决方案，系统也会实时更新无人机的飞行状态。在后续仿真中，如果遇到无人机群数量庞大的场景时，会对空域做均匀的划分；然后在每个仿真步长及时更新全局空域的无人机状态，这样相当于直接对全局无人机计算进行简化，以此提升计算效率。例如，50架飞机的情况下，由于两两无人机间需要进行计算，这样就要进行50×50次的威胁判断，但是分成5个空域后（此时每个空域有10架无人机）就只需进行10×10×5次威胁判断，大大减少了威胁判断次数，从而提升计算效率。

8.4.1 复杂多机垂直平面相遇场景

在本场景中，UAV1与UAV6有相撞威胁，UAV2与UAV7有相撞威胁，UAV3与UAV8有相撞威胁。按照本书提出的避撞策略，UAV1、UAV7、UAV8先后成为关键节点，避撞的方向选择与稳健性最小原则相一致，整个避撞场景如图8-6所示。在第一次的冲突中，UAV1与UAV6触发了TA事件，在该时刻防撞系统检测到UAV1面临的威胁有两个，分别是UAV6和UAV9，其中UAV6只有一个威胁UAV1，因此此时选择UAV1作为关键节点进行避撞处理，再按照稳健性最小原则选择下降方向进行避撞。第二次冲突的无人机对为UAV2与UAV7，此时UAV7面临三个威胁，分别是UAV7、UAV4、UAV5，而UAV2只有UAV7一个威胁，因此选择UAV7作为关键节点，该场景下无人机下降的方向是符合稳健性最小原则的方向，此时可以保证整体状态安全性最高。同理在第三次冲突中，UAV3和UAV8触发了TA事件，UAV8面临的威胁为UAV3和UAV5，威胁个数为2，而UAV3只有UAV8威胁，因此选择UAV8作为关键节点进行避撞，并且选择上升的方向能保证稳健性最小。

图8-7描述的是在每一对存在冲突的无人机对的相对距离，图中展现的是UAV2与UAV7，UAV3与UAV8，UAV1与UAV6之间的相对距离随时间的变化情况。从图8-7中我们可以发现，在整个避撞过程中，无人机之间的最小垂直面相对距离为39.24m，满足无人机的安全距离限制。由于算法中实施

的是单机改变方向的形式，在无人机未达到预设避撞高度时，无人机相对距离会略有缩小，但是能保证一定不会相撞。因为在预计的碰撞时刻无人机已经飞行至安全高度，所以虽然在避撞过程中可能会有接近的趋势，无人机在随后的飞行路径中能够保持相对安全的相对距离。

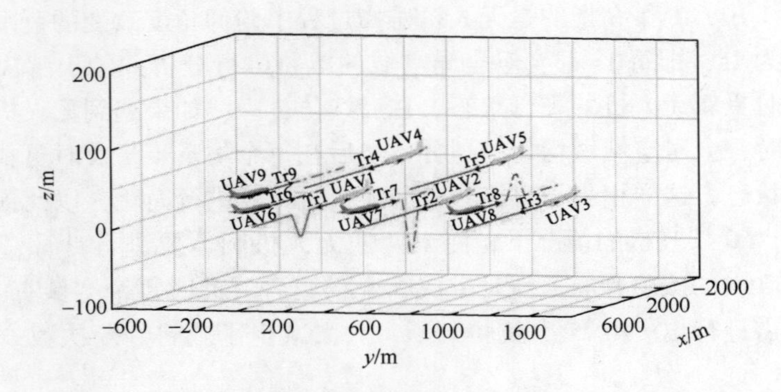

图 8-6　无人机群垂直平面防撞场景

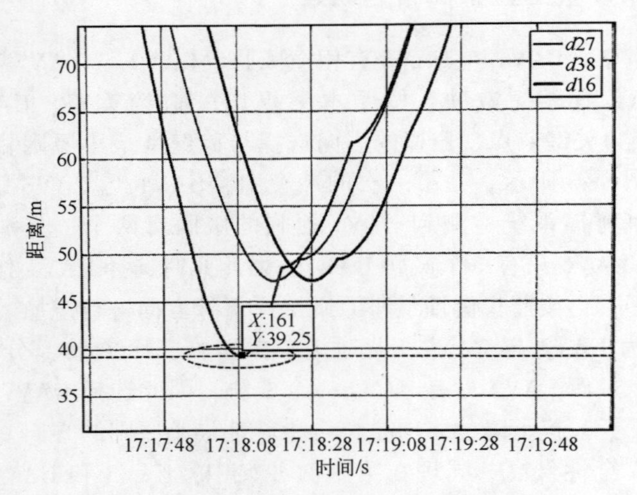

图 8-7　场景一下无人机之间的相对距离

图 8-8 描述的是在无人机群在最后一次避撞过程中的态势，连线表示无人机之间存在的潜在威胁，其中连线的方式与构建网络的逻辑相同，节点之间存在关联不仅和节点之间的相对距离有关，同时与节点之间的相对速度有关。通过网络算法可以识别关键节点，然后根据网络属性选择最合适的避撞方向。

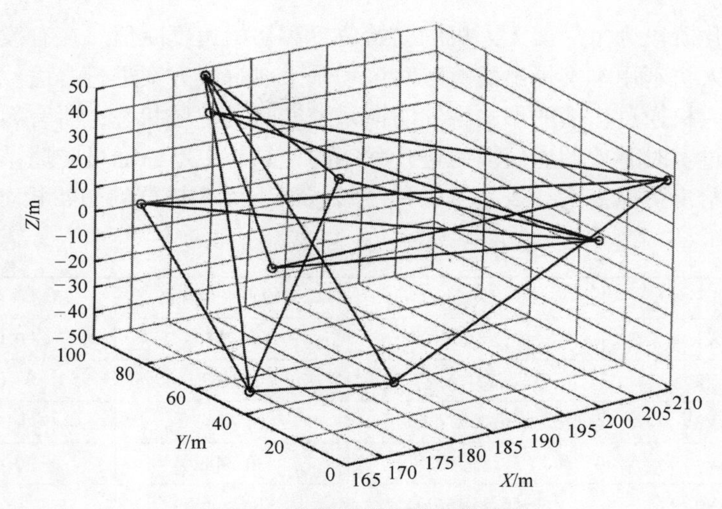

图 8-8　防撞过程中的网络连接

8.4.2　复杂多机无规则集群场景

为了检验本书提出的算法的可行性，进行仿真实验得到考虑到了包含9架无人机的人为设计的场景下由该算法自动产生的防撞效果，如图8-9所示。这个场景具备三个特点：场景相对复杂；多米诺效应；同时考虑到了短时间内多次威胁的情况。

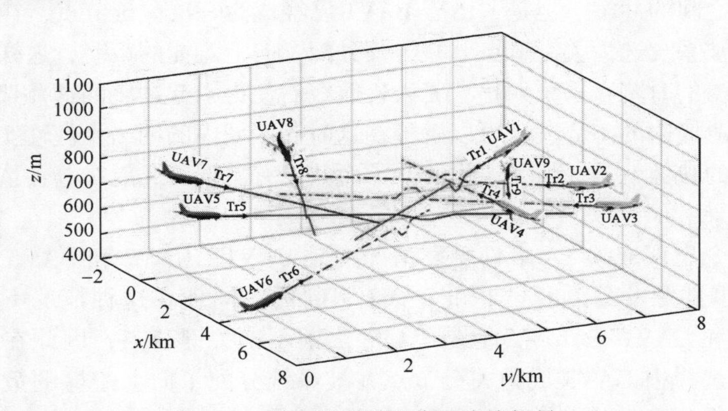

图 8-9　无人机群随机位置防撞场景

解决的策略就是通过分析在场景内各无人机的被威胁程度，选择执行避撞过程的无人机，然后再根据稳健性最小原则选择避撞的方向。

在该场景中，每一架无人机都在以直线的方式按初始方向进行巡航。在仿真的初始化阶段为每一架无人机的初始位置和初始速度赋值。在有撞击危险的区域，无人机利用本书提出的算法对该场景生成解决方案进行避撞。在局部空间内，无人机通过广播的形式告知防撞系统实时的空域状态，所有无人机的信息都能通过实时有效的通信设施进行状态的记录与更新，通过防撞系统为所有的无人机给出防撞方案。表 8-2 总结了该场景下无人机群的初始状态。

表 8-2　无人机群的初始状态

无人机序号	初始位置/(m,m,m)	初始水平角/rad	初始垂直角/rad
UAV1	(0,700,700)	-0.7850	-0.0349
UAV2	(70,121,652)	1.0467	0
UAV3	(-56,325,736)	-0.2966	0.0209
UAV4	(3,723,700)	-0.3489	-0.0169
UAV5	(-56,112,700)	0.2966	0

在本场景中，第一次出现的 TA 是 UAV1 和 UAV4 触发的。经过防撞系统分析后发现 UAV1 除了与 UAV4 即将发生碰撞外，还有潜在的和 UAV2 发生碰撞的可能，因此第一次发生 TA 事件时系统选择了 UAV1 作为关键节点进行避撞方向的选择，此时 UAV1 选择了向下进行避撞。随着仿真步长推进，系统检测到在下一个阶段在上 UAV1 与 UAV2 触发了 TA 事件。由于 UAV1 已经在上一个阶段成为关键节点，因此在本次冲突中 UAV2 的潜在威胁虽然只有 UAV2 与 UAV1 之间的冲突。但是，由于 UAV1 已经成为一次关键节点，在这种情况下 UAV2 被系统选为关键节点，并为其分配了向上避撞的策略，这样使得在原本将要撞击的时刻在系统纠正了无人机航线后使得引起冲突的这几架无人机形成分散规避撞击的态势，这可以解释在这时该区域内的网络稳健性实现了最小化，直观的映像就是 3 架无人机散开了而并没有出现交叉航线等会造成多米诺效应的后果。

第二个出现连续 TA 事件触发情况的是 UAV1、UAV3 和 UAV5 之间。下一个 TA 事件触发是由 UAV1 和 UAV3 引起的，同理在这种情况下 UAV3 遇到的威胁和 UAV1 一样多，但是 UAV3 之前不是关键节点，因此在这一次的关键节点选择中 UAV3 成为关键节点并被系统分配了向上避撞的策略。紧接着 UAV5 检测到即将与 UAV1 发生撞击，而此时 UAV1 正处于避撞过程中，关键节点选择优先级不如 UAV5 高，系统同时检测到此时在 UAV5 未来的上空有正在执行避撞过程的 UAV3，因此此时 UAV5 选择向上避撞的优先级不如向下方避撞的方向选择优先级高，所以此时 UAV5 选择了向下避撞的策略。这一次的连续 TA 事件触发的情况和第一次有所不同，同时涉及关键节点的选择时间，成为关键节点之后的节点在下一次评价是否成为关键节点时优先级会降低。

由于在算法的设计阶段已经考虑到了连续TA事件触发的情况，因此按照既定的关键节点选择原则和避撞方向选择原则能够在这种连续TA事件触发的情况下由防撞系统综合分析态势为每一架无人机分配有利于空域全局发展的安全性较强的避撞策略。表8-3总结了UAV1和UAV2的路径。

表8-3　UAV1和UAV2的路径点

时　间	序　号	修改路径坐标/m		
		X	Y	Z
18:15:57	UAV1	3099.11	17900.89	665.62
18:16:03	UAV1	3165.20	17834.80	660.49
18:16:09	UAV1	3231.28	17768.72	655.36
18:16:15	UAV1	3338.11	17661.89	653.51
18:16:21	UAV1	3465.31	17534.69	653.31
18:16:27	UAV1	3592.51	17407.49	653.10
18:16:33	UAV1	3689.15	17310.85	655.56
	UAV2	4790.06	17480.06	705.84
18:16:39	UAV1	3755.23	17244.77	660.68
	UAV2	4711.38	17401.38	710.56
18:16:45	UAV1	3821.31	17178.69	665.81
	UAV2	4632.71	17322.71	715.27
18:16:51	UAV1	3887.40	1711.60	670.94
	UAV2	4554.03	17244.03	719.99
18:16:57	UAV1	3953.48	17046.52	676.07
	UAV2	4475.36	17165.36	724.71
18:17:03	UAV1	4019.56	16980.44	681.20
	UAV2	4396.69	17086.69	729.42
18:17:09	UAV1	4085.64	16914.36	686.32
	UAV2	4293.76	16983.76	731.66
18:17:15	UAV1	4151.72	16848.28	691.45
	UAV2	4166.58	16856.58	731.42
18:17:21	UAV1	4227.99	16772.01	695.69
	UAV2	4039.41	16729.41	731.18

续表

时　间	序　号	修改路径坐标/m		
		X	Y	Z
18:17:27	UAV2	3928.40	16618.40	729.45
18:17:33	UAV2	3849.72	16539.72	724.73
18:17:39	UAV2	3771.05	16461.05	720.01
18:17:45	UAV2	3692.38	16382.38	715.30

图8-10描述的是在每一对存在冲突的无人机对的相对距离，图中展现的分别是UAV1与UAV4，UAV1与UAV3，UAV1与UAV2，UAV1与UAV5之间的相对距离随时间的变化。从该图中我们可以发现，在整个避撞过程中，无人机之间的最小相对距离为35.86m，满足无人机的安全距离限制。由于算法中实施的是单机改变方向的形式，在飞机未达到预设避撞高度时，所以虽然在避撞过程中可能会有接近的趋势，但在随后的飞行路径中无人机能够保持相对安全的相对距离。

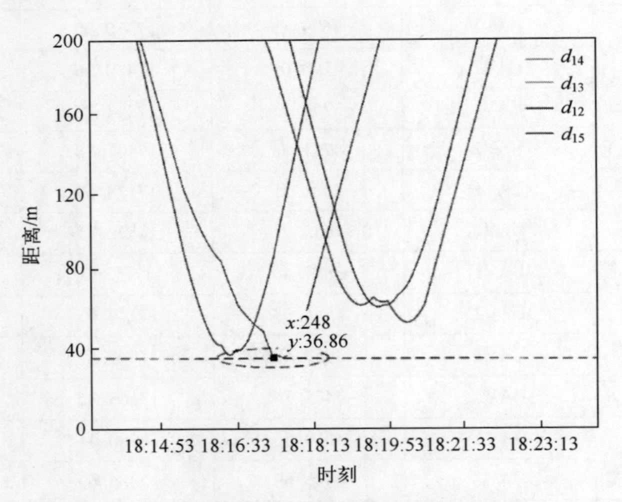

图8-10　场景二下无人机之间的相对距离

图8-11描述的是在无人机群在最后一次避撞过程中的态势，连线表示无人机之间存在潜在的威胁，连线的方式与构建网络的逻辑相同，节点之间存在关联不仅和节点之间的相对距离有关，同时与节点之间的相对速度有关。通过网络算法可以识别关键节点，然后根据网络属性选择最合适的避撞方向。

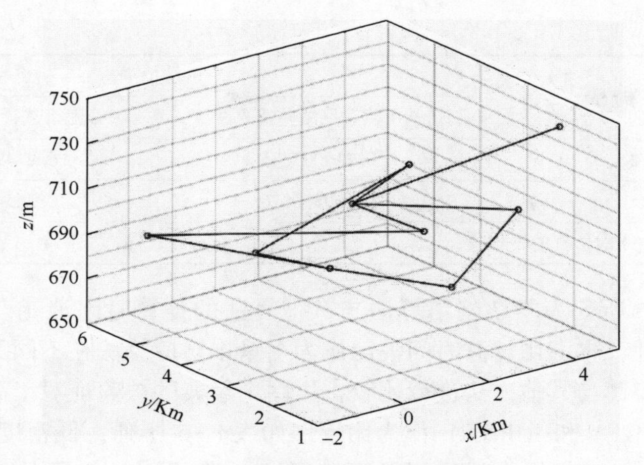

图8-11　防撞过程中的网络连接

8.4.3　进一步分析

由于在算法的设计阶段已经考虑到了连续TA事件触发的情况，因此按照既定的关键节点选择原则和避撞方向选择原则，能够在这种连续TA事件触发的情况下由防撞系统综合分析态势，为每一架无人机分配有利于空域全局发展的安全性较强的避撞策略。

为了比较本书提出的算法的优越性，将基于复杂网络的避撞算法和随机选择避撞方向的算法做比较，表8-4对比了使用基于复杂网络的防撞算法和随机选择方向避撞方法的 Q 值，即探测到威胁的原撞击时刻的安全性。表8-4中展示了不同空域无人机密集度情况下（18架、32架、50架、72架、100架）的 Q 值结果，其中 Q 值为30次仿真实验结果的平均值。在不同的无人机密度的情况下基于复杂网络的避撞算法的 Q 值始终比随机选择方向避撞的算法要小，意味着基于复杂网络的避撞算法能够使得在探测到威胁的原撞击时刻的空域无人机群的安全性可以达到最大。同时随着密度的增加效果并没有明显减退，表明算法本身的稳定性很好，适用于大规模无人机群的避撞。

表8-4　算法和随机的 Q 值比较

无人机数	Q 值	
	基于复杂网络防撞算法	随机选择方向避撞
18	0.077153333	0.102466667
32	0.118073333	0.121470000
50	0.162774683	0.167090363

续表

无人机数	Q值	
	基于复杂网络防撞算法	随机选择方向避撞
72	0.210007685	0.214907127
100	0.259850816	0.265497771
注：Q值均为30次仿真的平均值		

如表8-5所列为复杂网络算法与其他算法的计算时间消耗。为了验证算法的可适用性，本书用计算时间消耗作为衡量本防撞算法在不同无人机密度下的效果，并将其与其他方法进行比较，用两个经典的被验证对于高密度环境有效的算法（SGTA和RIPNA）作为比较。如表8-5所列，低密度（20架无人机）、中密度（40架无人机）以及高密度（60架无人机）条件下的平均计算时间（基于100次随机场景仿真测试）随着空域无人机密度的增加不会呈现指数增长的形式，并且在不同密度下计算效率与其他算法相比有显著提升。算法的可适用性是可以保障的，即使在高密度无人机场景下仍然能在相对合理的时间范围内计算出冲突解决方案。

表8-5　不同无人机密度下的计算时间消耗

无人机数	计算时间/s		
	SGTA	RIPNA	COMPLEX NEWORK
20	673	68	3
40	1711	200	9
60	3009	309	20

8.5　小　　结

本书提出了在局部空域内无人机群基于复杂网络的防撞方法，该方法通过复杂网络理论将无人机的轨迹在全局范围内尽可能迅速地进行同步修改以达到避撞的效果。基于复杂网络的无人机防撞方法由两个不同的算法组成：关键节点选择算法和避撞方向选择算法，这两个算法组成了在无人机群相遇时能保证面临威胁时刻的局部空间范围内无人机群的安全性最优的防撞系统核心算法。关键节点选择算法通过无人机的状态表示和冲突检测逻辑，构建了关键节点选择策略。方向选择算法在关键节点算法的基础上，基于稳健性最小原则选择威胁解除方案。两个算法通过对局部空域内的无人机群的各种状态的分析，基于状态和复杂网络理论共同为无人机群相遇时产生的威胁提供解除方法。从两个经典无人机相遇场景下的仿真实验可以看出，基于复杂网络的无人机群避撞算法是可行和有效的，对于不同规模的威胁密度都有很好的效果。算法给出的避撞策略使得原本受威胁的无人机群的安全性达到最高，从安全性的意义上看这使得无人机群的安全性和稳健性得到增强。通过大规模无人机群的仿真验证了算法的可适用性，时间效率较其他经典算法有显著提升。

未来的研究将会集中在以下方面：①运用适合的启发性算法，提高算法的执行效率和计算速度；②对无人机群的安全性指标做更加全面的研究，将其融入现有防撞系统以提升系统给无人机群带来的安全性；③考虑更加复杂的其他扰动的情况（如强风等）以应对更加密集复杂的情况；④将无人机整合到通用航空在非隔离空域内运行。

参考文献

[1] Newman MEJ. The structure and function of complex networks [J]. SIAM Rev 45, 2003, 45 (2): 167-256.

[2] Dorogovtsev S N, Mendes J F F. Evolution of Networks: From Biological Nets to the Internet and WWW (Physics) [M]. Oxford University Press, Inc., 2003.

[3] Boccaletti S, Latora V, Moreno Y, et al. Complex networks: Structure and dynamics [J]. Physics reports, 2006, 424 (4-5): 175-308.

[4] Albert R, Albert I, Nakarado G L. Structural vulnerability of the North American power grid [J]. Phys Rev E Stat Nonlin Soft Matter Phys, 2004, 69 (2): 025103.

[5] Stefania V, Glattfelder J B, Stefano B. The Network of Global Corporate Control [J]. Plos One, 2011, 15 (3): 357-379.

[6] Ratkiewicz J, Fortunato S, Flammini A, et al. Characterizing and modeling the dynamics of online popularity [J]. Physical Review Letters, 2010, 105 (15): 158701.

[7] Pastor-Satorras R, Vespignani A. Immunization of complex networks [J]. Physical Review E Statistical Nonlinear & Soft Matter Physics, 2002, 65 (3 Pt 2A): 036104.

[8] Cohen R, Havlin S, Benavraham D. Efficient immunization strategies for computer networks and populations [J]. Physical Review Letters, 2002, 91 (24): 247901.

[9] Richardson M, Domingos P. Mining knowledge-sharing sites for viral marketing [C]// Eighth ACM SIGKDD International Conference on Knowledge Discovery and Data Mining. ACM, 2002: 61-70.

[10] Leskovec J, Adamic L A, Huberman B A. The dynamics of viral marketing [J]. ACM Transactions on the Web (TWEB), 2007, 1 (1): 5.

[11] Lü L, Medo M, Chi H Y, et al. Recommender systems [J]. Physics Reports, 2012, 519 (1): 1-49.

[12] Cohen R, Erez K, Ben-Avraham D, et al. Breakdown of the Internet under intentional attack [J]. Physical Review Letters, 2001, 86 (16): 3682.

[13] Chen W, Lakshmanan L, Castillo C. Information and Influence Propagation in Social Networks [J]. Synthesis Lectures on Data Management, 2013, 5 (4): 1-177.

[14] Motter A E, Lai Y C. Cascade-based attacks on complex networks [J]. Phys Rev E Stat Nonlin Soft Matter Phys, 2002, 66 (2): 065102.

[15] Motter A E. Cascade control and defense in complex networks [J]. Physical Review

Letters, 2004, 93 (9): 098701.

[16] Albert R, Albert I, Nakarado G L. Structural vulnerability of the North American power grid [J]. Phys Rev E Stat Nonlin Soft Matter Phys, 2004, 69 (2): 025103.

[17] Albert R, Jeong H, Barabasi A L. Error and attack tolerance of complex networks [J]. Nature, 2000, 406 (6794): 378.

[18] Callaway D S, Newman M E, Strogatz S H, et al. Network robustness and fragility: percolation on random graphs [J]. Physical Review Letters, 2000, 85 (25): 5468-5471.

[19] Cohen R, Erez K, Ben-Avraham D, et al. Breakdown of the internet under intentional attack [J]. Physical Review Letters, 2001, 86 (16): 3682.

[20] French J R P, Raven B, Cartwright D. The bases of social power [J]. Classics of organization theory, 1959, 7: 311-320.

[21] Erds P, Rényi A. On the evolution of random graphs [J]. Publ. Math. Inst. Hung. Acad. Sci, 1960, 5: 17-61.

[22] Erdos P. On random graphs [J]. Publicationes mathematicae, 1959, 6: 290-297.

[23] Travers J, Milgram S. The small world problem [J]. Phychology Today, 1967, 1 (1): 61-67.

[24] Watts D J, Strogatz S H. Collective dynamics of 'small-world' networks [J]. nature, 1998, 393 (6684): 440.

[25] Facebook Claims 4.74 Degrees of Kevin Bacon [EB/OL]. https://www.facebook.com/notes/facebook-data-team/anatomy-of-facebook/10150388519243859.

[26] Barabási A L, Albert R. Emergence of scaling in random networks [J]. science, 1999, 286 (5439): 509-512.

[27] 任晓龙，吕琳媛．网络重要节点排序方法综述 [J]. 科学通报，2014，(13): 1175-1197.

[28] Phillip Bonacich. Factoring and weighting approaches to status scores and clique identification [J]. Journal of Mathematical Sociology, 1972, 2 (1): 113-120.

[29] Chen D, Lü L, Shang M S, et al. Identifying influential nodes in complex networks [J]. Physica A Statistical Mechanics & Its Applications, 2012, 391 (4): 1777-1787.

[30] Zhou T, Yan G, Wang B H. Maximal planar networks with large clustering coefficient and power-law degree distribution [J]. Physical Review E, 2005, 71 (4): 046141.

[31] Eguiluz V M, Klemm K. Epidemic threshold in structured scale-free networks [J]. Physical Review Letters, 2002, 89 (10): 108701.

[32] Petermann T, De Los Rios P. Role of clustering and gridlike ordering in epidemic spreading [J]. Physical Review E, 2004, 69 (6): 066116.

[33] Chen D B, Gao H, Lü L, et al. Identifying influential nodes in large-scale directed networks: the role of clustering [J]. PloS one, 2013, 8 (10): e77455.

[34] Kitsak M, Gallos L K, Havlin S, et al. Identification of influential spreaders in complex net-

works [J]. Nature physics, 2010, 6 (11): 888.

[35] Hirsch J E. An index to quantify an individual's scientific research output [J]. Proceedings of the National academy of Sciences of the United States of America, 2005, 102 (46): 16569.

[36] Lü L, Zhou T, Zhang Q M, et al. The H-index of a network node and its relation to degree and coreness [J]. Nature communications, 2016, 7: 10168.

[37] Hage P, Harary F. Eccentricity and centrality in networks [J]. Social networks, 1995, 17 (1): 57-63.

[38] Freeman L C. Centrality in social networks conceptual clarification [J]. Social networks, 1978, 1 (3): 215-239.

[39] Everett M G, Borgatti S P. The centrality of groups and classes [J]. The Journal of mathematical sociology, 1999, 23 (3): 181-201.

[40] Newman M E J. Scientific collaboration networks. II. Shortest paths, weighted networks, and centrality [J]. Physical review E, 2001, 64 (1): 016132.

[41] Salathé M, Jones J H. Dynamics and control of diseases in networks with community structure [J]. PLoS computational biology, 2010, 6 (4): e1000736.

[42] Hébert-Dufresne L, Allard A, Young J G, et al. Global efficiency of local immunization on complex networks [J]. Scientific reports, 2013, 3: 2171.

[43] Katz L. A new status index derived from sociometric analysis [J]. Psychometrika, 1953, 18 (1): 39-43.

[44] Stephenson K, Zelen M. Rethinking centrality: Methods and examples [J]. Social networks, 1989, 11 (1): 1-37.

[45] Wittenbaum G M, Hubbell A P, Zuckerman C. Mutual enhancement: Toward an understanding of the collective preference for shared information [J]. Journal of personality and social psychology, 1999, 77 (5): 967.

[46] Bonacich P. Factoring and weighting approaches to status scores and clique identification [J]. Journal of mathematical sociology, 1972, 2 (1): 113-120.

[47] Poulin R, Boily M C, Mâsse B R. Dynamical systems to define centrality in social networks [J]. Social networks, 2000, 22 (3): 187-220.

[48] Brin S, Page L. The anatomy of a large-scale hypertextual web search engine [J]. Computer networks and ISDN systems, 1998, 30 (1-7): 107-117.

[49] Lü L, Zhang Y C, Yeung C H, et al. Leaders in social networks, the delicious case [J]. PloS one, 2011, 6 (6): e21202.

[50] Kleinberg J M. Authoritative sources in a hyperlinked environment [J]. Journal of the ACM (JACM), 1999, 46 (5): 604-632.

[51] Chakrabarti S, Dom B, Raghavan P, et al. Automatic resource compilation by analyzing hyperlink structure and associated text [J]. Computer networks and ISDN systems, 1998, 30

(1-7): 65-74.

[52] Lempel R, Moran S. The stochastic approach for link-structure analysis (SALSA) and the TKC effect1 [J]. Computer Networks, 2000, 33 (1-6): 387-401.

[53] Colizza V, Flammini A, Serrano M A, et al. Detecting rich-club ordering in complex networks [J]. Nature physics, 2006, 2 (2): 110.

[54] Zhou S, Mondragón R J. The rich-club phenomenon in the Internet topology [J]. IEEE Communications Letters, 2004, 8 (3): 180-182.

[55] Kempe D, Kleinberg J, Tardos É. Maximizing the spread of influencethrough a social network [C]//Proceedings of the ninth ACM SIGKDD international conference on Knowledge discovery and data mining. ACM, 2003: 137-146.

[56] Chen W, Wang Y, Yang S. Efficient influence maximization in social networks [C]//Proceedings of the15th ACM SIGKDD international conference on Knowledge discovery and data mining. ACM, 2009: 199-208.

[57] Zhang J X, Chen D B, Dong Q, et al. Identifying a set of influential spreaders in complex networks [J]. Scientific reports, 2016, 6: 27823.

[58] Liu D, Jing Y, Zhao J, et al. A fast and efficient algorithm for mining top-k nodes in complex networks [J]. Scientific Reports, 2017, 7: 43330.

[59] He J L, Fu Y, Chen D B. A novel top-k strategy for influence maximization in complex networks with community structure [J]. PloS one, 2015, 10 (12): e0145283.

[60] Zhao X Y, Huang B, Tang M, et al. Identifying effective multiple spreaders by coloring complex networks [J]. EPL (Europhysics Letters), 2015, 108 (6): 68005.

[61] Guo L, Lin J H, Guo Q, et al. Identifying multiple influential spreaders in term of the distance-based coloring [J]. Physics Letters A, 2016, 380 (7-8): 837-842.

[62] Bao Z K, Liu J G, Zhang H F. Identifying multiple influential spreaders by a heuristic clustering algorithm [J]. Physics Letters A, 2017, 381 (11): 976-983.

[63] Ji S, Lü L, Yeung C H, et al. Effective spreading from multiple leaders identified by percolation in the susceptible-infected-recovered (SIR) model [J]. New Journal of Physics, 2017, 19 (7): 073020.

[64] Lü L, Zhou T. Link prediction in complex networks: A survey [J]. Physica A: statistical mechanics and its applications, 2011, 390 (6): 1150-1170.

[65] Goyal A, Bonchi F, Lakshmanan L V S. Learning influence probabilities in social networks [C]//Proceedings of the third ACM international conference on Web search and data mining. ACM, 2010: 241-250.

[66] Kim H, Beznosov K, Yoneki E. Finding influential neighbors to maximize information diffusion in twitter [C]//Proceedings of the 23rd International Conference on World Wide Web. ACM, 2014: 701-706.

[67] He X, Song G, Chen W, et al. Influence blocking maximization in social networks under the

competitive linear threshold model [C]//Proceedings of the 2012 SIAM International Conference on Data Mining. Society for Industrial and Applied Mathematics, 2012: 463-474.

[68] Dereich S, Mörters P. Random networks with sublinear preferential attachment: the giant component [J]. The Annals of Probability, 2013, 41 (1): 329-384.

[69] Newman M E J. Finding community structure in networks using the eigenvectors of matrices [J]. Physical review E, 2006, 74 (3): 036104.

[70] Ugander J, Karrer B, Backstrom L, et al. The anatomy of the facebook social graph [J]. arXiv preprint arXiv: 1111.4503, 2011.

[71] Backstrom L, Boldi P, Rosa M, et al. Four degrees of separation [C]//Proceedings of the 4th Annual ACM Web Science Conference. ACM, 2012: 33-42.

[72] Girvan M, Newman M E J. Community structure in social and biological networks [J]. Proceedings of the national academy of sciences, 2002, 99 (12): 7821-7826.

[73] Zhou S. Characterising and modelling the internet topology—The rich-club phenomenon and the PFP model [J]. BT Technology Journal, 2006, 24 (3): 108-115.

[74] Barabási A L. Scale-free networks: a decade and beyond [J]. science, 2009, 325 (5939): 412-413.

[75] Lancichinetti A, Fortunato S, Radicchi F. Benchmark graphs for testing community detection algorithms [J]. Physical review E, 2008, 78 (4): 046110.

[76] Chakrabarti D, Wang Y, Wang C, et al. Epidemic thresholds in real networks [J]. ACM Transactions on Information and System Security (TISSEC), 2008, 10 (4): 1.

[77] Anderson R M, May R M. Infectious diseases of humans [M]. Oxford: Oxford University Press, 1991.

[78] Pastor-Satorras R, Castellano C, Van Mieghem P, et al. Epidemic processes in complex networks [J]. Reviews of modern physics, 2015, 87 (3): 925.

[79] Pastor-Satorras R, Vázquez A, Vespignani A. Dynamical and correlation properties of the Internet [J]. Physical review letters, 2001, 87 (25): 258701.

[80] Grassberger P. On the critical behavior of the general epidemic process and dynamical percolation [J]. Mathematical Biosciences, 1983, 63 (2): 157-172.

[81] Hastings M B. Systematic series expansions for processes on networks [J]. Physical review letters, 2006, 96 (14): 148701.

[82] Zachary W W. An information flow model for conflict and fission in small groups [J]. Journal of anthropological research, 1977, 33 (4): 452-473.

[83] Stephenson K, Zelen M. Rethinking centrality: Methods and examples [J]. Social networks, 1989, 11 (1): 1-37.

[84] 李鹏翔，任玉晴，席酉民. 网络节点（集）重要性的一种度量指标 [J]. 系统工程，2004, 22 (4): 13-20.

[85] Tao Z, Zhongqian F, Binghong W. Epidemic dynamics on complex networks [J]. Progress

in Natural Science, 2006, 16 (5): 452-457.

[86] 周涛, 傅忠谦, 牛永伟, 等. 复杂网络上传播动力学研究综述 [J]. 自然科学进展, 2005, 15 (5): 513-518.

[87] Peng X L, Xu X J, Fu X, et al. Vaccination intervention on epidemic dynamics in networks [J]. Physical Review E, 2013, 87 (2): 022813.

[88] Muchnik L, Aral S, Taylor S J. Social influence bias: A randomized experiment [J]. Science, 2013, 341 (6146): 647-651.

[89] Brummitt C D, D'Souza R M, Leicht E A. Suppressing cascades of load in interdependent networks [J]. Proceedings of the National Academy of Sciences, 2012, 109 (12): E680-E689.

[90] Vragović I, Louis E, Díaz-Guilera A. Efficiency of informational transfer in regular and complex networks [J]. Physical Review E, 2005, 71 (3): 036122.

[91] Latora V, Marchiori M. A measure of centrality based on network efficiency [J]. New Journal of Physics, 2007, 9 (6): 188.

[92] 王建伟, 荣莉莉, 郭天柱. 一种基于局部特征的网络节点重要性度量方法 [J]. 大连理工大学学报, 2010, 50 (5): 822-826.

[93] 任卓明, 邵凤, 刘建国, 等. 基于度与集聚系数的网络节点重要性度量方法研究 [J]. 物理学报, 2013, 62 (12): 128901.

[94] 王延庆. 基于接连失效的复杂网络节点重要性评估 [J]. 网络安全技术与应用, 2008 (3): 59-61.

[95] Goh K I, Kahng B, Kim D. Universal behavior of load distribution in scale-free networks [J]. Physical Review Letters, 2001, 87 (27): 278701.

[96] Dolev S, Elovici Y, Puzis R. Routing betweenness centrality [J]. Journal of the ACM (JACM), 2010, 57 (4): 25.

[97] Cheng X Q, Ren F X, Shen H W, et al. Bridgeness: a local index on edge significance in maintaining global connectivity [J]. Journal of Statistical Mechanics: Theory and Experiment, 2010, 2010 (10): P10011.

[98] Albert R, Jeong H, Barabási A L. Internet: Diameter of the world-wide web [J]. nature, 1999, 401 (6749): 130.

[99] Katz L. A new status index derived from sociometric analysis [J]. Psychometrika, 1953, 18 (1): 39-43.

[100] Stephenson K, Zelen M. Rethinking centrality: Methods and examples [J]. Social networks, 1989, 11 (1): 1-37.

[101] Altmann M. Reinterpreting network measures for models of disease transmission [J]. Social Networks, 1993, 15 (1): 1-17.

[102] Poulin R, Boily M C, Mâsse B R. Dynamical systems to define centrality in social networks [J]. Social networks, 2000, 22 (3): 187-220.

[103] Freeman L C. A Set of Measures of Centrality Based on Betweenness [J]. Sociometry, 1977, 40 (1): 35-41.

[104] Everett M G, Borgatti S P. The centrality of groups and classes [J]. The Journal of mathematical sociology, 1999, 23 (3): 181-201.

[105] Stephenson K, Zelen M. Rethinking centrality: Methods and examples [J]. Social networks, 1989, 11 (1): 1-37.

[106] Hou B, Yao Y, Liao D. Identifying all-around nodes for spreading dynamics in complex networks [J]. Physica A: Statistical Mechanics and its Applications, 2012, 391 (15): 4012-4017.

[107] Liu J G, Ren Z M, Guo Q. Ranking the spreading influence in complex networks [J]. Physica A: Statistical Mechanics and its Applications, 2013, 392 (18): 4154-4159.

[108] Zeng A, Zhang C J. Ranking spreaders by decomposing complex networks [J]. Physics Letters A, 2013, 377 (14): 1031-1035.

[109] Ma L, Ma C, Zhang H F, et al. Identifying influential spreaders in complex networks based on gravity formula [J]. Physica A: Statistical Mechanics and its Applications, 2016, 451: 205-212.

[110] Domingos P, Richardson M. Mining the network value of customers [C]//Pro-ceedings of the seventh ACM SIGKDD international conference on Knowledge discovery and data mining. ACM, 2001: 57-66.

[111] Leskovec J, Krause A, Guestrin C, et al. Cost-effective outbreak detection in net-works [C]//Proceedings of the 13th ACM SIGKDD international conference on Knowledge discovery and data mining. ACM, 2007: 420-429.

[112] Wang Y, Cong G, Song G, et al. Community-based greedy algorithm for mining top-k influential nodes in mobile social networks [C]//Proceedings of the 16th ACM SIGKDD international conference on Knowledge discovery and data mining. ACM, 2010: 1039-1048.

[113] Borgs C, Brautbar M, Chayes J, et al. Maximizing social influence in nearly optimal time [C]//Proceedings of the twenty-fifth annual ACM-SIAM symposium on Discrete algorithms. Society for Industrial and Applied Mathematics, 2014: 946-957.

[114] Tang Y, Xiao X, Shi Y. Influence maximization: Near-optimal time complexity meets practical efficiency [C]//Proceedings of the 2014 ACM SIGMOD international conference on Management of data. ACM, 2014: 75-86.

[115] Rogers T. Assessing node risk and vulnerability in epidemics on networks [J]. EPL (Europhysics Letters), 2015, 109 (2): 28005.

[116] Kinney R, Crucitti P, Albert R, et al. Modeling cascading failures in the North American power grid [J]. The European Physical Journal B-Condensed Matter and Complex Systems, 2005, 46 (1): 101-107.

[117] 王光增，曹一家，包哲静，等．一种新型电力网络局域世界演化模型［J］．物理学

报，2009，58（6）：3597-3602.

[118] 陈勇，胡爱群，胡啸．通信网中节点重要性的评价方法［J］．通信学报，2004，25（8）：129-134.

[119] Restrepo J G, Ott E, Hunt B R. Characterizing the Dynamical Importance of Network Nodes and Links [J]. Physical Review Letters, 2006, 97 (9): 094102.

[120] 谭跃进，吴俊，邓宏钟．复杂网络中节点重要度评估的节点收缩方法［J］．系统工程理论与实践，2006，26：79-83.

[121] 王建伟，荣莉莉，郭天柱．一种基于局部特征的网络节点重要性度量方法［J］．大连理工大学学报，2010，50（5）：822-826.

[122] Ugander J, Backstrom L, Marlow C, et al. Structural diversity in social contagion [J]. Proceedings of the National Academy of Sciences, 2012, 109 (16): 5962-5966.

[123] Chen D B, Xiao R, Zeng A, et al. Path diversity improves the identification of influential spreaders [J]. EPL (Europhysics Letters), 2014, 104 (6): 68006.

[124] Ruan Y R, Lao S Y, Xiao Y D, et al. Identifying influence of nodes in complex networks with coreness centrality: Decreasing the impact of densely local connection [J]. Chinese Physics Letters, 2016, 33 (2): 028901.

[125] Ping L, Jie Z, Xiao-Ke X, et al. Dynamical influence of nodes revisited: A markov chain analysis of epidemic process on networks [J]. Chinese Physics Letters, 2012, 29 (4): 048903.

[126] Liu J G, Lin J H, Guo Q, et al. Locating influential nodes via dynamics-sensitive centrality [J]. Scientific reports, 2016, 6: 21380.

[127] Lü L, Chen D, Ren X L, et al. Vital nodes identification in complex networks [J]. Physics Reports, 2016, 650: 1-63.

[128] Liu Y Y, Slotine J J, Barabási A L. Controllability of complex networks [J]. Nature, 2011, 473 (7346): 167.

[129] Orouskhani Y, Jalili M, Yu X. Optimizing dynamical network structure for pinning control [J]. Scientific reports, 2016, 6: 24252.

[130] Zhou M Y, Zhuo Z, Liao H, et al. Enhancing speed of pinning synchronizability: low-degree nodes with high feedback gains [J]. Scientific reports, 2015, 5: 17459.

[131] Liu Y Y, Slotine J J, Barabási A L. Control centrality and hierarchical structure in complex networks [J]. Plos one, 2012, 7 (9): e44459.

[132] Jia T, Pósfai M. Connecting core percolation and controllability of complex networks [J]. Scientific reports, 2014, 4: 5379.

[133] Jaccard P. Étude comparative de la distribution florale dans une portion des Alpes et des Jura [J]. Bull Soc Vaudoise Sci Nat, 1901, 37: 547-579.

[134] Blagus N, Šubelj L, Bajec M. Self-similar scaling of density in complex real-world networks [J]. Physica A: Statistical Mechanics and its Applications, 2012, 391 (8): 2794-

2802.

[135] Batagelj V, Mrvar A. Pajek-program for large network analysis [J]. Connections, 1998, 21 (2): 47-57.

[136] Isella L, Stehlé J, Barrat A, et al. What's in a crowd? Analysis of face-to-face behavioral networks [J]. Journal of theoretical biology, 2011, 271 (1): 166-180.

[137] Guimera R, Danon L, Diaz-Guilera A, et al. Self-similar community structure in a network of human interactions [J]. Physical review E, 2003, 68 (6): 065103.

[138] Von Mering C, Krause R, Snel B, et al. Comparative assessment of large-scale data sets of protein-protein interactions [J]. Nature, 2002, 417 (6887): 399.

[139] Csermely P, Korcsmáros T, Kiss H J M, et al. Structure and dynamics of molecular networks: a novel paradigm of drug discovery: a comprehensivereview [J]. Pharmacology & therapeutics, 2013, 138 (3): 333-408.

[140] Klemm K, Serrano M Á, Eguíluz V M, et al. A measure of individual role in collective dynamics [J]. Scientific reports, 2012, 2: 292.

[141] Bauer F, Lizier J T. Identifying influential spreaders and efficiently estimating infection numbers in epidemic models: A walk counting approach [J]. EPL (Europhysics Letters), 2012, 99 (6): 68007.

[142] Burt R S. Structural holes: The social structure of competition [M]. Harvard university press, 2009.

[143] Duch J, Arenas A. Community detection in complex networks using extremal optimization [J]. Physical review E, 2005, 72 (2): 027104.

[144] Rual J F, Venkatesan K, Hao T, et al. Towards a proteome-scale map of the human protein-protein interaction network [J]. Nature, 2005, 437 (7062): 1173.

[145] N Xie. Social network analysis of blogs [D]. University of Bristol, 2006.

[146] Dorogovtsev S N, Goltsev A V, Mendes J F F. K-core organization of complex networks [J]. Physical review letters, 2006, 96 (4): 040601.

[147] Liu Y, Tang M, Zhou T, et al. Core-like groups result in invalidation of identifying super-spreader by k-shell decomposition [J]. Scientific reports, 2015, 5: 9602.

[148] Boguná M, Pastor-Satorras R, Díaz-Guilera A, et al. Models of social networks based on social distance attachment [J]. Physical review E, 2004, 70 (5): 056122.

[149] Kendall M G. The treatment of ties in ranking problems [J]. Biometrika, 1945, 33 (3): 239-251.

[150] Knight W R. A computer method for calculating Kendall's tau with ungrouped data [J]. Journal of the American Statistical Association, 1966, 61 (314): 436-439.

[151] Borge-Holthoefer J, Rivero A, Moreno Y. Locating privileged spreaders on an online social network [J]. Physical review E, 2012, 85 (6): 066123.

[152] Garas A, Schweitzer F, Havlin S. A k-shell decomposition method for weighted networks

[J]. New Journal of Physics, 2012, 14 (8): 083030.

[153] Buldyrev S V, Parshani R, Paul G, et al. Catastrophic cascade of failures in interdependent networks [J]. Nature, 2010, 464 (7291): 1025.

[154] Lü L, Chen D B, Zhou T. The small world yields the most effective information spreading [J]. New Journal of Physics, 2011, 13 (12): 123005.

[155] Medo M, Zhang Y C, Zhou T. Adaptive model for recommendation of news [J]. EPL (Europhysics Letters), 2009, 88 (3): 38005.

[156] Pastor-Satorras R, Vespignani A. Epidemic spreading in scale-free networks [J]. Physical review letters, 2001, 86 (14): 3200.

[157] Albert R, Barabási A L. Statistical mechanics of complex networks [J]. Reviews of modern physics, 2002, 74 (1): 47.

[158] Lei M, Zhi L, Xiang-Yang T, et al. Evaluating influential spreaders in complex networks by extension of degree [J]. Acta Physica Sinica, 2015, 64 (8).

[159] Bao Z K, Ma C, Xiang B B, et al. Identification of influential nodes in complex networks: Method from spreading probability viewpoint [J]. Physica A: Statistical Mechanics and its Applications, 2017, 468: 391-397.

[160] Newman M E J. A measure of betweenness centrality based on random walks [J]. Social networks, 2005, 27 (1): 39-54.

[161] Goyal A, Bonchi F, Lakshmanan L V S. Learning influence probabilities in social networks [C]//Proceedings of the third ACM international conference on Web search and data mining. ACM, 2010: 241-250.

[162] Leskovec J, Kleinberg J, Faloutsos C. Graph evolution: Densification and shrinking diameters [J]. ACM Transactions on Knowledge Discovery from Data (TKDD), 2007, 1 (1): 2.

[163] Goldenberg J, Libai B, Muller E. Talk of the network: A complex systems look at the underlying process of word-of-mouth [J]. Marketing letters, 2001, 12 (3): 211-223.

[164] Goldenberg J, Libai B, Muller E. Using complex systems analysis to advance marketing theory development: Modeling heterogeneity effects on new product growth through stochastic cellular automata [J]. Academy of Marketing Science Review, 2001, 9 (3): 1-18.

[165] Granovetter M. Threshold models of collective behavior [J]. American journal of sociology, 1978, 83 (6): 1420-1443.

[166] Zareie A, Sheikhahmadi A, Khamforoosh K. Influence maximization in social networks based on TOPSIS [J]. Expert Systems with Applications, 2018, 108: 96-107.

[167] Fei L, Lu J, Feng Y. An extended best-worst multi-criteria decision-making method by belief functions and its applications in hospital service evaluation [J]. Computers & Industrial Engineering, 2020, 142: 106355.

[168] 韩忠明，吴杨，谭旭升，等. 面向结构洞的复杂网络关键节点排序 [J]. 物理学报，

2015, 64 (5): 058902.

[169] 闫光辉, 张萌, 罗浩, 等. 融合高阶信息的社交网络重要节点识别算法 [J]. 通信学报, 2019, 40 (10): 109-118.

[170] Alon U. Network motifs: theory and experimental approaches [J]. Nature Reviews Genetics, 2007, 8 (6): 450-461.

[171] Benson A R, Gleich D F, Leskovec J. Higher-order organization of complex networks [J]. Science, 2016, 353 (6295): 163-166.

[172] Li Y, Deng Y. Generalized ordered propositions fusion based on belief entropy [J]. Int. J. Comput. Commun. Control, 2018, 13 (5): 792-807.

[173] Wang J, Qiao K, Zhang Z. An improvement for combination rule in evidence theory [J]. Future Generation Computer Systems, 2019, 91: 1-9.

[174] Li D, Fu B, Wang Y, et al. Percolation transition in dynamical traffic network with evolving critical bottlenecks [J]. Proceedings of the National Academy of Sciences, 2015, 112 (3): 669-672.

[175] Zhong L F, Liu Q H, Wang W, et al. Comprehensive influence of local and global characteristics on identifying the influential nodes [J]. Physica A: Statistical Mechanics and Its Applications, 2018, 511: 78-84.

[176] Ma L, Ma C, Zhang H F, et al. Identifying influential spreaders in complex networks based on gravity formula [J]. Physica A: Statistical Mechanics and its Applications, 2016, 451: 205-212.

[177] Li Z, Ren T, Ma X, et al. Identifying influential spreaders by gravity model [J]. Scientific reports, 2019, 9 (1): 1-7.

[178] Yang X, Xiao F. An improved gravity model to identify influential nodes in complex networks based on k-shell method [J]. Knowledge-Based Systems, 2021, 227: 107198.

[179] TANG J. Review: Analysis and Improvement of Traffic Alert and Collision Avoidance System [J]. IEEE Access, 2017, 5 (99): 21419-21429.

[180] BROOKER P. Airborne Separation Assurance Systems: towards a work programme to prove safety [J]. Safety Science, 2004, 42 (8): 723-754.

[181] KUCHAR J K, YANG L C. A review of conflict detection and resolution modeling methods [J]. Intelligent Transportation Systems IEEE Transactions on, 2000, 1 (4): 179-189.

[182] WOLF T B, KOCHENDERFER M J. Aircraft Collision Avoidance Using Monte Carlo Real-Time Belief Space Search [J]. Journal of Intelligent & Robotic Systems, 2011, 64 (2): 277-298.

[183] DU Y, NAN Y. Research of Robot Path Planning Based on Improved Artificial Potential Field [C]//International Conference on Advances in Mechanical Engineering and Industrial Informatics. SAGE Publications Inc., 2016.

[184] CEKMEZ U, OZSIGINAN M, SAHINGOZ O K. Multi colony ant optimization for UAV path

planning with obstacle avoidance [C]//International Conference on Unmanned Aircraft Systems. IEEE, 2016: 47-52.

[185] GOERZEN C, KONG Z, METTLER B. A Survey of Motion Planning Algorithms from the Perspective of Autonomous UAV Guidance [J]. Journal of Intelligent & Robotic Systems, 2010, 57 (1-4): 65.

[186] C-C TSAI, H-C HUANG, C-K CHAN. Parallel elite genetic algorithm and its application to global path planning for autonomous robot navigation [J]. IEEE Trans. Ind. Electron., 2011, 58 (10): 4813-4821. doi: 10.1109/TIE.2011.2109332.

[187] TANG J, FAN L, LAO S. Collision Avoidance for Multi-UAV Based on Geometric Optimization Model in 3D Airspace [J]. Arabian Journal for Science & Engineering, 2014, 39 (11): 8409-8416.

[188] PRANDINI M, HU J, LYGEROS J, et al. A probabilistic approach to aircraft conflict detection [J]. Intelligent Transportation Systems IEEE Transactions on, 2000, 1 (4): 199-220.

[189] FAN L, TANG J, LING Y, et al. Novel Conflict Resolution Model for Multi-Uav Based on Cpn and 4d Trajec-tories [J]. Asian Journal of Control, 2016, 18 (2): 721-732.

[190] MANATHARA J G, GHOSE D. Rendezvous of Multiple UAVs with Collision Avoidance Using Consen-sus [J]. Journal of Aerospace Engineering, 2012, 25 (4): 480-489.

[191] LUO C, MCCLEAN S I, PARR G, et al. UAV Position Estimation and Collision Avoidance Using the Extended Kalman Filter [J]. IEEE Transactions on Vehicular Tech-nology, 2013, 62 (6): 2749-2762.

[192] RAGI S, CHONG E K P. UAV Path Planning in a Dy-namic Environment via Partially Observable Mar-kov Decision Process [J]. IEEE Transactions on Aero-space & Electronic Systems, 2013, 49 (4): 2397-2412.

[193] LIN Y, SARIPALLI S. Path planning using 3D Dubins Curve for Unmanned Aerial Vehicles [C]//International Conference on Unmanned Aircraft Systems. IEEE, 2014: 296-304.

[194] SHIM D H, SASTRY S. An Evasive Maneuvering Al-gorithm for UAVs in See-and-Avoid Situations [C]//American Control Conference. IEEE, 2007: 3886-3891.

[195] LIN Y, SARIPALLI S. Collision avoidance for UAVs using reachable sets [C]//International Conference on Unmanned Aircraft Systems. IEEE, 2015: 226-235.

[196] ARCHIBALD J K, HILL J C, JEPSEN N A, et al. A Satisficing Approach to Aircraft Conflict Resolution [J]. IEEE Transactions on Systems Man & Cybernetics Part C, 2008, 38 (4): 510-521.

[197] GEORGE J, GHOSE D. A reactive inverse PN algo-rithm for collision avoidance among multiple unmanned aerial vehicles [C]//American Control Conference, St. Louis, MO, 2009: 3890-3895.

[198] 刘鑫，杨霄鹏，刘雨帆，等．基于 GA-OCPA 学习系统的无人机路径规划方法［J］．航空学报，2017，38（11）：282-292.

[199] LU L，CHEN D，REN X L，et al. Vital nodes identification in complex networks［J］. Physics Reports，2016，650：1-63.

[200] MORONE F，MAKSE H A. Influence maximization in complex networks through optimal percolation［J］. Nature，2015，527（7579）：544.

[201] DING J，WEN C，LI G. Key node selection in mini-mum-cost control of complex networks［J］. Physica A Statistical Mechanics & Its Applications，2017，486.

[202] Tomlin C，Mitchell I，Ghosh R. Safety Verification of Conflict Resolution Maneuvers［J］. Intelligent Transpor-tation Systems IEEE Transactions on，2001，2（2）：110-120.

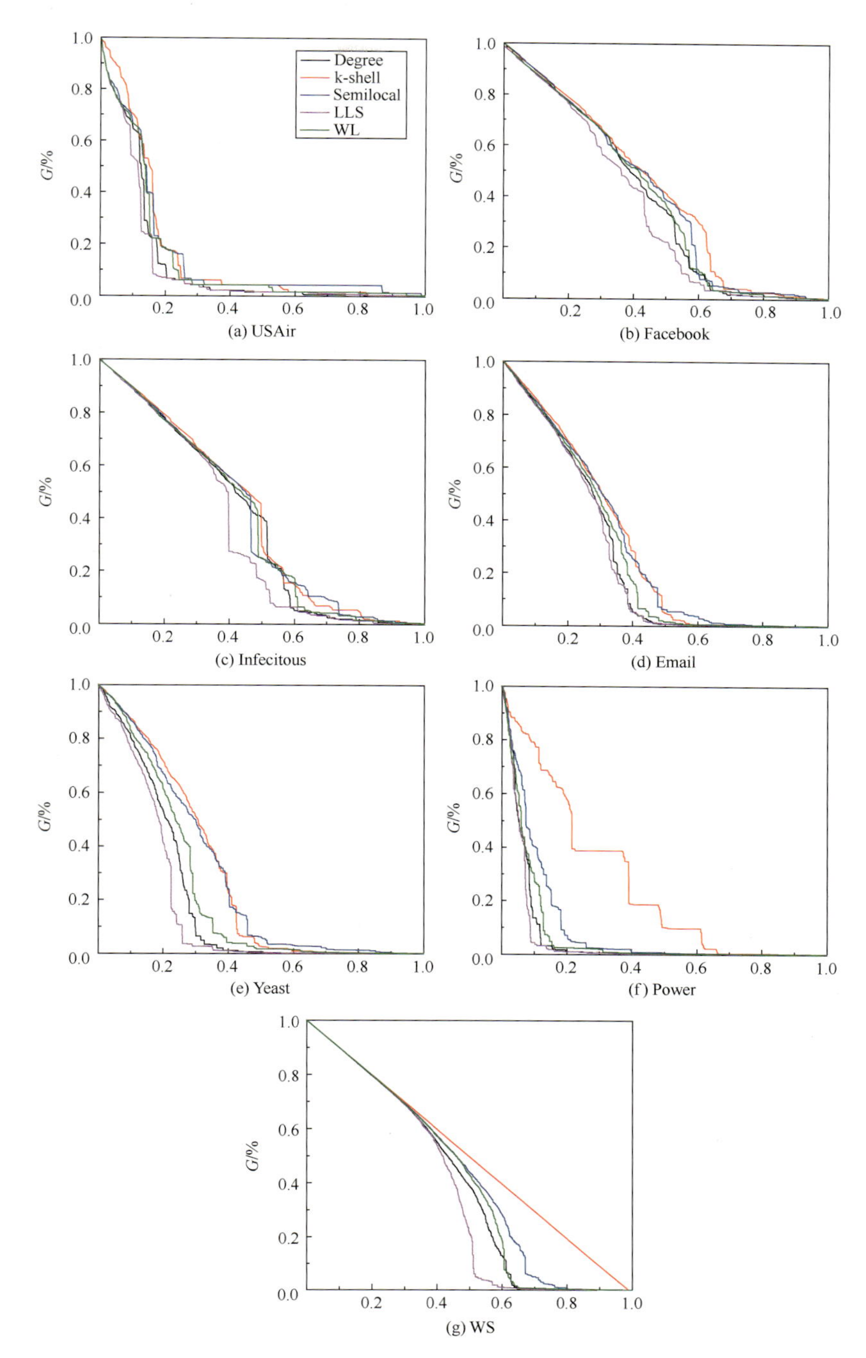

图 3-2　利用不同指标攻击网络重要节点后极大连通系数 G 的变化

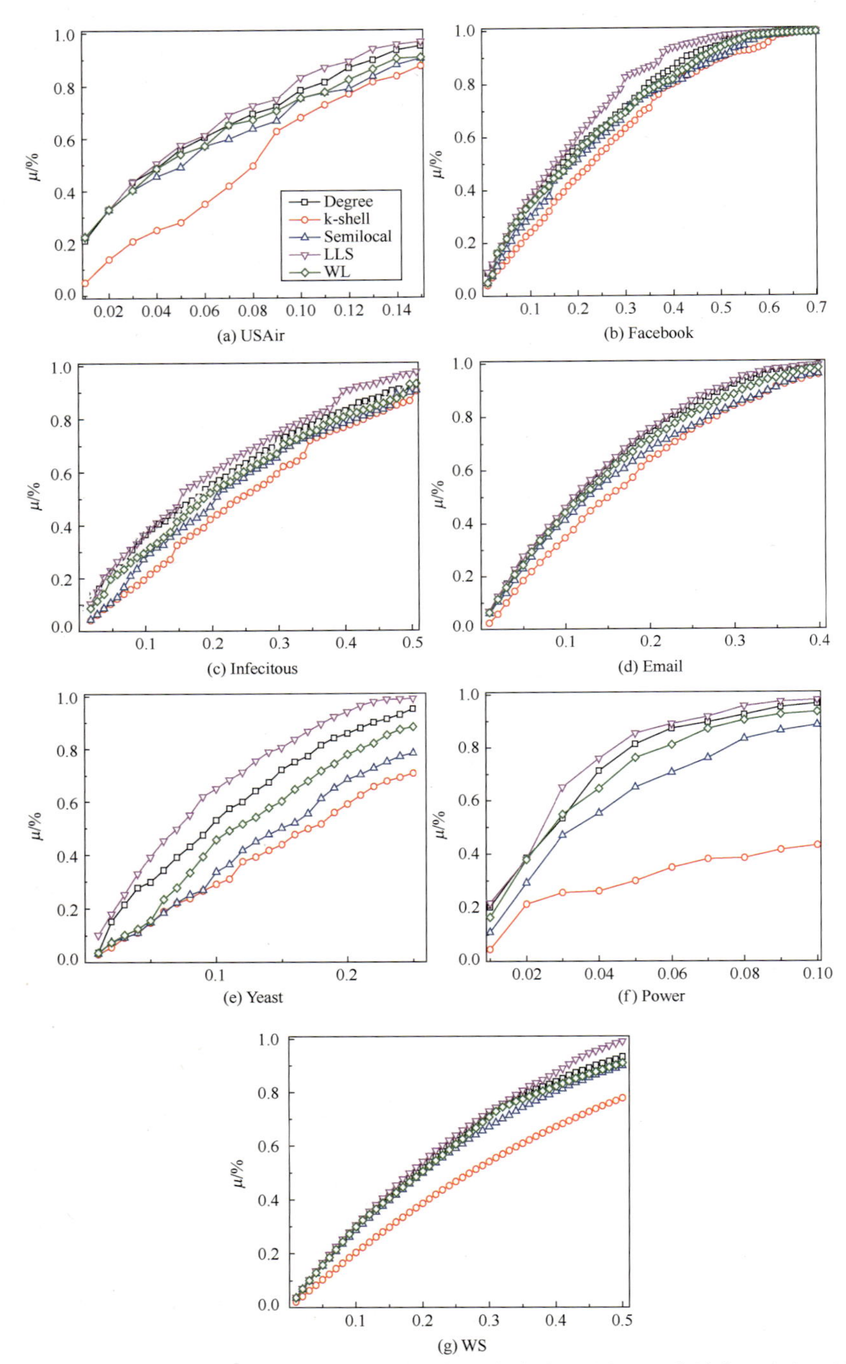

图 3-3 利用不同的节点重要性指标删除一定比例排序靠前的节点后网络效率下降率 μ 的变化

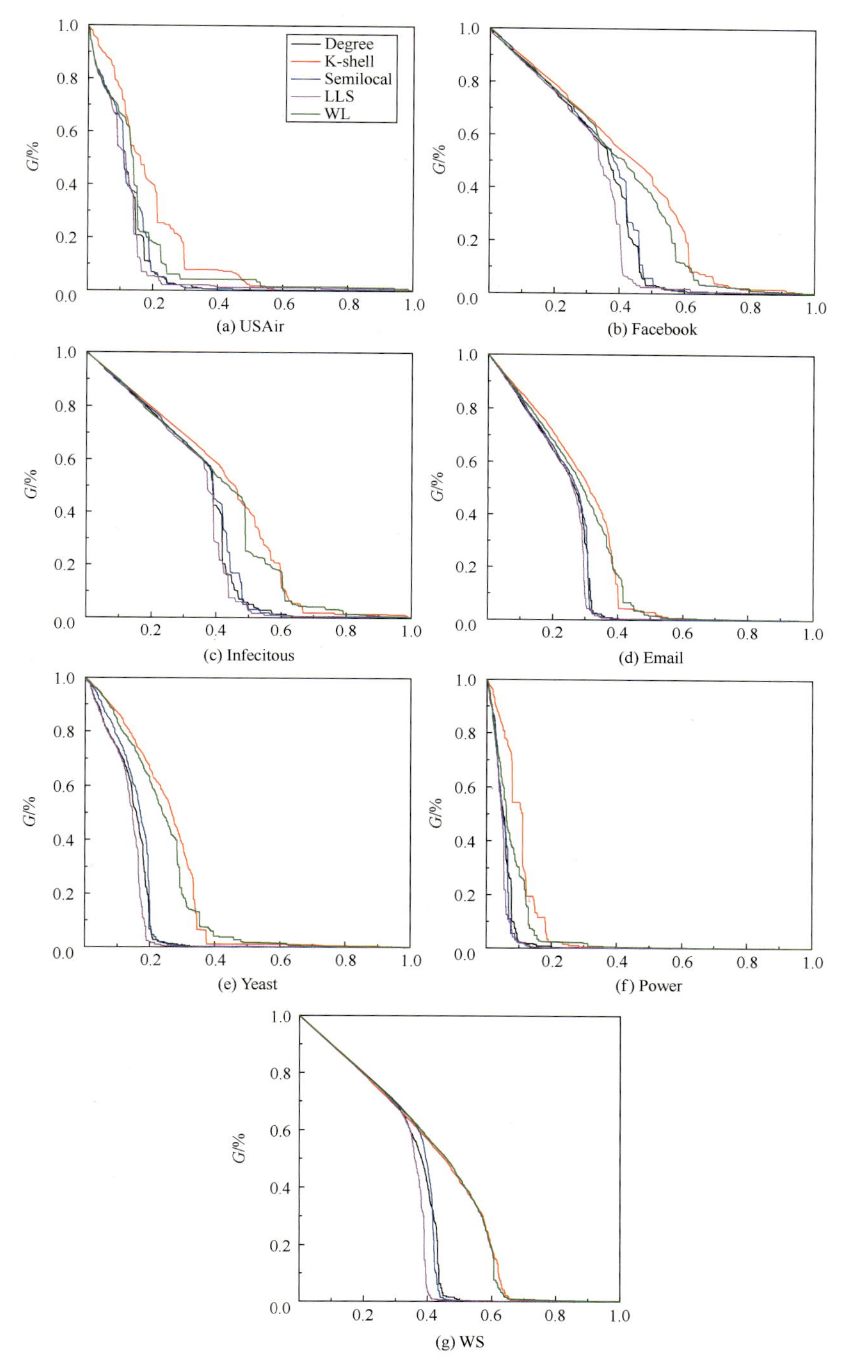

图 3-4　利用不同指标动态攻击网络重要节点后极大连通系数 G 的变化

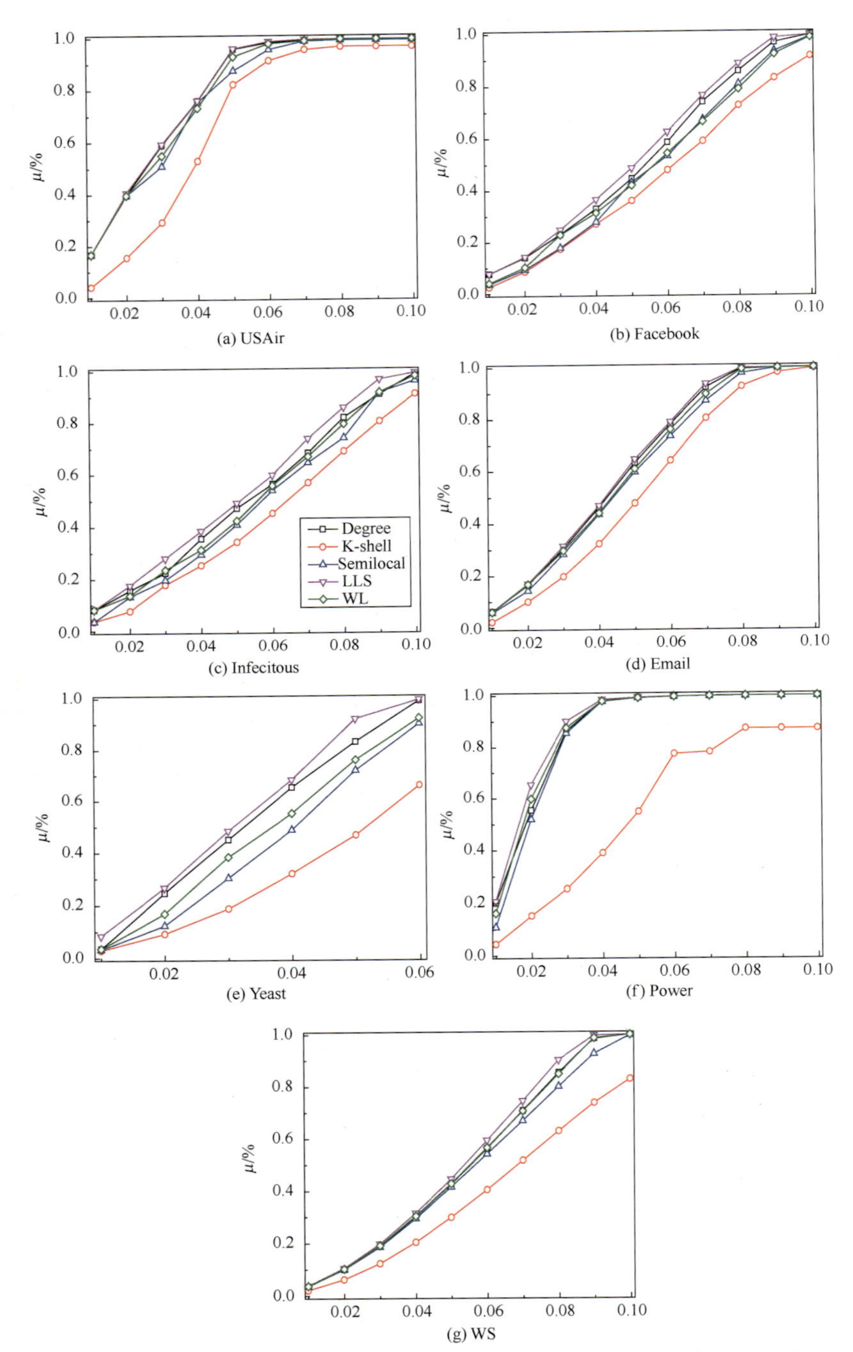

图 3-5　动态删除一定比例排序靠前的节点后网络效率下降率 μ 的变化

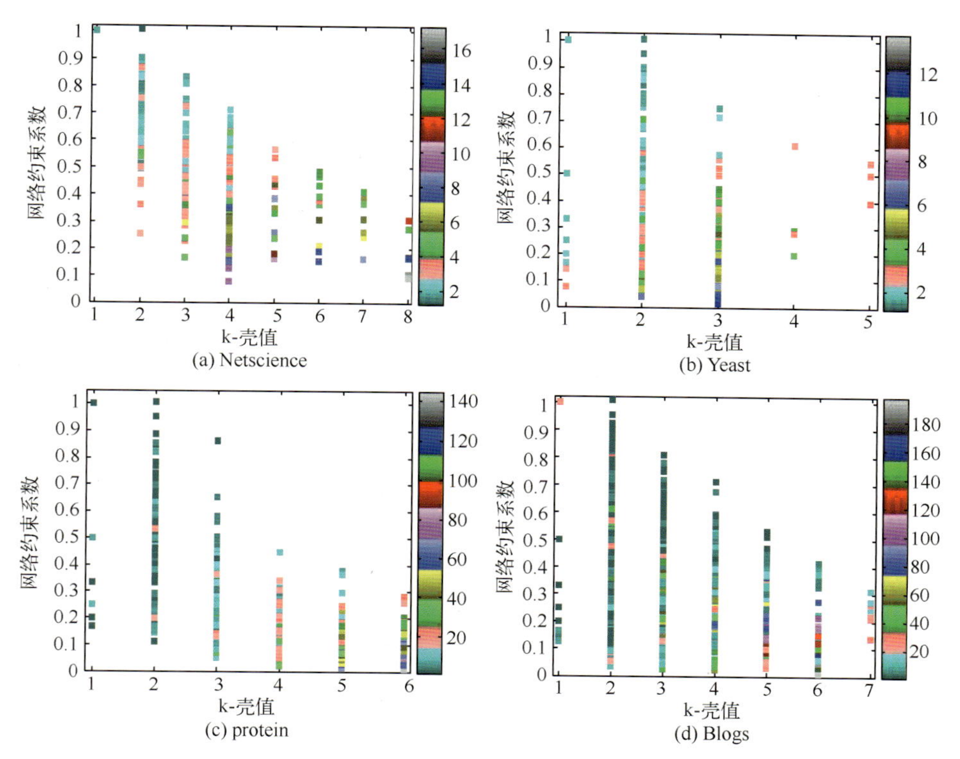

图 4-4　各排序指标与实际影响力的相关性

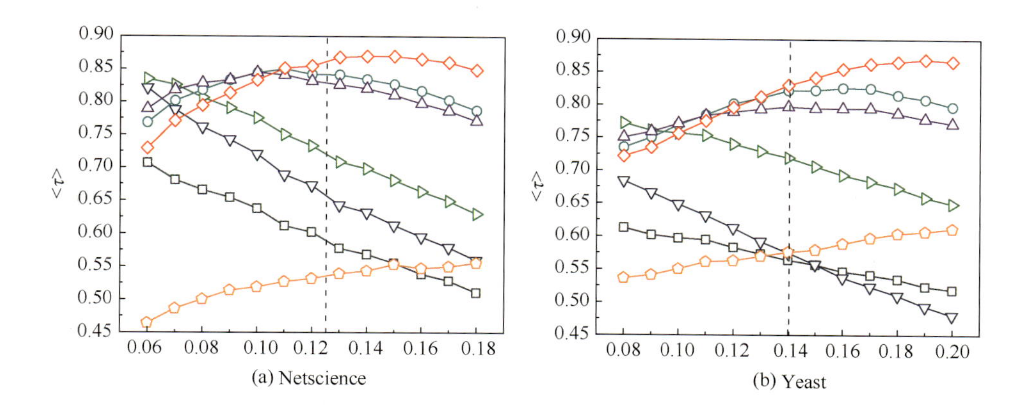

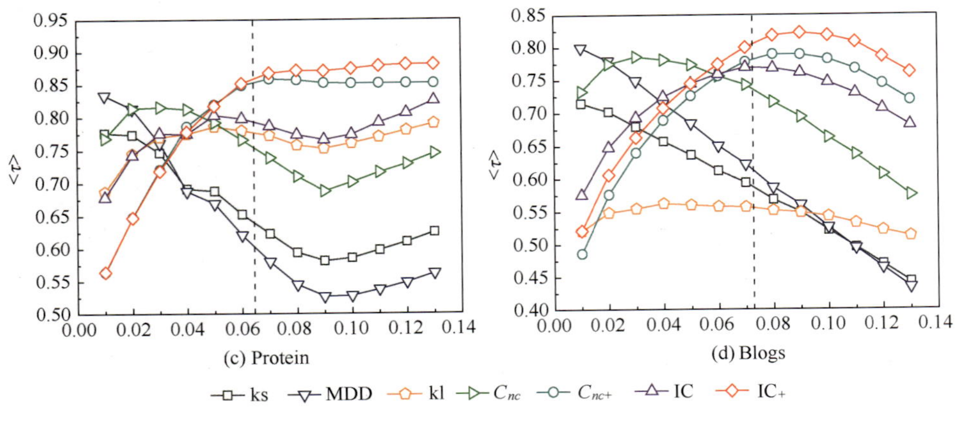

图 4-5　不同传播概率下各个算法的效果

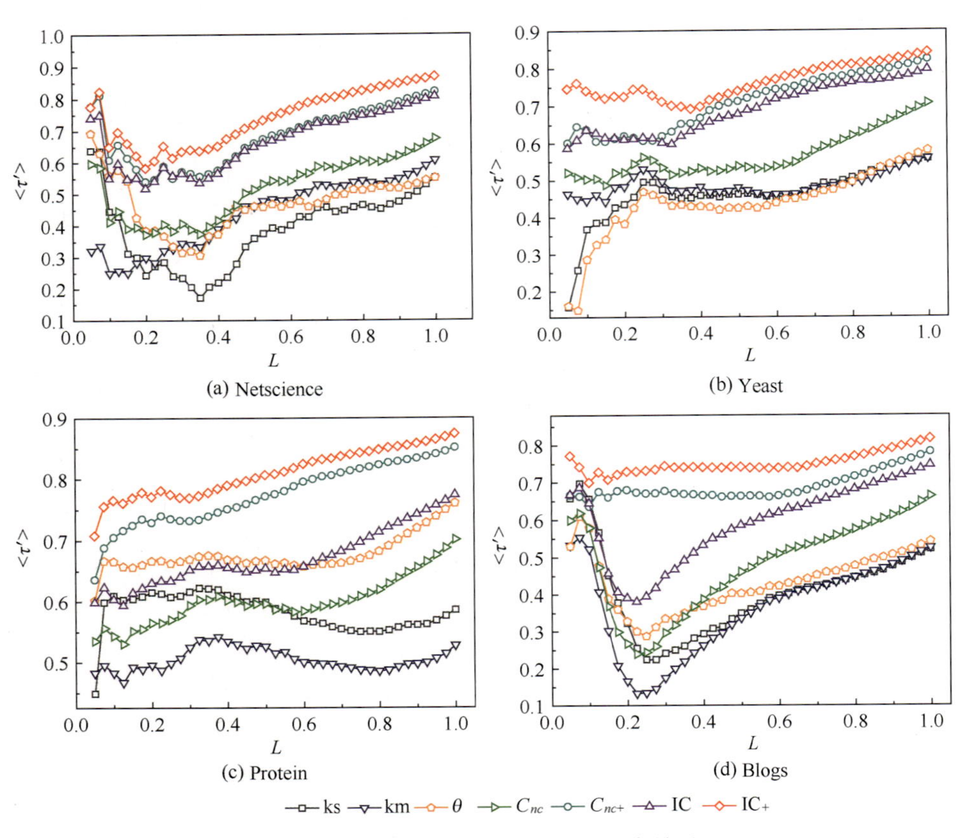

图 4-6　不同比例节点下各算法排序效果

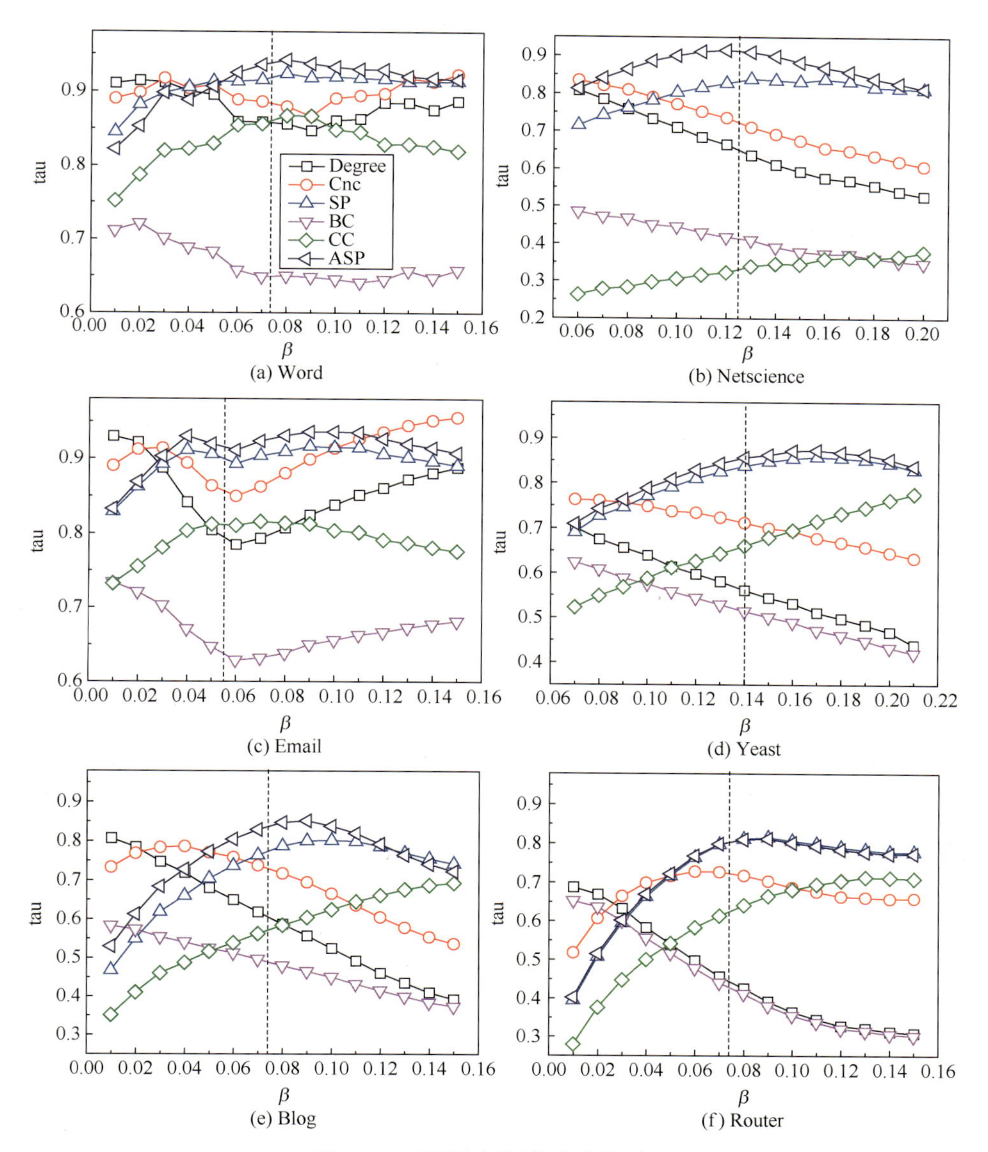

图 5-3　不同指标评估准确性对比

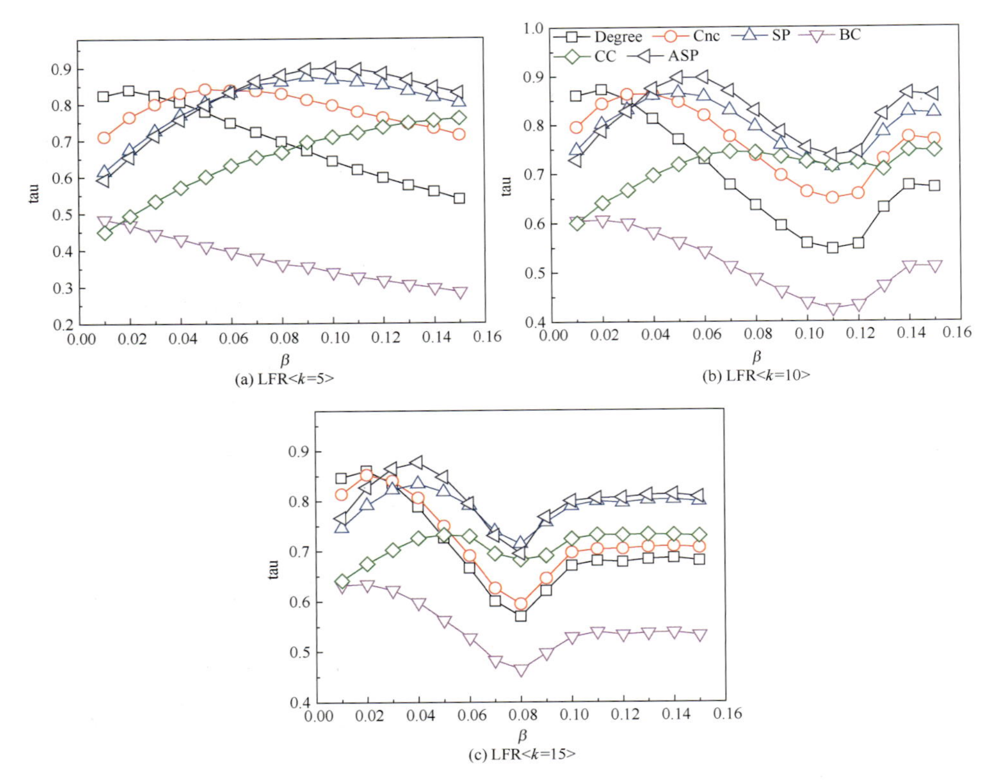

(a) LFR<k=5>

(b) LFR<k=10>

(c) LFR<k=15>

图 5-4　LFR 模拟数据集上各指标影响力排序准确性对比

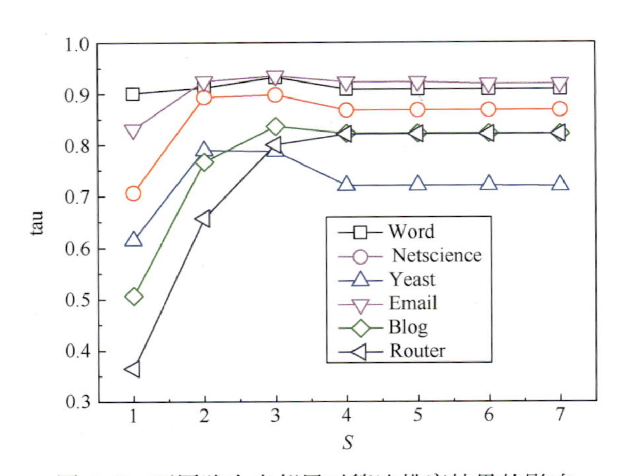

图 5-5　不同阶次内邻居对算法排序结果的影响

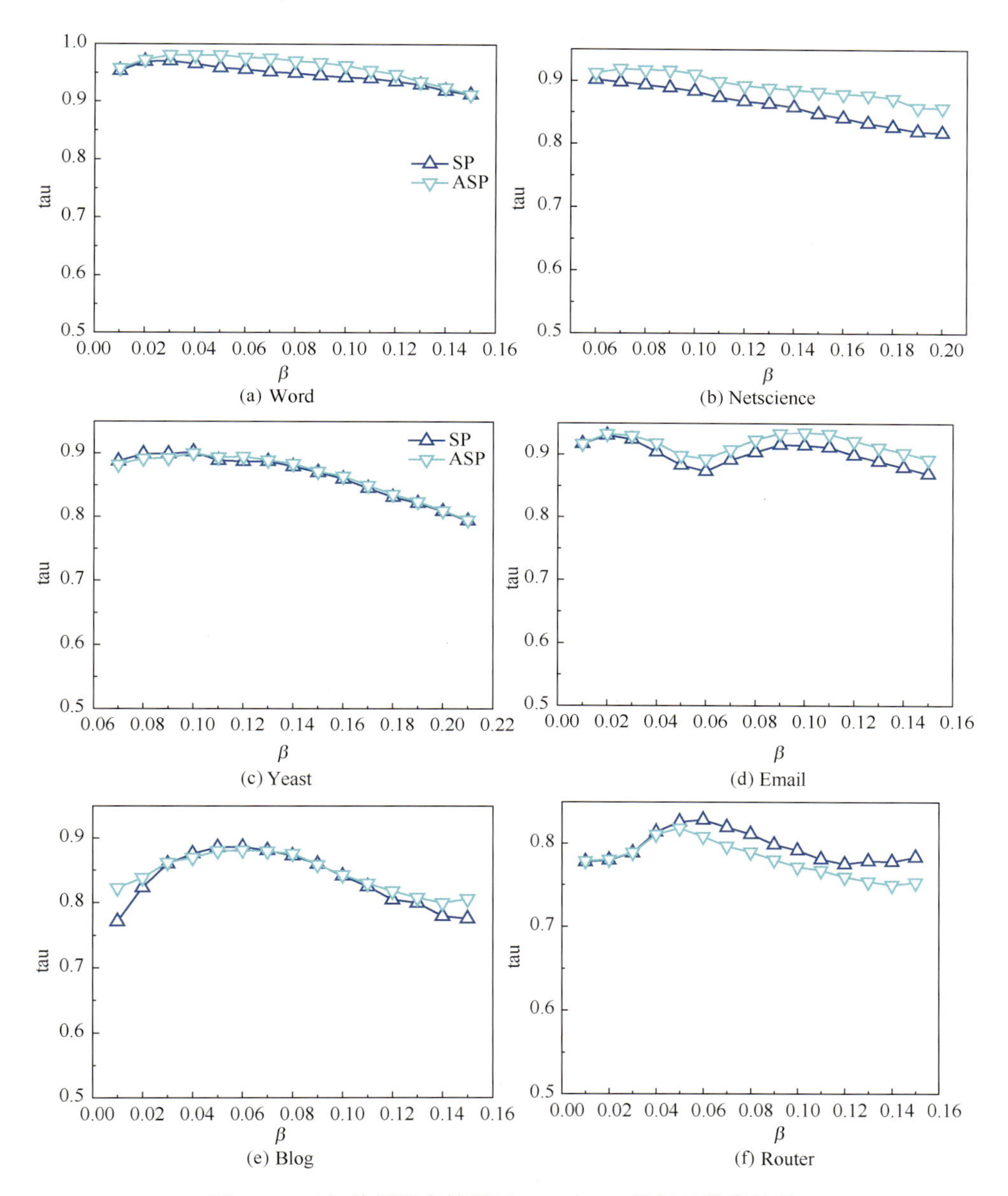

图 5-6 已知传播概率情况下 ASP 与 SP 指标的排序效果

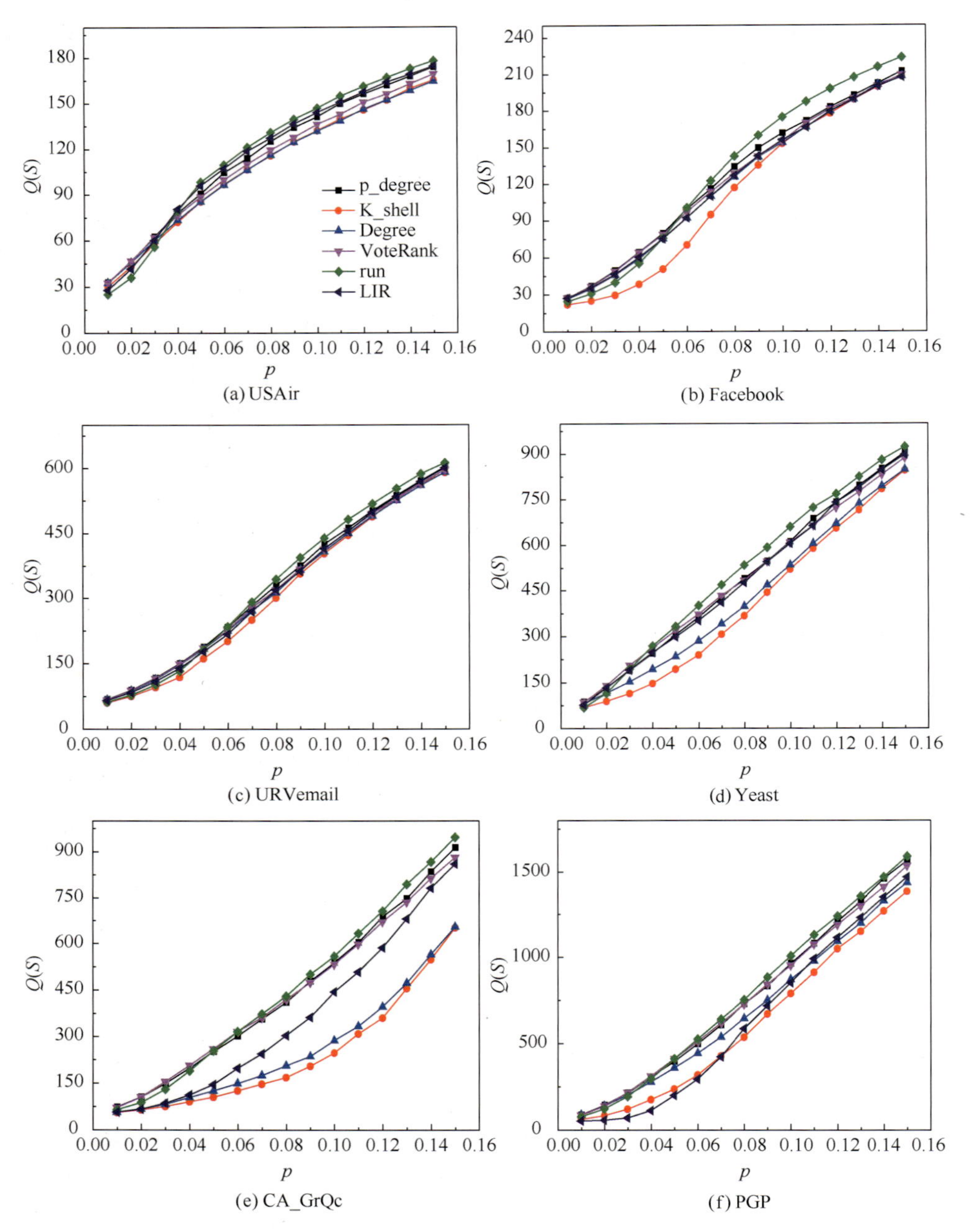

图 6-2 不同传播率下各算法的表现

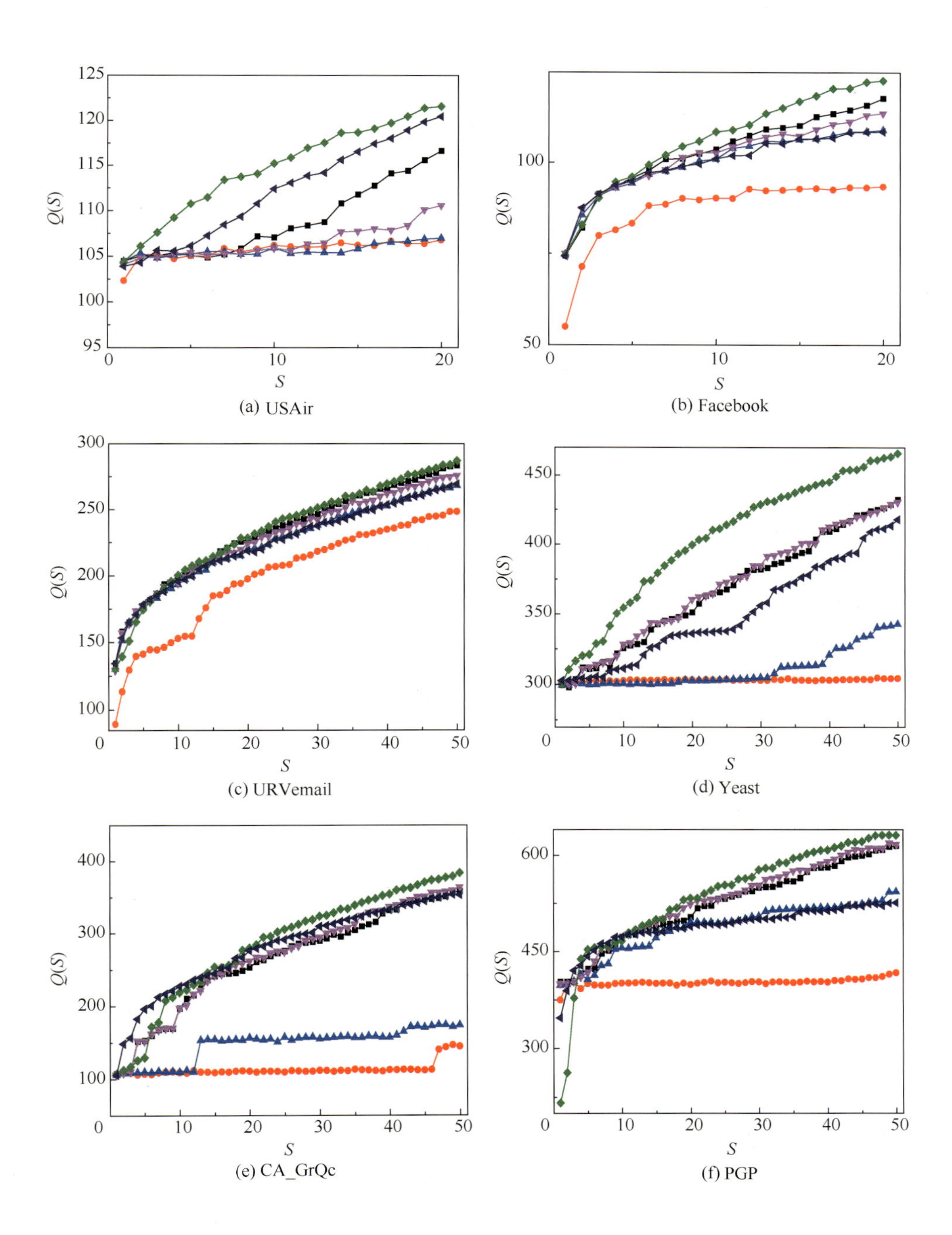

(a) USAir
(b) Facebook
(c) URVemail
(d) Yeast
(e) CA_GrQc
(f) PGP
Q(S)
S

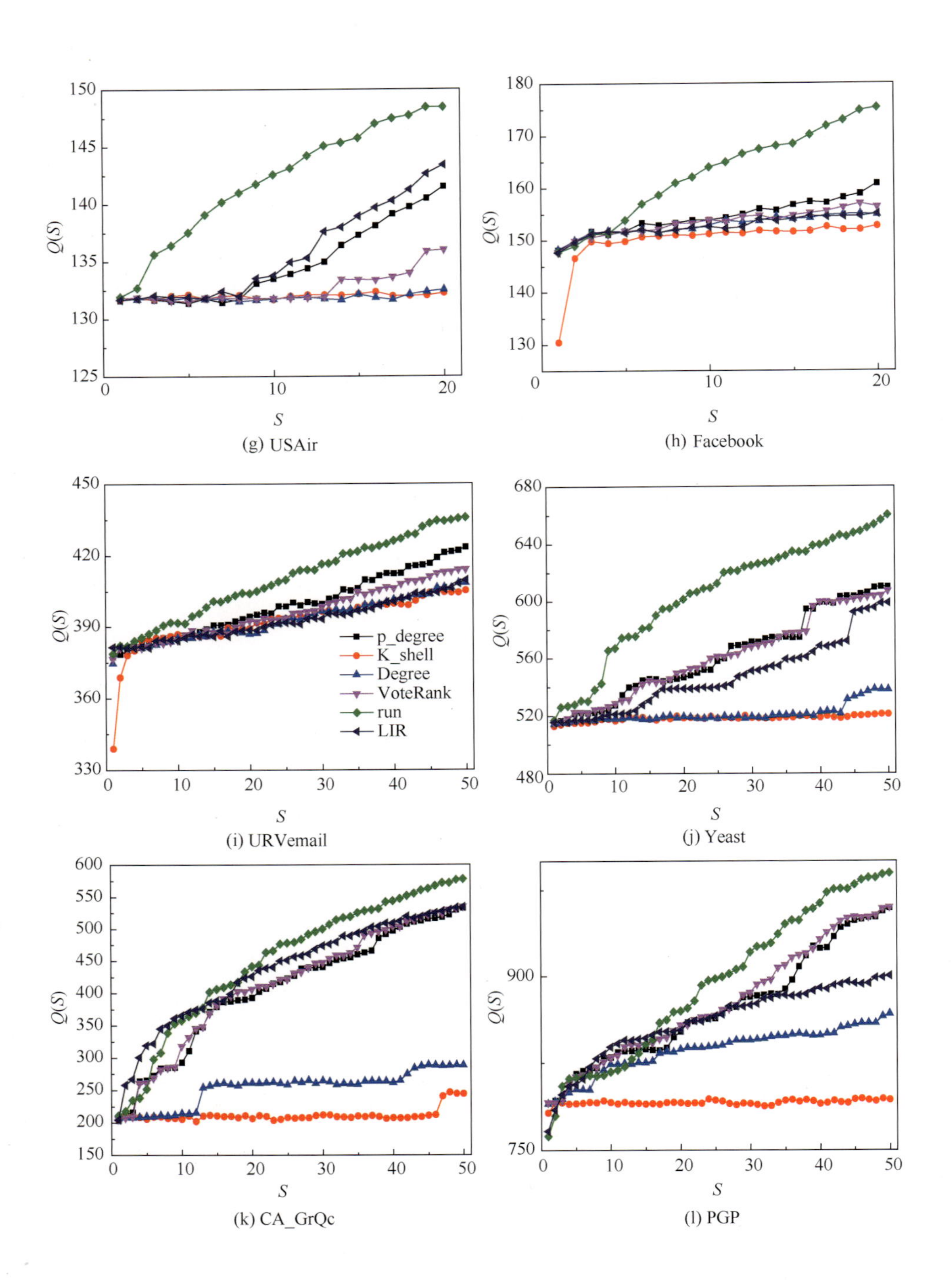

(g) USAir

(h) Facebook

(i) URVemail

(j) Yeast

(k) CA_GrQc

(l) PGP

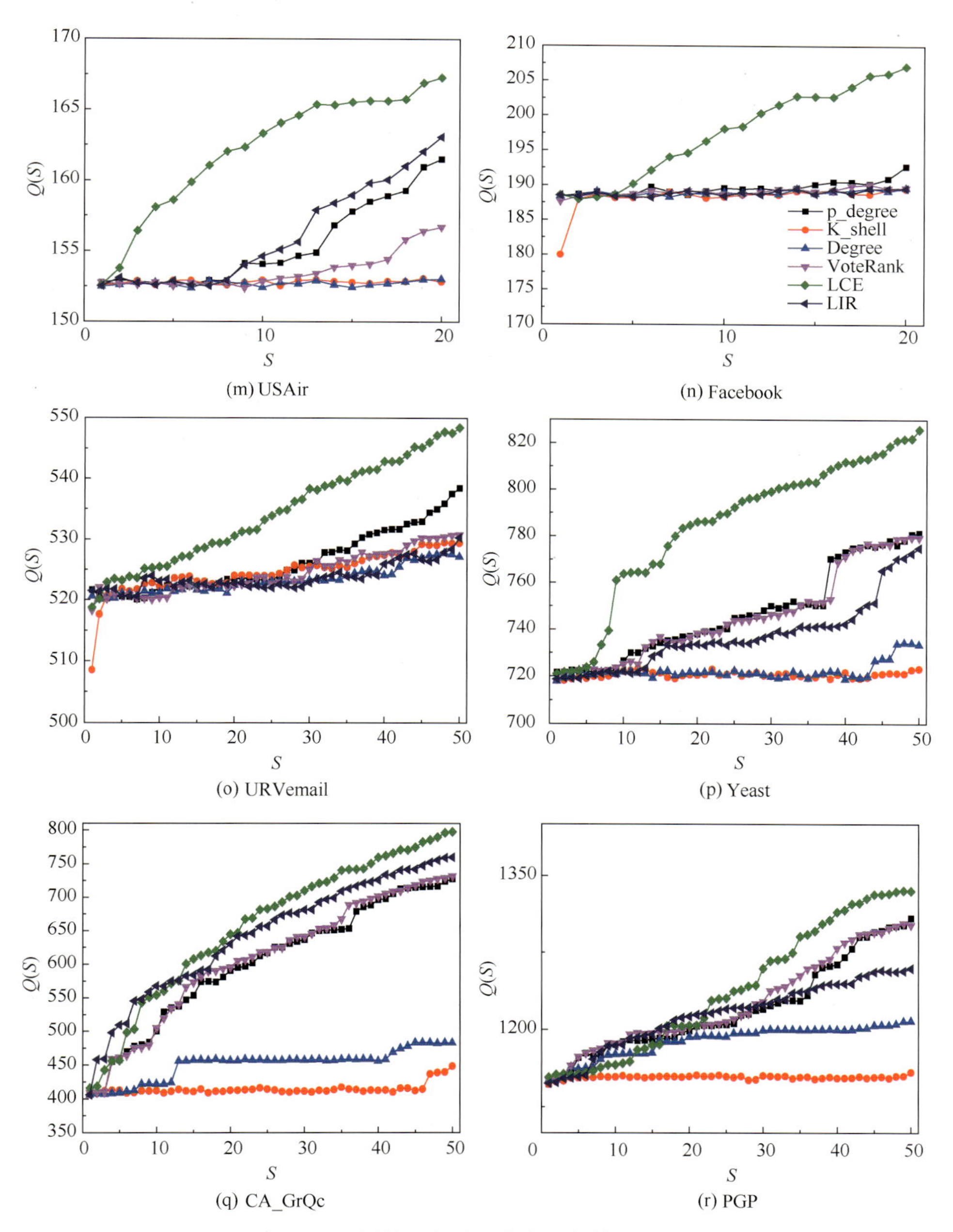

(m) USAir (n) Facebook

(o) URVemail (p) Yeast

(q) CA_GrQc (r) PGP

图 6-3 不同数目的种子节点对各算法的影响

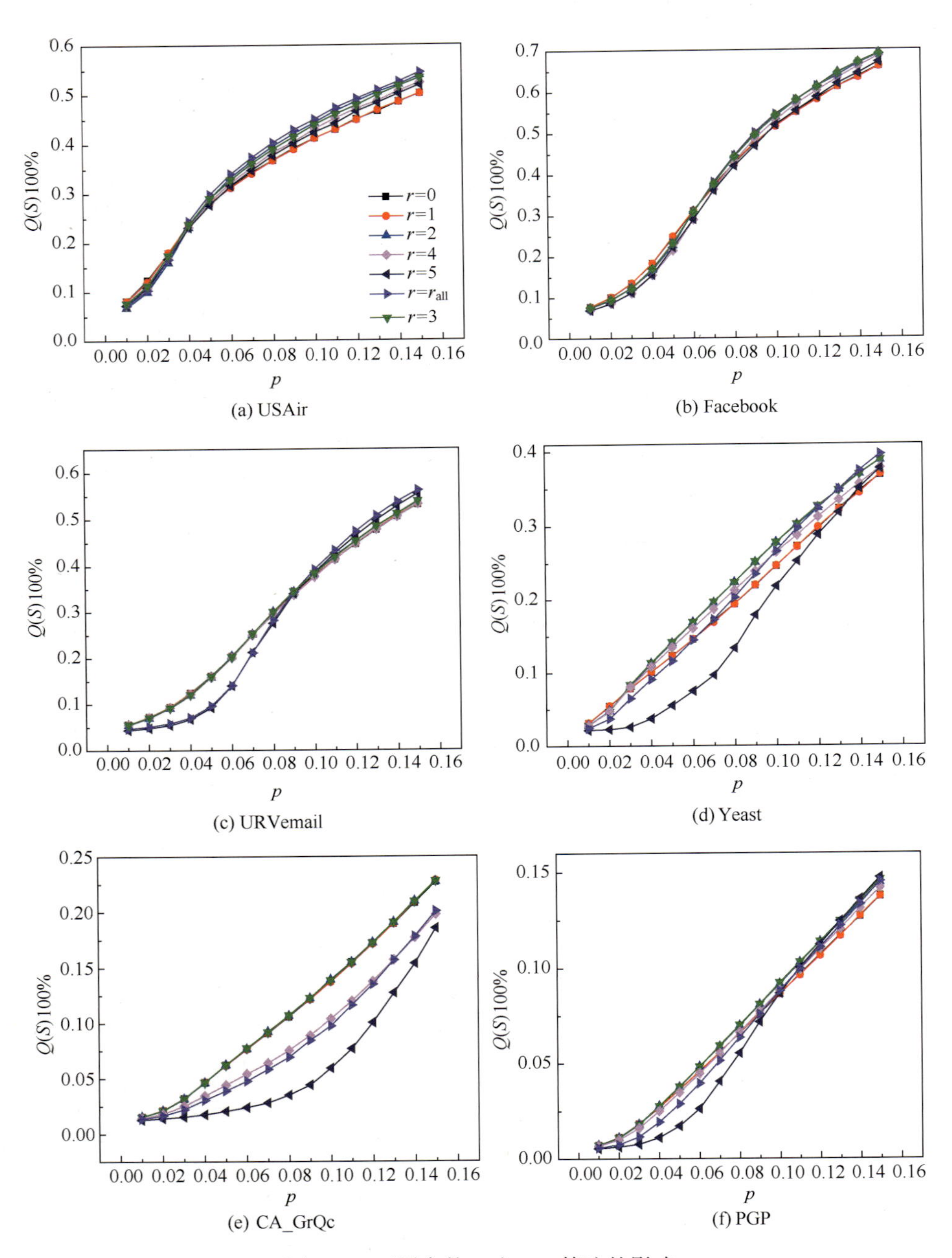

图 6-4　不同参数 r 对 LCE 算法的影响

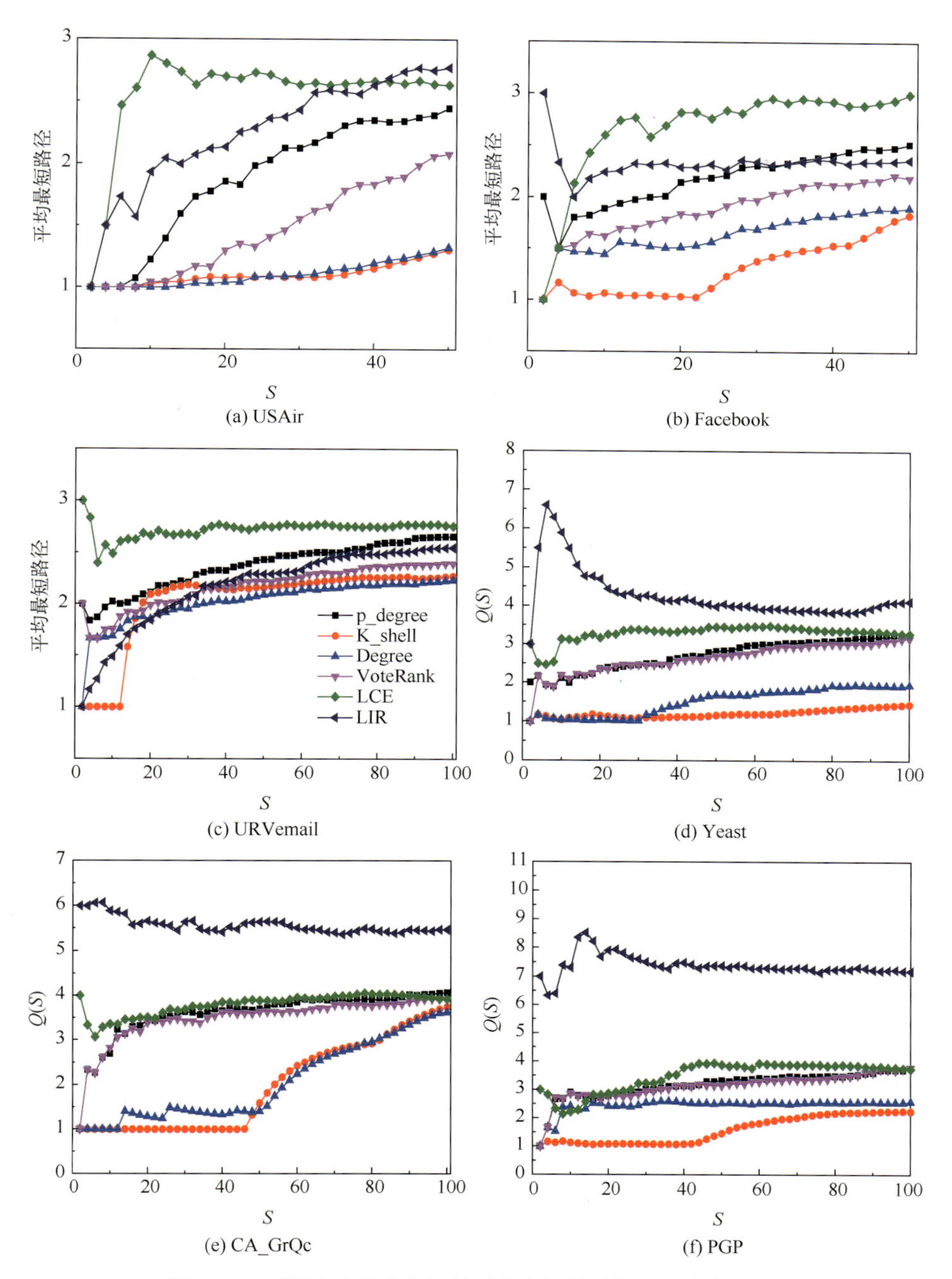

图 6-5　不同算法所选出的种子节点间的平均最短路径距离

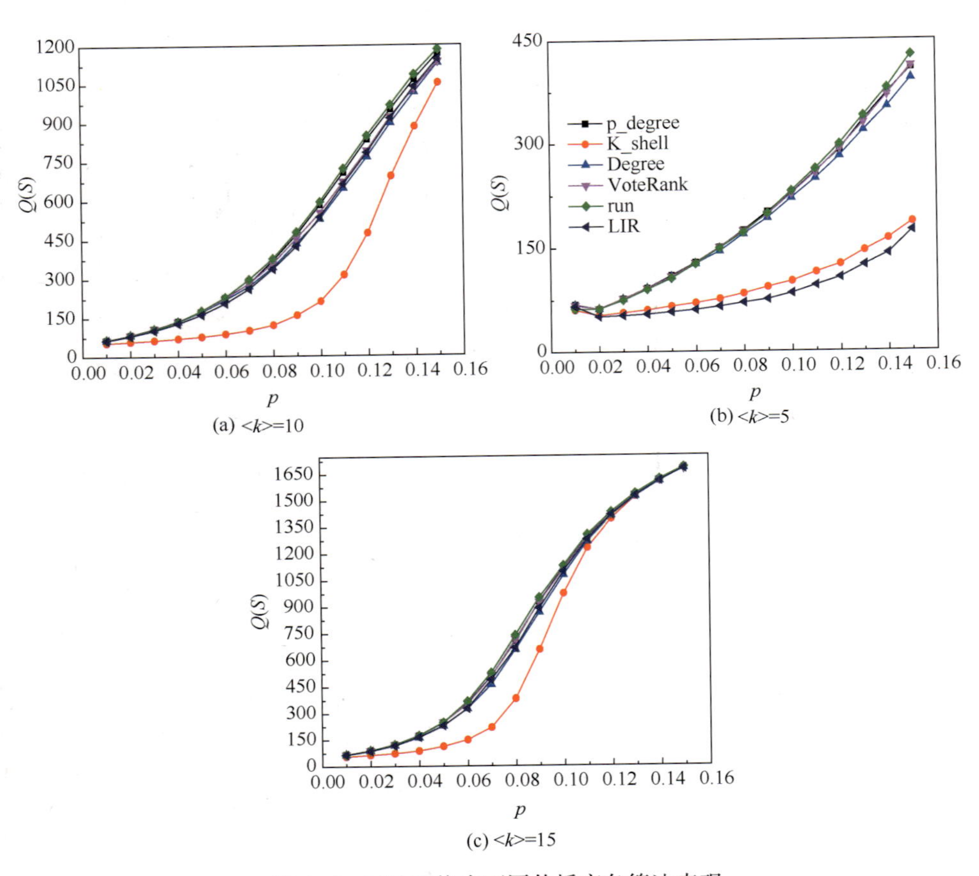

图 6-6 LFR 网络中不同传播率各算法表现

智能视频监控系统算法研究

Intelligent Video Surveillance Systems An Algorithmic Approach

[印] 马赫什库马尔·H. 科莱卡 (Maheshkumar H. Kolekar) 著

谢晓竹　傅博凡　等译

国防工业出版社

·北京·

著作权合同登记　图字：01-2023-1106 号

Intelligent Video Surveillance Systems：An Algorithmic Approach by Maheshkumar H. Kolekar
ISBN：9781498767118

图书在版编目（CIP）数据

智能视频监控系统算法研究/（印）马赫什库马尔·H. 科莱卡（Maheshkumar H. Kolekar）著；谢晓竹等译. —北京：国防工业出版社，2024. 6
书名原文：Intelligent Video Surveillance Systems：An Algorithmic Approach
ISBN 978-7-118-13183-3

Ⅰ. ①智…　Ⅱ. ①马…②谢…　Ⅲ. ①计算机视觉-监控系统-算法-研究　Ⅳ. ①TP277. 2

中国国家版本馆 CIP 数据核字（2024）第 064109 号

※

国防工业出版社 出版发行
（北京市海淀区紫竹院南路 23 号　邮政编码 100048）
雅迪云印(天津)科技有限公司印刷
新华书店经售

*

开本 710×1000　1/16　**印张** 11¼　**字数** 192 千字
2024 年 6 月第 1 版第 1 次印刷　**印数** 1—1400 册　**定价** 98. 00 元

（本书如有印装错误，我社负责调换）

国防书店：（010）88540777　　书店传真：（010）88540776
发行业务：（010）88540717　　发行传真：（010）88540762

《智能视频监控系统算法研究》

主　译：谢晓竹　傅博凡　王国胜　蔺　敏

译　者：徐克虎　王振楠　张晶晶　胡海荣

孙　瑜　李媛州　尚士峰　刘中暄

刘文东　张　洋　张国辉　卢　罡

谨以此书，献给我的父亲 Hanmant Baburao Kolekar，感谢他相信并激励我从事教学工作。

译　者　序

当前，智能视频监控已成为使世界更加安全的重要工具，广泛应用于反击恐怖袭击、森林火灾防护、人员安全检查等。特别是当今世界局势多变，新的军事竞争不断升级，掌控“透明战场”既是军事信息技术发展的必然结果，也是当今各军事强国的建设重点。美、英、法等国开展了一系列旨在提高战场态势感知能力的智能视频监控系统研究。

本书全面涵盖视频监控的图像处理、视频处理、相关算法和具体实现。本书不仅介绍了图像处理和视频处理的基本概念及传统视频监控系统的构建模块，还介绍了深度神经网络的最新技术，介绍了视频监控系统的实现，及其在军事和运输中的应用。本书是一本成体系介绍智能视频监控系统的著作。

本书介绍的智能视频监控系统新技术、算法实现细节和结果分析，对当前智能城市建设、军事设施安全监控、战场环境感知、强敌信息获取等系统的构建都有很大参考和借鉴价值；对诸如交通管制、人群控制和犯罪控制等领域也有很大帮助。

本书第三部分包含两章内容，从具体视频监控网络的组成入手，通过实例，说明具体实现方法并进行结果分析，参考性和指导性很强，可为从事该领域研究的科研人员提供有益的借鉴。

本书包含了视频监控系统中所涉及的18个算法及其实现细节和结果分析。本书可供相关专业本科生和研究生使用，也可供对计算机视觉、机器学习、图像处理和视频处理感兴趣的科研技术人员使用。

负责本书翻译的人员有：谢晓竹、傅博凡、王国胜、蔺敏、徐克虎、王振楠、张晶晶、胡海荣、孙瑜、李媛州、尚士峰、刘中暄、刘文东、张洋、张国辉、卢罡。

本书由谢晓竹教授完成最后校译。

在翻译过程中，我们力求忠实、准确地把握原著，同时保留原著的风格，但由于译者水平有限，书中难免有错误和不准确之处，恳请广大读者批评指正。

译　者

2023年11月26日

序

令人尊敬的印度前总统阿卜杜勒·卡拉姆博士曾说："只有把一个繁荣和安全的印度交给我们的年轻一代，我们才会被铭记"。

近年来，恐怖主义的危害已经波及世界各地。在印度，闹市的炸弹爆炸、人员被滥杀和自杀式袭击，已经造成多人伤亡。2001 年 12 月和 2008 年 11 月 26 日发生在孟买的对议会的恐怖袭击，直接导致政府加强了反恐行动的力度，以期能够挫败今后的恐怖活动。为了有效地打击恐怖主义行动，需要准确和及时的情报，通常称为可行动情报，或称为预测情报。通过采集不同类型的各种情报，才能形成完整和可靠的信息，借助这些信息，安全机构可以采取先发制人的行动。这些信息包括通信截获、照片及图像、人工资源输入等。在办公场所和机场等重要区域，视频监控已成为打击恐怖分子或反社会行为的一个非常重要的工具。作为智能城市建设的组成部分，尽管国内许多城市已经建立了相应的视频网络，但远不能满足需求。本书所述的内容将在诸如交通管制、人群控制、犯罪控制与侦查等很多方面对城市智能化管理提供技术支持。

随着最近开发的基于网际互连协议（IP）的系统和智能摄像头（可用于人脸识别和行为识别的过滤器），智能视频监控将在各种应用方面发挥更大作用。毫无疑问，这些都需要复杂的算法，对科学家来说这是一项艰巨的任务。而本书的作者率先进行了相关算法的研究，在本书中他讲述了相关的概念和解决方案，并提供了插图、图表和照片来验证他所讲述方法的有效性和可行性。

因此，我很高兴地向大家推荐由马赫什库马尔·H. 科莱卡（Maheshkumar H. Kolekar）博士撰写的《智能视频监控系统算法研究》一书。作者是在完成巴特纳研究所支持的研究项目基础上，将项目实施的细节和技术编写成书。需要特别指出的是，当前视频监控领域正处于快速发展之中，而本书可以帮助我们深入了解该领域。

尽管智能视频监控系统方面有许多研究论文可供参考，但这些论文对视频监控系统的应用潜力和技术实现研究有限。这本书提供了一个关于可用技术、实现方法、新兴技术和算法的全面观点。值得欣慰的是，作者没有从各种各样的论文中寻找概念，而是试图介绍和演绎不同的实现细节，这将有助于进一步的研究。

在过去的几年里，作者一直致力于由印度政府首席科学顾问赞助的"异常人类活动识别以增强安全性”的项目研究。作为项目监督委员会的成员，我有机会评价他的项目工作。从安全的角度来看，这个方向非常重要，我一直鼓励 Kolekar 博士继续在这个领域进行研究，并希望他激励更多的学生从事这个领域的工作。作者在巴特纳学院开设了一门智能视频监控的选修课，现在这门课在该学院非常受欢迎。我知道许多不同学科的学生，如电气工程、计算机科学与工程、机电一体化工程等，在 2018 年也选修了这门课程。看到这一趋势，我相信，在未来的几年里，这门课程和由此产生的研究将在其他的技术学院和大学流行起来，这本书将对这类课程非常有用。此外，我敦促其他研究所的教员开设类似的课程，因为这在今天的大环境下是一个非常重要的研究领域。

如今，许多公共或开放场所都配备了摄像头，以监控该地区的安全。越来越多的公共区域安装了监控，直接导致了数据爆炸式增长，这给运营商带来很大问题。尽管人类是世界上最聪明的生物，但在人类操作的系统中仍有许多缺点。目前，要获得一个安全的环境，最好的解决方案是使用自动工具，让操作人员监视数码相机的图像。而由于疲劳等原因，观察人员无法长时间关注多个视频屏幕。为此，需要在火车站、机场、银行等公共场所的安全监控视频中，引入异常人员活动的自动识别与跟踪系统。

通常，学习智能视频监控系统课程，首先要具备数字图像处理、数字视频处理和机器学习等基础。为此，作者在第 1 章和第 2 章分别介绍了数字图像处理和数字视频处理基础，并在人类活动识别一章中详细讲述机器学习算法（如隐马尔可夫模型）的实现细节，以使本书更加实用。本书逻辑性强，文笔流畅。前两章是关于图像和视频处理的基本概念，为读者了解这个领域打下基础。第 3 章讲述背景建模，这是视频监视系统的构建基础。第 4、5 和 6 章分别讨论目标分类、人类活动识别和视频目标跟踪。第 7 章描述用于监视的各种摄像机模型，在最后的第 8 章中，讨论在不同应用领域中的实现技术。

本书描述了各种机器学习的概念，并展示先进技术的实际应用，如隐马尔可夫模型、支持向量机、卷积神经网络和深度学习。作者没有泛泛地介绍概念，而是深入讲解了重要的概念，以及监视应用程序所需的实现细节。我相信通过阅读这本书，读者可以很容易地实现各种算法，并了解视频监控的相关概念。我祝愿本书的作者 Maheshkumar H. Kolekar 博士、相关领域的研究人员以及本书的其他读者在加强安全和为人类服务的努力中取得更大的成功。

斋后
空军元帅布山戈哈勒（已退休）
2018 年 1 月 26 日

前　　言

如今，视频监控已成为使世界更加安全的重要工具。每个人都想确保工作和居住场所的安全，企业也计划投资建立这样的监控系统。本书旨在介绍视频监控系统的最新进展，并介绍最新技术和所开发的算法。视频监控系统的一个重要任务是人类活动识别，它将帮助我们从摄像机获取的信息中识别相关人员并描述他们的行为和活动。这是一项非常具有挑战性的任务，研究人员已提出许多新的技术和算法。

当前，全面介绍视频监控系统的书籍很少，迫切需要一本全面涵盖视频监控的图像处理、视频处理、相关算法和具体实现方面的书籍。本书涵盖了视频监控系统的全部内容，包括背景建模、前景检测、连通域分割、活动识别、个体行为识别、群体行为识别和人员目标跟踪。

本书第 1 章和第 2 章分别介绍图像处理和视频处理的基本概念。第 3 章着重介绍背景建模，这是传统视频监控系统的构建基础；另外还介绍了阴影去除和前景提取。第 4 章介绍目标分类技术，包括基于深度卷积神经网络和基于区域卷积神经网络模型的最新技术。第 5 章深入讲述人员活动的识别问题，探讨包括动态时间规整在内的各种技术；另外还介绍了基于机器学习技术的分类，如隐马尔可夫模型和支持向量机。在人类活动识别中，人员的异常活动将会用到专业领域的知识进行分类。第 6 章讲述多目标跟踪和目标存在遮挡等复杂场景的处理技术，包括对视频中多个交互的目标对象进行分类。对于多目标跟踪场景中存在局部视图和遮挡的处理，将采用第 7 章所述的摄像机网络来完成。处理包括通过多摄像头系统观察到的人可能同时出现在不同的视图中，或者根据视图之间的重叠而出现在不同的时间等情况。第 7 章不仅介绍不同类型的监控摄像机，还讲述监控系统实现过程中关于摄像机网络配置、摄像机校准、摄像机通信、摄像机协调与配合方面的内容。第 8 章讲述视频监控系统的实现方法，包括视频监控系统中用于各种应用（如行李交换检测和栅栏交叉检测）的新兴技术；另外还介绍了监控系统的军事应用和交通运输应用等。

根据课程水平和学习目标，本书可有多种使用方式。第 1 章至第 6 章可作为视频监控类本科课程的教材。第 3 章至第 8 章可为有图像和视频处理背景的学生开设研究生课程。而针对没有图像和视频处理背景的研究生开设课程，可以选择第 1 章到第 8 章的内容。第 5 章到第 8 章对于希望了解视频监控算法和实现技术的博士生、科学家和工程师非常有用。我希望本书中讨论的设计方法、算法和应用程序将为研究基于视觉的应用程序的研究人员和开发人员提供指导。本书包含视频监控系统所涉及的 18 个算法及其实现细节和结果分析。本书也可供对计算机视觉、机器学习、图像处理和视频处理感兴趣的本科生和研究生参考。

特别感谢印度理工学院（卡哈拉格普尔理工学院校区）的 Somnath Sengupta 教授、密苏里大学（哥伦比亚分校）的 K. Palaniappan 教授和空军元帅 Bhushan Gokhale（已退休）的支持。感谢尊敬的印度政府首席科学顾问 R. Chidambaram 先生，他批准了我的视频监控项目，激发我对这个领域的研究兴趣，并促使我完成本书。感谢科学顾问 PSA 办公室 G. P. Srivastava 先生和 PSA 办公室科学家 Neeraj Sinha 先生的支持和鼓励。我要向印度理工学院巴特纳研究所主任 Pushpak Bhattacharya 教授表示衷心感谢，感谢他在实现机器学习算法（如基于隐马尔可夫模型的分类）方面提出的宝贵建议。

我要感谢印度理工学院（卡哈拉格普尔理工学院校区）的 P. K. Biswas 教授、A. K. Roy 教授，印度理工学院（孟买理工学院校区）的 Subhasis Chaudhuri 教授、Vikram Gadre 教授，印度理工学院（马德拉斯理工学院校区）的 A. N. Rajgopalan 教授和孟买 BARC 公司的 Shri J. K. Mukherjee 先生提出的宝贵意见。感谢来自巴特纳国际学院的学生，特别是 Pranjali Manesh Kokare、Prateek Sharma、Deepanway Ghosal、Shobhit Bhatnagar、Durgesh Kumar、Garima Gautam、Himanshu Rai、Kanika Choudhary 和 Deba Prasad Dash 等学生，对数据记录和测试的支持。特别感谢新德里泰勒和弗朗西斯集团 CRC 出版社高级编辑 Aastha Sharma，他在本书的每一个发展阶段都帮助了我。

我要感谢我的母亲 Sushila H. Kolekar、我的妻子 Priti 以及女儿 Samruddhi 和 Anwita，感谢她们不断的支持和鼓励。今天我妈妈的梦想成真了。

马赫什库马尔·H. 科莱卡

电子工程系副教授

印度理工学院　巴特纳研究所

目　　录

第一部分　图像和视频处理基础

第二部分 目标跟踪

第三部分 监控系统

第一部分

图像和视频处理基础

第1章　图像处理基础

视觉信息给人们带来越来越大的影响。如今，随着数字技术的出现，制作数字图像和视频变得愈加简单。由于数字图像和视频数据库庞大，因此需要开发各种工具来协助数字图像和视频序列的合成和分析。

本章旨在向读者大致描绘数字图像处理的现有技术。本章讨论数字图像处理（DIP）、数字图像处理系统、数字图像处理的重要组件、数字图像处理的常用方法、图像分割以及数字图像处理的一些应用。数字视频其实是由一幅幅图像组成的，因此大多数图像处理技术可以延伸到视频处理。其他视频处理技术主要涉及运动分析和视频压缩，相关内容将在下一章讨论。

1.1　数字图像处理简介

随着数字技术的出现，采集数字图像变得愈加简单。采集图像的设备有很多，例如，静物照相机、摄像机、X射线设备、超声成像设备、电子显微镜和雷达。图像处理用于娱乐、教育、医疗、商业、工业、军事、监控和安全等方面，目的都是从图像中提取有用的信息。

1.1.1　为什么要进行数字图像处理?

随着图像采集工具的快速发展，图像无处不在。现如今，许多手机都配有图像和视频录像设备。因此，有必要对这些图像和视频进行处理，以获得更多的信息。以下应用激发了数字图像处理的发展。

改进图像信息，提升人对图像的感知：这类应用涉及改善图像质量，提升人对图像的感知。典型的应用包括噪点滤波、对比度增强、去模糊和遥感。

自主机器应用的图像处理：这方面在工业中的应用很多，如质量控制和装配自动化。

高效存储和传输：对图像进行处理，减少存储图像所需的磁盘空间。可以压缩图像，使其能够通过低带宽信道进行传输。

1.1.2 什么是数字图像?

“图像”是一个二维光强度函数$f(x,y)$，其中x和y表示空间坐标，f表示在该点的强度值。如果在空间坐标和强度上离散一个图像$f(x,y)$，就会形成一个数字图像。数字图像其实就是一个矩阵，其行和列索引标识图像中某个点的坐标，相应的矩阵元素值标识该点的灰度。此类数字图像的元素称为像素，即图像元素的简称。像素的强度值由位数定义。由于8位强度范围有256个可能的值，所以0到255称为灰度。RGB彩色图像的每种颜色使用8位强度范围。由于RGB图像包含3×8位的强度，所以它们也被称为24位彩色图像。

图像大小不要与现实世界的图像大小相混淆。图像大小特指数字图像内的像素数，而数字图像在现实世界的表示需要一个额外的因素，即分辨率。分辨率是图像像素的空间尺度。例如，对于一个（3300×2550）像素、分辨率为每英寸（1inch=25.4mm，可表示为1"=25.4mm）300像素（ppi）的图像，其现实世界的图像大小为11"×8.5"。

1.1.3 什么是数字图像处理?

数字图像处理使用计算机算法对图像进行一些操作，从中提取一些有用的信息。在数字图像处理中，输入原始图像，输出处理后的图像。如图1.1所示，数字图像处理包括采集输入图像并处理图像，得到修改后的图像。在此，根据每个梨的颜色对这一堆梨的图像进行分割。

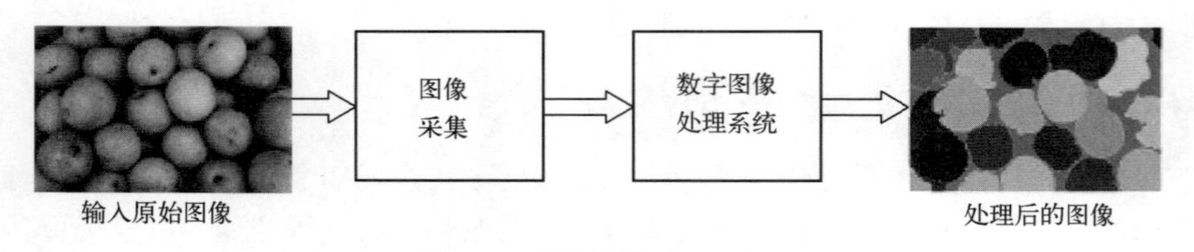

图1.1 数字图像处理系统

相比模拟图像处理，数字图像处理有许多优点，是图像处理的首选。数字图像处理避免了噪点和信号失真等问题。允许将矩阵运算应用到输入图像。因此，数字图像处理拥有更强的性能和更出色的实现方式，而这在模拟处理中是不可能实现的。

1.2　数字图像处理系统

能够执行图像处理操作的通用系统的元素包括采集、存储、处理、通信和显示。

1.2.1　采集

这是数字图像处理系统的第一步，因为没有图像，就不可能进行图像处理。我们使用数码相机采集图像。在感兴趣的物体被照亮后，相机捕获从该物体反射的光。从感兴趣的物体反射出来的光被某个图像传感器聚焦，相机即可记录场景。图像传感器由单元格二维数组组成，每个单元格代表一个像素。图像传感器能够将入射光转换为电压，然后电压又转换为数字。入射光越多，电压越高，该点的强度值越高。当相机采集图像时，允许入射光进入一小段时间，称为曝光时间。在此曝光时间内，电荷开始在每个单元格中积聚，它由快门控制。如果曝光时间太短或太长，则图像会曝光不足或曝光过度。数字图像也可以通过使用扫描仪将模拟图像转换为数字图像进行采集。还有一些先进的图像采集方法，如三维图像采集。三维图像采集使用两个或多个相机精确地围绕一个目标对齐，以创建一个三维或立体场景。部分卫星利用三维图像采集技术来构建不同表面的精确模型。

1.2.2　存储

图像信息的存储对其长期保存至关重要。推荐使用硬盘作为存储介质。硬盘可以使用 3 到 10 年，平均大约 5 年。可以压缩图像，以减少其存储空间和提高传输速度。图像压缩技术大致分为无损和有损两种。无损压缩文件格式节省了一些空间，但不会改变图像数据。有损压缩则以牺牲数据质量为代价来节省空间。JPEG 是一种著名的有损图像压缩格式。当存储空间比原始数据丢失更重要时，应使用有损压缩。有损压缩可以有效地减少文件大小和提高传输速度。

1.2.3　处理

通过使用某些数学运算或信号处理技术，或计算机算法，对图像进行处理，以生成修改后的输出图像或与图像相关的参数。由于图像是强度值的二维数组，因此采用了标准的信号处理或统计技术。计算机系统使用某些算法对图像进行处理，并生成输出图像。Adobe Photoshop 软件也是图像处理的一个工具。

1.2.4 通信

由于图像所占存储空间通常很大，所以带宽是传输图像时的关键考虑因素。如果想通过低带宽通道传输图像，首先要压缩图像以减小图像大小，然后在接收端解压缩图像，以再现原始输入。图像通常包含大量的冗余，可以利用这些冗余来实现压缩。无损压缩用于医学成像和法律文件。无损压缩只是在一定程度上无损失地减小图像大小。超过此节点，就会出现误差，此类压缩称为有损压缩。JPEG 是其中一种非常流行的有损图像压缩格式。由于在图像压缩中，图像质量损失微小，通常不明显，因此，有损方法用于存储和传输照片等自然图像。

1.2.5 显示

可以使用平板电视屏幕、计算机显示器或打印设备显示数字图像。早期的打印机通过墨带击打纸张，在纸张上打印，如点阵和菊花轮打印机，所以称为击打式打印机。使用非击打技术的打印机，如使用喷墨或激光技术的打印机，则能比击打式打印机提供更好的打印质量。

1.3 数字图像处理方法

图 1.2 给出常用的数字图像处理方法。本节将简要讨论这些方法。

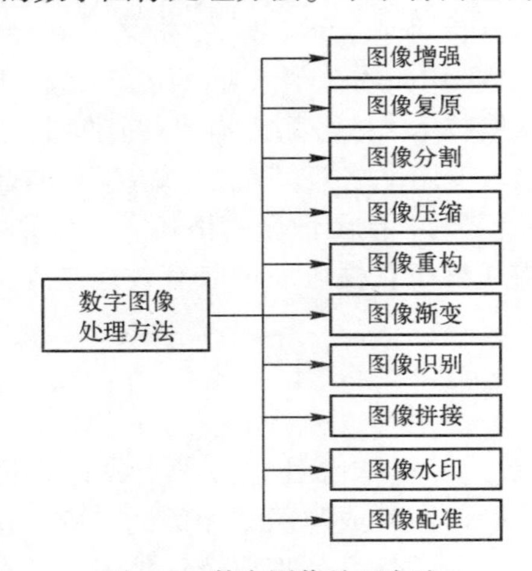

图 1.2 数字图像处理方法

1.3.1　图像增强

增强意味着针对某个特定应用通过采用某个特别技术来提高图像质量。它通过集中增强某些特征来改善图像的外观。需注意的是，某些特征的增强可以通过抑制其他特征为代价来实现。图像增强的其中一个例子就是通过介质滤波去除噪点。

1.3.2　图像复原

复原是一种尝试通过有效反转退化现象来估计原始图像的方法。此方法需要了解退化现象。图像复原中的一个例子是去除快速移动物体图像中的运动模糊。

1.3.3　图像分割

分割过程通常指制作图像的不同部分。通过分割，将图像渲染成更有意义的部分，帮助分析图像。它主要用于提取图像中的对象或区域。在图像分割中，根据某些视觉特征，如颜色、强度、纹理或深度，为每个像素分配一个标签。具有相同标签的像素构成一个区域。因此，图像分割的结果会形成一组区域。不同的区域可以是图像和背景中的不同对象。如图 1.3 所示。因此，所有不同的区域共同覆盖整个图像。如果分割做得好，那么图像分析的各个阶段都会变得更简单。

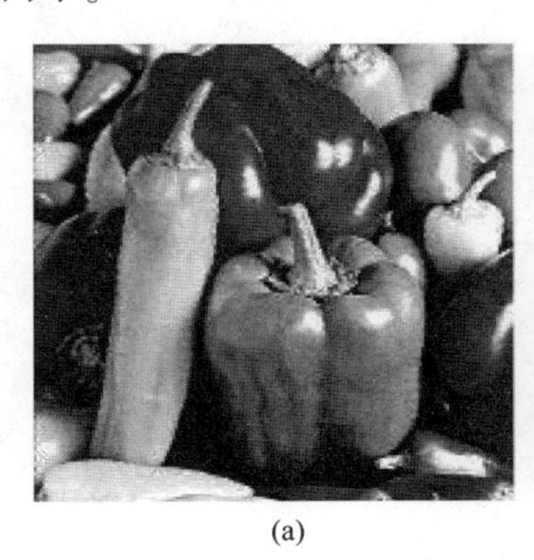

(a)

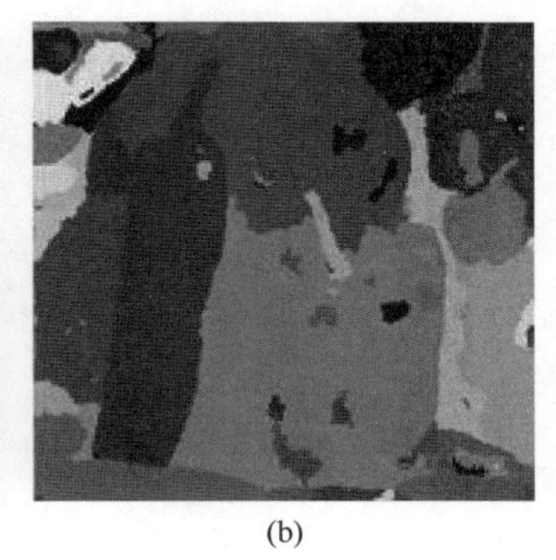

(b)

图 1.3　原始图像（a）与分割图像（b）

随着图像分割的广泛应用，已经发展了多种算法。对于图像分割，通常采用基于不连续性和基于相似性这两种方法。在基于不连续性的方法中，根据强度值的不连续性将图像分割成多个部分。这些不连续点在物体的边界上。因此，使用边缘检测算子来检测边缘，并将这些边缘像素正确地链接起来以识别物体边界。该方法采用了坎尼（Canny）边缘检测技术和拉普拉斯边缘检测技术。

在基于相似性的方法中，我们假设同一物体的像素具有一定的相似性。按照某些预先确定的标准，图像被分为相似的不同区域。该方法的示例包括阈值化、区域生长以及区域分割和合并。实际上，同一物体的像素的强度值由于光照和噪点的变化而略有变化。因此，为了提高分割性能，这些技术基于特定应用的领域知识进行了改进。

1.3.4 图像压缩

图像压缩的目的在于减少数字图像存储空间，实现低带宽传输。它用于图像传输应用，包括广播电视、卫星遥感和其他远程通信系统。图像存储的用途各种各样，如文档、医学图像、磁共振成像（MRI）、放射学和电影。图像压缩算法分为有损和无损。在无损压缩中，信息内容不会改变。压缩通过减少冗余来实现，常用于存档以及医学成像和法律文档。在有损压缩中，信息内容减少，且不可复原。有损压缩方法常用于低比特率环境，这种情况往往会导致压缩失真。有损法常用于自然图像，如照片。图 1.4 为原始图像和压缩比为 27∶1的 JPEG 压缩图像。尽管图像 1.4（b）以原始图像的 27∶1 压缩比进行压缩，但图像的质量已足够好了。

(a) (b)

图 1.4 原始图像（a）与压缩后的 JPEG 图像（27∶1）（b）

1.3.5 图像重构

图像重构是一种用于从一维投影集合中创建二维和三维图像的技术。它用于常见的成像方式，如 CT（计算机断层扫描）、MRI（磁共振成像）和 PET

（正电子发射断层扫描）。这些模式在医学和生物学领域的使用非常广泛。CT 图像由患者周围不同角度的 X 射线投影数据中获得的多个图像生成。在图像重构中，图像质量基于辐射剂量。在辐射剂量较低的情况下，可以重构图像质量可接受的图像。图像重构采用解析重构和迭代重构两种方法。

1.3.5.1　解析重构

商用 CT 扫描仪最常用的解析重构方法都以滤波反投影（FBP）的形式进行。在将数据反向投影（二维或三维）到图像空间之前，对投影数据使用一维滤波器。它凭借计算效率和数值稳定性方面的优点，被广泛应用于临床 CT 扫描仪。Flohr 等人综述了解析 CT 图像重构方法[14]。

1.3.5.2　迭代重构

目前，相比传统的滤波反投影技术，迭代重构具有以下优势：

（1）在迭代重构中，可以更准确地纳入重要的物理因素，如焦点和检测器几何形状、光子统计、X 射线束谱和散射。

（2）迭代重构生成的图像噪点低，空间分辨率高。

（3）与滤波反投影相比，在迭代重构中，射线硬化伪影、风车伪影和金属伪影更少。

（4）根据最近的临床研究，与基于滤波反投影的重构方法相比，迭代重构算法的辐射剂量降低多达 65%。

（5）迭代重构的图像外观可能看起来不一样，因为基于滤波反投影的重构和迭代重构在数据处理上存在固有差异。

1.3.6　图像渐变

渐变是一个通过无缝过渡将一个图像转换为另一个图像的过程。该技术允许混合两个图像，形成一个中间图像序列。播放时，此序列将第一个图像转换为第二个图像，形成动画效果。这种特效用于描述一些技术处理和幻化序列。图 1.5 显示了从儿童到成年女人的渐变。渐变算法使用光流技术，通过在每个单独的帧之间形成渐变，形成顺畅的慢动作效果。渐变技术用于增强多媒体项目、演示文稿、电影、教育和培训。

渐变过程中，第一图像渐隐，第二图像渐显。中间图像按照一定百分比包含了两个图像。中间图像包含了各 50% 的源图像和目标图像。它涉及交替淡变和变形的图像处理技术。利用点和线建立源图像和目标图像之间的对应关系。有时会使用强度和光流等特征来寻找两个图像之间的对应关系。对于图像渐变，使用的算法包括网格变形、场渐变、径向基函数、薄板样条、能量最小化和多层自由形式变形。

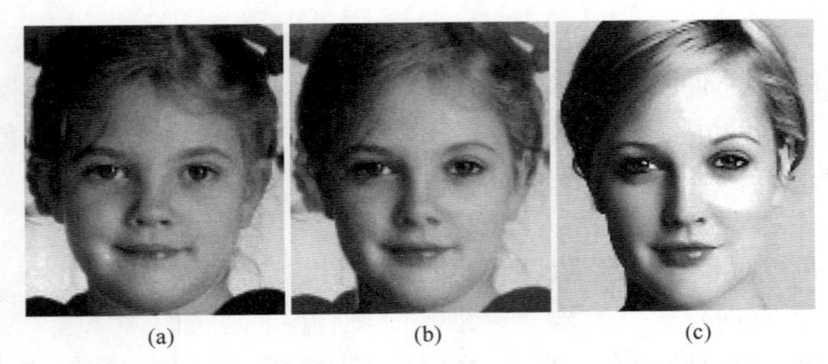

图 1.5　从儿童到成年女人的三帧序列渐变，中间的图像为渐变处理

1.3.7　图像识别

图像识别决定图像是否包含某些特定的目标。这项任务对人类来说非常容易，但对机器来说却非常困难。现有的算法只适用于特定的目标，如人脸、车辆、动物、几何目标或字符。其中一些识别问题如下。

目标识别：在这个问题中，一个或几个预先指定的目标可以通过它们在图像中的二维位置或在视频中的三维姿态来识别。

识别：识别某个目标的个别实例，例如识别特定的人脸或识别特定的车辆。

检测：在图像或视频序列中检测特定的目标。例如，检测医学图像中可能的异常细胞以及在道路交通监测系统中检测车辆。

基于识别的一些专门任务如下。

基于内容的图像检索（CBIR）：这是一种从具有特定内容的大量图像数据集中查找所有图像的技术。例如，我们可以做一个查询，如“向我显示所有类似于图像 X 的图像”。然后基于内容的图像检索模块通过查找与目标图像相关的相似性来显示所有与 X 相似的图像。

姿态估计：这是一种估计特定物体相对于相机的位置或方向的技术。例如，帮助机械臂从传送带中检索物体的应用。

光学字符识别（OCR）：这是一种识别图像中打印或手写文本字符的技术。它用于以 ASCII 等格式对文本进行编码，方便对此格式进行编辑。

1.3.8　图像拼接

图像拼接是一种通过组合多个图像的信息来创建一个图像以方便理解的方法。与人眼看到的数据相比，相机采集的数据量少之又少。

现在，可以用具有配置复杂镜头的专业相机来增强视场。然而，我们可以通过组合多个图像的信息来增强一个普通相机的视场。图像拼接使我们能够将许多小图像组合成一个大图像。照相拼接指的是将场景的一系列相邻图片拼接在一起而得到的复合照片。图 1.6 显示了无人机在农业应用中采集的农田和作物生长状况的照片拼接的典型例子。数码摄影市场上已经有许多产品可以将照片甚至是手持相机的视频流拼接成广角拼图。该技术用于视频压缩、数字稳定摄像机、数字视频编辑和绘景软件等方面。

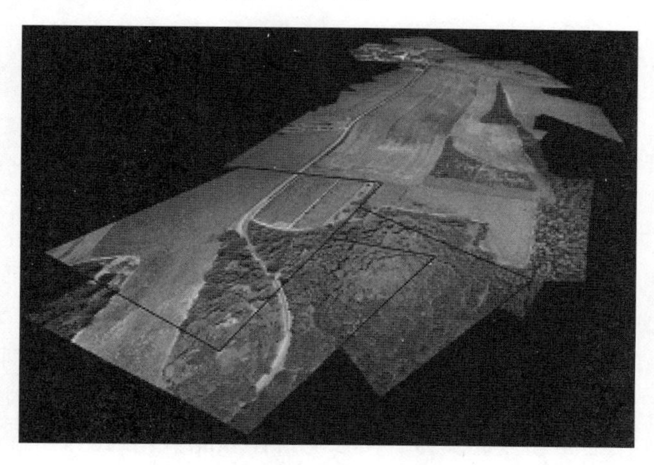

图 1.6　由无人机采集的一幅关于农田和作物生长状况的照片拼接

1.3.9　图像水印

图像水印是一种将信息嵌入数字图像中以附上所有权的技术。水印很难去除。如果图像被复制，则水印信息也会附在副本上。如果水印信息在图像中可见，则称为可见水印。通常，这些信息可以是特定团体的所有权的文本或是徽标。可见水印的一个例子是电视广播公司所传输视频角落的标志，目的在于告知观众有关媒体的所有者。在不可见水印中，信息作为数字数据添加到图像中，但不能被感知。在信息隐藏的应用中，不可见水印中包含嵌入在数字信号中的秘密信息。

1.3.10　图像配准

图像配准是一种将不同的数据集转换为一个坐标系的技术。不同的数据集可以是多张照片或来自不同传感器的数据、在不同的时间采集的数据或从不同的视点采集的数据。有必要对从这些不同测量方式中采集的数据进行整合。图像配准的应用很多，如医学图像配准。

在监测肿瘤时，我们从不同的视点采集患者的图像。将这些图像进行配准的目的在于组合来自不同视点的图像。这有助于医生诊断疾病。在天体照相学中，对空间的不同图像进行配准，然后进行分析。计算机对一个图像进行转换，使用一些控制点，使主要特征与第二图像匹配。图像配准用于创建全景图像。图像配准的许多不同技术可以在实时设备中实现，如相机和拍照手机。

1.4 数字图像分割

这是一种将给定的数字图像分割成针对特定应用程序的有意义的部分的技术。图像分割用于定位图像中的目标。图像分割主要用于图像的分析。换句话说，这是基于特定的视觉特征为图像中的每个像素分配一个标签的过程。由图像分割生成的不同区域集合共同覆盖整个图像。分割区域中的每个像素在颜色、强度、纹理和深度等某些特征方面与该区域中的其他像素相似。

数字图像分割对于理解图像是一个重要的环节。它用于识别场景中的目标，并提取它们的特征，如大小和形状。在基于目标的视频压缩中，图像分割用于识别场景中的运动目标。为了使移动机器人能够找到它们的路径，图像分割用于使用深度信息来识别与传感器不同距离的物体。

1.4.1 图像分割技术的分类

图像分割方法大致分为基于相似性的方法和基于不连续性的方法，如图 1.7 所示。基于相似性的方法基于按照预定义的标准将图像划分为相似的区域。该方法可进一步分为阈值化、区域生长以及区域分割与合并。图像中的区域是一组具有相似属性的连通像素。基于阈值化的方法可以进一步分为全局阈值化、自适应阈值化、最优阈值化和局部阈值化。

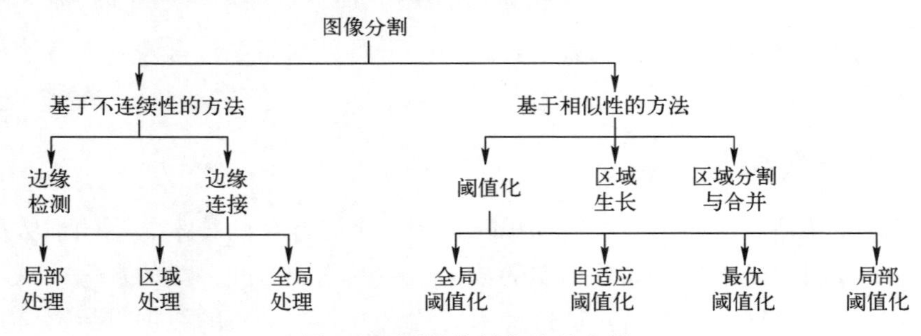

图 1.7 图像分割方法的分类

基于不连续性的方法根据强度的突变将图像划分为不同的区域，如图像中的边缘。在基于边缘检测的方法中，识别边缘以检测区域或目标的边界。将检测到的边缘连在一起，以提高性能。边缘连接技术可以进一步分为局部处理、区域处理和全局处理。基于 Hough 变换的全局处理方法被广泛地应用于边缘连接中。

1.4.2　边缘检测

边缘检测是一个检测图像中明显的不连续性的过程。不连续性是指表征图像中目标边界的像素强度的突变。由于边缘经常出现在目标边界上，因此它被用于目标提取。通过使用边缘检测算子对图像进行卷积，可以提取边缘。边缘检测算子包括 Sobel、Canny、Prewitt 和 Roberts 等算子。

1.4.2.1　边缘的分类

当一个图像函数的强度突然发生变化时的像素被称为边缘像素。这些边缘像素可以通过计算局部图像区域的强度差异来检测。边缘可以大致分为阶跃边缘、线条边缘、斜坡边缘和屋顶边缘，如图 1.8 所示。阶跃边缘可以从一个分段完美过渡到另一个分段。在阶跃边缘中，图像强度突然从不连续的一侧变化到另一侧。如果图像的一段较窄，则必须有两个接近的边缘。这种排列方式称为线条边缘。当从一个区域更平滑地过渡到另一个区域时，就会出现斜坡边缘。它对模糊边缘的建模很有用。在线结构中，两个靠近的斜坡边缘称为屋顶边缘。

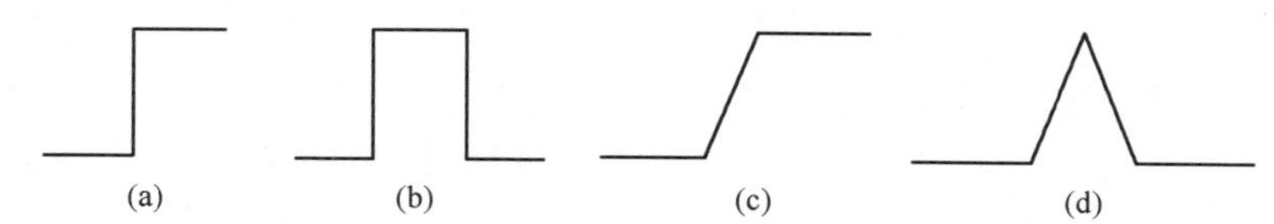

图 1.8　阶跃边缘（a）、线条边缘（b）、斜坡边缘（c）和屋顶边缘（d）

1.4.2.2　梯度算子

位置(x,y)上图像的梯度如下：

$$\nabla f=\text{grad}(f)=\begin{bmatrix} g_x \\ g_y \end{bmatrix}=\begin{bmatrix} \dfrac{\partial f}{\partial x} \\ \dfrac{\partial f}{\partial y} \end{bmatrix} \tag{1.1}$$

梯度向量的幅度由下式得出：

$$\text{mag}(\nabla f)=\sqrt{g_x^2+g_y^2} \tag{1.2}$$

相对于 x 轴测定的梯度向量的方向由下式得出：

$$\alpha(x,y)=\arctan\left[\frac{g_x}{g_y}\right] \tag{1.3}$$

要求得梯度，就需要计算每个像素位置的偏导数$\partial f/\partial x$和$\partial f/\partial y$。关于像素位置(x,y)的偏导数的数字近似由下式得出：

$$g_x=\frac{\partial f}{\partial x}=\frac{\partial f(x,y)}{\partial x}=f(x+1,y)-f(x,y) \tag{1.4}$$

$$g_y=\frac{\partial f}{\partial y}=\frac{\partial f(x,y)}{\partial y}=f(x,y+1)-f(x,y) \tag{1.5}$$

上述两个方程可以通过使用图 1.9 中给出的掩模来实现。

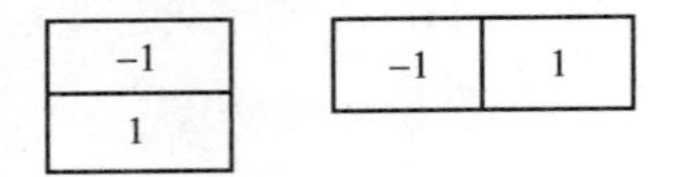

图 1.9　罗伯茨（Roberts）掩模

当对对角线边缘方向感兴趣时，使用罗伯茨交叉梯度算子。考虑到图 1.10 中所示的 3×3 个图像区域，罗伯茨算子计算梯度使用以下方程：

$$g_x=\frac{\partial f}{\partial x}=z_9-z_5 \tag{1.6}$$

$$g_y=\frac{\partial f}{\partial y}=z_8-z_6 \tag{1.7}$$

罗伯茨掩模并没有绕中心点对称。最小对称掩模的尺寸为 3×3。这些掩模对于计算边缘的方向非常有用。最简单的 3×3 掩模是 Prewitts 掩模，如下：

$$g_x=\frac{\partial f}{\partial x}=(z_7+z_8+z_9)-(z_1+z_2+z_3) \tag{1.8}$$

$$g_y=\frac{\partial f}{\partial y}=(z_3+z_6+z_9)-(z_1+z_4+z_7) \tag{1.9}$$

为了更加强调中心像素，Sobel 算子在中心系数上使用权重 2，提供了平滑效果。Sobel 掩模有更好的噪点抑制作用，因此更可取。

$$g_x=\frac{\partial f}{\partial x}=(z_7+2z_8+z_9)-(z_1+2z_2+z_3) \tag{1.10}$$

$$g_y=\frac{\partial f}{\partial y}=(z_3+2z_6+z_9)-(z_1+2z_4+z_7) \tag{1.11}$$

需要注意的是，任何边缘检测掩模的所有系数之和为零。因此，掩模的响应在恒定强度的区域中为零。使用式（1.2）计算梯度幅度需要进行平方和平

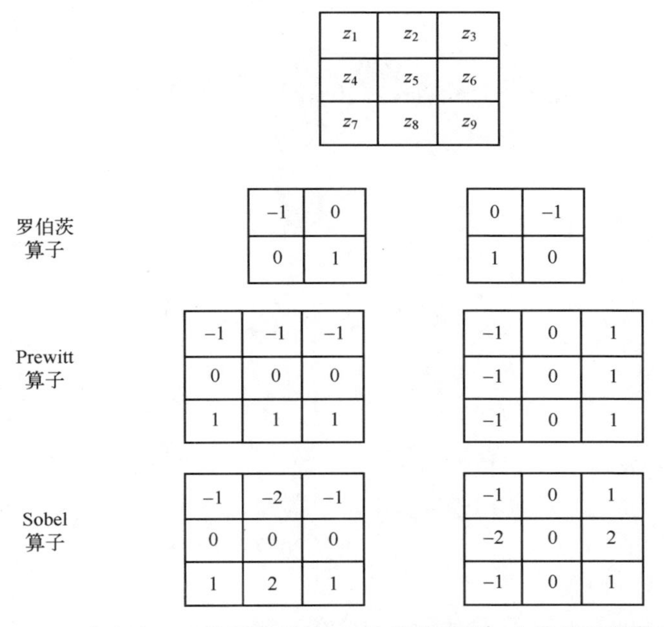

图 1.10　大小为 3×3 的图像区域（z 表示强度值）和各种边缘算子

方根计算，这造成了计算负担，因此使用如下方式来近似梯度值：

$$M(x,y) \approx |g_x| + |g_y| \tag{1.12}$$

它仍然保持了强度水平的相对变化。

1.4.2.3　拉普拉斯算子

上述讨论的梯度算子基于图像的一阶导数来检测边缘。二阶导数可以通过微分一阶导数来计算。拉普拉斯算子在图像的二阶导数中寻找零交叉点来寻找边缘。由于图像的拉普拉斯算子突出显示了强度快速变化的区域，因此，它比其他边缘检测器更受青睐。拉普拉斯算子的形状看起来像墨西哥帽，如图 1.11 所示。

对于图像，有一个单一的测量用于测量二阶导数，类似于梯度幅度，它通过取自身的点积∇求得。

$$\nabla \cdot \nabla = \begin{bmatrix} \frac{\partial}{\partial x} \\ \frac{\partial}{\partial y} \end{bmatrix} \cdot \begin{bmatrix} \frac{\partial}{\partial x} \\ \frac{\partial}{\partial y} \end{bmatrix} \tag{1.13}$$

$$\nabla \cdot \nabla = \frac{\partial^2}{\partial x^2} + \frac{\partial^2}{\partial y^2} \tag{1.14}$$

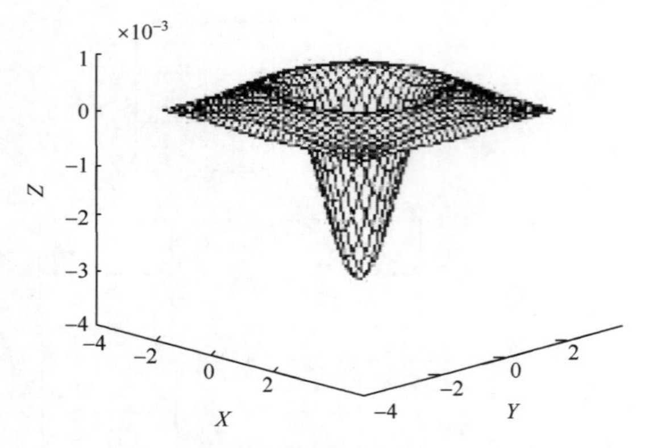

图 1.11　拉普拉斯算子（墨西哥帽形状）

$\nabla \cdot \nabla = \nabla^2$ 被称为拉普拉斯算子。

当将拉普拉斯算子应用于函数 f 时，得到

$$\nabla^2 f = \frac{\partial^2 f}{\partial x^2} + \frac{\partial^2 f}{\partial y^2} \tag{1.15}$$

拉普拉斯算子可以用下面给出的差分方程表示

$$\frac{\partial f}{\partial x} = f(x+1, y) - f(x, y) \tag{1.16}$$

和

$$\frac{\partial^2 f}{\partial x^2} = f(x+1, y) - 2f(x, y) + f(x-1, y) \tag{1.17}$$

$$\frac{\partial^2 f}{\partial y^2} = f(x, y+1) - 2f(x, y) + f(x, y-1) \tag{1.18}$$

意味着

$$\nabla^2 f = [f(x+1, y) + f(x-1, y) + f(x, y+1) + f(x, y-1)] - 4f(x, y) \tag{1.19}$$

式（1.19）对应的掩模如图 1.12（a）所示。

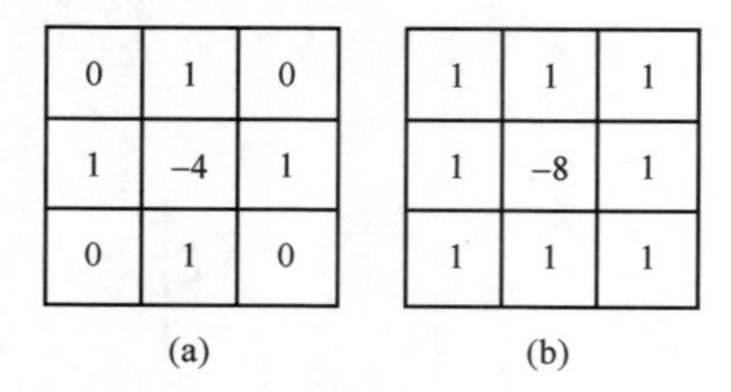

(a)

0	1	0
1	−4	1
0	1	0

(b)

1	1	1
1	−8	1
1	1	1

图 1.12　拉普拉斯掩模

拉普拉斯算子从中心像素中减去每个相邻像素的强度值。当在该像素附近

存在不连续时，拉普拉斯算子的响应是一个非零的正值或负值。不连续性将以点、线或边的形式出现。拉普拉斯算子的其中一个局限在于，作为二阶导数的近似值，它对图像中的噪点很敏感。为了克服这一问题，在应用拉普拉斯算子减少高频噪声分量之前，使用高斯滤波器对图像进行平滑处理。基于预处理，开发了以下拉普拉斯算子：

（1）Marr-Hildreth 边缘检测器；

（2）Canny 边缘检测器。

1.4.2.4　Marr-Hildreth 边缘检测器

在边缘上，强度突然变化将产生一阶导数的峰或谷、二阶导数的零交叉。马尔（Marr）和希尔得勒斯（Hildreth）认为，强度的变化取决于图像尺度。因此，可以使用不同大小的算子来进行边缘检测。大算子用于模糊边缘，小算子用于锐利边缘。

马尔和希尔得勒斯提出，滤波器$\nabla^2 G$（G 为二维高斯函数）是满足上述条件的最令人满意的算子。算法 1 给出该算法的详细步骤。

$$G(x,y)=\mathrm{e}^{-\frac{x^2+y^2}{2\sigma^2}} \tag{1.20}$$

式中：σ 为标准差。

$$\nabla^2 G=\frac{\partial^2 G}{\partial x^2}+\frac{\partial^2 G}{\partial y^2} \tag{1.21}$$

高斯分布的拉普拉斯算子（LoG）为

$$\nabla^2 G=\frac{x^2+y^2-2\sigma^2}{\sigma^4}\mathrm{e}^{-\frac{x^2+y^2}{2\sigma^2}} \tag{1.22}$$

$\nabla^2 G$ 的高斯部分模糊了图像，从而降低了结构的强度，包括噪点。高斯分布在空间域和频域上都是平滑的，因此不太可能引入原始图像中不存在的振铃效应。由于∇^2各向同性，它避免使用多个掩模来计算图像中任何点的最强响应。

算法 1　Marr-Hildreth 边缘检测算法

输入：输入图像。

输出：包含已检测到的边缘的图像。

（1）使用高斯低通滤波器对图像进行平滑处理，以减少由于噪点引起的误差。

（2）将二维拉普拉斯掩模应用到图像，如图 1.12 所示。此拉普拉斯算子将是旋转不变的。它的形状如图 1.11 所示，因此通常称为墨西哥帽算子。

---

(3) 循环使用拉普拉斯算子，寻找符号的变化。如果有符号变化，并且通过该符号的变化的斜率大于某个阈值，则将此像素视为边缘。

与图像相比，高斯核和拉普拉斯核通常要小得多，因此该方法的计算量通常较小。在实时应用中，LoG 核可以提前计算，因此在图像运行时只需要执行一次卷积。如果阈值为零，可以观察到闭环边缘。这被称为意大利面条效应。

1.4.2.5　孤立点检测

拉普拉斯掩模用于检测孤立点。孤立点上的强度与周围环境有很大的不同。因此，如图 1.12 所示的拉普拉斯掩模将可以轻松检测到孤立点。如果拉普拉斯掩模在任何一点上的响应的绝对值超过了指定的阈值 T，则该点被认为是一个孤立点。此类点被标记为 0，从而形成一个二值图像。

1.4.2.6　线条检测

图 1.13 给出了水平线、垂直线、+45°线和−45°线的线条掩模，图 1.14 显示了这些掩模对图 1.14（a）中所示的图像的响应。

−1	−1	−1
2	2	2
−1	−1	−1

(a)

−1	2	−1
−1	2	−1
−1	2	−1

(b)

2	−1	−1
−1	2	−1
−1	−1	2

(c)

−1	−1	2
−1	2	−1
2	−1	−1

(d)

图 1.13　水平线掩模（a）、垂直线掩模（b）、+45°线掩模（c）及−45°掩模（d）

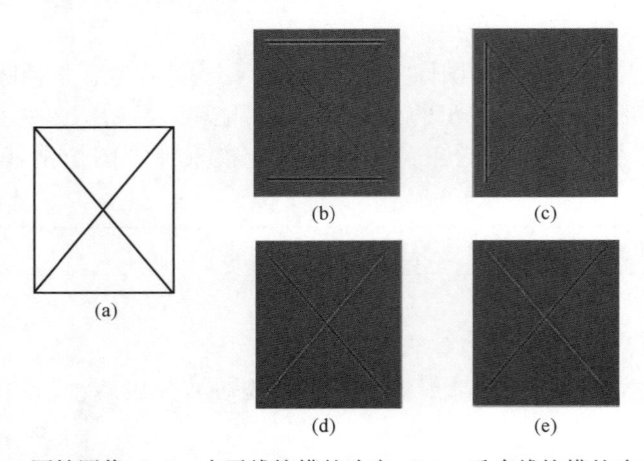

图 1.14　原始图像（a）、水平线掩模的响应（b）、垂直线掩模的响应（c）、+45°线掩模的响应（d）及−45°线掩模的响应（e）

1.4.2.7　Canny 边缘检测器

Canny 边缘检测算法被认为是最优的边缘检测器。约翰·坎尼想要提高 20 世纪 80 年代的边缘检测器的性能，在 1986 年，他提出了一种非常流行且高效的边缘检测算法 2（图 1.15）。其中，下列标准用于提高性能。

（1）低错误率：

增加检测真实边缘点的概率，降低检测非边缘点的概率。

（2）边缘点应该能很好地定位：

真实边缘像素与检测到的边缘像素之间的距离应该最小。

（3）一个边缘只有一个响应：

对于一个真实的边缘像素，只能有一个响应。

图 1.15　约翰·坎尼的照片

Canny 边缘检测器首先平滑图像以降低噪点。然后，它找到图像梯度来突出显示具有高空间导数的区域。在此之后，这些区域中所有没有达到最大值的像素都会被抑制。至此，通过磁滞进一步减少梯度阵列。磁滞用于检查未被抑制的剩余像素。磁滞使用两个阈值，如果幅度低于低阈值（T_1），则使该像素为非边缘；如果幅度高于高阈值（T_2），则使该像素为边缘；如果幅度在两个阈值之间，除非有一条路径从此像素到一个是边缘的像素，否则设置为零。

当噪点较多时，Prewitt 滤波器等其他基于梯度的算法都是无效的。此外，核滤波器和系数等参数不可调。相比之下，Canny 边缘检测算法是一种自适应算法，其中高斯滤波器的标准差和阈值等参数可调。与索贝尔（Sobel）、普鲁伊特（Prewitt）和罗伯茨算子相比，Canny 边缘检测算法的计算量最大。算法 2 中提出的 Canny 边缘检测算法的性能优于所有这些算子，如图 1.16 所示。

算法 2 Canny 边缘检测算法

输入：输入图像$f(x,y)$。

输出：包含已检测到的边缘的图像。

(1) 使用高斯低通滤波器对图像进行平滑处理，以降低噪点。

(2) 计算形成边缘时梯度幅度较大的像素的梯度幅度和角度。

(3) 对梯度幅度图像应用非最大值抑制。

(4) 使用双阈值化和连通性分析来检测和连接边缘。

(5) 通过磁滞跟踪边缘。

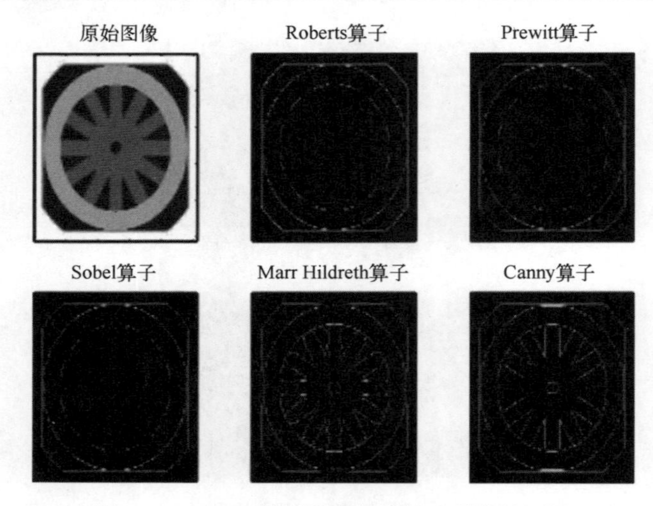

图 1.16 Canny 检测器的性能优于其他检测器

1.4.3 边缘连接

在边缘检测技术中，有时边缘不连续，因此我们需要一种技术来连接这些断开的边缘。在实际应用中，噪点和不均匀照明会导致杂散强度不连续。因此，生成的输出的边界会有中断。作为补救，使用了各种连接边缘的技术。

1.4.3.1 局部处理

对于连接边缘点，其中一个最简单的方法就是将具有相似特征的像素连接在一起。在图像进行边缘检测后，会分析一小邻域（3×3 或 5×5）的像素，并将相似的像素连接起来。相似性由两个主要属性建立起来：

（1）用于检测边缘像素的边缘检测算子的响应的强度。

（2）算子的方向。

例如，如果我们使用梯度算子来产生边缘像素，则可以通过以下方法推导出相似性。

对于边缘强度相似性

$$|\nabla f(x,y)-\nabla f(x',y')|\leqslant T \tag{1.23}$$

式中：T 为非负阈值。

对于方向相似性

$$|\alpha(x,y)-\alpha(x',y')|\leqslant A \tag{1.24}$$

式中：$\alpha(x,y)$是梯度的方向，$\alpha(x,y)=\arctan\dfrac{G_y}{G_x}$；$A$ 是角度阈值。

1.4.3.2　区域处理

该技术用于基于区域连接像素，期望的结果是该区域边界的近似值。区域处理采用两种方法：①函数逼近；②多边形逼近。在函数逼近中，我们将一个二维曲线拟合到已知的点。主要兴趣在于快速执行，逼近边界的基本特征，如极值点。多边形逼近可以捕获一个区域的基本形状特征，如多边形的顶点。

1.4.3.3　使用 Hough 变换全局处理

局部和区域处理适用于对各个目标的像素有部分了解的情况。在区域处理中，只有当我们知道像素是一个有意义的区域边界的一部分时，连接一组给定的像素才有意义。如果我们不了解目标边界，那么所有的像素都是连接的候选像素，因此必须根据预定义的全局属性接受或消除某些像素。在全局方法中，我们可以看到像素集是否在特定形状上的曲线上。这些曲线构成人们感兴趣的边缘或区域边界。全局处理可以通过霍夫（Hough）变换来完成。Hough 变换是一种用于图像分析的特征提取技术。Hough 变换的基本思路如下：

（1）图 1.17 中的每条直线可以用方程来描述，$y=mx+c$。

（2）每个白点，如果单独考虑，则可以位于无数条直线上。

（3）在 Hough 变换中，每个点都会为它可能在的每一条直线进行投票。

（4）得票最多的直线获胜。

任何一条直线都可以用两个数字来表示。我们也可以用(ρ,θ)来表示一条直线。

$$\rho=x\cos\theta+y\sin\theta \tag{1.25}$$

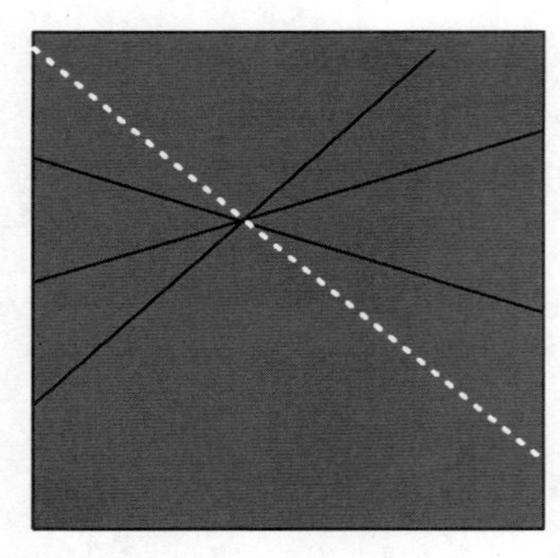

图 1.17　直角坐标系中每个白点可以位于无限条直线上

由于我们可以使用(ρ,θ)来表示图像空间中的任何一条线，如图 1.18（a）所示，所以，我们可以将图像空间中的任何一条线表示为由$(p,0)$定义的平面上的一个点，如图 1.18（b）所示，这称为霍夫空间。算法 3 给出了 Hough 变换的详细算法。

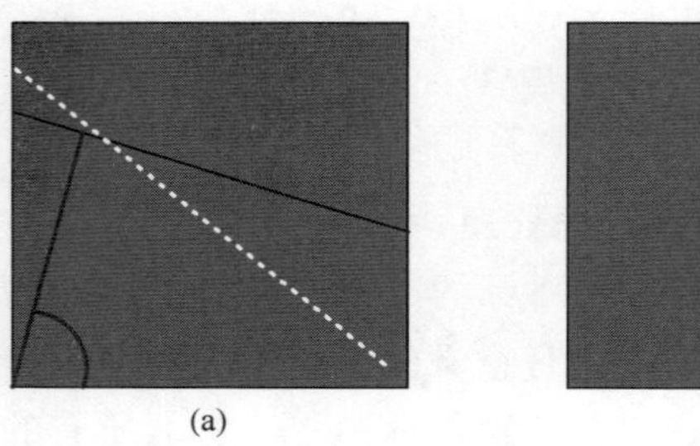

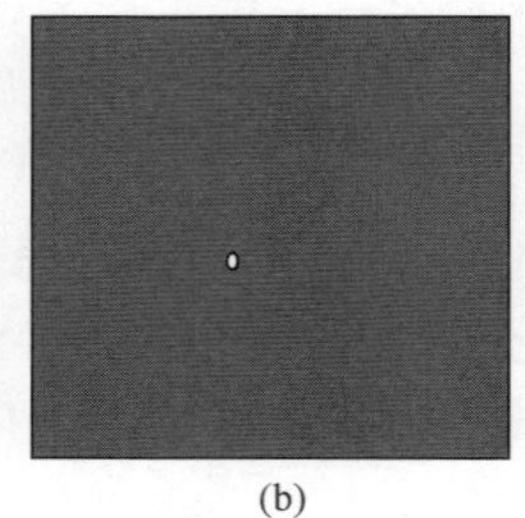

(a)　　　　(b)

图 1.18　极坐标系中每个白点可以位于无限条直线上

算法 3　Hough 变换算法

输入：输入图像。

输出：连接的边缘。

（1）为所有可能条线创建 ρ 和 θ

（2）创建由 ρ 和 θ 索引的数组 A

（3）**for** 对于每个点(x,y)**do**

（4）　**for** 对于每个角 θ**do**

（5）　　$\rho=x\cos\theta+y\sin\theta$

（6）　　$A[\rho,\theta]=A[\rho,\theta]+1$

(7)　　if A>阈值 **then**
(8)　　　返回线
(9)　　**end if**
(10)　**end for**
(11) **end for**

Hough 变换在图像分析中的一些应用如下：平行线组的检测可以作为文本提取的重要线索。在飞行器自主导航的应用中，采用 Hough 变换提取主跑道的两条平行边缘。在分析足球视频时，鸟瞰视图中的两条或三条平行场线的外观表示球门的出现，如图 1.19 所示。

图 1.19　通过 Hough 变换链接的线

1.4.4　阈值化

阈值化是最基本的图像分割方法，将给定的图像根据强度值分割为多个区域。假设明暗度分布图对应于一个背景为黑暗的白色物体图像，$f(x,y)$。这样，物体和背景像素的明暗度分为两种主要模式。从背景中提取目标的一个明显的方法是选择一个阈值 T，从背景中将目标分离。如图 1.20（b）所示，选择摄影师直方图的谷点作为阈值 T。然后将 $f(x,y)>T$ 的任何点 (x,y) 称为目标点，否则，该点称为背景点。换句话说，分割后的图像 $g(x,y)$ 由下式得出：

$$g(x,y)=\begin{cases}1, & f(x,y)>T\\0, & f(x,y)\leqslant T\end{cases}$$

图 1.20（c）显示了使用阈值 T 分割后的摄影师图像。

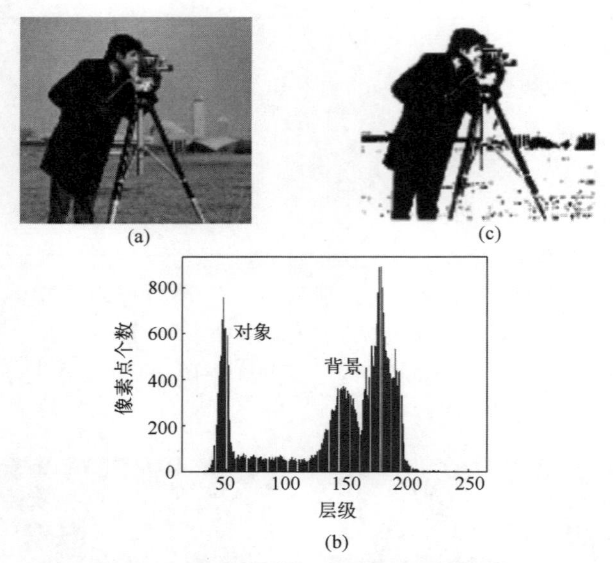

图 1.20　基于阈值 T 的摄影师图像分割

(a) 摄像师图像；(b) 摄像师图像的直方图；(c) 摄像师图像分割。

1.4.4.1　多重阈值化

如果 $f(x,y)\leqslant T_1$，则将一个点 (x,y) 分类为目标的背景，如果 $T_1<f(x,y)\leqslant T_2$，则属于一个目标类，如果 $f(x,y)>T_2$，则属于另一个目标类。分割后的图像 $g(x,y)$ 由下式得出：

$$g(x,y)=\begin{cases}a, & f(x,y)>T_2\\ b, & T_1<f(x,y)\leqslant T_2\\ a, & f(x,y)\leqslant T_2\end{cases}$$

式中：a、b、c 是任意三个不同的强度值。阈值化的成功与否与分离直方图模态的谷的宽度和深度直接相关。影响谷的特性的关键因素包括：峰间分离、图像中的噪点含量、目标和背景的相对大小、照明光源的均匀性以及图像的反射特性的均匀性。

式（1.26）表示阈值选择。如果 T 仅依赖于 $f(x,y)$，则所选的阈值称为全局阈值。如果 T 依赖于像素位置 (x,y) 和以 (x,y) 为中心的邻域中的局部属性，则所选的阈值称为局部阈值。

$$T=T[x,y,p(x,y),f(x,y)] \tag{1.26}$$

1.4.4.2　全局阈值化

使用算法 4 自动获取阈值 T。一般情况下，如果 T_0 较大，则算法的迭代次数较少。可以选择初始阈值 T 作为图像的平均强度。全局阈值化针对图像中的所有像素使用一个固定的阈值。因此，该方法在处理与目标和背景相关的双峰直方图的图像时表现良好。如图 1.21（b）所示，全局阈值化未能分割图像背景的河流和山脉。因此，为了更好地实现分割性能，采用了局部阈值化技术。

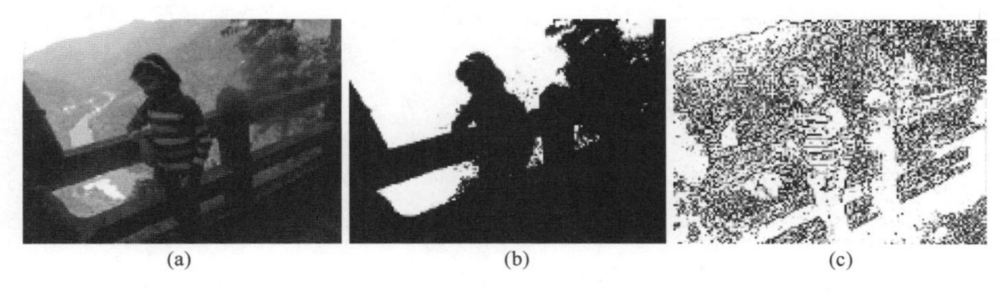

(a)　(b)　(c)

图 1.21　原始图像（a），全局阈值化（b）及局部（自适应）阈值化（c）

算法 4　全局阈值化算法

输入：输入图像。

输出：分割后的图像。

为 T 选择一个初始估值

选择参数 T_0，控制迭代次数

循环：

使用 T 将图像分割为两组像素：G_1为灰度级大于 T 的所有像素，G_2为值小于等于 T 的像素。

计算区域 G_1和 G_2中所有像素的平均强度值 m_1和 m_2。

计算 $T_{diff}=T-[(m_1+m_2)/2]$

计算新阈值 $T=(m_1+m_2)/2$

if $T_{diff}<T_0$ **then**

　返回循环

end if

1.4.4.3　局部阈值化

此方法基于较小的图像区域更有可能具有近似一致的像素强度或灰度等级的假设，即局部亮度一致性假设。对于每个像素，都要计算阈值。如果像素值低于阈值，则将其设置为背景值，否则将假定为前景值。要计算局部阈值，对每个像素的局部邻域进行了统计检验。统计特性包括局部强度分布的平均值、中间值或最小值和最大值的平均值。此领域的大小也很重要。它必须充分覆盖足够的前景和背景像素。另一方面，选择太大的区域可能会违反局部亮度一致性假设。利用自适应阈值化来实现更好分割的算法称为自适应阈值算法。图 1.21（c）显示了此类自适应阈值化的结果。如果阈值在强度值方面给出类之间的最佳分离，则阈值将称为最佳阈值。

1.4.5 区域生长

在噪点较多的图像中，边缘检测有时比较困难。在这种情况下，首选基于区域的方法。一个区域就是一组具有相似属性的像素。区域生长是最简单的图像分割方法，它根据某些预先定义的标准将像素或子区域分为更大的区域。首先，选择一组种子点。根据某些标准，对种子点的所有领域进行测试。基于这些标准，如果领域与种子点相似，则领域将被合并到该区域中。重复此程序，直到该区域的生长停止为止。相似性度量可以选择为明暗度、纹理、颜色或形状。种子点的选择和相似性标准均基于所考虑的问题。

1.4.6 区域分割和合并

此方法基于图像的同质性。首先将给定的图像分为四个部分，并检查所有部分的同质性。将不同质的部分再次细分为四个部分，并检查同质性。继续细分，直到使所有部分同质。因此，此方法被称为区域分割。另外，如果同质部分相似，则将它们合并。因此，该算法称为区域分割和合并。同样的事情也可以用四叉树来解释。四叉树是指树的每个节点都有四个子节点，树的根对应于整个图像。每个节点也代表将一个节点细分为四个子节点。如果树的节点不代表同质性，则进行细分。如图 1.22 所示，表示区域 1 和区域 3 的节点被进一步细分。该算法讨论了分割和合并的基本原理。

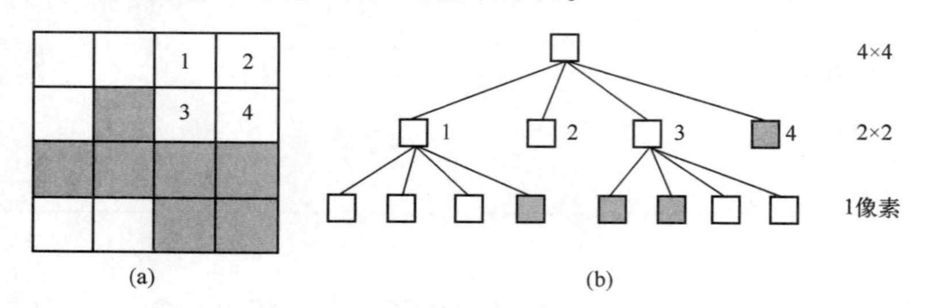

图 1.22 分割图像（a）与四叉树（b）

优点：

（1）因为分割层级的数量由用户决定，因此图像可以根据所需的分辨率逐步分割；

(2) 同质性标准和合并标准将由用户决定。

缺点：

由于分为四个部分，可能产生块状分割。

此问题可以通过增加分割层级的数量来减少，但这将会增加计算量。因此，折中方案由用户决定。

1.4.7　基于分水岭的分割

基于分水岭的分割往往会产生更稳定的分割。基于分水岭的分割是一种自动分离相互接触粒子的方法。将图像的梯度幅度视为一个地形面，利用梯度幅度提取分水岭线。如果该像素具有最高的梯度幅度强度，则将其视作分水岭线的一个像素。分水岭线代表区域边界，集水盆地代表目标。因此，分水岭背后的关键是将图像转换为另一个图像，其集水盆地就是要分割的目标。我们可以使用算法 5 找到任何灰度图像的集水盆地和分水岭线。

算法 5　分水岭算法

输入：输入图像。

输出：分割后的图像。

(1) 从具有最低可能值的所有像素开始

(2) **for** 每个强度等级 k **do**

(3) 　**for** 每组强度 k 的像素 **do**

(4) 　　**if** 刚好相邻于一个现有区域 **then**

(5) 　　　将这些像素添加到该区域

(6) 　　**end if**

(7) 　　**if** 相邻于不止一个现有区域 **then**

(8) 　　　标记为边界

(9) 　　**end if**

(10) 　　**if** 未相邻于任何现有区域 **then**

(11) 　　　开始一个新区域

(12) 　　**end if**

(13) 　**end for**

(14) **end for**

由于存在噪点，分水岭分割算法经常会导致图像过度分割。因此，引入了标记的概念，用作解决方案。标记限制了允许区域的数量，并使我们对分割过程有了额外的了解。标记是属于图像的连接组件。标记将根据某些标准进行选择。标记可分为外部标记和内部标记。外部标记与背景相关联，而内部标记与感兴趣的目标相关联。例如，内部标记可以是被较高海拔点包围的区域，每个区域应该是一个连接的组件，区域中的每个点应该具有相同的灰度值。外部标记可以是一些具有特定背景颜色的区域。图 1.23 显示了使用带有标记的分水岭算法对梨图像的分割。

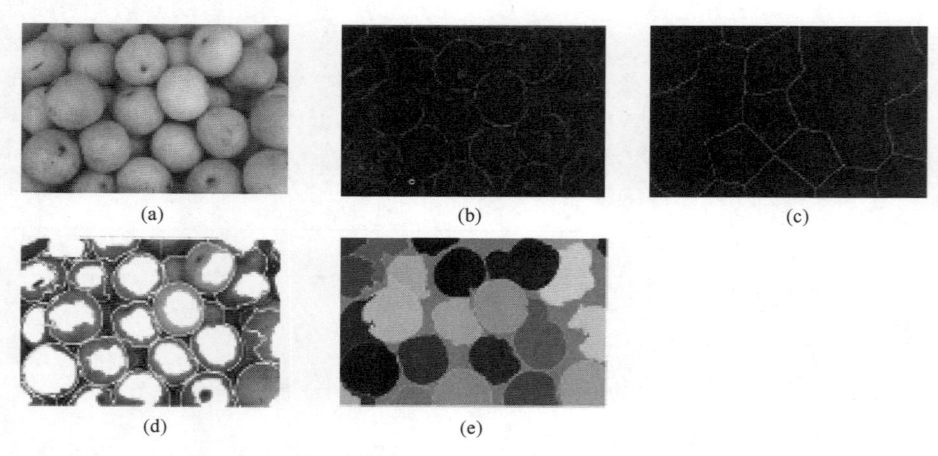

图 1.23　梨的图（a）、图像梯度（b）、分水岭线（c）、显示标记的图像（d）及分割结果（e）

1.5 应　　用

数字图像处理的应用非常广泛。本节将讨论它的一些应用。

1.5.1 电视信号处理

图像处理技术用在电视信号处理中，用以提高图像亮度、对比度和颜色、色调调整。图 1.24 展示了一个电视图像的自适应亮度和对比度增强的例子。

1.5.2 卫星图像处理

卫星图像处理用于提取有关自然资源的信息，如植被、林地、水文、矿产和地质资源。图 1.25 显示了孟加拉国洪水的信息以及孟加拉国和印度东北部的地理信息的卫星图。

图 1.24　自适应亮度和对比度增强

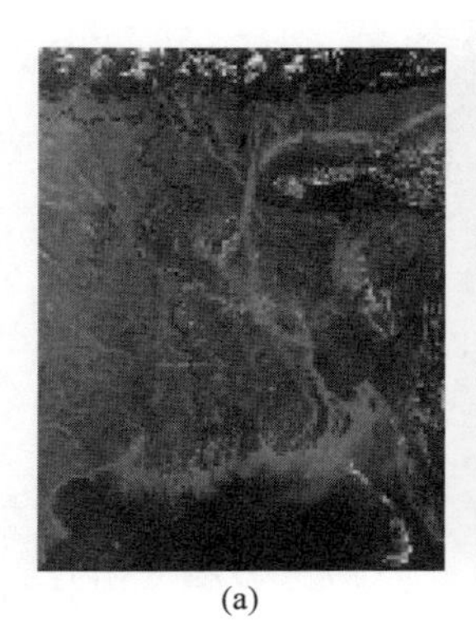

(a)

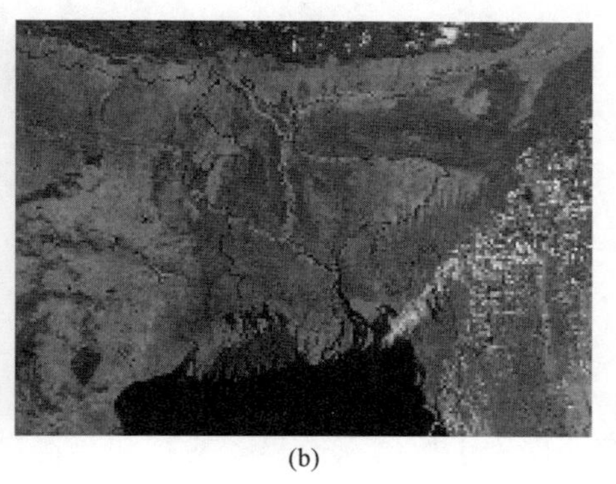

(b)

图 1.25　孟加拉国洪水（a）与孟加拉国和印度东北部（b）

1.5.3　医学图像处理

目前，在疾病诊断中，射线、计算机辅助断层扫描（CT）图像和超声波等成像设备得到广泛的应用。图 1.26 显示了超声成像、CT 成像、磁共振成像（MRI）、正电子发射断层扫描（PET）和 X 射线等不同医学图像模式采集的医疗图像的示例。医学图像处理领域在智能医疗保健系统的发展中发挥了重要作用，图像重构和建模技术等设备允许在 CT 扫描的情况下即时处理二维信号，以创建三维图像。临床医生和生理学家总是依赖数据库超负荷工作，很难传达适当的信息。在这种情况下，机器学习帮助通过用户界面传达从数据库中提取的知识。此外，通过利用先进的图像处理技术，专家可以了解由大脑损伤或其他疾病引起的定量解剖结构变化。图像处理技术可帮助预测治疗的结果和最佳策略。从上述例子中，我们可以观察到技术的进步促进了医疗保健的发展。研究人员和临床医生必须了解最新的图像处理技术，以便更好地治疗和诊断。医学图像处理对改善人类生活的健康和质量做出了巨大贡献。

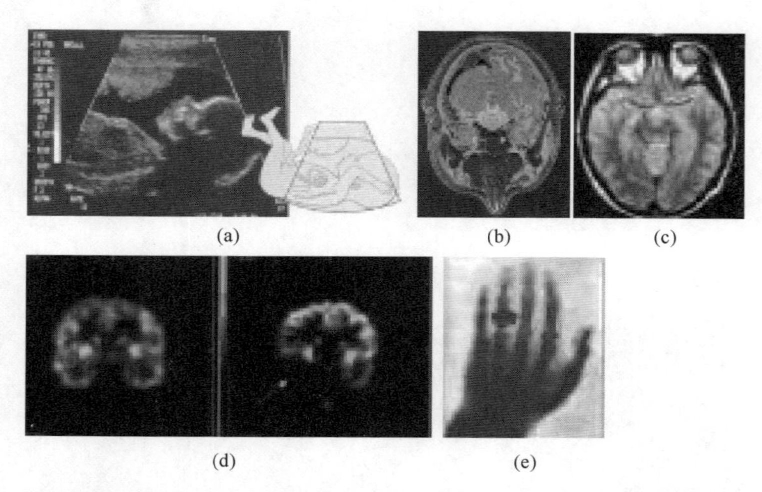

图 1.26　超声（a）、CT（b）、MRI（c）、PET（d）及 X 射线（e）

1.5.4　机器人控制

图像处理用于机器人的自动检查和车辆自动驾驶。首先，由摄像机组件拍摄图像，然后由硬件组件生成适当的运动和位置控制信号，实现机器人控制。

1.5.5　视觉通信

可视电话能够同时进行音频和视频双工传输。它的目的是为个人服务，而不是为团体服务。然而，多点视频会议允许参与者坐在虚拟的会议室里进行交流，就像他们就坐在一起一样，如图 1.27 所示。直到 20 世纪 90 年代中期，视频会议所需的硬件购买成本都非常昂贵，但现在的情况已经改变。编解码器技术的最新发展增加了适用于各种显示格式的仅需相对较低带宽的综合业务数字网的使用。随着视频会议成本的降低，视频会议将成为未来几年增长最快的技术之一。

图 1.27　焦点小组或会议的视频会议

1.5.6　执法

基于生物特征识别的图像处理系统将准确识别犯罪嫌疑人，节省时间和资源。如图 1.28 所示，所使用的生物特征包括耳朵、面部、面部热图、手部热图、手静脉、手形状、指纹、虹膜、视网膜、声音和签名。执法部门可以借助这些生物统计安全特征。

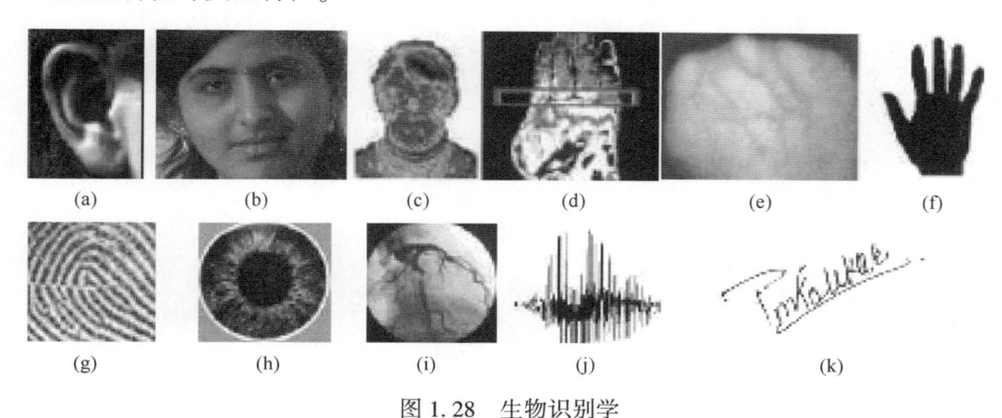

图 1.28　生物识别学

(a) 耳朵；(b) 面部；(c) 面部热图；(d) 手部热图；(e) 手静脉；(f) 手几何形状；(g) 指纹；(h) 虹膜；(i) 视网膜；(j) 声音；(k) 签名。

1.6　小　　结

本章讨论了各种图像处理技术，简要介绍了一般数字图像处理系统的基本要素。由于图像分割方法在视频监控系统的相似性搜索中应用广泛，因此对其进行了更详细的讨论。基于梯度的边缘检测算法，如 Prewitt 滤波器和 Sobel 滤波器，对噪点非常敏感。此类核滤波器的大小和系数固定，不能根据给定的图像进行调整。为了区分有效图像内容与噪点，需要一种鲁棒的算法来适应不断变化的噪点水平。Canny 边缘检测算法就解决了这个问题。与 Sobel、Prewitt 和 Roberts 算子相比，虽然该算法的计算成本更高，但它在几乎所有情况下的性能都更出色。分水岭算法是另一种用于分割图像的强大算法。数字图像处理的应用很多。其应用领域包括医学图像分析、电视、安防、图像压缩和卫星图像处理。本章提出了图像处理的基本概念，但仍有很多有待探索。如果您对图像处理领域不熟悉，我希望本章节能给您一些基本信息和进一步研究图像处理的动力。

第 2 章　视频压缩基础和运动分析

2.1　视 频 压 缩

2.1.1　什么是视频压缩?

压缩可以减少传输和存储数据量。在视频压缩技术中，会删除冗余的视频数据，以减少数字视频文件的大小，从而减少存储所需的空间，而且，可以轻松通过网络发送此类文件。压缩技术可分为数据压缩和图像压缩两种类型。

数据压缩利用数据的统计特性，减少了存储或传输数据所需的位数。数据可能是数字、文本、二进制文件、图像或声音等形式。图像压缩基于这么一个事实，即图像像素或某些更广义的部分之间存在很强的关联。压缩图像时便利用了此关联性。该变换技术用于压缩连续色调（灰度）图像数据。离散余弦变换（DCT）已应用在连续色调压缩。

2.1.2　为什么使用视频压缩?

未压缩视频文件非常大，因此需要视频压缩。为了帮助理解，下面给出的例子显示，一个未压缩的视频会产生大量的数据。传输帧分辨率为 720×576 像素（PAL）、刷新速率为 25 帧/s，8 位色深的视频所需的带宽计算如下：

$$\begin{aligned}\text{带宽} &= \text{亮度分量}\times\text{帧率}\times\text{色深}+2(\text{彩色分量}\times\text{帧率}\times\text{色深})\\ &= 720\times576\times25\times8 + 2\times(360\times576\times25\times8) = 1.66\text{Mb/s}\end{aligned} \quad (2.1)$$

对于高分辨率电视（HDTV），取帧率为 60：

$$1920\times1080\times60\times8+2\times(960\times1080\times60\times8) = 1.99\text{Gb/s} \quad (2.2)$$

即使使用强大的计算机系统，如此大的数据量仍需要非常强大的计算系统来处理数据。因此，为了减少数字视频文件的大小，通过利用未压缩视频文件中存在的冗余来采用压缩技术，帮助减少文件存储空间，并通过有限的带宽进行传输。

2.1.3 视频压缩类型

2.1.3.1 无损

无损压缩减少了数据大小，而且信息无损失，重构时，会将数据复原到其原始形式。例如，GIF 就是无损图像压缩的一个例子，通常用于单词或财务数据丢失会导致有问题的文本或电子表格文件。例如，如果图片包含 100 个像素的蓝色，压缩时，我们说 100 个蓝色像素，而不是说 100 倍的蓝色像素。霍夫曼编码和游程编码利用冗余，能够在不丢失任何数据的情况下实现高压缩比。

2.1.3.2 有损

有损压缩基于视觉灵敏度特性和限制删除数据。播放视频时，视频看起来像原始视频，但压缩后的文件不同于原始源。在此方法中，无法通过解压缩获得确切的原始信息。有损和无损结果的例子如图 2.1 所示。使用有损压缩可能减少的数据量往往比使用无损技术可能减少的数据量要高得多。有损压缩技术基于观众的限值。视频文件可以压缩到观众无法看到为止。即使用户可以看到，也可以根据应用和内存空间的可用性以及传输速度进一步压缩数据。通过损失部分数据来实现更高的压缩。

(a)　　(b)

图 2.1　无损（a）与有损（b）

2.1.4 延迟

压缩通过实施删除部分图像数据的算法来实现。当要查看视频时，会应用这些压缩算法来解译数据并在显示器上查看数据。执行这些算法将需要一些时间。由于应用压缩算法而出现的延迟称为压缩延迟。在视频压缩中，会比较多个相邻帧，这导致更多的延迟，如图 2.2 所示。由于电视广播和 DVD 播放的视频压缩应用不需要实时交互，源视频和解码视频之间的延迟并不重要，所以可以很容易地延长到几秒钟。然而，在需要实时交互的应用中，如视频会议和视频电话，延迟决定了系统是否稳定，因此是系统最关键的指标。视频编码标准，如 H.264 和 MPEG-4，已经实现了低至 4～8ms 的延迟。对于如电影等一些应用，因为并非实时观看视频，所以压缩延迟并不重要。然而，对于监控应用，因为要实时监控各种活动，尤其是使用云台摄像机（远程定位摄像机）和球机时，延迟需要控制在非常低的水平。

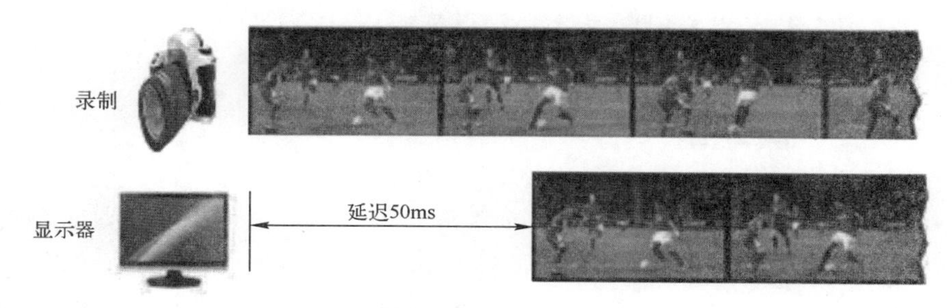

图 2.2　视频广播由于压缩延迟而延迟了 50ms

2.1.5　MPEG 压缩

图 2.3 显示了 MPEG 压缩算法的步骤。通过使用色度通道的二次抽样降低分辨率。然后执行运动补偿，以减少时间冗余，计算离散余弦变换，并对其值进行量化。接下来，利用行程长度编码和霍夫斯曼编码算法执行熵编码，生成压缩后的 MPEG 视频。

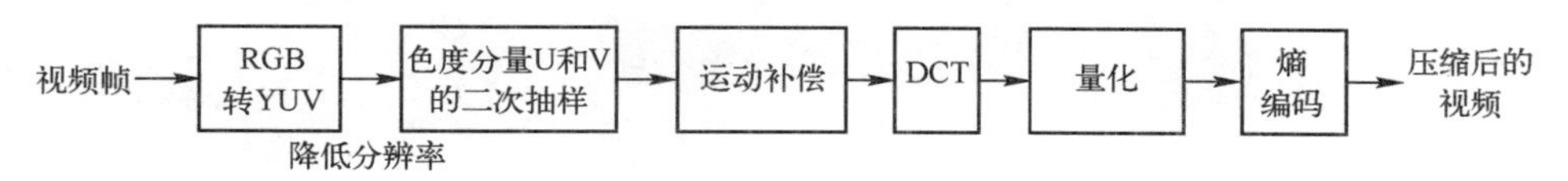

图 2.3　MPEG 压缩算法的步骤

2.1.5.1　分辨率的降低

人眼对颜色信息的敏感性要低于对明暗对比的敏感度。将 RGB 色文件转换为 YUV 色文件，通过对色度通道 U 和 V 二次抽样实现压缩。色度通道基于二次采样的类型（2 或 4 个像素值）分组在一起。对于 4:2:0 和 4:2:2 的二次抽样，二次抽样的数据量分别减少了 50% 和 33%，如图 2.4 所示。YUV 和 $Y'C_bC_r$分别指模拟编码方案和数字编码方案。这些方案之间唯一的区别在于，色度分量上的比例因子不同。然而，YUV 经常被错误地称为 $Y'C_bC_r$。

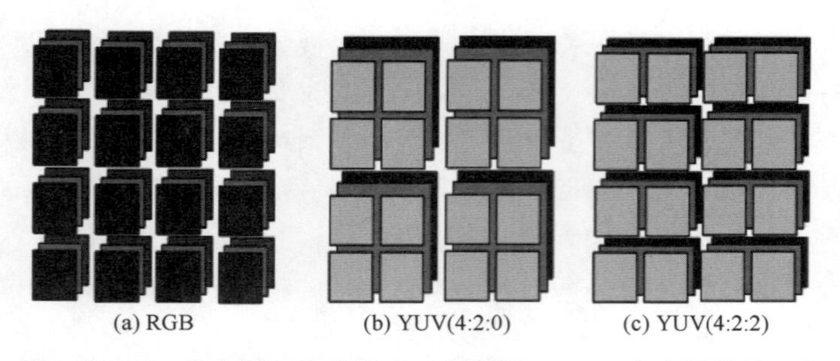

图 2.4　RGB 色空间（无分组或二次采样）(a)；色度通道的 4 个像素值分组在一起（b）；色度通道的 2 个像素值分组在一起（c）。

2.1.5.2　运动估计

通常，一个视频序列的两个连续帧的差异很小，在移动目标上的情况除外。如图 2.5 所示，为了减少此时间冗余，MPEG 标准提供三种类型的帧：①帧内编码帧（I 帧），这些帧是内部预测和自包含的帧；②预测帧（P 帧），这些帧从最后一个 I 或 P 参考帧预测得到；③双向帧（B 帧），这些帧是由两个参考帧预测得出，一个在上一帧，另一个在下一帧。因此，MPEG 视频解码需要无序解码。

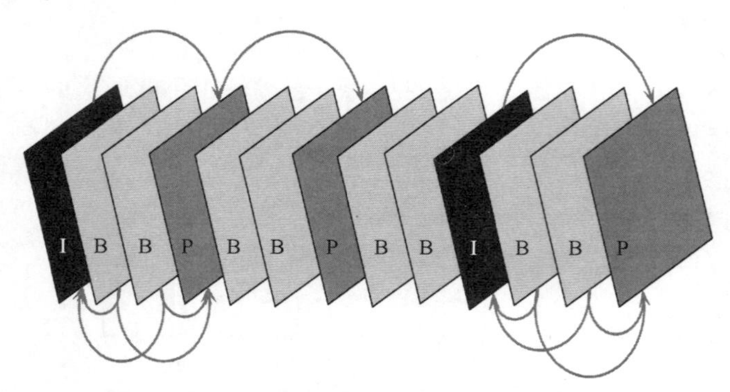

图 2.5　MPEG 视频中分为 I、P 和 B 帧的帧序列

I 帧称为帧内编码帧，它利用空间冗余进行帧压缩。与 P 帧和 B 帧相比，压缩量不高。P 和 B 帧被称为帧间编码帧。P 帧从早期的 I 或 P 帧预测得到。由于存储差异，因此 P 帧需要的空间比 I 帧少。由于 B 帧从前一帧和下一帧中预测得到，因此它们被称为双向帧（B 帧）。

视频解码器通过对比特流逐帧解码来重构视频。解码总是以可以独立解码的 I 帧开始。P 帧和 B 帧需要参考帧进行解码。不同类型的帧之间的参考通过一个被称为运动估计或补偿的过程实现。两帧之间关于运动的相关性用运动向量表示。运动向量通常通过运动估计算法基于连续帧中像素值的差来计算。通过合理的运动估计，实现较高的压缩比，提高已编码视频序列的质量。然而，运动估计并不适合于实时应用，因为它需要大量的计算。图 2.6 显示了运动估计的流程图。

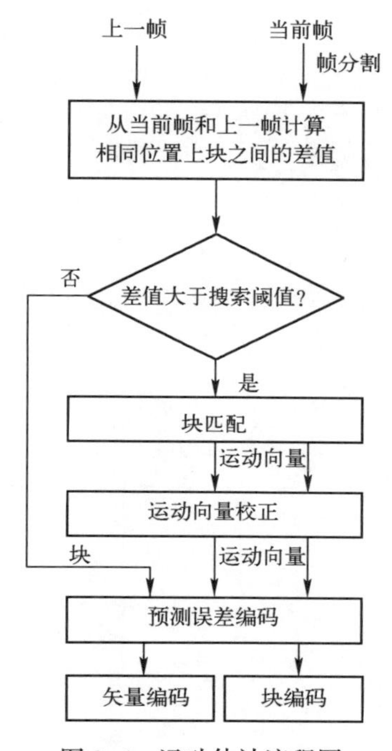

图 2.6　运动估计流程图

运动估计所涉及的步骤如下。

1）帧分割

帧通常分为大小为 8×8 或 16×16 像素的不重叠的宏块。块大小的选择是时间性能和质量方面的一个关键因素，原因如下：如果块较小，则需要计算更多的向量。如果块太大，则运动匹配相关性通常较小。MPEG 标准使用大小为 16×16 像素的块。

2）搜索阈值

如果同一位置上两个块之间的差值高于搜索阈值，则发送整个块。在这种情况下，无需估计运动。

3）块匹配

块匹配通过来自上一帧的块预测实际预测帧中的块。块匹配是一个非常耗时的过程。这是因为当前帧的每个块要与上一帧搜索窗口内的块进行比较。虽然块比较只用到亮度信息，但色彩信息可以包含在编码中。搜索窗口的选择是保证块匹配质量的一个关键因素。如果我们选择较大的搜索窗口，则更有可能得到匹配的块。但是大搜索窗口将会大大减慢编码过程。因为在视频中水平运动的可能性大于垂直运动，所以通常使用矩形搜索窗口。

4）预测误差编码

视频运动通常更为复杂。通过在二维场景中移动目标而进行的预测运动并不总是与在实际场景中相同，此误差称为预测误差。为了补偿预测误差，MPEG 流包含一个矩阵。预测后，只有预测帧与原始帧之间的差异进行编码，因为仅存储差异所需的数据较少。这些差异在图 2.7 中显示。

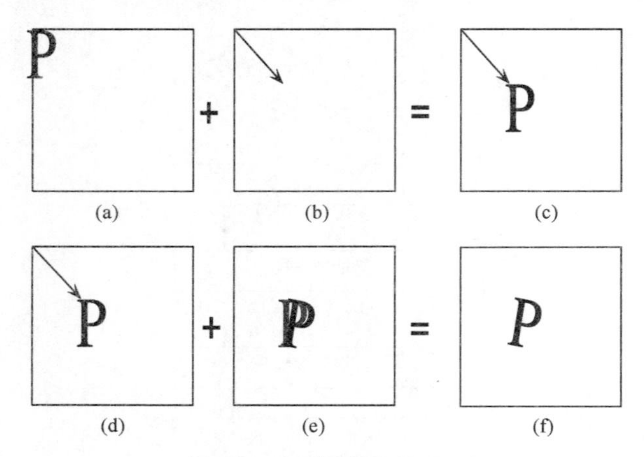

图 2.7　预测误差编码

（a）*I* 帧；（b）运动向量；（c）前向预测帧；（d）前向预测帧；（e）预测误差；（f）结果帧。

5）矢量编码

在计算运动向量并评估校正后，视频即可压缩。大部分 MPEG 视频由 B 帧和 P 帧组成。通常 B 帧和 P 帧主要存储运动向量。因此，具有高相关性的运动向量数据有望进行有效压缩。

6）块编码

离散余弦变换用于对每个块进行编码，具体内容将在下一节进行解释。

2.1.5.3　离散余弦变换

离散余弦变换（DCT）用于表示频域中的图像数据。图像被分成大小为 8×8 或 16×16 像素的块。离散余弦变换的缺点是计算量非常大。

2.1.5.4　量化

量化过程中，离散余弦变换项除以量化矩阵中的项。该量化矩阵基于人类视觉感知进行设计。相比高频率，眼睛对低频率更为敏感。因此，在量化矩阵中，选择量化系数 $\boldsymbol{Q}(u,v)$ 的值，以便在量化后，较高的频率最终为零值，然后可以丢弃这些值。量化值计算为 $\text{FQuantised}(u,v)=\boldsymbol{F}(u,v)/\boldsymbol{Q}(u,v)$，其中 $\boldsymbol{Q}$ 为大小为 $N\times N$ 的量化矩阵。$\boldsymbol{Q}$ 定义了图像的压缩级别和质量。量化后，DC 项和 AC 项分别存储。由于相邻块之间的相关性很高，因此只存储 DC 项之间的差异。随着频率值的增加，AC 项被存储在一个之字形的路径中。AC 项的较高频率值将被丢弃。

2.1.5.5　熵编码

熵编码分两个步骤进行：行程长度编码（RLE）编码和霍夫曼编码。行程长度编码和霍夫曼编码为无损压缩方法，根据冗余度，可以按照系数 3~4 进一步压缩数据。生成两个相邻帧之间的差异，并将离散余弦变换应用于差异图像的宏块。然后进行量化，并应用行程长度编码和霍夫曼编码算法，以生成最终的压缩图像。下一节将介绍不同的压缩格式。

2.1.6　视频压缩标准

MPEG（运动图像专家组）和 ITU-VCEG（国际电信联盟视频编码专家组）是致力于制定视频编码标准的两大阵营。MPEG 工作组成立于 1988 年，由 ISO（国际标准化组织）和 IEC（国际电工委员会）组成，旨在为音频和视频压缩和传输制定标准。ISO/IEC 制定了视频压缩的国际标准，部分标准化的 MPEG 压缩格式有：MPEG-1、MPEG-2、MPEG-3、MPEG-4、MPEG-7 和 MPEG-21（见表 2.1）。

表 2.1　视频压缩标准对比表

视频编码标准	首发年度	发布者	比特率	应　　用
H. 261	1988	国际电联	64kb/s	通过 ISDN 进行视频会议
MPEG-1	1993	ISO/IEC	1. 5Mb/s	在数字存储介质上的视频（光盘）
MPEG-2/H. 262	1995	ITU，ISO/IEC	>2Mb/s	数字电视，视频广播
H. 263	1995	国际电联	<33. 6kb/s	视频会议，视频电话、网络视频内容、手机视频（3GP）
MPEG-4 AVC/H. 264	2003	国际电联 ISO/IEC	10~100kb/s	高清电视，蓝光，改进的视频压缩
HEVC/H. 265	2013	ITU，ISO/IEC	10~100kb/s	8K UHD TV、改进的视频压缩

ITU-VCEG 是研究小组 16 的工作小组 3（媒体编码）的视觉编码部分的名称，负责 ITU-T 的多媒体编码、系统和应用。它负责视频编码标准的 H. 26X 系列的标准化。组织 VCEG 已将以下视频压缩格式进行了标准化：H. 120、H. 261、H. 263 和 H. 263V2。这些标准用于视频会议[3]。

另外三种视频编码由 ISO/IEC（也称为 MPEG）与 ITU-T 合作开发，分别是：H. 262、H. 264 和 H. 265。如图 2. 8 所示，这些团体提出了许多不同的视频编码的格式，所有这些格式在各自的时间应用于不同的应用场景。

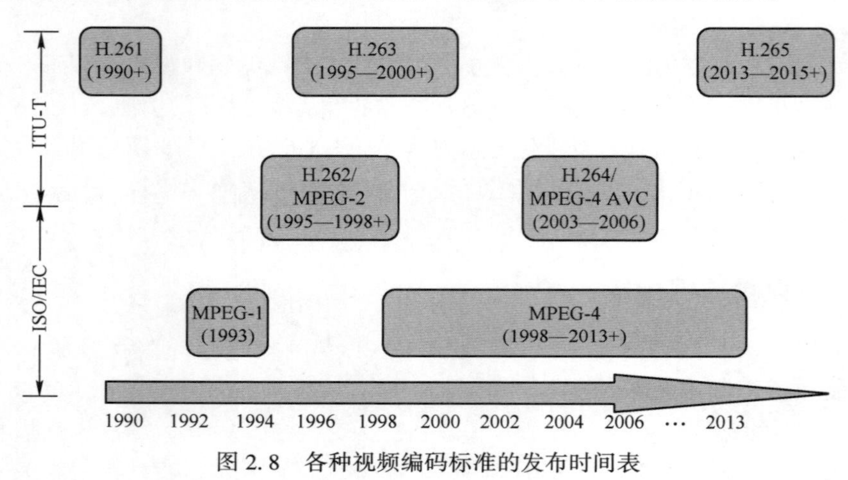

图 2. 8　各种视频编码标准的发布时间表

2. 2　运动分割

2. 2. 1　简介

运动分割将视频解压为运动目标和目标背景（即静止物体），如图 2. 9 所示。这是许多视频监控系统的第一个基本步骤。由于分割问题在监控系统中的重要性，它已然成为众多研究者关注的焦点。然而，尽管付出了这些努力，大多数算法的性能仍然远远落后于人类感知。

2. 2. 1. 1　运动分割中存在的问题

在自动运动分割算法中，重要的问题如下。

1）噪点

运动分割性能因噪点的影响而下降。在水下运动分割的情况下，存在水浊度、海雪、快速光衰减、强反射、反向散射、非均匀照明和动力照明等特定的

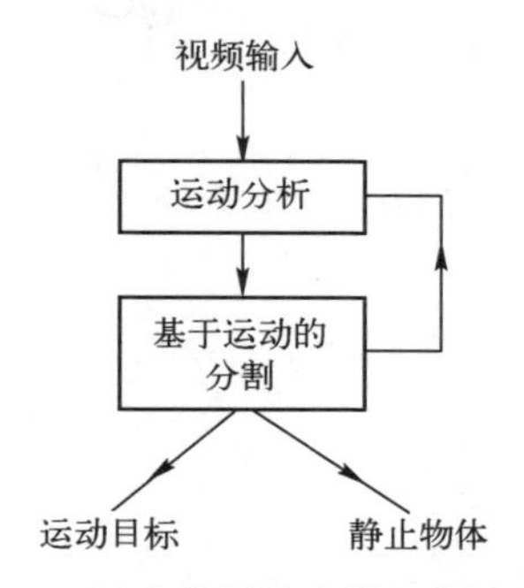

图 2.9　运动分割算法的工作流程图

海底现象。这些海底现象大大降低了水下图像质量[43]。

2）数据模糊

当涉及运动时，可能会发生模糊，由于目标边界模糊的问题，运动分割的性能下降。

3）遮挡

有时运动目标会被完全或部分遮挡。有时，整个目标可能会消失一段时间，并在场景中再次出现。在这种情况下，运动分割性能也会下降。

2.2.1.2　运动分割算法的主要属性

基于运动的目标分割是任何视频监控系统非常重要的一环。有时候并不总能提前了解场景[59]中目标的形状和目标数量。在这种情况下，保证基于运动分割提前目标的准确性非常重要。运动分割算法的主要属性如下。

1）基于特征或基于密度

在基于特征的方法中，目标基于角点或凸点等特征进行提取，而密度方法计算像素运动。

2）结论

运动分割算法应该能够处理部分或完全遮挡的情况。

3）多个目标

运动分割算法应该能够处理场景中的多个目标。

4）空间连续性

这就是利用空间连续性的能力。

5）暂停

运动分割应处理场景中目标的临时停止。

6）鲁棒性

即使视频序列中有噪点图像，运动分割算法也应提取目标。对于水下视频，因为水下图像通常都有噪点，所以该算法的鲁棒性非常重要。

7）缺少数据

运动分割算法应处理数据缺失的情况。

8）非刚性目标

运动分割算法应处理非刚性目标。

2.2.2 运动分割算法

运动分割算法可分为以下几种：

(1) 图像差分；

(2) 统计学理论；

(3) 光流；

(4) 层；

(5) 因式分解技术。

2.2.2.1 图像差分

图像差分是检测移动目标的最简单和最广泛使用的技术之一。尽管简单，但它对噪点非常敏感，不能使用。

在该方法中，采用连续帧的图像差分并应用阈值化技术，以获取场景中的移动目标。这就给出了时间变化的粗略映射。当相机固定时，该技术得出的效果非常好。如果相机正在移动，则整个图像一直变化，很难提取移动目标。为了处理这种情况，计算了强度变化区域的粗略图，并对每个斑点提取空间或时间信息。此方法可以进行修改，以处理噪点和照明变化。这将在下一章的背景建模中进行详细讨论。

2.2.2.2 统计学理论

由于在运动分割中，每个像素都必须归类为背景或前景，因此它也可以被看作是一个分类问题。统计方法诸如最大后验概率（MAP）、粒子滤波器（PF）和期望最大化（EM）等方法提供了提取移动目标的通用工具。最大后验概率基于贝叶斯规则，见式（2.3）。

$$P(\omega_j \mid x) = \frac{p(x \mid \omega_j)p(\omega_j)}{\sum_{i=1}^{C} p(x \mid \omega_j)p(\omega_j)} \tag{2.3}$$

式中：x 是像素；ω_1，ω_2，…，ω_C 是 C 类（通常是背景或前景）；$p(\omega_j \mid x)$是一个后验概率；$p(x \mid \omega_j)$是有条件的密度；$p(\omega_j)$是先验概率；$\sum p(x \mid \omega_i)p(\omega_i)$是密度函数。最大后验概率将 x 归类为属于 ω 类，使后验概率最大化。最大后验概率经常与其他技术结合使用。在参考文献［52］中，最大后验概率与概率数据关联过滤器相结合，而在参考文献［7］中，最大后验概率与水平集相结合来提取前景目标。

2.2.2.3　光流

光流（OF）是一个描述视频序列中亮度模式的表示速度分布的向量。1980年，Horn 和 Schunck 首次提出了图像序列[19]。但是在光流中使用不连续性进行运动分割的想法更早。Lucas 和 Kanade[48]也提出了一种计算光流的方法。基于光流的运动分割的主要局限在于光流对噪点非常敏感，而且所需的计算量也非常大。目前，由于高速计算机和算法的改进，光流得到了广泛的应用。

2.2.2.4　层

此技术基于深度信息。其主要目的在于了解不同的深度层，以及哪些目标在哪一层。此方法经常用于立体视觉问题。目标的深度信息也有助于处理遮挡问题。在参考文献［43］中，提出了一种不计算深度将场景表示成层的方法。在此方法中，首先，计算每对帧之间的粗动分量。然后将图像分成补丁，并找到将补丁从一帧移动到下一帧的刚性变换。最后使用 α-β 交换和 α 扩展[19]最小化算法对初始估计进行细化。

2.2.2.5　因式分解技术

Tomasi 和 Kanade[58]提出了一种因式分解技术，利用一系列图像跟踪的特征来提取运动目标。因式分解技术因其简单的特点而得到广泛应用。在该方法中，首先计算轨迹矩阵 $\boldsymbol{T}$，该轨迹矩阵 $\boldsymbol{T}$ 包含了整个 N 个帧中跟踪的 $\boldsymbol{F}$ 个特征的位置；然后将轨迹矩阵 $\boldsymbol{T}$ 分解为运动矩阵 $\boldsymbol{M}$ 和结构矩阵 $\boldsymbol{S}$。如果世界坐标系的原点在所有特征点的质心上移动，并且在没有噪点的情况下，矩阵 $\boldsymbol{T}$ 的秩不超过 3。利用此约束，可以使用奇异值分解技术对轨迹矩阵 $\boldsymbol{T}$ 进行分解和截断。由于运动矩阵的行是正交的，运动矩阵 $\boldsymbol{M}$ 可以用正交约束来计算并最后分解为尺度因子。虽然该方法给出了目标的三维结构和相机的运动，但它对噪点非常敏感，无法处理缺失的数据和异常值。然而，根据这种从初始的运动中恢复结构的方法，已经提出了许多用于运动分割的方法。

2.3　光　流　法

运动检测是检测目标相对于其背景的位置的变化或背景相对于目标的变化的过程。光流是指图像中亮度模式的表观运动速度的分布。它可以由目标和相机的相对运动产生。光流给出了运动的描述，因此用在运动检测。当目标静止、相机移动时，当目标移动、相机静止时，或当二者都移动时，光流对于研究运动非常有用。光流基于两个假设：①物体点的亮度随时间恒定；②帧中附近的点也以类似的方式移动。由于视频只由一系列帧序列组成，光流方法计算目标在 t_1 和 t_2 时拍摄的两帧之间的运动，如图 2.10 所示。

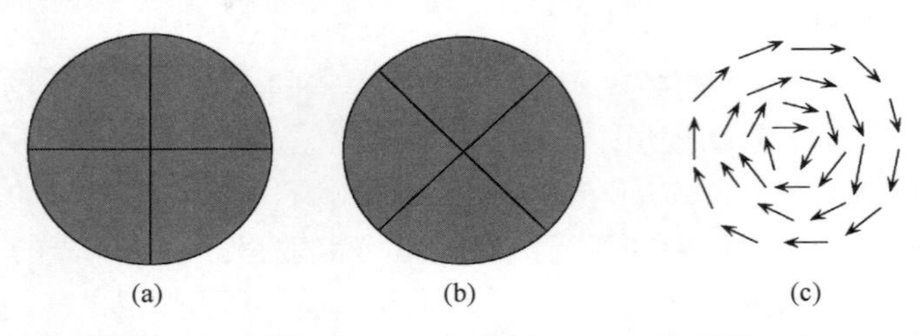

图 2.10　时间 t_1（a）、在时间 t_2（b）及光流（c）

光流法基于图像信号的局部泰勒（Tyler）级数近似，即它们对特殊坐标和时态坐标使用偏导数。假设位置(x,y,t)，强度为$f(x,y,t)$的体素在两帧之间移动 $\mathrm{d}x$、$\mathrm{d}y$、$\mathrm{d}t$，那么通过亮度恒定假设，可以得到

$$f(x,y,t)=f(x+\mathrm{d}x,y+\mathrm{d}y,t+\mathrm{d}t) \tag{2.4}$$

假设运动很小，并在上述方程中应用泰勒级数，得到

$$f(x+\mathrm{d}x,y+\mathrm{d}y,t+\mathrm{d}t)=f(x,y,t)+\frac{\partial f}{\partial x}\mathrm{d}x+\frac{\partial f}{\partial y}\mathrm{d}y+\frac{\partial f}{\partial t}\mathrm{d}t \tag{2.5}$$

从式（2.4）和式（2.5），得到

$$f_x\mathrm{d}x+f_y\mathrm{d}y+f_t\mathrm{d}t=0 \tag{2.6}$$

式中：f_x、f_y和f_t是相应方向上图像在(x,y,t)处的导数。

$$f_xu+f_yv+f_t=0 \tag{2.7}$$

式中：$u=\frac{\mathrm{d}x}{\mathrm{d}t}$、$v=\frac{\mathrm{d}y}{\mathrm{d}t}$是$f(x,y,t)$的速度或光流的 x 和 y 分量。式（2.7）表示一个具有两个未知变量 u 和 v（孔径问题）的方程。为了估计这些未知的变量 u 和 v，提出了几种方法。两种应用最广泛的方法是：①Horn-Schunck 光流估计；②Lucas-Kanade 光流估计。

2.3.1　Horn-Schunck 光流估计

光流方程（式（2.7））的直线形式如下：

$$v=-\frac{f_x}{f_y}-\frac{f_t}{f_y} \tag{2.8}$$

图 2.11 显示了由式（2.8）所表示的线。

从原点垂直于这条线的流称为常规流，用 d 表示。d 的值计算为

$$d=\frac{f_t}{\sqrt{f_x^2+f_y^2}} \tag{2.9}$$

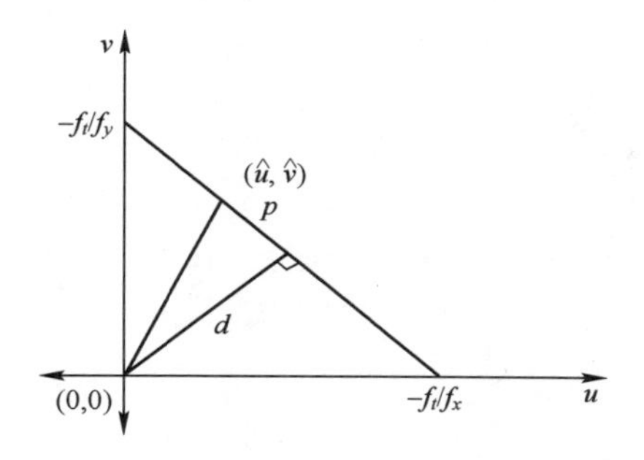

图 2.11　光流量估计

常规流 d 是固定的。然而，平行流 p 会变化，这就是我们必须估计的原因所在。Horn 和 Schunck 认为此问题是一个具有两个约束条件的优化问题：①亮度常数；②平滑度约束。所使用的优化函数如下：

$$\iint \{ (f_x u + f_y v + f_t)^2 + \lambda (u_x^2 + u_y^2 + v_x^2 + v_y^2) \} \mathrm{d}x\mathrm{d}y \tag{2.10}$$

式中：λ 表示平滑度约束的相对效应。我们可以用变分微积分来解决此问题。

对式（2.10）中 w、r、t、u 求微分，将得到

$$(f_x u+f_y v+f_t)f_x+\lambda(\Delta^2 u)=0 \tag{2.11}$$

对式（2.10）中 w、r、t、v 求微分，将得到

$$(f_x u+f_y v+f_t)f_y+\lambda(\Delta^2 v)=0 \tag{2.12}$$

式中：

$$\Delta^2 u=\frac{\partial^2 u}{\partial x^2}+\frac{\partial^2 u}{\partial y^2} \tag{2.13}$$

和

$$\Delta^2 v=\frac{\partial^2 v}{\partial x^2}+\frac{\partial^2 v}{\partial y^2} \tag{2.14}$$

$$\Delta^2 u=u_{xx}+u_{yy} \tag{2.15}$$

$$\Delta^2 v=v_{xx}+v_{yy} \tag{2.16}$$

在离散形式中，我们将使用大小为 4×4 的拉普拉斯掩模计算 $\Delta^2 u$ 和 $\Delta^2 v$，如图 2.12 所示。

$$\Delta^2 u=u-u_{\text{avg}} \tag{2.17}$$

$$\Delta^2 v=v-v_{\text{avg}} \tag{2.18}$$

式（2.11）和式（2.12）的离散形式是

$$(f_x u+f_y v+f_t)f_x+\lambda(u-u_{\text{avg}})=0 \tag{2.19}$$

对式（2.10）中 w、r、t、u 求微分，得到

0	−1/4	0
−1/4	1	−1/4
0	−1/4	0

图 2.12　拉普拉斯掩模

$$(f_x u+f_y v+f_t)f_y+\lambda(u-u_{\text{avg}})=0 \tag{2.20}$$

求解式（2.19）和式（2.20）：

$$u=u_{\text{avg}}-f_x\frac{P}{D} \tag{2.21}$$

$$v=v_{\text{avg}}-f_y\frac{P}{D} \tag{2.22}$$

式中：

$$P=f_x u_{\text{avg}}+f_y v_{\text{avg}}+f_t \tag{2.23}$$

$$D=\lambda+f_x^2+f_y^2 \tag{2.24}$$

算法 6 提出了 Horn-Schunck 光流估计技术。Horn-Schunck 的方法更准确，但需要大量的迭代。

算法 6　Horn-Schunck 光流估计法

输入：记录视频帧。

输出：估计后的运动向量。

（1）初始化 $k=0$

（2）初始化 u^k、v^k

（3）使用以下方程计算 u 值和 v 值

$$u^k=u_{\text{avg}}-f_x\frac{P}{D}$$

$$v^k=v_{\text{avg}}-f_y\frac{P}{D}$$

式中：$P=f_x u_{\text{avg}}+f_y v_{\text{avg}}+f_t$ 和 $D=\lambda+f_x^2+f_y^2$

（4）$k=k+1$

（5）重复，直到满足误差度量

2.3.2　Lucas-Kanade 光流估计

Lucas 和 Kanade 考虑了靠近这些像素的邻域中的光流，不仅考虑了 3×3 像素的窗口大小，还计算了所有 9 个像素的光流。

$$f_{x1}u+f_{y1}v=-f_{t1}$$
$$f_{x2}u+f_{y2}v=-f_{t2}$$
$$f_{x3}u+f_{y3}v=-f_{t3}$$
$$f_{x4}u+f_{y4}v=-f_{t4}$$
$$f_{x5}u+f_{y5}v=-f_{t5}$$
$$f_{x6}u+f_{y6}v=-f_{t6}$$
$$f_{x7}u+f_{y7}v=-f_{t7}$$
$$f_{x8}u+f_{y8}v=-f_{t8}$$
$$f_{x9}u+f_{y9}v=-f_{t9}$$

$$\begin{bmatrix} f_{x1} & f_{y1} \\ \vdots & \vdots \\ f_{x9} & f_{y9} \end{bmatrix}\begin{bmatrix} u \\ v \end{bmatrix}=\begin{bmatrix} -f_{t1} \\ \vdots \\ -f_{t9} \end{bmatrix} \tag{2.25}$$

上述方程也可以写为

$$\boldsymbol{A}\mu=f_t \tag{2.26}$$

由于 $\boldsymbol{A}$ 不是矩形矩阵，不能倒置，所以我们将把上述方程的两边乘以 $\boldsymbol{A}^{\mathrm{T}}$。

$$\boldsymbol{A}^{\mathrm{T}}A\mu=\boldsymbol{A}^{\mathrm{T}}f_t \tag{2.27}$$

因此，运动向量 $\boldsymbol{\mu}$ 计算为

$$\boldsymbol{\mu}=(\boldsymbol{A}^{\mathrm{T}}\boldsymbol{A})^{-1}\boldsymbol{A}^{\mathrm{T}}f_t \tag{2.28}$$

另一种估计运动向量的方法是采用最小二乘拟合，通过最小化光流的平方和来实现，即：

$$\min\sum_i(f_{xi}u+f_{yi}v+f_{ti})^2 \tag{2.29}$$

对 w、r、t、u 求微分，得到

$$\sum_i(f_{xi}u+f_{yi}v+f_{ti})f_{xi}=0 \tag{2.30}$$

对 w、r、t、v 求微分，得到

$$\sum_i(f_{xi}u+f_{yi}v+f_{ti})f_{yi}=0 \tag{2.31}$$

式（2.30）可以简化为

$$\sum_i f_{xi}^2u+\sum_i f_{xi}f_{yi}v=-\sum_i f_{xi}f_{ti} \tag{2.32}$$

式（2.31）可以简化为

$$\sum_i f_{xi} f_{yi} u + \sum_i f_{yi}^2 v = - \sum_i f_{yi} f_{ti} \tag{2.33}$$

式（2.32）和式（2.33）可以写成矩阵形式

$$\begin{bmatrix} \sum_i f_{xi}^2 & \sum_i f_{xi} f_{yi} \\ \sum_i f_{xi} f_{yi} & \sum_i f_{yi}^2 \end{bmatrix} \begin{bmatrix} u \\ v \end{bmatrix} = \begin{bmatrix} - \sum_i f_{xi} f_{ti} \\ - \sum_i f_{yi} f_{ti} \end{bmatrix}$$

$$\begin{bmatrix} u \\ v \end{bmatrix} = \begin{bmatrix} \sum_i f_{xi}^2 & \sum_i f_{xi} f_{yi} \\ \sum_i f_{xi} f_{yi} & \sum_i f_{yi}^2 \end{bmatrix}^{-1} \begin{bmatrix} - \sum_i f_{xi} f_{ti} \\ - \sum_i f_{yi} f_{ti} \end{bmatrix}$$

$$\begin{bmatrix} u \\ v \end{bmatrix} = \frac{1}{\sum_i f_{xi}^2 \sum_i f_{yi}^2 - \left(\sum_i f_{xi} f_{yi} \right)^2} \begin{bmatrix} \sum_i f_{yi}^2 & \sum_i f_{xi} f_{yi} \\ \sum_i f_{xi} f_{yi} & \sum_i f_{xi}^2 \end{bmatrix} \begin{bmatrix} - \sum_i f_{xi} f_{ti} \\ - \sum_i f_{yi} f_{ti} \end{bmatrix}$$

LucasKanade 方法更适用于小运动。如果物体移动较快，3×3 掩模就无法估计时空导数。因此，金字塔可以用来计算光流向量。

2.4 应　　用

数字视频处理的应用很多。本节将简要讨论一些重要的视频处理应用。

2.4.1 监控和安防

世界许多国家发生的与恐怖主义行为等与安全相关的事件猖獗，监控系统领域的研究正在大幅增长。这就迫切需要智能监控和监控系统，包括实时图像捕获、传输、处理和监控信息解读。这些信息对人民安全，甚至对国家安全都至关重要。在本书中，我们将详细讨论许多智能视频监控系统。

2.4.2 基于内容的视频索引和检索

如今，随着技术的发展，视频捕捉非常容易。因此，生成了数据庞大的视频数据库和信息库。需要自动的视频索引和检索工具来从庞大数据库中浏览视频。媒体管理领域的关键挑战在于自动化内容注释、索引[28]、检索、摘要、搜索和浏览应用。其中一个主要挑战在于减少可以自动计算的特征的简单性与视频搜索和检索中用户查询中语义的丰富性之间的语义差距。目前已经开发了基于体育[36]、新闻[37]、电影等内容的视频索引。

2.4.3　体育视频的精彩片段自动生成

由于体育视频在全球广泛传播，体育视频自动分析吸引了越来越多的关注。随着视频捕获、处理和传输技术的快速发展，数字视频数据更易于记录和存档。这增加了对体育视频序列进行自动视频分析的需求。由于体育视频的结构良好，研究人员提出了许多自动体育视频分析的技术。但是，不同体育运动的播放方式差异很大，例如，足球、网球、板球、篮球、棒球、排球和高尔夫球等，因此，针对不同的体育运动，研究人员提出了相应的视频自动分析技术和方法。

在参考文献［40］中，讨论了一种足球体育电视广播的精彩片段自动生成技术。该系统基于音频特征[34]检测精彩片段，将片段中的各个场景分为事件，如回放、球员、裁判、观众和球员聚集。使用基于贝叶斯信念网络的方法[28]将高级语义概念标签分配到精彩片段。高级概念标签包括进球、扑救、黄牌、红牌和腿法视频。图 2.13 显示基于低级事件标签[40]向足球视频片段分配高级概念标签的结果。标签片段的选择根据生成足球精彩片段的重要程度。

图 2.13　进球 B 和出示红牌 A 精彩片段的视频事件序列

2.4.4　道路交通监控

道路交通视频监控正成为一个日益流行的应用领域。交通摄像头放置在交叉路口和繁忙道路的交叉路口上方的交通信号上。它们方便了交通警察对违法车辆进行交通处罚，因此越来越受欢迎。如图 2.14 所示，这类监控系统将自动识别违反交通规则的人员和车辆，并通知交警。摄像头对交通部门、基于摄像头监控的路段以及事故易发道路的未来发展非常有帮助。

图 2.14　使用监控系统进行交通监控

2.5　小　　结

在这个技术每天呈指数级发展的世界上，很难存储或广播庞大的视频文件。为了解决此问题，ITU-T 和 MPEG 等团体正在标准化视频压缩格式，以能够将视频文件进行数十倍压缩。如此一来，用户便能够将视频文件存储在存储空间有限的个人电脑或移动电话上，也可以更快地存储流媒体视频文件。本章详细讨论了各种视频压缩技术和主要的视频压缩格式。鉴于光流的运动估计方法用于各种低级任务，如运动参数、深度或分割，因此在本章中得到了详细的介绍。这些任务通常用作许多高级任务的输入，如自主导航、目标跟踪、图像稳定、视频压缩和人类活动识别。为了帮助了解视频处理技术的实现，简要讨论了数字视频处理在监控、索引和检索、体育精彩片段自动生成和道路交通监控中的应用。

第3章 背景建模

3.1 什么是背景建模？

背景建模是一种在计算机视觉中用于检测帧序列中的前景目标的技术。前景目标检测的准确性取决于背景建模的准确性。为了检测移动目标，首先要构建场景的背景模型。然后将每个视频帧与背景模型进行比较。显著偏离背景的像素被视作移动目标的像素。经过背景减除后，我们得到一个只包含移动目标的原始前景图像。采用腐蚀膨胀运算等预处理技术消除噪点。如图 3.1 所示，如果当前帧与背景帧之间的差值大于阈值，则说明检测到前景目标，否则说明未检测到前景目标。获取前景目标后，计算目标的质心，并参照场景中的质心跟踪目标。背景模型应该在应对环境变化（如光照变化）时仍保持鲁棒性，并能够识别场景中的所有移动目标。基于背景减除的目标检测和跟踪架构的一般步骤如图 3.2 所示。

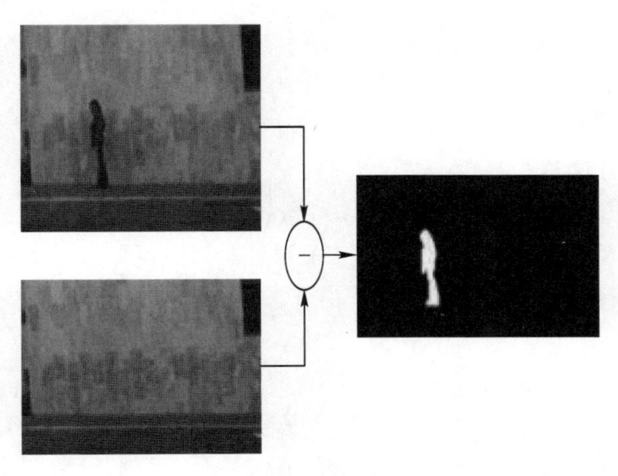

图 3.1　背景提取

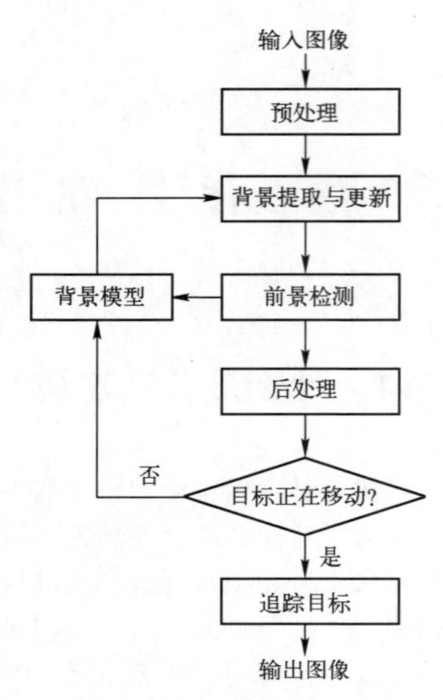

图 3.2　背景提取流程图

3.2　背景建模技术

如果从场景中删除背景，则可以轻松地检测到移动目标。检测视频序列中移动目标的一个简单方法就是从当前帧中减除背景。因此，首先必须构建没有移动目标的背景模型。然后从背景模型中减除当前帧，提取移动目标。该技术用于目标跟踪、道路交通监控和视频压缩的监控应用。背景建模技术可以基于非统计和统计方法进行广泛分类。

在非统计方法中，第一帧被视作背景，随后的帧从背景中减除。然后将值大于阈值的像素视为目标。一帧中的每个像素都被视作移动目标或背景的一部分。背景将沿着帧序列进行更新。由于非统计方法较快，因此适用于实时应用。

在统计方法中，估计了背景像素的概率分布函数。然后，在每个视频帧中，计算像素属于背景的可能性。与非基于统计的方法相比，基于统计的方法在户外场景背景建模方面具有更好的性能。然而，它们需要更多的内存和处理时间。这些方法要比非统计学方法慢。基于高斯混合模型（GMM）的背景建模是其中一个统计背景模型的常用技术。在此方法中，用模型混合来表示场景中像素的统计。多模态背景建模在去除重复运动方面非常有用，如波光粼粼的水面、树枝上的叶子、飘扬的旗帜。

3.2.1 非统计背景建模方法

在此方法中，初始帧被视作背景。背景将沿着帧顺序进行更新。在此方法中，通过使用当前帧和背景模型之间的差异来检测移动目标。由于背景提取所需的计算量不大，因此适用于实时应用。为了检测移动目标，从背景中减除后续帧，然后将强度值大于阈值的像素视作移动目标的像素。

3.2.1.1 与时间无关的背景建模

由于此方法是计算与时间无关的背景的最简单的方法，因此称为与时间无关的背景建模（BMIT）。在此方法中，视频序列中的第一帧视作背景，并沿着视频序列保持不变。背景模型的数学描述可以表示为：

$$B_{x,y}^{k}=I_{x,y}^{0} \tag{3.1}$$

式中：$I_{x,y}^{k}$是第 k 个采集帧的像素(x,y)；$B_{x,y}^{k}$是第 k 个背景模型的像素(x,y)。在复杂背景或动态背景下，照明水平和背景目标突然变化，因为它只将第一帧视作背景，因此该方法会失败。

3.2.1.2 改进的基本背景建模

与时间无关的背景建模受到图像序列中噪点和亮度变化的影响。为了消除与时间无关的背景建模方法的缺陷，开发了改进的基本背景建模（IBBM）方法。当绝对差分帧的像素值大于阈值时，该像素将被视作移动目标的一部分，否则分配给背景。当像素属于移动目标时，应进行更新，否则无需更新。根据此思路，改进的基本背景建模的数学描述可以表示如下：

$$B_{x,y}^{k}=\begin{cases}I_{x,y}^{k}, & AD_{x,y}^{k}<T\\ B_{x,y}^{k-1}, & AD_{x,y}^{k}>T\end{cases} \tag{3.2}$$

$AD_{x,y}^{k}$是第 k 个采集帧和第（$k-1$）个背景模型之间的绝对差分帧的像素(x,y)，如下：

$$AD_{x,y}^{k}=|I_{x,y}^{k}-B_{x,y}^{k-1}| \tag{3.3}$$

虽然改进的基本背景建模方法降低了噪点效应和不断变化的亮度效应，但它具有散斑效应。因此，它的缺点是在背景模型中更新前景的斑点。

3.2.1.3 长期平均背景建模

为了克服改进的基本背景建模的散斑效应问题，提出了长期平均背景模型（LTABM）。长期平均背景模型的方程如下：

$$B_{x,y}^{k}=\frac{1}{k}\sum_{r=1}^{k}I_{x,y}^{k} \tag{3.4}$$

它本质上具有递归性，并由下式得出

$$B_{x,y}^{k}=\left(1-\frac{1}{k}\right)B_{x,y}^{k-1}+\frac{1}{k}I_{x,y}^{k} \tag{3.5}$$

从上述方程中可以清楚地看出，长期平均背景模型实际上与帧平均技术有关。所以，当帧数相当大时，每一帧的权重就太小。但是，当帧数较少时，每一帧的权重则较大。图 3.3 显示了改变 k 的值的估计背景和提取前景，图 3.3（c）和（d）分别为 $k=10$ 和 $k=50$ 时，使用估计背景的提取前景。

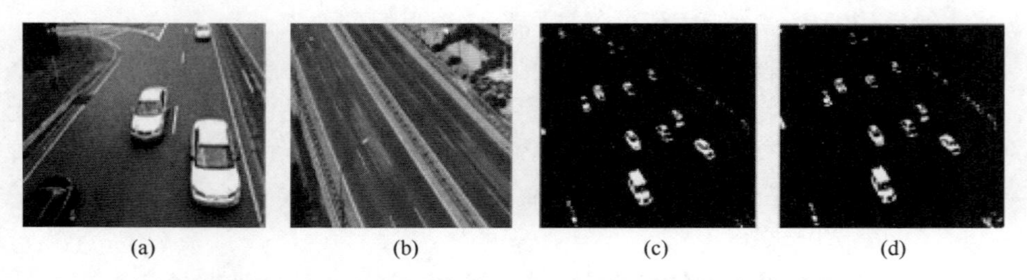

图 3.3　当前帧（a）、背景帧（b）、提取的前景图像，阈值 $k=10$（c）及提取得前景图像，阈值 $k=50$（d）

3.2.2　统计背景建模方法

统计背景建模技术以前几帧作为训练样本，并通过计算概率分布函数，估计与背景对应的像素。因此，这些像素位置被用作背景位置，以模拟视频流的统一背景。这些方法被广泛应用于动态背景、户外环境和实时场景。基于高斯混合模型[56]的统计背景建模方法得到了广泛应用，因此将在下一个小节中进行介绍。它对于对其中一组的数据进行建模非常有用。这些组可能彼此不同，但同一组内的数据点可以用高斯分布很好地建模。

3.2.2.1　高斯混合模型的示例

假设一个随机选择的蓝色球的价格呈正态分布，平均为 8 美元，标准偏差为 1.5 美元。同样地，一个随机选择的橙色球的价格呈正态分布，平均为 12 美元，方差为 2 美元。在此，一个随机选择的球的价格并非正态分布。通过观察正态分布的基本性质，可以非常清楚地说明这一点。它在中心附近最高，随着距离变远，它会迅速下降。但是，一个随机选择的球的分布具有双峰性。如图 3.4 所示，分布中心接近 10 美元，但在该价格附近找到一个球的概率低于多于或少于几美元情况下找到一个球的概率，它仍然不是正态分布，它的中间太宽、太平。高斯混合模型用于模拟有多个组，且每组内的数据呈正态分布的情况。

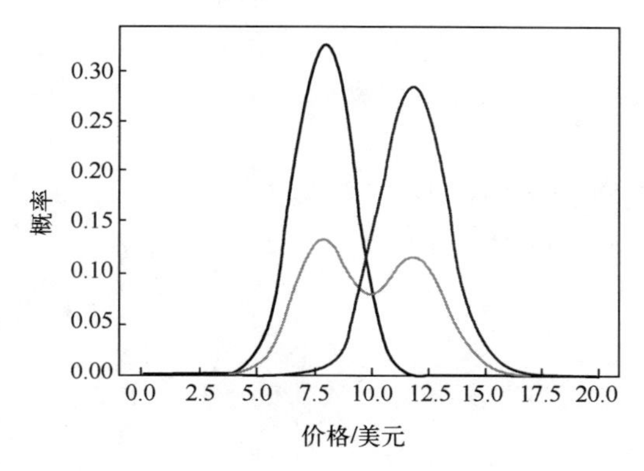

图 3.4　概率密度函数

3.2.2.2　高斯混合模型

有两种类型的聚类方法：

1）硬聚类

在此方法中，聚类不重叠，元素要么属于，要么不属于某个聚类。例如：K-means 聚类。

2）软聚类

在软聚类中，聚类可能会重叠。例如：混合模型。

混合模型是一种进行软聚类的概率法，其中假设每个聚类都是一个参数未知的生成模型。其中一个混合模型是高斯混合模型，用于背景建模。这种背景建模对于去除重复运动非常有用，比如飘扬的旗帜和树枝上的叶子。在高斯混合模型中，我们假设在一个给定的帧中，每个像素通过组合多个多元高斯分布而不是单个高斯分布来生成。对于 d 维度，向量 $\boldsymbol{x}=(x^1,x^2,\cdots,,x^d)$ 的高斯分布由下式得出：

$$\boldsymbol{N}(\boldsymbol{x}\mid\mu,\Sigma)=\frac{1}{(2\pi\mid\Sigma\mid)^{\frac{1}{2}}}\exp\left\{-\frac{1}{2}(\boldsymbol{x}-\boldsymbol{\mu})^{\mathrm{T}}\Sigma^{-1}(\boldsymbol{x}-\boldsymbol{\mu})\right\} \tag{3.6}$$

式中：μ 是平均值；Σ 是高斯分布的协方差。现在，场景中的每个像素可以建模为 K 高斯分布的线性重叠，概率如下：

$$p(x)=\sum_{k=1}^{K}\pi_k N(x\mid\mu,\Sigma) \tag{3.7}$$

式中：π_k是第 k 个高斯分布的先验概率或混合系数；K 是高斯分布的总数 $\sum_{k=1}^{K}\pi_k=1$，$0\leqslant\pi_k\leqslant1$。期望最大化是目前最常用的参数分配方法之一，将平均值、协方差和混合系统分配到给定的混合模型 $\theta=\{\pi_1,\mu_1,\Sigma_1,\cdots,\pi_k,\mu_k,\Sigma_k\}$。

3.2.2.3　期望最大化高斯混合模型算法

问题陈述：

给定一组从高斯混合模型分布中摘取的数据 $X=\{x_1,x_2,\cdots,x_N\}$，估计拟合此数据的高斯混合模型的参数 $\theta=\{\pi_1,\mu_1,\Sigma_1,\cdots,\pi_k,\mu_k,\Sigma_k\}$，其中 N 是数据点的总数。

解决方案：

将与包含均值、协方差和混合系数的模型参数 θ 相关的数据的似然 $p(X\mid\theta)$ 最大化。

$$\theta^* = \text{argmax}p(X\mid\theta) = \text{argmax}\prod_{i=1}^{N}p(x_i\mid\theta) \tag{3.8}$$

期望最大化算法的步骤如下。

步骤 1：

初始化 π_k、μ_k、Σ_k并评估对数似然函数的初始值。

步骤 2（期望（E）步骤）：

借助贝叶斯规则，使用当前参数值评估责任或后验概率：

$$\gamma_k=p(k\mid x)=\frac{p(k)p(x\mid\theta)}{p(x)} \tag{3.9}$$

$$\gamma_k = \frac{\pi_k N(x\mid\mu,\Sigma)}{\sum\limits_{k=1}^{K}\pi_k N(x\mid\mu,\Sigma)} \tag{3.10}$$

式中：γ_k是责任或潜在或隐藏变量。

步骤 3（最大化（M）步骤）：使用当前责任 γ_k 重新估计或更新参数，即 π_k、μ_k、Σ_k是要估计的参数。

$$\mu_k = \frac{\sum_{n=1}^{N}\gamma_k(x_n)x_n}{\sum_{n=1}^{N}\gamma_k(x_n)} \tag{3.11}$$

$$\Sigma_k = \frac{\sum\limits_{n=1}^{N}\gamma_k(x_n)(x_n-\mu_k)^T\Sigma^{-1}(x_n-\mu_k)}{\sum\limits_{n=1}^{N}\gamma_k(x_n)} \tag{3.12}$$

$$\pi_k = \frac{1}{N}\sum_{n=1}^{N}\gamma_k(x_n) \tag{3.13}$$

步骤 4（评估对数似然函数）：

$$\ln p(x \mid \mu,\Sigma,\pi)=\sum_{n=1}^{N}\left\{\sum_{k=1}^{K}\pi_k N(x \mid \mu_k,\Sigma_k)\right\} \tag{3.14}$$

这里的$p(x \mid \mu,\Sigma,\pi)$是对数似然函数。找到计算出的真正代表数据样本的最大似然值。如果没有收敛，则返回到步骤 2。

算法 7　EM-GMM 算法

输入：给定一组数据 $X=\{x_1,x_2,\cdots,x_N\}$。

输出：最大似然模型 θ。

(1) 初始化均值μ_k，协方差矩阵 $\sum_k$ 和混合系数 π_k

(2) for 迭代 t do

(3) 　for 每个值 k do

(4) 　　使用方程 3.10（E 步骤）估计 γ_k

(5) 　　找出 μ_k、$\sum_k$ 和 π_k（M 步骤）

(6) 　endfor//K

(7) endfor//T 迭代

(8) for 数据 n do

(9) 　for 每个值 k do

(10) 　　找出对数似然函数值

(11) 　endfor//K

(12) endfor//N 数据点

(13) 找出 argmax$(\ln p(x \mid \mu, \sum, \pi))$

(14) if$\theta=\theta_{t-1}$then

(15) 　返回 θ_t

(16) else

(17) 　转至步骤 2

(18) end if

3.2.2.4　基于高斯混合模型的背景检测

可以使用基于高斯混合模型的算法 7 进行背景检测。如果该像素的概率分布 $p(x)$大于一个特定的阈值，即 $p(x)>T$，T 为阈值，则给定数据集中的特定像素视为背景。通常，高值概率密度将分配到属于背景的像素。基于高斯混合模型的背景检测功能正常，但必须猜测高斯分布的数量。可以使用核密度估计进行猜测。最终的结果取决于起点的初始选择。当 $p(x_1, x_2, \cdots, x_N)$ 的变化足够小时，可以保证收敛。图 3.5 显示了基于高斯混合模型的背景检测结果。

图 3.5　交通场景（a）与使用高斯混合模型提取的背景（b）

优点：

（1）为每个像素选择一个不同的阈值；

（2）像素阈值随时间而适应；

（3）允许目标成为背景的一部分，而不破坏现有的背景模型；

（4）可快速恢复。

缺点：

（1）无法处理突然、剧烈照明变化；

（2）初始化高斯分布非常重要；

（3）参数相对较多，需要智能选择。

3.3　阴影检测和去除

因为场景中各种目标的阴影，使得目标分割、目标检测、目标分类和目标跟踪等许多视频监控算法的性能有所下降。由于目标的阴影也会随着目标移动，相邻的目标可能会通过阴影连接，目标识别系统将会感到困惑。因此，阴影检测和去除是一个重要的预处理步骤。由于光照变化，分解移动目标及其阴影是一个非常大的难题。虽然多年来提出了许多技术，但阴影检测在处理户外场景时仍然是一个极具挑战性的问题。当目标遮挡住来自光源的光线时，就会出现阴影。如图 3.6 所示，我们可以从阴影中了解到目标形状和光线方向。在户外环境中，我们可以根据阴影的长度来猜测视频录制的时间。如图 3.6（a）所示，阴影短说明视频拍摄于下午；而如图 3.6（b）所示，阴影长说明视频拍摄于傍晚。但阴影仍然需要去除，否则可能会导致视觉应用中出现错误，如视频目标的分类和跟踪。此外，如果目标的强度类似于阴影，那么阴影可能会变得极难去除。

(a)　　(b)

图 3.6　下午阴影短（a）与傍晚阴影长（b）

3.3.1　阴影的检测

前景检测是视频监控其中一个最重要和最关键的领域。随着背景建模，其应用也得到了拓展，如事件检测、目标行为分析、可疑目标检测和交通监控。动态背景会将摇摆的树木和移动的阴影作为前景的一部分，需要一种算法来防止这些移动阴影分类错误。对移动阴影影响的研究将其分为颜色模型、统计模式、纹理模型、几何模型[65]四种模型。

（1）颜色模型：使用阴影像素和非阴影像素之间的差异。

（2）统计模型：使用概率函数来确定像素是否属于阴影。

（3）纹理模型：使用前景目标的纹理与背景的纹理完全不同，并且所有的纹理都均匀地分布在一个阴影区域内的属性。

（4）几何模型：使用目标的几何属性来检测前景和阴影。

颜色模型试图描述阴影像素的颜色变化，并找到光照不变的颜色特征。相比彩色相机，黑白相机在户外应用中更受欢迎。基于颜色模型的阴影去除方法可能不适用于此类情况。纹理模型背后的原理是，前景的纹理与背景的纹理不同，而阴影区域的纹理与背景的纹理保持相同。同样地，在无颜色信息的不稳定光照条件下，纹理模型也可以得到较好的效果。如果场景中的目标无纹理，则纹理模型的性能可能较差[26]。几何模型依赖于目标与场景之间的几何关系，因此更能适应特定的场景，到目前主要应用于模拟环境。由于计算量大，几何模型不适用于实时情况。下一节将详细讨论在交通视频中去除阴影的方法。

3.3.2　交通检测的阴影去除

本节讨论 C. T. Lin 等人[44]提出的方法：一种结合纹理和统计模型的快速移动的阴影去除方案。经过证明，该方法较稳定，并使用纹理模型代替颜色模型来简化系统。此外，还采用了统计方法来提高系统的性能，以成功地处理无纹理目标。该方法的初衷在于去除真实交通环境下因白天光反射不均匀分布而引起的移动车辆的阴影。在该方法中，高斯混合模型用在智能交通系统中，在交通流检测和车辆统计的实际应用中用于背景建模和去除移动阴影。阴影的去除基于边缘和灰度级的特征组合，如图 3.7 所示。算法 8 和图 3.8 提供了更多的实现细节。上述技术成功检测真实的目标，并中和阴影的负面效应。与以往的其他方法相比，参考文献［44］中提出的方法可以准确地检测没有阴影的前景目标。

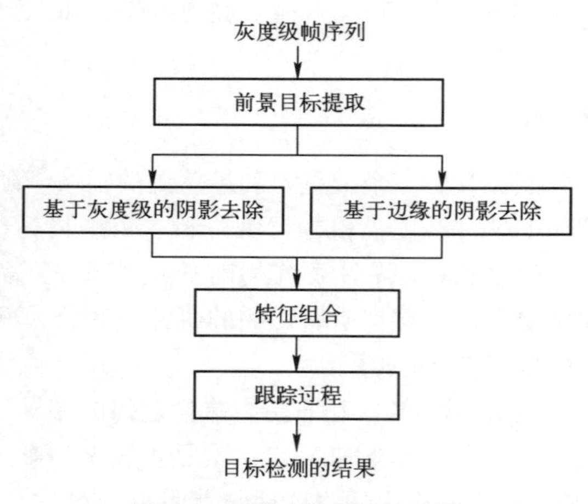

图 3.7　阴影去除技术流程图

算法 8　移动阴影去除算法

输入：视频系列

输出：无阴影的前景图像

（1）背景建模。

（2）使用基于 GMM 的方法，获取背景和前景目标。

（3）基于边缘的阴影去除。

（4）使用索贝尔算子提取背景图像上的边缘，以获取 $BI_{edge\ MBR}(x,y)$。

（5）使用索贝尔算子提取前景图像上的边缘，以获取 $FO_{edge\ MBR}(x,y)$。

（6）逐像素最大化。

（7）$MI_{edg}e_{MBR}(x,y)=\max(FO_{edge_{MBR}}(x,y),BI_{edge}(x,y))$

（8）$St_{edge_{MBR}}(x,y)=MI_{edge_{MBR}}(x,y)-BI_{edge}(x,y)$

（9）自适应二值化。

（10）计算位置(x,y)上的 $t_{final}(x,y)$

（11）$t_{final}(x,y)=m(x,y)\left[1+k\left(\frac{s(x,y)}{R}-1\right)\right]+Th_{supress}$

（12）其中 $m(x,y)$ 和 $s(x,y)$ 分别是对中在像(x,y)上的掩模的均值和标准方差，$Th_{supress}$ 是按经验将值设置为 50 的抑制项。

（13）$BinI_{MBR}(x,y)=\begin{cases}0, & St_{edge_{MBR}}(x,y)\leqslant t_{final}(x,y)\\ 255, & 其他\end{cases}$

（14）边界消除。

（15）应用 7×7 掩模，实现边界消除。如果掩模覆盖的区域完全属于前景目标，则保留该点，否则消除该点。

（16）基于灰度的阴影去除。

（17）高斯变暗因子模型更新。

（18）选择阴影潜在像素，并计算每个灰度级的变暗因子。更新模型，获取最终的高斯变暗因子模型。

（19）确定非阴影像素。

（20）计算高斯模型均值与变暗因子之间的差值，如果差值小于 3 倍的标准偏差，则归类为阴影像素，否则归类为非阴影像素。

（21）特征组合。

（22）通过对 $Ft_{Edgebased_{MBR}}$ 和 $Ft_{DarkeningFactor_{MBR}}$ 应用或运算，组合两个特征图像。然后，对特征集成图像应用滤波和扩张运算，获取无阴影前景。

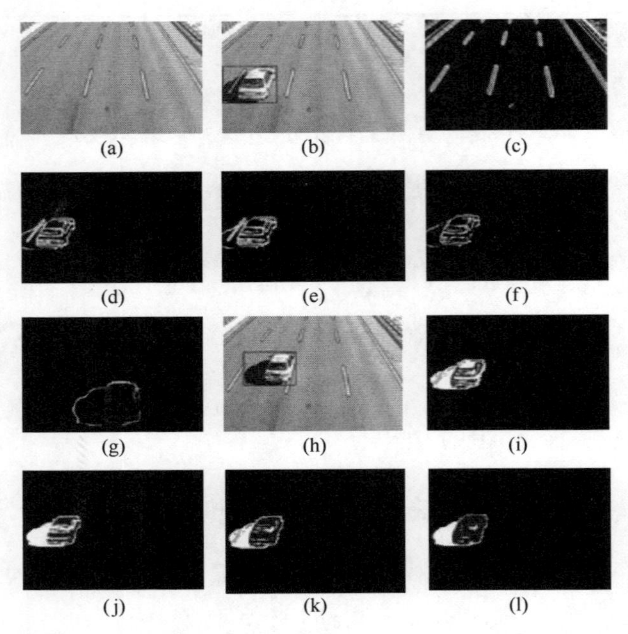

图 3.8 应用图 3.7 流程图中不同步骤进行移动阴影去除算法的输出图像

（a）背景图像；（b）前景目标；（c）BI_{edge}；（d）$FO_{edgeMBR}$；（e）$MI_{edgeMBR}$；（f）$BinI_{MBR}$；（g）$Ft_{edgebasedMBR}$；（h）高斯模型选择的红点；（i）$Ft_{EdgebasedMBR}$；（j）$Ft_{DarkeningFactorMBR}$；（k）特征集成图像；（l）扩张后的前景图像。

3.4 小　结

在过去，由于系统的计算限制，无法实现实时视频应用。但现在，高速 DSP 处理器可以进行视频处理应用，而这也克服了传统系统所面临的计算障碍。系统应该能够稳健地处理场景中的光照变化、凌乱区域和重叠区域。背景建模通过从图帧中减除背景帧来提取感兴趣的区域，如视频中的移动目标。背景建模方法可分为非统计方法和统计方法。

非统计背景建模将帧中的每个像素视作移动目标的一部分或背景的一部分。在此方法中，第一帧视作背景帧，并后续帧从此帧中减除。值高于阈值的像素视作目标。在此方法中，背景会沿着帧序列进行刷新。这些方法非常容易实现。此外，与统计方法相比，这些方法需要的内存更小，时间更短。因此，这些方法适用于室内环境和实时应用。

在基于统计的方法中，估计背景像素的概率分布函数，并据此确定这些像素属于背景的可能性。然而，这些方法需要非常高的内存和较长的时间。因此，统计方法不适合实时应用。这些方法适用于有噪点和条件突变的户外环境。基于高斯混合模型的统计背景建模方法被广泛应用，因此在本章中进行了详细说明。

在移动目标检测过程中，其中一个主要的挑战在于区分移动目标和阴影。阴影通常被错误地分类为移动目标的一部分，使得目标分类和目标跟踪等分析阶段不准确。因此，本章详细讨论阴影检测和去除技术。

第二部分

目 标 跟 踪

第4章　目 标 分 类

目标分类检测视频序列中的移动目标，并将其分为人类、车辆、鸟类、云或动物等类别。虽然对移动目标进行分类的问题对于人类来说非常简单，但对于计算机算法，要以人类水平的精度进行同样的分类是非常具有挑战性的。此外，算法应在面对无论多少变化时保持不变，才能成功地识别和分类移动目标。例如，不同的光照条件、不同的尺度和视点变化、变形和遮挡可能会降低算法的性能。

首先会检测前景目标，然后将它们分类为不同的类和子类。图4.1显示了视频帧中的目标，分为人、狗、马、汽车和摩托车。移动前景目标的分类主要采用基于形状的分类或基于运动的分类。基于形状的分类使用前景目标、面积和表观长宽比的离散度作为关键特征，将元素分类为一个人类、一群人类、车辆或任何其他移动目标。一些人类动作使用周期性属性，可以用来将场景中的人类与其他移动目标进行分类。

图4.1　目标分为人、狗、马、汽车、摩托车和摩托车

4.1　基于形状的目标分类

因为场景中的光照、比例、姿势和相机位置不断变化，所以，基于形状特征对目标进行分类是其中一个主要挑战。在自动监控中，在前景区域中移动目标，如点、框、轮廓和斑点被用于分类。Lipton 等人[47]利用斑点分散特性将

移动目标分为人类、车辆和噪声。目标分散计算如下：

$$\text{Dispersedness} = \frac{\text{Perimeter}^2}{\text{Area}} \tag{4.1}$$

由于人体形状本质上很复杂，人类将比车辆更加分散。因此，人类可以使用分散性从车辆中进行分类。选择适当的特征对于获得准确的分类非常重要。

4.2 基于运动的目标分类

基于运动的目标分类是视觉监视系统[20]中非常重要的一环。首先，提取前景目标的轮廓。然后提取基于质心与轮廓边界像素之间的欧几里德距离的特征。将这些基于形状的特性与存储在数据库中的各种动作对应的模板进行比较，以对目标进行分类。人体是非刚性的，且是有关节的。人体在任何活动中的运动通常具有周期性。例如，步行、拍手和跑步等活动通常具有周期性。因此，人类运动的这一特性可以用于从视频帧中将人类与其他目标进行分类。Cutler 等人[8]跟踪感兴趣的目标，并计算随着时间推移的自相似性。对于周期性运动，计算出的自相似性也具有周期性。

4.2.1 方法

首先，利用背景减除技术从视频中检测和分割目标。在基于轮廓模板的分类中，计算前景目标距离信号，并利用最小距离找到其与存储模板的相似性。基于最小值距离时，目标被分为人类、一群人类、车辆和动物等类别。目标分类可以在线和离线进行。

离线时，各种目标，如人类、车辆和动物，它们的距离信号已经计算并存储在数据库中。在线时，在每一帧中提取目标的轮廓，并计算其距离信号。然后将计算出的距离信号与数据库中存储的各类模板的距离信号进行比较。该目标分为模板与前景目标距离最小的类。

4.2.2 应用

基于运动的目标分类在视觉监控系统中得到了广泛的应用。通常，在视觉监控系统中，分割移动的前景目标是人、车辆、动物或鸟类。一旦检测到前景目标的类，就可以更有效和准确地完成个人识别、目标跟踪和活动识别等后续任务。在机器人技术、摄影和安防等领域有许多目标分类的应用。机器人通常会利用目标分类和本地化来识别场景中的某些目标。人脸识别技术是目标识别的子集，广泛应用于摄影和安防。

4.3　Viola-Jones 目标检测框架

2001 年，Paul Viola 和 Michael Jones 提出了一种实时目标检测算法。实际上，该算法凭借其鲁棒性和接近实时的性能，主要用于人脸检测。虽然开发初衷是目标检测，但它的主要动机是人脸检测问题。另外，须注意的是，它只能检测人脸，但不能解决人脸匹配的问题。此外，此方法需要全视图的正面正立人脸，即整张人脸必须对着相机，且不得倾向任何一边。这是一种非常稳健的人脸检测应用，它成功地区分了人脸和非人脸。

Viola-Jones 算法[60]对着一张给定的输入图像，扫描能够检测人脸的子窗口。标准的图像处理方法是将输入图像重新调整到不同的尺寸，然后用固定尺寸检测器检测这些图像。相反地，Viola Jones 重新调整的是检测器尺寸，而不是输入图像的尺寸，然后用固定尺寸检测器多次检测图像，每次的尺寸都不同。Viola Jones 检测器是一种尺度不变检测器，无论其大小如何，计算量都相同。该检测器使用积分图像和类似于 Haar 小波的一些简单矩形特征进行构造。

图 4.2 给出视觉目标检测算法的步骤。该算法能够非常快速地处理图像，并实现较高的检测率。首先，选择类似 Haar 的特性。然后，创建一个称为积分图像的新图像。这有助于快速计算检测器所使用的特征。基于 AdaBoost 的学习算法从更大的集合中选择少量的关键视觉特征，并产生非常高效的分类器。最后，将更复杂的分类器以级联结构组合起来。此级联分类器允许快速丢弃图像的背景区域，同时将更多的计算力花在有前途的类似目标区域。人脸检测器的实现相当简单，但是级联训练需要花费一定的时间。训练较慢，但检测很快。

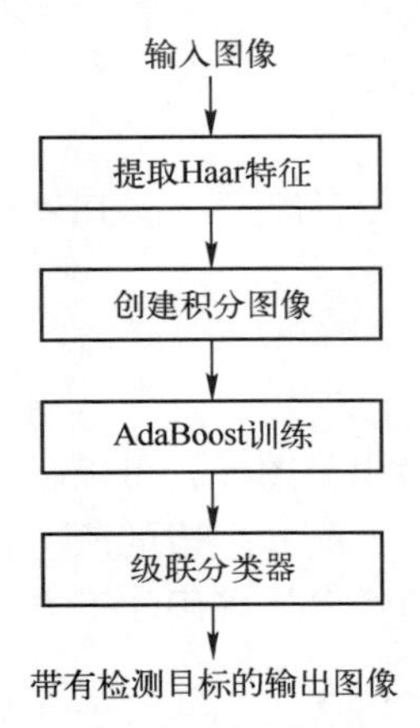

图 4.2　视觉目标检测算法

4.3.1 Haar 特征

Viola-Jones 算法使用类似 Haar 的特征，即图像和类似 Haar 模板的无向积。在实践中，图 4.3 中所示的五种矩形模式用于人脸检测技术。假设导出的特征包含检测面所需的所有信息。由于人脸天生具有一定的规则，因此使用 Haar 特征（矩形特征）是合理的。图 4.4 显示了如何在给定的图像上应用矩形特征。图 4.4（c）显示了与（a）所示原始图像（b）中所示模式相关的特征。当该模式与眉毛区域匹配时，我们将得到更多的响应，如图 4.4（c）所示。

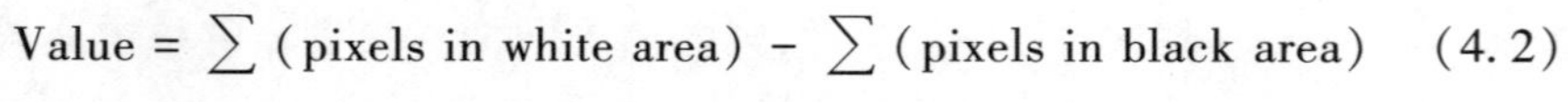

$$\text{Value} = \sum(\text{pixels in white area}) - \sum(\text{pixels in black area}) \tag{4.2}$$

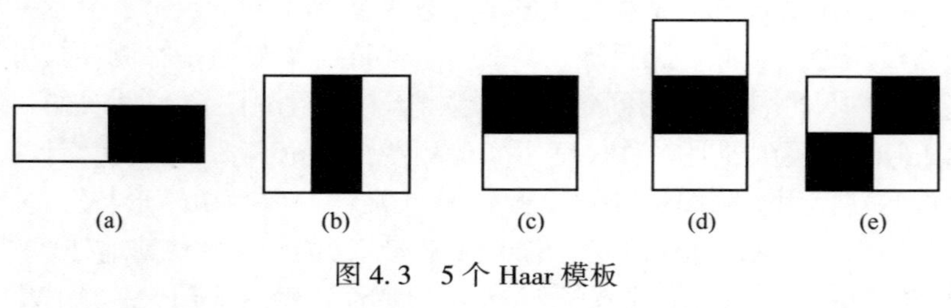

图 4.3　5 个 Haar 模板

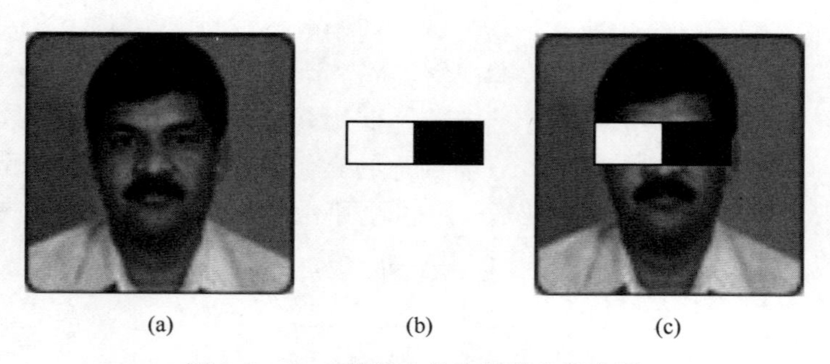

图 4.4　Haar 特征在给定图像上的应用

4.3.2 积分图像

通过将给定的图像转换为积分图像，可以轻松计算出矩形特征。要计算积分图像，则要计算有关像素的上面和左边的所有像素的和，并替换为新的像素值。图 4.5 所示的积分图像的像素值采用如下方程计算：

$$ii(x,y) = \sum_{x' \leqslant x, y' \leqslant y} i(x',y') \tag{4.3}$$

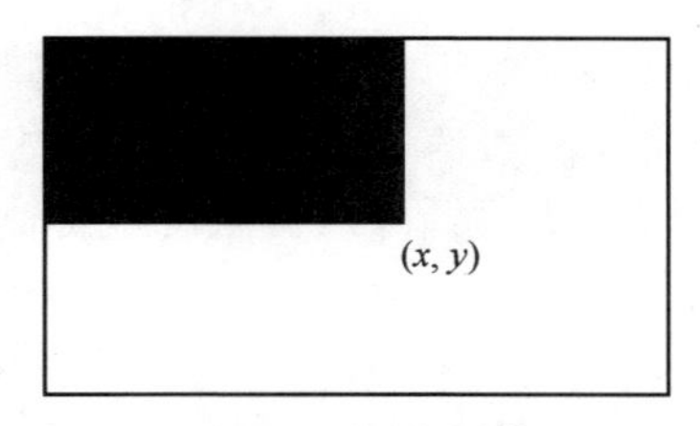

图 4.5　积分图像

式中：$ii(x,y)$表示积分图像的点（x,y）的像素值；$i(x,y)$表示原始图像中的点（x,y）的像素值。图 4.6 显示了矩形特征的计算方法。矩形 D 中的像素和的计算公式如下：

$$\text{sum}_D = ii(4) + ii(1) - ii(2) - ii(3) \tag{4.4}$$

式中：$ii(1)=A$；$ii(2)=A+B$；$ii(3)=A+C$；$ii(4)=A+B+C+D$。

$$\text{sum}_D = (A+B+C+D) + A - (A+B) - (A+C) = D \tag{4.5}$$

因此，积分图像允许我们只使用矩形角的四个值来计算任何矩形中所有像素的和。

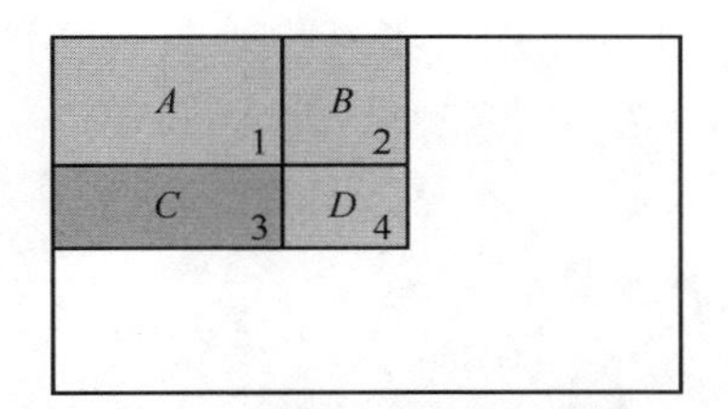

图 4.6　利用积分图像提取矩形特征

4.3.3　AdaBoost 训练

AdaBoost 是由 Freund 和 Schapire[13] 提出的一种机器学习算法。它能够通过弱分类器的加权组合来构建强分类器。

4.3.4　分类器的级联

Viola-Jones 人脸检测算法的基本原理是通过不同尺寸的相同图像，使用窗口大小为 24×24 对图像进行多次扫描。如果我们将此算法应用于只包含几张人脸的图像，则大量评估的子窗口将为非人脸。因此，该算法应该丢弃非人脸，而不是寻找人脸。使用级联分类器，在每个阶段会丢弃非人脸块，并在下一个阶段考虑人脸块。

当给定的子窗口通过级联的更多阶段时，使用 AdaBoost 来训练分类器。从双特征强分类器开始，通过调整 Adaboost 中的强分类器阈值以最小化假阴性，得到人脸滤波器。通过降低阈值，检测率和假阳性率增加，这就解释了存在假阳性存在的情况。级联的每个阶段基本上是另一个从 AdaBoost 获取的强分类器，每个步骤都有不同的阈值，以最大限度地提高算法的精度。图 4.7 显示了运行中的级联滤波器。

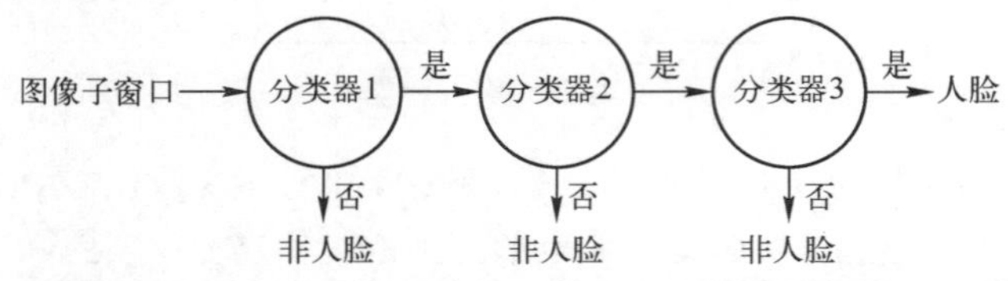

图 4.7　第一阶段消除了 50%的非人脸，后续的分类器使用了更多按比例缩小的定向滤波器，并省略了更多的非人脸

4.3.5　结果和讨论

图 4.8 显示了使用 Viola-Jones 算法的人脸检测结果。此检测器只对人脸的正面图像效果最好。它很难处理绕垂直轴和水平轴做 45°人脸旋转的场景。由于子窗口重叠，也可以实现对同一张人脸的多次检测。

(a)

(b)

图 4.8　应用 Viola-Jones 算法后的人脸检测结果

4.4　使用卷积神经网络的目标分类

近年来，深度神经网络应用于处理各种各样的问题，取得了非常好的表现。特别是卷积神经网络（CNN），它在图像分类[42]、图像分割[16]和计算机视觉问题上[15,57]取得了非常好的表现。其中，图像分类、多目标定位和检测使用 CNN 的变体实现。

人工智能和深度学习的最新发展为完成涉及多模态学习的任务铺平了道路。视觉问答需要对图像进行高级场景解译，并与相关问答的语言建模相结合，这便是其中一个挑战。图像标题生成是为图像生成一个描述性句子的问题。人类只需快速浏览一张图片便可以指出并描述大量关于视觉场景的细节。人类可以轻而易举地做到这一点，这对综合了计算机视觉各个方面尤其是场景理解的人工智能来说是一个非常有趣和具有挑战性的问题。然而，对于视觉识别模型，这种显著的能力已经被证明是难以捉摸的。

4.4.1　什么是卷积神经网络?

CNN 是一种用于处理具有网格状拓扑结构的数据的特殊神经网络。例如，包括一维音频波形数据、二维图像数据和三维视频数据。卷积网络的典型层由以下描述的三个阶段组成。

4.4.1.1　卷积阶段

在第一阶段，我们将使用大量通常非常小维的卷积核，通常是 3×3、4×4 或 5×5，并将它们从输入图像滑过，以创建一个特征图谱。将卷积核滑过图像时，我们将卷积核值的元素级点积和滑过的图像的截面加起来。由于对图像使用相同的卷积核，因此这是一个非常节约内存的运算。在层中使用的卷积核相互独立，因此可以在图形处理单元（GPU）中非常快速地计算出结果。二维图像 I 和二维 3×3 卷积核 K 之间的卷积运算由式（4.6）给出。

$$S(i,j) = (K \times I) = \sum_{m=1}^{3} \sum_{n=1}^{3} I(i-m,j-n)K(m,n) \tag{4.6}$$

图 4.9 显示了 4×4 维图像和 2×2 维卷积核之间的卷积运算示例。

4.4.1.2　非线性激活阶段

在下一阶段，将元素级非线性激活函数应用于得到的点积。主要使用 tanh 或 relu 激活。tanh 运算由式（4.7）给出。

$$A(i,j) = \tanh(S(i,j)) = \frac{\sinh(S(i,j))}{\cosh(S(i,j))} = \frac{1-e^{2\times S(i,j)}}{1+e^{2\times S(i,j)}} \tag{4.7}$$

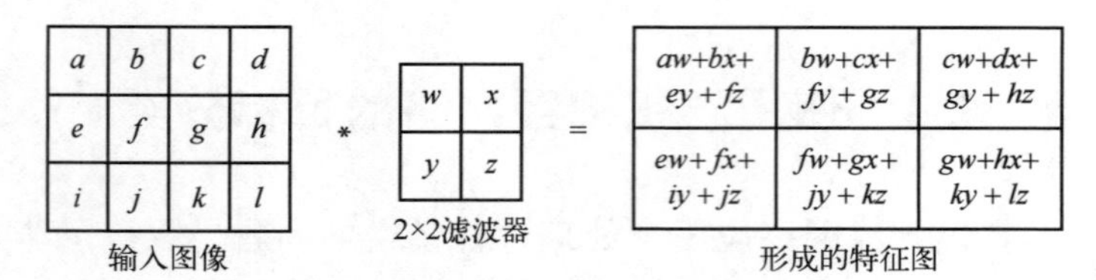

图 4.9　卷积运算的示例

relu 运算由式（4.8）给出。

$$A(i,j)=\max(A(i,j),0) \tag{4.8}$$

4.4.1.3　池化阶段

池化是一个基于样本的离散化过程，其目标在于对表示法进行向下取样，以提供输入的抽象形式。它允许对分区域所包含的特征做出假设。池化允许后面的卷积层处理更大的数据段，因为池化层之后的小补丁对应于其之前的大得多的补丁。它们对于数据的一些非常小的转换也保持不变。在每个滑动位置，池化函数应用到 tanh 或 relu 激活的输出，得到摘要统计。一般使用最大池化或平均池化，将图像下采样到一个更小的维度。演示如图 4.10 所示。

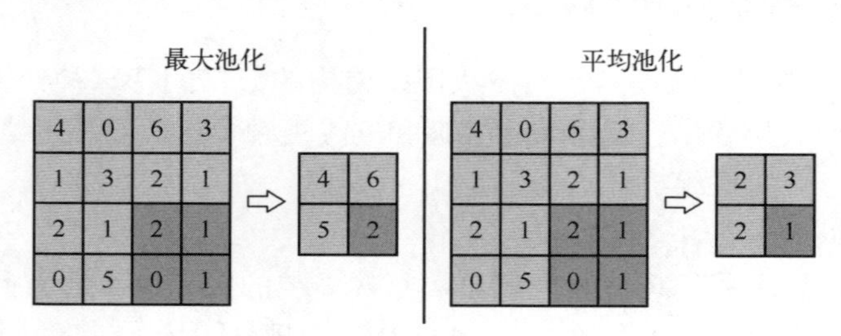

图 4.10　不同类型的池化运算

如果网络有多层，则将对最大或平均池化输出进行下一个卷积运算。在执行一系列的卷积、激活和池化运算后，输出将被输入到一个完全连接的网络以对图像进行分类。在抽象的层面上，CNN 可以被认为是一个神经网络，它使用了相同的神经元的许多相同的副本，从而允许这个网络有很多神经元，在表达计算大的模型的同时保持实际参数的数量，描述神经元行为的值相当小。这种具有相同神经元的多个副本的技巧大致类似于数学中的函数的抽象。

4.4.2　卷积神经网络模型

4.4.2.1　双层卷积神经网络

在此模型中，两个卷积层和最大池化层相互堆叠，如图 4.11（a）所示。每个卷积层有 32 个大小为 3×3 的卷积核，对每 2×2 个像素执行最大池化。其输出被扁平化，并输入多层感知机网络进行分类。

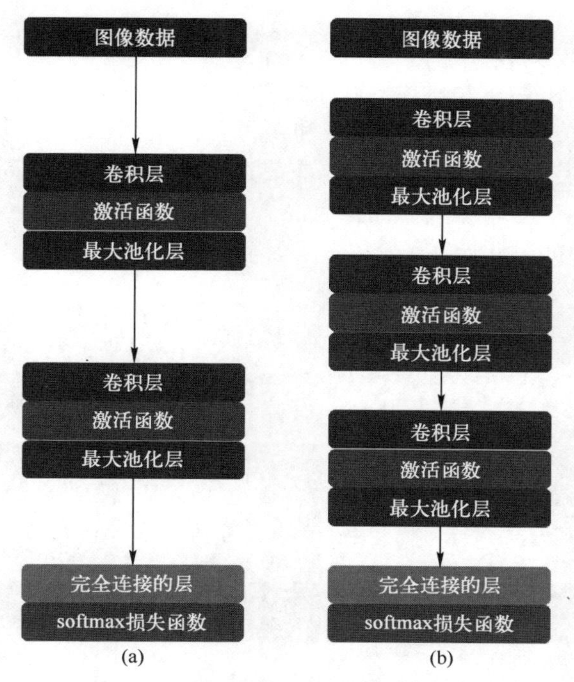

图 4.11　分类用双层深度卷积神经网络（a）与分类用三层深度卷积神经网络（b）

4.4.2.2　三层卷积神经网络

在此模型中，三个卷积层和最大池化层相互堆叠，如图 4.11（b）所示。每个卷积层有 32 个大小为 3×3 的卷积核，对每 2×2 个像素执行最大池化。其输出被扁平化，并送入多层感知机网络进行分类。

4.4.2.3　使用深度神经网络的直觉

基于神经网络模型的目标是找到一个适当的数据模型，以执行机器学习任务。在深度神经网络中，每个隐藏层都将输入数据映射到能够捕获更高层次抽象的特征。随着网络层数的增加，模型变得越来越抽象，信息也越来越丰富。在监督式机器学习场景中，最终的输出层通常是 softmax 分类器，其他网络层可以更好地学习数据特征，然后将这些特征提供给该分类器，使分类任务更容易。这种发现或学习有效和有用特征的过程是机器学习任务的关键。一般来说，网络层数越多，其非线性映射能力越强，越能够处理复杂的问题。

4.4.3 结果和讨论

4.4.3.1 实验数据集

(1) CIFAR10 数据集。由 60000 张 32×32 个图像组成，分为 10 个类，每类 6000 张图像。有 5 万张训练图像和 1 万张测试图像。类包括飞机、汽车、鸟、猫、鹿、狗、青蛙、马、船和卡车。这些类完全相互排斥。此数据集由多伦多大学的 Alex Krizhevsky，Vinod Nair，Geoffrey Hinton 收集。图 4.12 显示了 CIFAR10 数据集的一些例子。

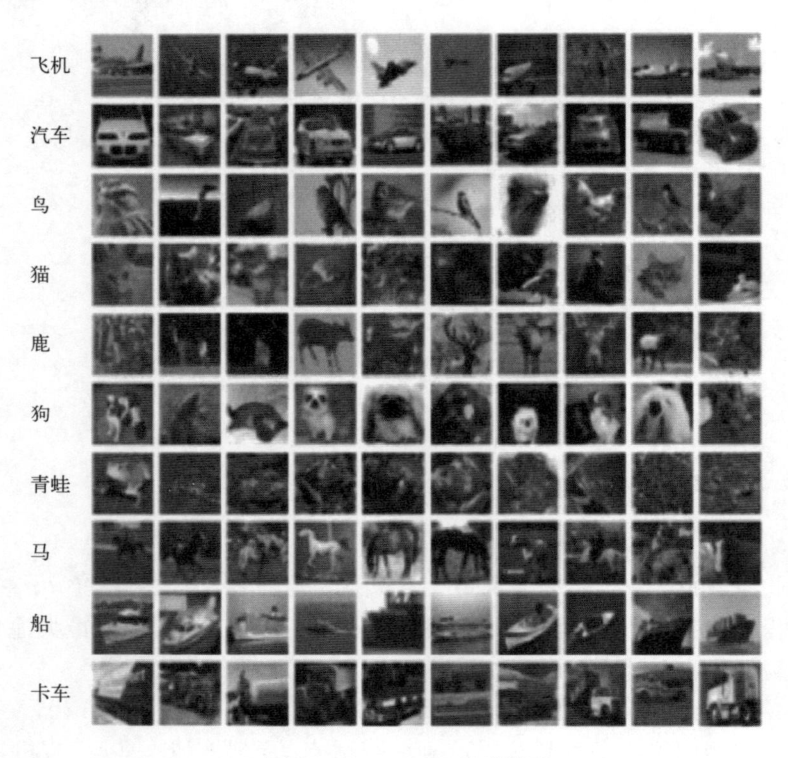

图 4.12 CIFAR10 数据集

(2) CIFAR100 数据集。这是对 CIFAR10 数据集的更详细的描述。它由 100 个类组成，每类 600 张图像。这 100 类被分为 20 个超类，如鱼、花、人造物体和自然户外场景。每个超类包含 5 类。在 CIFAR100 数据集中，总共有 50000 个训练示例和 10000 个测试示例。

4.4.3.2　结果和讨论

为了展示目标分类问题的实现，我们开发了一种使用深度 CNN 的机器学习算法，并在 CIFAR10 和 CIFAR100 数据集中给出了结果。我们观察到，双层和三层简易深度 CNN 比支持向量机、逻辑回归和最近邻算法等分类器性能更好，如表 4.1 所示。更多关于时尚物品分类问题的结果请见参考文献［2］。

表 4.1　不同模型的测试模型

模型	CIFAR10	CIFAR100
支持向量机	64.51	32.50
逻辑回归	63.20	27.96
K 最近邻	52.49	25.23
双层 CNN	73.05	51.27
三层 CNN	73.69	54.60

4.5　使用区域卷积神经网络的目标分类

区域卷积神经网络（RCNN）是一种最先进的视觉目标检测系统[16]，它将自下而上的区域方案与通过卷积神经网络计算的丰富特征相结合。RCNN 的目标在于获取一个图像，并正确识别主要目标在图像中的位置。这通过使用边界框方法来实现。输入是图像，输出是边界框中和每个边界框中包含的目标的标签。首先提出图像中的随机区域，然后提取该区域的特征，再根据这些区域的特征对这些区域进行分类。在本质上，我们已经将目标检测变成了图像分类问题。虽然 RCNN 在几个多目标检测数据集中给出了非常喜人的结果，但是，因为选择性搜索方法使用建议的图像中的随机区域进行初始化，所以略微慢一些。

4.5.1　RCNN 算法的步骤

基于区域的卷积神经网络由以下三个简单的步骤组成：

（1）使用一种名为选择性搜索的算法扫描输入图像中可能的目标，生成大约 2000 个区域方案。在较高水平上，选择性搜索通过不同大小的窗口查看图像，对于每个大小，它试图根据纹理、颜色或强度将相邻的像素分组在一起，以识别目标；

(2) 对每个区域方案运行 CNN，以从该区域提取特征；

(3) 将每个 CNN 的输出输入到分类器，以对区域进行分类，或者输入到线性回归器，以收紧目标的边界框。因此，为了收紧边界框，输入是与目标对应的图像的子区域，输出是子区域中目标的新边界框的坐标。

4.5.2 结果和讨论

RCNN 算法的结果如图 4.13 所示。这些图像来自微软的 COCO[45] 和 ImageNet[10] 数据集。可以观察到，该算法对所有图像都很有效。它为图像中出现的所有主要目标输出边界框，并以非常好的精度对该边界框中出现的目标进行分类。总之，RCNN 算法的结果非常令人满意。

图 4.13　使用 RCNN 的目标分类结果

4.6 小　结

本章讨论目标分类技术。基于形状和基于运动的目标分类是两种主要的方法。详细讨论了一些特殊的方法，如人脸检测的 Viola-Jones 目标检测框架、基于深度 CNN 的目标分类和基于 RCNN 的目标分类。此外，人脸检测和情绪识别对于理解监控系统中的人的行为非常有帮助。为了引起读者对实现方法的兴趣，本章对算法进行了讨论并给出了一些结果。

第5章　人类活动识别

人类活动识别是计算机视觉领域的一个研究热点。它是在安全、监视、人机交互和视频会议等许多领域应用的基础。在智能视频监控系统中，识别人类和描述人类活动的能力是一个真正具有挑战性的问题。人类活动识别的难点可能是由于人类突然运动、人类外观变化、场景背景变化、遮挡和相机运动。进行活动的人的形状可能会有所不同。此外，进行任何活动的速度和风格也因人而异。

迄今为止已经提出了许多方法来识别简单的人类活动。然而，复杂的人类活动识别仍然是一项具有挑战性的任务。人类活动的性质在识别并行活动、交叉活动、解释的歧义性和现场多居民等构成了多方面的挑战。实时、自动检测活动需要特征和分类器的鲁棒性。因为人相对于相机的距离和角度通常不同，所以提取的特征应该按一定的比例且旋转不变。本章详细讨论了使用 Hu 矩基于运动历史图像（MHI）的人体活动识别。详细讨论了基于隐马尔可夫模型（HMM）的分类器和利用支持向量机（SVM）方法的基于动态时间规整（DTW）的活动识别。

5.1　基于运动历史图像的人类活动识别

5.1.1　运动历史图像

由于视频一系列帧，并且不能从单帧中预测动作，所以我们需要一种技术将多帧集成到一帧中来表示运动。为此，我们使用了运动历史图像（MHI）技术，其中像素强度取决于该位置的运动历史。值亮度越高，其对应的运动越新，如图 5.1 所示。

生成运动历史图像图像的步骤如下。

（1）分割后，得到前景图像，即运动中的身体部位的像素值为 1 的二值图像。称此为二元函数 $B(x,y,t)_\tau$；

（2）为每个动作创建一个运动历史图像 $B(x,y,t)_\tau$。我们需要选择 τ 来显示完整动作，最好是动作刚刚结束时的 t。

图 5.1　进行弯曲、行走、单手挥手和两手挥手的
实验目标及其运动历史图像和 MEI

给定序列 B_t，时间 t 时的运动历史图像 M 定义为：

$$M(x,y,t)_\tau=\begin{cases}\tau, & B(x,y)_t=1\\ \max(M(x,y,t-1)_\tau-1,0), & B(x,y)_t=0\end{cases}$$

需要选择 τ，以捕获动作的全部范围。如果每个动作使用的 τ 不同，则应该按某个值调整运动历史图像图像的比例，以使所有运动历史图像的最大值相同。因此，我们获得了每个具有代表性动作的运动历史图像以及输入视频序列。

通过将运动历史图像（HMI）进行二值化，得到了一个 MEI。由于它只包含两个强度值，所以它不代表运动的历史，但显示了在不同帧中运动的空间位置。

5.1.2　Hu 矩

形状描述符是一个对于物体非常重要的描述符，因为人形会在执行任何动作时发生变化，比如弯曲。基于轮廓的形状描述符和基于区域的形状描述符是形状描述符的两种重要类型。Hu 矩是最流行的基于轮廓形状描述符。它们是由 Hu[23] 推导出的一组矩。这些 Hu 矩可以识别物体，不管它们的位置、大小和方向。数字采样图像的二维矩计算为

$$m_{pq} = \sum_{x=0}^{M-1}\sum_{y=0}^{M-1} x^p \cdot y^q \cdot f(x,y) \qquad p,q = 0,1,2,3,\cdots \tag{5.1}$$

式中：$f(x,y)$是大小为 $M\times M$ 的数字采样图像。

按量 (a,b) 转换的图像$f(x,y)$的矩为

$$\mu_{pq} = \sum_{x=0}^{M-1}\sum_{y=0}^{M-1} (x+a)^p \cdot (y+b)^q \cdot f(x,y) \tag{5.2}$$

可以使用式（5.1）或式（5.2）代替 $a=-\bar{x}$和 $b=-\bar{y}$来计算中心矩。

$$\bar{x}=\frac{m_{10}}{m_{00}}和\bar{y}=\frac{m_{01}}{m_{00}} \tag{5.3}$$

$$\mu_{pq} = \sum_{x}\sum_{y} (x-\bar{x})^p \cdot (y-\bar{y})^q \cdot f(x,y) \tag{5.4}$$

在缩放比例归一化的应用中，中心矩成为

$$\eta_{pq} = \frac{\mu_{pq}}{\mu_{00}^{\gamma}} \tag{5.5}$$

式中：$\gamma=[(p+q)/2]+1$。Hu 定义了通过三阶归一化中心矩计算得到的 7 个值。这些矩对物体的缩放、位置和方向不变。7 个矩具体内容如下：

$$\begin{cases}
M_1=(\eta_{20}+\eta_{02}) \\
M_2=(\eta_{20}-\eta_{02})^2+4\eta_{11}^2 \\
M_3=(\eta_{30}-3\eta_{12})^2+(3\eta_{21}-\eta_{03})^2 \\
M_4=(\eta_{30}+\eta_{12})^2+(\eta_{21}+\eta_{03})^2 \\
M_5=(\eta_{30}-3\eta_{12})^2(\eta_{30}+\eta_{12})[(\eta_{30}+\eta_{12})^2-3(\eta_{12}+\eta_{03})^2] \\
\qquad +(3\eta_{21}-\eta_{03})(\eta_{21}+\eta_{03})[3(\eta_{30}+\eta_{12})^2-(\eta_{21}+\eta_{03})^2] \\
M_6=(\eta_{20}-\eta_{02})[(\eta_{30}+\eta_{12})^2-(\eta_{21}+\eta_{03})^2] \\
\qquad +4\eta_{11}(\eta_{30}+\eta_{12})(\eta_{21}+\eta_{03}) \\
M_7=(3\eta_{21}-\eta_{03})(\eta_{30}+\eta_{12})[(\eta_{30}+\eta_{12})^2-3(\eta_{21}+\eta_{03})^2] \\
\qquad -(\eta_{30}-3\eta_{12})(\eta_{21}+\eta_{03})[3(\eta_{30}+\eta_{12})^2-(\eta_{21}+\eta_{03})^2]
\end{cases} \tag{5.6}$$

图 5.2 给出了原始图像、倒置图像、旋转 9°的图像和半尺寸图像。使用式（5.6）计算四张图像的 7 个 Hu 矩，并列于表 5.1 中。采用对数变换来获得有意义的值。计算了所有四幅图像的 Hu 矩的最大值与所有四幅图像的最小值之间的绝对差值。可以观察到，在这 7 个矩的绝对差值要小得多。因此，Hu 矩对物体的缩放、位置和方向是不变的。

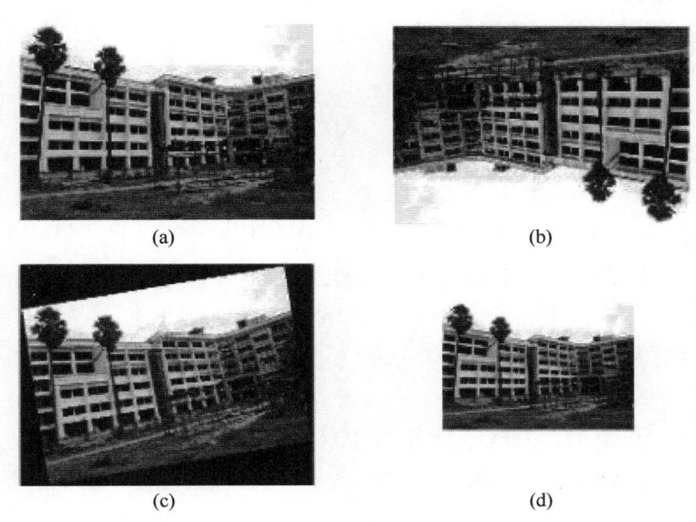

(a)　(b)　(c)　(d)

图 5.2　Hu 矩的不变性

（a）原始图像；（b）倒置图像；（c）旋转 9°的图像；（d）半尺寸图像。

表 5.1　图 5.2 中的图像的 Hu 矩

Hu 矩	M_1	M_2	M_3	M_4	M_5	M_6	M_7
原始图像	0.5465	1.9624	3.9509	4.0586	8.1117	−5.0875	8.4133
倒置图像	0.5465	1.9624	3.9509	4.0586	8.1117	−5.0875	8.4133
旋转 9°的图像	0.5464	1.9620	3.9506	4.0580	8.1096	−5.0860	8.4166
半尺寸图像	0.5466	1.9693	3.9464	4.0548	8.1037	−5.0860	8.4053
最大值	0.5466	1.9693	3.9509	4.0586	8.1117	−5.0860	8.4166
最小值	0.5464	1.9620	3.9464	4.0548	8.1037	−5.0875	8.4053
绝对差值	0.0002	0.0073	0.0045	0.0038	0.0080	0.0015	0.0113

5.1.3　人类活动识别

在本节中，将讨论如何使用运动历史图像（MHI）和 Hu 矩来识别 5 种基本的人类动作，如挥手、坐下、站起、拳击和慢跑。但它取决于视角，也就是说，相机需要放在一定的角度。我们使用三级分类器过程对每个 MHI 进行分类：

（1）首先计算每个运动历史图像的一组 7 个 Hu 矩，并用它进行分类，称之为 Cla1；

（2）计算运动历史图像的水平和垂直投影，然后计算运动历史图像沿不同方向（垂直和水平）相对于 MEI 质心的偏差，将它用于二级分类，称为 Cla2；

（3）计算运动历史图像和 MEI 的质心之间的水平和垂直位移，称为 Cla3。

使用以下步骤进行分类：

① 如果 Cla1 和 Cla2 一致，则考虑已识别动作的共同结果；

② 如果 Cla1 和 Cla2 之间存在不同，则使用 Cla3 找到结果。由三个特征向量中至少两个支持的动作称为识别动作；

③ 如果所有这三个特征都表示动作的不同集，则我们认为 Cla1 表示的动作是有效的结果，因为 Hu 矩是最好的指标，得到比 Cla2 和 Cla3 更好的识别结果。

5.1.3.1 利用 Hu 力矩进行分类

我们可以获得运动历史图像（MHI）的 Hu 矩，现在开始识别运动历史图像并将其分为五类。

（1）在计算七个 Hu 矩之前，对每个运动历史图像进行了归一化。

（2）计算了每个模板的 Hu 矩，并得到了三组具有代表性的运动历史图像的 Hu 矩矩阵。

（3）制定一种距离测量方法来计算输入视频的运动历史图像与三个具有代表性的运动历史图像之间的距离。

（4）使用的相似度度量如下：

$$I(A,B) = \sum_{i=1}^{7} \left| m_i^A - m_i^B \right| \tag{5.7}$$

式中：

$$m_i^A = \mathrm{sign}(h_i^A) \cdot \lg h_i^A \tag{5.8}$$

和

$$m_i^B = \mathrm{sign}(h_i^B) \cdot \lg h_i^B \tag{5.9}$$

（5）在差分化之前，我们取七个矩的绝对值。此外，因为这些矩的值非常小，特别是后面的值，所以需要按比例进行调整。因此，在实现时，我们首先考虑三个矩，而不是所有七个矩，因为最大值信息包含在初始矩中。

（6）在三个动作的代表性运动历史图像和输入视频序列的运动历史图像之间计算函数 $I(A,B)$。

（7）取三个差值的最小值，并建立相应的动作。然后对视频进行相应的注释，以显示算法的结果。

5.1.3.2 投影和位移特征

获得的二级分类器 Cla2 为，如果 R 为行数，C 为运动历史图像（MHI）

中的列数，那么可以得到水平和垂直轮廓如下：

垂直轮廓为

$$P_v[i] = \sum_{j=1}^{C} \mathrm{MHI}[i,j] i = 1 \text{ 到 } R \tag{5.10}$$

$$P_h[i] = \sum_{j=1}^{R} \mathrm{MHI}[i,j] i = 1 \text{ 到 } C \tag{5.11}$$

利用上述两个向量，我们计算基于投影轮廓的特征如下：

$$\mathrm{Cla2} = \begin{bmatrix} \dfrac{\sum_{i=1}^{hct} P_h[i]}{\sum_{i=hct+1}^{C} P_h[i]} & \dfrac{\sum_{i=1}^{vct} P_v[i]}{\sum_{i=vct+1}^{R} P_v[i]} \end{bmatrix} \tag{5.12}$$

这是所获得的运动历史图像（MHI）相对于 MEI 的质心的偏差。在某种程度上，此特征与沿两个方向运动的时间信息有关。我们用作分类的第三个特征是 MEI 和运动历史图像质心之间的转移。获取方式如下：

$$\mathrm{Cla3} = [\mathrm{MHI}_{xc} - \mathrm{MEI}_{xc} \quad \mathrm{MHI}_{yc} - \mathrm{MEI}_{yc}] \tag{5.13}$$

运动历史图像和 MEI 的质心不同，因为在运动历史图像中我们也有时间信息。所以在某种程度上，上述特征向量表示任何动作序列的质心的运动方向。现在，使用我们前面讨论的特征向量的层次结构、执行动作识别和分类。

5.1.3.3　实验讨论

图 5.3 显示了使用运动历史图像和 Hu 矩识别挥手、坐下、站起、拳击和慢跑等五种基本人体动作获得的成功识别结果。对于这些实验，我们使用固定

图 5.3　人类活动识别结果

(a) 坐下；(b) 站起；(c) 挥手；(d) 拳击；(e) 慢跑。

的闭路电视摄像头。从不同的角度来看，我们可能无法得到期望的效果。对于小尺寸的变化，它给出了很好的结果，但我们需要使用 Hu 矩来获得更好的结果。该方法与照明无关，这说明，即使在不同的光照条件下也能有良好的效果。对于这种方法，背景应该是静态的，这意味着摄像机应该处于一个固定的位置。此方法无法处理遮挡问题。在遮挡期间创建的 MEI 模板将与正常的模板有很大的不同。因此，无法识别正在进行的动作。

5.2 隐马尔可夫模型

隐马尔可夫模型（HMM）是一种用于建模时间序列数据的统计工具。它已被广泛应用于解决语音识别、自然语言处理、生物医学信号处理[9]、运动视频处理[35,27]等领域的大量问题。最近，由于隐马尔可夫模型工具适用于识别时间顺序特征信息，因此也适用于人类活动识别。安德烈·马尔可夫在 20 世纪初以他的名字命名了马尔可夫过程的数学理论[1]。但隐马尔可夫模型的主要理论由 Baum 和他的同事在 20 世纪 60 年代[12]提出。在本节中，我们将讨论隐马尔可夫模型的基本概念，以及隐马尔可夫模型中的三个基本问题和使用隐马尔可夫模型识别的活动。

5.2.1 马尔可夫模型

这是一个任何时刻的状态都只依赖于前一时刻的状态的过程。马尔可夫模型是一个描述观察时间序列的统计模型。该模型由一组有限的状态集组成。因此，我们可以使用这些状态转换概率来模拟状态序列。从状态 i 转换到状态 j 的概率仅取决于状态 i，而不是更早的历史状态，如下：

$$P(S(t) \mid S(t-1), S(t-2), S(t-3), \cdots) = P(S(t) \mid S(t-1)) \tag{5.14}$$

式中：$S(t)$是模型在 t 时的状态，称为模型的马尔可夫属性。所有从任何给定状态下转换的概率之和必须为 1。

这些状态共同模拟了一系列观测。每个状态都有一个概率分布，定义哪些观测以何种概率产生。对于连续有值观测，这是一个概率密度函数。这也被称为该状态的发射或观测概率。对系统的完整概率描述需要说明当前状态以及以前的所有状态。对于一个随机的过程，因为过程的输出是每个时刻的状态集，其中每个状态对应于一个可观测事件，所以该过程可以称为可观测马尔可夫模型。

5.2.2 隐马尔可夫模型

隐马尔可夫模型是由状态转换连接的一系列有限状态。它以一个指定的初始状态开始。在每个离散的时间步长中，转换为一个新的状态，然后生成一个输出符号。转换和输出符号的选择都是随机的，由概率分布控制。隐马尔可夫模型可以被认为是一个黑盒，其中随时间生成的输出符号序列可观测，但随着时间推移访问的状态序列被隐藏。因此，此模型被称为隐马尔可夫模型。隐马尔可夫模型的每一种状态都可以用两种类型的概率来描述：状态转换概率（A）和符号观测概率（B）。在图 5.4 中，S_1、S_2 是隐马尔可夫模型的状态，V_1 和 V_2 都是可观测的符号。从状态 i 到状态 j 的状态转换概率为

$$a_{ij}=P(S_i(t-1)\rightarrow S_j(t)) \tag{5.15}$$

和

$$\sum_j a_{ij}=1;\quad \forall i \tag{5.16}$$

符号 k 的状态 j 的可见符号概率为

$$b_{jk}=P(V_k \mid S_j) \tag{5.17}$$

和

$$\sum_k b_{ij}=1;\quad \forall j \tag{5.18}$$

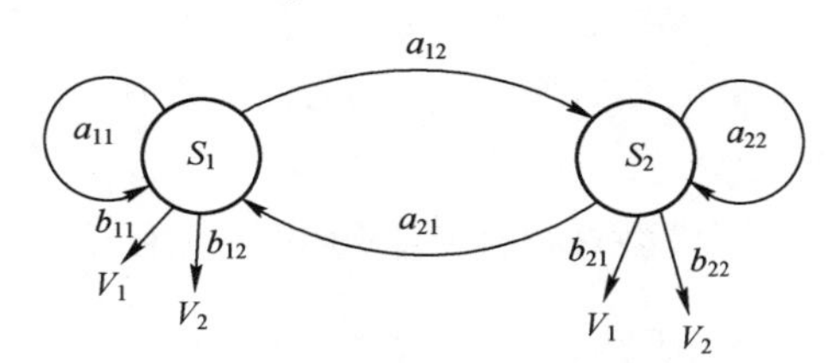

图 5.4　隐马尔可夫模型状态转换概率

隐马尔可夫模型具有一个特定的隐藏状态，称为终态或接收状态或接受状态。一旦隐马尔可夫模型达到终态 S_0，隐马尔可夫模型就不可能来自于该状态。包括终态在内的状态转换图如图 5.5 所示。

5.2.3 隐马尔可夫模型的三个基本问题

为了将此隐马尔可夫模型应用于任何实际应用，必须解决三个基本问题。这些问题如下：

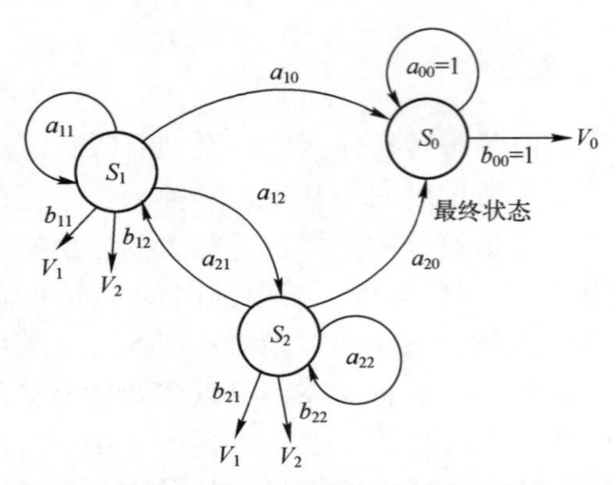

图 5.5　终状 S_0 的隐马尔可夫模型状态转换概率

（1）似然估计。

给定一个由 S、V、a_{ij}、b_{jk} 指定的隐马尔可夫模型 θ 和观测序列 V^T，我们必须找到 $P(V^T/\theta)$。此问题称为似然估计问题，所使用的算法称为前向算法。

（2）状态序列解码。

给定一个隐马尔可夫模型 θ 和观测序列 V^T，我们必须为 θ 和 V^T 找到最有可能的隐马尔可夫模型状态序列。

（3）隐马尔可夫模型参数估计。

给定一个隐马尔可夫模型粗糙结构（即一组状态和转换结构）和一些标记的训练数据，估计使训练数据的似然最大化的隐马尔可夫模型参数。这是一种对于训练隐马尔可夫模型很有用的前向-后向的算法。

5.2.3.1　似然估计

给定隐马尔可夫模型模型 θ 和符号序列 V^T，我们必须估计 $P(V^T \mid \theta)$：

$$P(\boldsymbol{V}^T \mid \theta) = \sum_{r=1}^{r_{\max}} P(V^T \mid S_r^T)P(S_r^T) \tag{5.19}$$

式中：r 表示其中一个可能的状态序列和 $S_r^T = \{S(1), S(2), \cdots, S(T)\}$。

设隐藏状态的总数为 N，然后为 $r\max = N^T$

$$P(V^T \mid S_r^T) = \prod_{t=1}^{T} P(V(t) \mid S(t)) \tag{5.20}$$

$$P(S_r^T) = \prod_{t=1}^{T} P(S(t) \mid S(t-1)) \tag{5.21}$$

将式（5.20）和式（5.21）中得到的值代入式（5.19），得到

$$P(V^T \mid \theta) = \sum_{r=1}^{r_{\max}} \prod_{t=1}^{T} P(V(t) \mid S(t))P(S(t) \mid S(t-1) \tag{5.22}$$

实现方程 5.22 的计算复杂度类似于 $N^T T$，为了减少计算量，我们使用了前向算法 9。

算法 9　前向算法

输入：$a_{ij}, b_{jk}, V^T, \alpha_j(0)$

输出：$P(V^T|\theta)$

（1）初始化：$t \leftarrow 0, a_{ij}, b_{jk}, V^T$

（2）计算前向概率。

（3）$\alpha_j(t) \leftarrow 0, t=0, j \neq$ 初始状态

（4）$\alpha_j(t) \leftarrow 1, t=0, j=$ 初始状态

（5）for 每个时间 t do

（6）$t \leftarrow t+1$

（7）$\alpha_j(t) \leftarrow \sum_i [\alpha_i(t-1) \times a_{ij}] \times b_{jkv(t)}$

（8）endfor//$t=T$

（9）对于终态，返回 $P(V^T|\theta) \leftarrow \alpha_0(T)$

5.2.3.2　状态序列解码

在此问题中，给定 V^T，且我们必须使用算法 10 找到最可能的隐藏状态序列。

算法 10　状态序列解码算法

输入：$a_{ij}, b_{jk}, V^T, \alpha_j(0)$

输出：最可能状态序列 S^T

（1）初始化：路径 $\leftarrow \{\quad\}, t \leftarrow 0, j \leftarrow 0$

（2）for 每个时间 t do

（3）$t \leftarrow t+1$

（4）for 每个时间 j do

---

(5) $j \leftarrow j+1$

(6) $\alpha_j(t) \leftarrow \sum_{i=1}^{N}[\alpha_i(t-1) \times a_{ij}] \times b_{jkv(t)}$

(7) endfor//$j=N$

(8) $\hat{j} \leftarrow argma\ x_j \alpha_j(t)$

(9) 将$\hat{S}_j$附到路径。

(10) endfor　　　//$t=T$

(11) 返回路径。

5.2.3.3　隐马尔可夫模型参数估计

为了训练隐马尔可夫模型，我们必须根据隐马尔可夫模型生成训练集中所有输出序列的可能性来优化 a 和 b，因为这将最大限度地提高隐马尔可夫模型正确识别新数据的几率。不幸的是，这是一个难题，它没有封闭式解决方案。最好的办法是从 a 和 b 的一些初始值开始，然后迭代地，通过重新估计 a 和 b 的值进行修改，直到某个停止准则。这种一般方法被称为估算最大值法(EM)。这种通用方法的一个流行实例是前向后向算法，也称为 Baum Welch 算法。算法 11 给出了详细的步骤。

算法 11　*Baum Welch* 算法

输入：S 状态集，符号集 V

输出：a_{ij}，b_{jk}

(1) 初始化$\leftarrow a_{ij}, b_{jk}, p_i, v$

(2) 计算前向概率。

(3) $\alpha_j(t) \leftarrow 0, t=0, j \neq$初始状态

(4) $\alpha_j(t) \leftarrow 1, t=0, j=$初始状态

(5) $\alpha_j(t) \leftarrow \sum_{j}[\alpha_i(t-1) \times a_{ij}] \times b_{jkv(t)}$ 否则

(6) 计算后向概率。

(7) $\beta_i(t) \leftarrow 0, \omega_i(t) \neq \omega_0, t \neq T$

(8) $\beta_i(t) \leftarrow 1, \omega_i(t) \neq \omega_0, t = T$

(9) $\beta_i(t) \leftarrow \sum_j [\beta_i(t+1) \times a_{ij}] \times b_{jkv(t+1)}$ 否则

(10) 计算 $v_{ij}(t) \leftarrow \dfrac{[\alpha_i(t-1) \times a_{ij} \times b_{jkv(t)}] \times \beta_j(t)}{P(v^T \mid \theta)}$

(11) 更新状态转换矩阵和发射矩阵。

(12) $a_{ij} = \leftarrow \dfrac{\sum_{t=1}^{T} v_{ij}(t)}{\sum_{t=1}^{T} \sum_{k} v_{ik}(t)}$

(13) $b_{jk} \leftarrow \dfrac{\sum_{t=1}^{T} \sum_{l} v_{jl}(t)_{v(t)=v_k}}{\sum_{t=1}^{T} \sum_{l} v_{jl}(t)}$

(14) 重复，直到收敛。

5.2.4 隐马尔可夫模型的局限性

(1) 状态数量的选择在理论上并没有正确的方法。在隐马尔可夫模型分类器中，并不一定意味着状态数量越多，性能越高；

(2) 下一阶段仅依赖于当前阶段。因此，该模型很难捕捉到观测变量之间的长期相关性。

5.3 基于隐马尔可夫模型的活动识别

人类活动可以被定义为一组随时间变化的姿势。在现实世界中，可以根据活动执行时的情况和活动类型，将人类活动分类为正常和异常。因此，我们必须定义一组在特定环境中可以称为正常活动的活动。在像机场这样人员密集的场景中，我们部署了大量安全摄像头。我们不能同时监控所有的摄像头。此外，一个人一次能集中精力看一个视频的最长时间是20min。一个人很有可能会因为人为的压力错误而错过一些不正常的活动。这就需要一个自动活动识别系统，减少人为错误，并提高机场、火车站和公交车站等各种重要场所的安全水平。

隐马尔可夫模型（HMM）可用于建模动态系统。因为活动可以被描述为一组随时间变化的姿势，因此它用于将人类活动进行分类。用于对人类活动进行分类的不同特征包括基于形状的特征、基于光流的特征和基于外观的特征。因为感兴趣区域的边缘对噪声较敏感，因此基于形状的特征对噪声更敏感。此特征集并非旋转不变。光流特征是基于速度的特征，是旋转不变的。为了获得最佳的分类，将这两个特征结合起来并用于训练目的。图5.6显示了一个基于隐马尔可夫模型的人类活动系统的方框图。利用该方法[32]，我们开发了以下五组活动的隐马尔可夫模型模型：飞奔、双手挥手、行走、跑步、弯曲。该方法采用多帧平均方法进行背景提取，并结合基于光流和基于形状的特征进行人类活动识别。

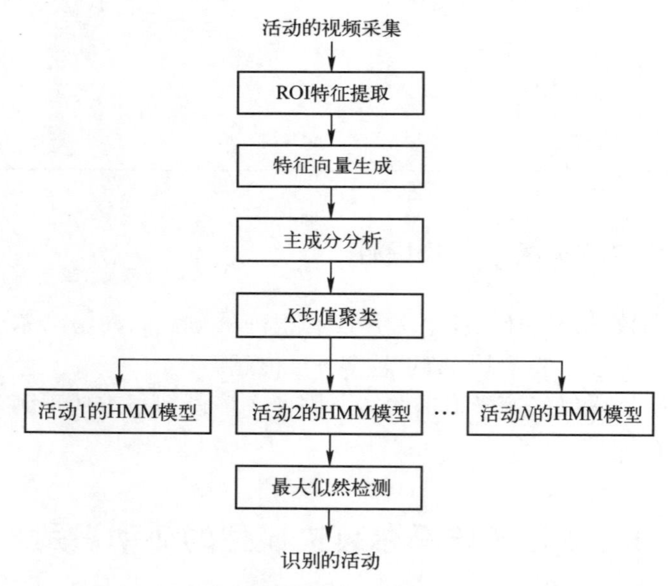

图5.6　基于隐马尔可夫模型的人体活动系统

5.3.1　基于形状的特征

首先，提取视频帧并转换为灰度图像。背景提取采用多帧平均法。然后从视频帧中剔除背景，得到前景提取。再根据质心点，从视频帧中分割 ROI（感兴趣区域），使用 Canny 边缘检测器提取边缘。最后计算从质心到边缘的距离，并从中提取离散傅里叶变换（DFT）系数。因为最大能量集中在初始系数中，所以保留 20 个初始离散傅里叶变换点。采用主成分分析（PCA）来减少特征向量的维数。

5.3.1.1　离散傅里叶变换

离散傅里叶变换（DFT）将时域信息转换为频域信息。所得到的系数是复数，称为离散傅里叶变换的系数。该函数通常在软件和硬件中使用快速傅里叶变换（FFT）算法来实现。数学上的离散傅里叶变换可表示为

$$X(K)=\sum_{n=0}^{N-1}x(n)\exp^{-\frac{2\pi kn}{N}} \tag{5.23}$$

保留 20 个初始离散傅里叶变换系数，并删除其他系数。

5.3.1.2　主成分分析

这是一种识别数据集中相同点和不同点的方法。一旦发现了相似性，数据就可以被压缩为低维数据。

主成分分析的步骤：

(1) 从各种来源收集信息；

(2) 从所有点减去平均值，使数据成为零均值数据；

(3) 计算协方差矩阵；

(4) 计算协方差矩阵的特征值和特征向量；

(5) 根据特征值的递减顺序对特征向量进行排序；

(6) 保留最高特征值的特征向量，拒绝较低的成分。

因为有些成分可以保留，有些成分可以忽略，这将导致降低维度。在这种情况下，主成分分析应用于 20 个离散傅里叶变换系数，保留初始的 8 个主成分分析成分，其他成分被拒绝。这形成了一个 8×8 的低维特征集。

5.3.1.3　*K* 均值聚类

K 均值聚类是一种常用的聚类算法，它将数据划分为具有最近均值点的若干段。这里的 *K* 表示要创建的聚类的数量。该算法的步骤可描述如下：

(1) 选择 *K* 个初始聚类；

(2) 计算所有观测到每个质心的点到簇的距离；

(3) 将每个观测结果分配给最近质心的聚类；

(4) 重新计算每个聚类的质心；

(5) 重复 2 到 4，直到质心不再变化。

在此情况下，*k* 均值用于为给定的特征集生成符号序列。此符号序列用于

训练隐马尔可夫模型模型。

5.3.2 基于光流的特征

基于形状的特征取决于 ROI，且并非旋转不变。随着一个人的方向发生变化，形状就会改变，特征也会改变。因此，为了使系统旋转不变且更有效，除了基于形状的特征外，该特征集中还包含了基于光流的特征。采用 Lucas Kanade 光流法计算物体的速度。

5.3.2.1 Lucas Kanade 光流法

Lucas Kanade 法是最流行的光流估计方法。这里，假设光流在所考虑的像素的局部邻域为恒定不变。通过结合多个附近像素的信息，Lucas Kanade 法通常可以解决光流方程固有歧义问题。该方法对图像噪声的敏感性低于逐点方法。局部光流速度矢量 v_x，v_y必须满足以下方程：

$$I_x(q_1)\times v_x+I_y(q_1)\times v_y=-I_t(q_1) \tag{5.24}$$

上述方程可以用以下形式表示

$$\boldsymbol{A}\times\boldsymbol{V}=\boldsymbol{b} \tag{5.25}$$

式中：

$$\boldsymbol{A}=\begin{bmatrix} I_x(q_1) & I_y(q_1) \\ \vdots & \vdots \\ I_x(q_n) & I_y(q_n) \end{bmatrix}$$

$$\boldsymbol{b}=\begin{bmatrix} -I_t(q_1) \\ \vdots \\ -I_t(q_n) \end{bmatrix}$$

$$\boldsymbol{V}=\begin{bmatrix} v_x \\ v_y \end{bmatrix}$$

式中：I_x和 I_y是一个图像在 x 和 y 方向上的偏导数。此解决由以下方程得出：

$$\boldsymbol{V}=(\boldsymbol{A}^{\mathrm{T}}\times\boldsymbol{A})^{-1}\times\boldsymbol{A}^{\mathrm{T}}\times\boldsymbol{b}$$

$$\begin{pmatrix} v_x \\ v_y \end{pmatrix}=\begin{pmatrix} \sum_i I_x(q_i)^2 & \sum_i I_x(q_i)\times I_y(q_i) \\ \sum_i I_y(q_i)\times I_x(q_i) & \sum_i I_y(q_i)^2 \end{pmatrix}\times\begin{pmatrix} -\sum_i I_x(q_i)\times I_t(q_i) \\ -\sum_i I_y(q_i)\times I_t(q_i) \end{pmatrix}$$

矩阵 $\boldsymbol{A}^{\mathrm{T}}\times\boldsymbol{A}$ 通常被称为图像的结构传感器。

5.3.2.2　光学特性

基于光流的特征包括：

（1）在 x 和 y 方向上的速度；

（2）流的流向；

（3）涡量；

（4）散度；

（5）梯度张量特征；

（6）总的 x 和 y 的速度。

散度

这是一个标量。在数学上，它可以表示为

$$f(x,t)=\frac{\partial u(x,t_i)}{\partial x}+\frac{\partial v(x,t_i)}{\partial y} \tag{5.26}$$

它是在 x 和 y 方向上速度的偏导数的求和。散度的物理意义在于它捕获了在流体中发生的膨胀量。在此，运动概念具有全局性，代表一个独立的身体部位的运动。

涡量

这是一个围绕垂直于流场平面的轴的局部自旋的度量。它代表了流中的刚度，并且在表示身体中的局部运动时很有用。在数学上，它可以表示为

$$f(x,t)=\frac{\partial v(x,t_i)}{\partial x}-\frac{\partial u(x,t_i)}{\partial y} \tag{5.27}$$

梯度张量特性

流场中存在的小比例结构称为涡流，可以用较大的速度梯度表示。

$$\partial u(x,t_i)=\begin{pmatrix}\dfrac{\partial u(x,t_i)}{\partial x} & \dfrac{\partial u(x,t_i)}{\partial y}\\ \dfrac{\partial v(x,t_i)}{\partial x} & \dfrac{\partial v(x,t_i)}{\partial y}\end{pmatrix}$$

$$R(x,t_i)=-\det\left(\partial u(x,t_i)\right)$$

5.3.3　实现和结果

隐马尔可夫模型用于建模时间顺序活动。Baum Welch 算法用于训练目的。一旦对分类器进行训练，就通过从视频中提取特征，并基于最大似然估计对视频进行分类，对测试视频进行测试。在此，我们为五种不同的活动设计了一个隐马尔可夫模型模型：弯曲、拳击、拍手、挥手和行走。状态转换矩阵如表 5.2 所示。具体的不同活动状态下的状态转换矩阵表分别如表 5.2（a）~

表5.2（e）所示。其中，弯曲活动的训练状态转换矩阵如表5.2（a）所示，拳击活动的训练状态转换矩阵如表5.2（b）所示，拍手活动的训练状态转换矩阵如表5.2（c）所示，挥手活动的训练状态转换矩阵如表5.2（d）所示，步行活动的训练状态转换矩阵如表5.2（e）所示。实现的总体准确率为90%。由于基于光流和基于形状的特征的融合，发现这些应用技术是尺度和方向不变的。光学特征是方向不变的，提取的形状特征被归一化，使其尺度不变。成功识别的片段的快照如图5.7所示。

表5.2　状态转换矩阵

表5.2（a）　弯曲

0.2155	0.7845	0	0
0	0.2154	0.7846	0
0	0	0.9373	0.0627
0	0	0	1

表5.2（b）　拳击

0.5	0.5	0	0
0	0.6586	0.3414	0
0	0	0.9782	0.0218
0	0	0	1

表5.2（c）　拍手

0.3484	0.6516	0	0
0	0.3484	0.6516	0
0	0	0.9787	0.0213
0	0	0	1

表5.2（d）　挥手

0.5753	0.4247	0	0
0	0.5753	0.4247	0
0	0	0.9792	0.0208
0	0	0	1

表 5.2（e）　行走

0.8571	0.1429	0	0
0	0	1	0
0	0	0.9056	0.0944
0	0	0	1

图 5.7　基于隐马尔可夫模型的活动识别
（a）弯曲；（b）拳击；（c）步行；（d）拍手；（e）挥手。

5.4　基于动态时间规整的活动识别

对于人类活动识别，动态时间规整（DTW）凭借其在应对执行动作时的速度和样式的变化中的出色表现而得到广泛应用。动态时间规整将应用于从骨骼关节运动中创建的特征向量。此外，微软 Kinect 等廉价的深度传感器的快速发展为活动识别应用的实时身体追踪提供了更高的准确性。因此，为了提高识别率，将使用 Kinect 创建一个数据集，在三维真实坐标系中恢复人体关节、身体部位信息。使用著名的支持向量机（SVM）分类器将某些人类动作分为行走、踢脚、打拳和握手。该方法的方框图如图 5.8 所示。

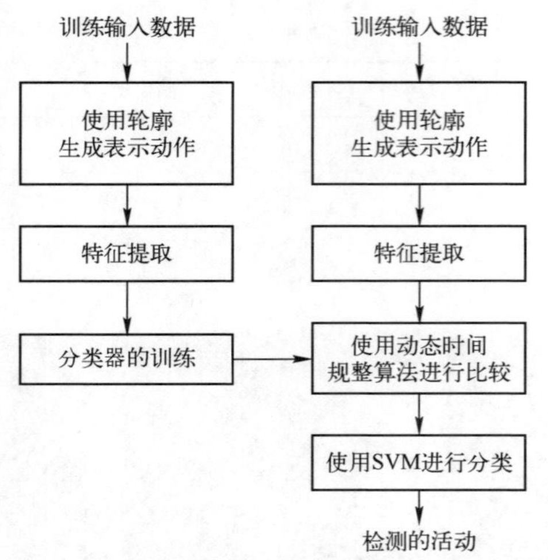

图 5.8　基于动态时间规整的活动识别方框图

5.4.1　什么是动态时间规整?

在时间序列分析中，动态时间规整是通过测量可能会随速度而变化的两个时间序列之间的相似性来检测模式的著名算法之一。例如，使用动态时间规整可以检测到跑步时的相似性，即使一个人跑得比另一个人要快。动态时间规整凭借其在测量时间序列之间的相似性方面的精确度和高效性，越来越受欢迎。在动态时间规整中，通过迭代地规整时间轴，对两个序列对应的两个特征向量进行对齐，直到找到两个序列之间的最佳匹配。这两个序列之间的最佳对齐通过使它们之间的总体距离最小的弯曲路径给出。总距离涉及到找到所有可能的路线，并为每条路线计算总距离。总距离是路径上单个元素之间的距离之和除以加权函数之和的最小值。加权函数用于归一化路径长度。

动态时间规整使用动态规划作为工具，分别在长度为 m 和 n 的两个时间序列内产生 $O(m\times n)$ 多项式时间内的最优规整路径。

$$A=(a_1,a_2,\cdots,a_i,\cdots,a_m)$$
$$B=(b_1,b_2,\cdots,b_j,\cdots,b_n)$$

首先，利用这两个时间序列计算局部距离矩阵。

$$\text{Distance-matrix}(i,j)=|A_i-B_j| \tag{5.28}$$

然后，通过估计 X 和 Y 的所有元素的成本矩阵，生成一个局部成本矩阵 $\boldsymbol{C}$。从成本矩阵中获取最小成本规整路径（最小距离）。

一个规整路径是一个序列 $\boldsymbol{W}=(w_1,w_2,\cdots,w_{|w|})$，其中，对于 $k\in\{1,2,\cdots,|w|\}$，$w_k=c(a_k,b_k)$，满足以下条件：

（1）边界条件：两个时间序列的开始符号和结束符号相互对齐，$w1 = c(a1, b1)$，$w|w| = c(am, bm)$；

（2）单调性条件：这些符号以单调非递减顺序对齐；

（3）连续性条件：不需要跳过任何观测符号；

这就导致了一个总体代价函数 $C(W) = \sum \omega_k$，$k = 1$ 到 $k = |w|$，函数 $C(W)$ 表示两个序列 X 和 Y 之间的所有可能的规整路径。动态时间规整算法用于寻找给出两个序列之间最小距离度量的规整路径。

5.4.2　实现

基于动态时间规整的活动识别[53]使用的步骤如下：

（1）来自深度摄像头的每一帧都被视作一个特征向量；

（2）对于一个给定的视频序列，帧被转换为一系列特征向量；

（3）每个身体部位的关节方向用于构建一个特征向量。对视频中所有帧计算连续帧中各个关节之间的距离。这些距离被视作该活动的一个特征向量；

（4）为了进行动作识别，使用动态时间规整方法将被测试视频的特征向量与已定义的动作列表进行比较。然后使用支持向量机进行分类。

图 5.9 显示了使用视频中行走、踢腿、打拳和握手活动的所有帧的身体的关节坐标生成的逐帧骨架。

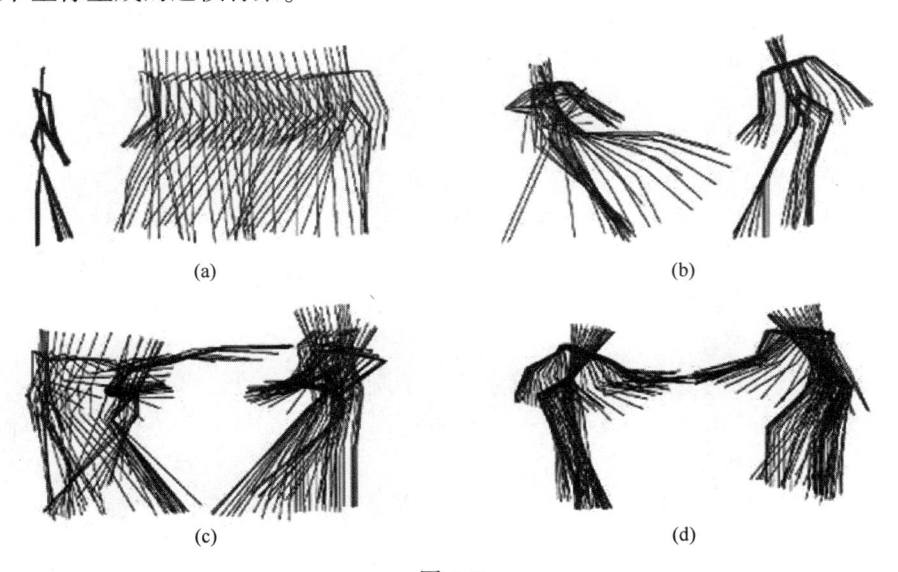

图 5.9

（a）行走；（b）踢腿；（c）打拳；（d）握手。

5.5 异常活动识别

人类进行各种类型的活动。这些活动根据具体情况被分为正常活动或异常活动。来自不同摄像头的视频数据包含执行不同活动的不同数量的人。在一个给定的场景中的人数是人类活动识别系统的一个重要参数。接下来，车辆也可以代表人类在道路上执行不同的活动。识别异常活动，以控制流量。随着视频中人数的增加，个别人的活动很难识别。在这种情况下，识别整个群体的活动，集散流动就是这类活动的一个例子。

在人类活动识别问题中，相互作用可以进行分类，如下：

（1）单人或无互动；

（2）少人互动；

（3）密集人群互动；

（4）人车互动；

（5）人与设施互动；

（6）密集人群与设施互动。

1. 单人或无互动

是指一个人可能与环境互动或不互动的场景。几乎不会发生遮挡情况，因为与任何其他人没有互动，可以用简单的轨迹分析来进行行为预测。此问题最简单。单人活动的例子包括站着、闲逛、慢跑、打电话、非法侵入、偷窃和玩耍。

2. 少人互动

是指一对或一组人互动或与环境互动的场景。由于少数人参与互动，因此可能会出现遮挡。因此，行为预测的轨迹分析变得困难。这些例子包括握手、换东西、玩耍、打架、攻击。图5.9（b）、（c）和（d）显示了属于此类别的脚踢动作、打拳动作和握手活动。

3. 密集人群互动

是指人群拥挤或交通拥挤的场景。由于遮挡严重，在这些场景中，几乎不可能使用轨迹分析进行行为预测。在这种情况下，就会按人头进行人数统计。

4. 人车互动

此类互动指的是开车、下车、上车、酒后驾驶、破坏车辆等场景。

5. 人与设施互动

在此类互动中，可以对与位置或设施互动的人进行建模。这类互动的例子包括一个人在银行、电梯、自动取款机和检查站的行为。在这种情况下，任何异常行为都可被视为可疑行为。

6. 密集人群与设施互动

这类情况非常复杂，这类例子包括乘客下火车或上火车，沿着站台活动，或在地铁中活动。

5.6　智能人类活动识别所面临的挑战

迄今为止，已经提出了多种关于人类活动识别的技术。但许多技术只适用于特定的数据集，而在更复杂、更庞大的数据集中未能实现类似的效果。监控系统所面临的一些挑战包括：

（1）由于照明变化、摄像头移动、动作高速执行、背景复杂，导致视频质量差；

（2）如何处理遮挡和阴影；

（3）识别人类活动需要有高度辨别性的特征；

（4）特征应独立于视点，否则，监视系统的性能会随着视点的变化而受到影响；

（5）罪犯可以通过伪装成执行正常的活动来欺骗监视系统的算法；

（6）必须从不受约束背景的视频中提取许多噪声源，如树叶摇晃；

（7）面积非常大的区域，如边界区域、操场和道路广场，不能用单台摄像头监控。需要部署一个相互协调并共享信息的摄像头网络。方向不同但视场重叠的摄像头提供的视频数据可能有不同的照明或背景。因此，需要正确地组合多视角信息。

5.7　小　　结

本章讨论了人类活动识别的各种方法。讨论了运动历史图像的概念和基于运动历史图像的活动识别的概念。通过详细介绍实现方法，展示了 Hu 矩的重要性。深入讨论了基于隐马尔可夫模型的活动识别方法，并详细介绍实现方法。还有其他的分类器，如贝叶斯信念网络[40]和基于支持向量机的分类器，它们也可以用于活动识别。检测到的人类活动可分为正常或异常活动。本文还讨论了基于动态时间规整的活动识别方法，该方法在应对执行动作时的速度和样式的变化中拥有出色的表现。动态时间规整将应用于从骨架关节的运动中创建的特征向量。

第 6 章 视频目标跟踪

6.1 简 介

6.1.1 什么是视频目标跟踪?

视频目标跟踪是使用摄像机估算移动目标随着时间变化的位置的过程。跟踪创建目标在场景中移动时在图像平面上的轨迹。跟踪器可以为视频的不同帧中的移动目标分配一个一致的标签。跟踪器还可以提供有关移动目标的额外信息，如方向、区域和形状。然而，因为将三维世界投影到二维图像上，遮挡、噪声、照明变化和复杂的目标运动会导致信息丢失，所以这是一项具有挑战性的任务。此外，大多数应用都有实时处理需求，这也是一项挑战。视频跟踪用于人类活动识别、人机交互、视频监控、视频通信、视频压缩、交通控制和医疗成像。随着自动化视频分析的需求不断增加，在目标跟踪领域进行了大量的研究[22]。

6.1.2 跟踪挑战

由于视频包含了大量的数据，所以视频目标跟踪是一个耗时的过程。此外，对于跟踪目标，需要从视频帧中识别该目标。目标可能会在后续的视频帧中改变形状、大小、位置和方向，所以目标识别也是一个具有挑战性的问题。当目标相对于帧率高速移动时，视频跟踪可能特别困难。对于这些情况，通常会开发一个运动模型，描述目标将如何移动到连续帧中的不同位置。在过去的几十年里，已经引入了各种算法和方案，这些内容将在本章中进行讨论。

由于图 6.1 中提到的几个挑战，算法的性能发生了变化。其中一个主要的挑战是，当背景看起来类似于感兴趣的目标或出现在场景的其他目标时。这种现象被称为杂乱。另一种挑战是由于传感器噪声、目标姿态、场景中的照明变化或遮挡而导致的外观变化。由于该目标正在移动，因此该目标的外观可能会改变其在视频帧平面上的投影。此外，在视频采集过程中会在视频信号采集期间引入一定量的噪声。有时，移动的目标可能会被遮挡场景中存在的其他物体后面。在这种情况下，该视频目标跟踪器可能无法观察到感兴趣的目标。

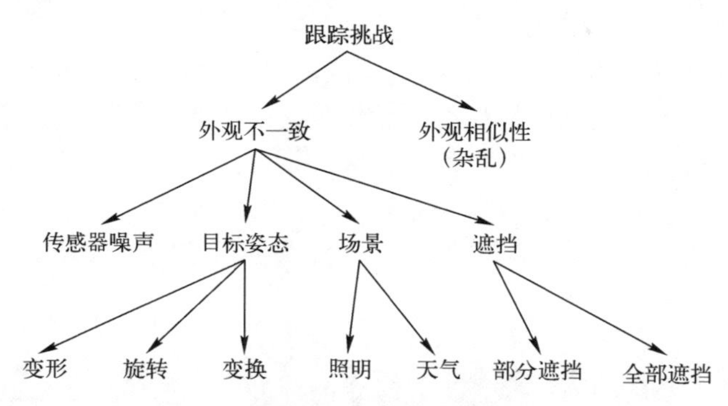

图 6.1　视频目标跟踪中面临的主要挑战

6.1.3　视频目标跟踪系统的步骤

在开发任何算法的过程中，我们都需要有合适的目标表示、正确的特征和良好的跟踪算法。在算法 12 给出跟踪的一般步骤。视频跟踪包括识别目标并正确地标记它。跟踪系统的主要步骤如下：

（1）背景识别；

（2）前景目标检测；

（3）目标标签；

（4）处理遮挡问题。

算法 12　视频目标跟踪算法

输入：输入视频序列。

输出：输出带轨迹的视频序列。

（1）从初始帧中选择一个特征。

（2）选择一个特征空间。

（3）将模型表示在所选的特征空间中。

（4）在当前帧的目标位置周围选择一个 ROI。

（5）基于相似度函数找到最相似的候选目标，然后标记其质心。

（6）对视频中的所有帧重复此操作。

6.1.3.1 背景识别

识别背景使用的方法很多。其中一种方法是基于高斯混合模型（GMM）。高斯混合模型是一个参数概率密度函数。它表示为高斯分量密度的加权和。高斯混合模型可以用于建模目标的颜色，这将有助于执行实时基于颜色的目标跟踪。通过使用基于高斯混合模型的背景模型，从视频中删除帧像素，以实现所需的跟踪。它的缺点在于，如果前景目标的运动要少得多，最开始会将其视为背景目标。如图 6.2 所示，可以注意到，当人类静止相当一段时间时，它们最终成为不断更新的背景的一部分，且跟踪停止。当他们再次开始移动时，跟踪就会继续。

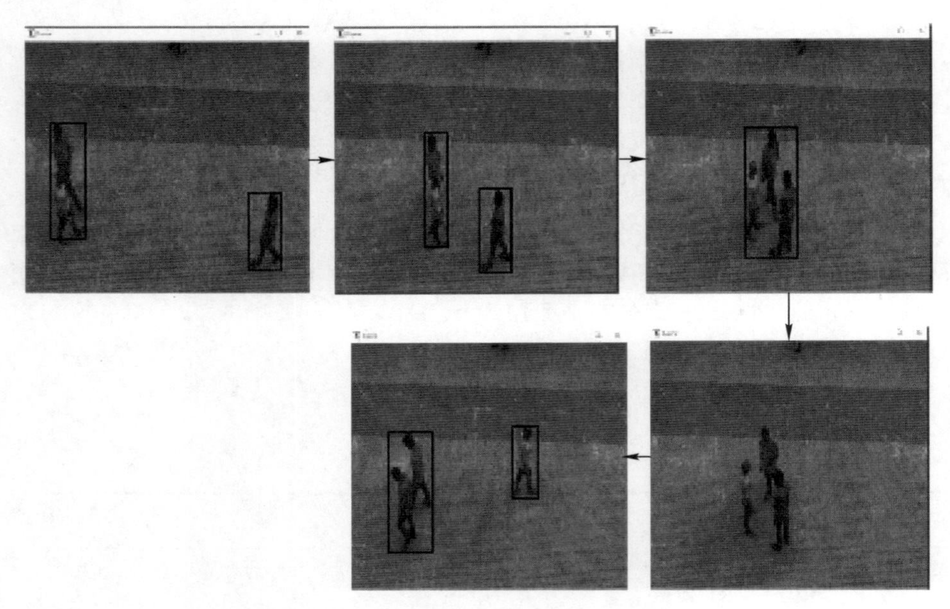

图 6.2　基于高斯混合模型的背景建模

6.1.3.2 前景目标检测

可以通过从当前帧中减除背景帧来提取前景目标。首先，将背景帧从彩色帧转换为灰度图像。然后从灰度当前帧中减除灰度背景图像。接着使用适当的阈值将此图像转换为二值图像。最后对二值图像进行侵蚀和扩张等形态学运算，以去除噪声。在输出图像中，白色表示前景目标，黑色表示背景。

6.1.3.3 目标标签

识别前景目标后，应为这些目标分配标签。为此，将识别目标周围的轮廓。根据某些标准，如提取的目标的轮廓，在后续帧中分配标签。

6.1.3.4　处理遮挡问题

当一个前景目标在另一个目标的后面时，我们就看不到它。此问题称为遮挡问题。在视频目标跟踪中，遮挡显著破坏了任何跟踪算法的性能。卡尔曼滤波器通过使用位移、速度和加速度等动态特征来预测被遮挡目标的路径来处理此问题。如果多个目标具有相似的特征，那么卡尔曼滤波器就无法区分不同的目标。

6.2　卡尔曼滤波器

6.2.1　什么是卡尔曼滤波器?

卡尔曼（Kalman）滤波器是一种使用测量数据来估计系统状态的最优递归数据处理算法。它主要是由匈牙利工程师 Rudolf · Kalman 提出。就像贝叶斯理论一样，在预测未来事件时，不仅要利用我们当前的经验，还要利用我们过去的知识。有时过去的知识可以让我们对事情应该如何发展有一个非常清晰的模型。卡尔曼滤波器是这类系统的一个经过优化的定量表达式。通过将世界的期望模型与先验信息和当前信息最优地结合起来，卡尔曼滤波器准确地估算事情将如何随时间的变化。该算法可分为两步：

（1）第一步是预测系统的状态；

（2）第二步使用有噪声的测量值来细化对系统状态的估算。

卡尔曼滤波器主要用于目标跟踪。它们更适合于运动模型已知的目标。与此同时，他们还融入附加信息，从而更有力地揭示了下一个目标的位置。使用卡尔曼滤波器的主要目标如下：

（1）预测目标的未来位置；

（2）减少因检测不准确而引起的噪声；

（3）将多个目标与它们的轨迹关联起来。

6.2.2　卡尔曼滤波器是如何工作的?

考虑一个容易出现误报的不完美检测器。这意味着检测器可能无法每次都能检测到目标。此缺陷进一步意味着，它无法为我们提供确切的位置和尺度。此外，该检测器的执行成本非常昂贵。

假设想要跟踪单个移动的目标。为了能够稳健地跟踪目标，一旦检测到该目标，我们就必须充分利用有关它的信息。检测器给出目标的位置。

（1）目标运动模型。

为了预测目标的下一个位置，我们需要一个目标运动模型，如恒速运动和恒速加速度运动。

（2）测量噪声。

检测器的缺陷意味着目标位置会有噪声，通常称为测量噪声。

（3）过程噪声。

所选的运动模型在预测目标运动时也会有噪声。这称为过程噪声。

为了预测下一个目标位置，考虑有三个参数：目标运动模型、测量噪声和过程噪声。因此，目标将被有效地重新检测到，我们可以处理目标遮挡。

6.2.3 卡尔曼滤波器循环

卡尔曼滤波器基本上可以传播和更新高斯分布及其协方差。它首先借助状态转换（例如，运动）模型来预测下一个状态。接下来是在校正阶段的噪声测量信息。然后重复此循环。

步骤1：初始状态。

在此，我们陈述了位置和速度的初始状态值，以及描述初始不确定性的高斯协方差矩阵，以开始跟踪过程。

步骤2：预测。

在这一步中，预测下一个状态，同时更新目标状态的不确定性，即状态预测和协方差预测。我们使用状态转换矩阵和过程噪声协方差来预测下一个状态。

步骤3：正确。

在卡尔曼滤波器更新中，基于有噪声的测量信息进行校正。卡尔曼增益（K）指定我们对预测与实际测量的关注程度。

6.2.4 卡尔曼滤波器的基本理论

卡尔曼滤波器算法是其中一个点跟踪算法。它使用状态空间方程和测量方程进行跟踪。因此，使用卡尔曼滤波器的目标跟踪使用预测和修正方程。首先，预测目标的位置，然后在下一帧中，使用测量公式对预测的位置进行修正，并得到更好的目标位置估算。

6.2.4.1 预测方程

$$\begin{gathered} \boldsymbol{x}_k=\boldsymbol{F}_{k-1}+\boldsymbol{B}_k\boldsymbol{u}_k+\boldsymbol{w}_k \\ \boldsymbol{P}_k=\boldsymbol{F}_k\boldsymbol{P}_{k-1}\boldsymbol{F}_k^{\mathrm{T}}+\boldsymbol{Q}_k \end{gathered} \tag{6.1}$$

式中：$\boldsymbol{x}_k$是当前状态；$\boldsymbol{P}_k$是应用每个系统状态变量（例如，速度、位置）效应的状态转换矩阵；$\boldsymbol{B}_k$是应用每个控制输入参数（如加速度、力）的效应的控制输入矩阵；$\boldsymbol{u}_k$是包含任何控制输入（例如，加速度、力）的矢量；$\boldsymbol{Q}_k$是外部噪点的协方差矩阵；$\boldsymbol{w}_k$是一种加性高斯白噪声。

为了启动卡尔曼滤波器预测方程，我们必须选择动态系统的系统模型（即恒速模型、恒定加速度模型）和相关的状态变量。恒速和恒加速度模型的预测方程如下。

1）恒速模型

恒速模型的预测方程采用如下方程表示：

$$\boldsymbol{x}_k=\begin{pmatrix}p_k\\v_k\end{pmatrix}=\begin{bmatrix}1 & \Delta t\\0 & 1\end{bmatrix}=\boldsymbol{F}_k\boldsymbol{x}_{k-1} \tag{6.2}$$

所以，$u_k=0$，因为没有加速度或力等外部影响。

$$\boldsymbol{P}_k=\mathrm{cov}(x_k)=\boldsymbol{F}_k\boldsymbol{P}_{k-1}\boldsymbol{F}_k^{\mathrm{T}} \tag{6.3}$$

这些预测方程基于运动学的基本定律，如下所示：

$$\begin{cases}P_k=P_{k-1}+\Delta t v_{k-1}+1/2a\Delta t^2\\v_k=v_{k-1}+a\Delta t\end{cases} \tag{6.4}$$

式中：P_k和v_k是时间后的位置和速度。

2）恒定加速度模型

恒定加速度模型的预测方程的表示如下

$$\begin{cases}\boldsymbol{x}_k=\boldsymbol{F}_{k-1}\boldsymbol{x}_{k-1}+\boldsymbol{B}_k\boldsymbol{u}_k+\boldsymbol{w}_k\\\boldsymbol{P}_k=\boldsymbol{F}_k\boldsymbol{P}_{k-1}\boldsymbol{F}_k^{\mathrm{T}}+\boldsymbol{Q}_k\end{cases} \tag{6.5}$$

式中：$\boldsymbol{F}_k=\begin{bmatrix}1 & \Delta t\\0 & 1\end{bmatrix}$，$\boldsymbol{B}_k=\begin{pmatrix}\Delta t^2/2\\\Delta t\end{pmatrix}$，$\boldsymbol{Q}_k$是外界噪声的协方差矩阵。这些方程基于基本的运动学方程，并给出如下：

$$\begin{cases}\boldsymbol{P}_k=\boldsymbol{P}_{k-1}+\Delta t v_{k-1}+1/2a\Delta t^2\\v_k=v_{k-1}+a\Delta t\end{cases} \tag{6.6}$$

3）二维目标的预测方程

二维目标的预测方程与一维目标的预测方程相似。在此，状态方程同时包含状态变量的水平和垂直分量。

$$\boldsymbol{X}=\begin{bmatrix}x\\y\\x'\\y'\end{bmatrix},\quad \boldsymbol{F}_k=\begin{bmatrix}1 & 0 & \Delta t & 0\\0 & 1 & 0 & \Delta t\\0 & 0 & 1 & 0\\0 & 0 & 0 & 1\end{bmatrix},\quad \boldsymbol{B}_k=\begin{bmatrix}\Delta t^2/2 & 0\\0 & \Delta t^2/2\\\Delta t & 0\\0 & \Delta t\end{bmatrix} \tag{6.7}$$

上述矩阵的计算基于以下运动学方程：

$$\begin{cases} \boldsymbol{x}_k = \boldsymbol{x}_{k-1} + \Delta t \boldsymbol{x}'_{k-1} + 1/2 \boldsymbol{x}''_{k-1} \Delta t^2 \\ \boldsymbol{y}_k = \boldsymbol{y}_{k-1} + \Delta t \boldsymbol{y}'_{k-1} + 1/2 \boldsymbol{y}''_{k-1} \Delta t^2 \\ \boldsymbol{x}'_k = \boldsymbol{x}'_{k-1} + \boldsymbol{x}'_{k-1} \Delta t \\ \boldsymbol{y}'_k = \boldsymbol{y}'_{k-1} + \boldsymbol{y}'_{k-1} \Delta t \end{cases} \tag{6.8}$$

6.2.4.2　更新公式

卡尔曼（Kalman）滤波器模型通过以下方程更新模型的状态变量：

$$\begin{cases} \boldsymbol{x}'_k = \boldsymbol{x}_k + \boldsymbol{K}'(z_k - \boldsymbol{H}_k x_k) \\ \boldsymbol{P}'_k = \boldsymbol{P}_k - \boldsymbol{K}' \boldsymbol{H}_k P_k \\ \boldsymbol{K}' = \boldsymbol{P}_k \boldsymbol{H}_k^{\mathrm{T}} (\boldsymbol{R}_k + \boldsymbol{H}_k \boldsymbol{P}_k \boldsymbol{H}_k^{\mathrm{T}}) \end{cases} \tag{6.9}$$

式中：$\boldsymbol{x}'_k$是更新后的状态矩阵；$\boldsymbol{K}'$是卡尔曼增益，取决于状态协方差矩阵 $\boldsymbol{P}_k$、传感器矩阵 $\boldsymbol{H}_k$ 和测量噪声 $\boldsymbol{R}_k$。卡尔曼增益是决定测量或预测是否更可靠的度量指标，它将更新后的值移到噪声较小的部分。卡尔曼滤波器的基本流程图如图 6.3 所示。详细的步骤见算法 13。

算法 13　卡尔曼滤波器的基础算法

输入：输入图像。

输出：输出带轨迹的图像。

（1）定义运动模型，即恒速模型，恒加速模型。

（2）定义运动模型的状态变量和状态矩阵。

（3）从运动学方程中找出 $\boldsymbol{F}_k$ 和 $\boldsymbol{B}_k$。设置 $\boldsymbol{Q}_k$ 矩阵的值。

（4）预测状态矩阵 $\boldsymbol{x}_k$ 及其协方差 $\boldsymbol{P}_k$。

（5）找出传感器矩阵 $\boldsymbol{H}_k$ 并设置测量噪声 $\boldsymbol{R}_k$ 协方差的小值。

（6）从步骤 4 和 5，找出卡尔曼增益（$\boldsymbol{K}'$）

（7）基于卡尔曼更新方程，更新状态矩阵 $\boldsymbol{x}_k$ 及其协方差 $\boldsymbol{P}_k$。

（8）将当前更新后的状态矩阵作为前一个状态矩阵，重复步骤 2~7。

6.2.4.3　测量方程

$$z_k = \boldsymbol{C} \boldsymbol{x}_k + n_k \tag{6.10}$$

式中：$\boldsymbol{C}$ 是测量矩阵。它用一个预定义的关系融合了所有的状态变量。测量矩阵 $\boldsymbol{C}$ 与传感器矩阵 $\boldsymbol{H}$ 相似。

$$(\mu_0, \Sigma_0) = (\boldsymbol{H}_k \boldsymbol{x}_k, \boldsymbol{H}_k P_k \boldsymbol{H}_k^{\mathrm{T}}) \tag{6.11}$$

式中：μ_0 和 Σ_0 是预测数据的预期均值和协方差。$\boldsymbol{H}$ 是类似于测量矩阵 $\boldsymbol{C}$ 的传感器矩阵。

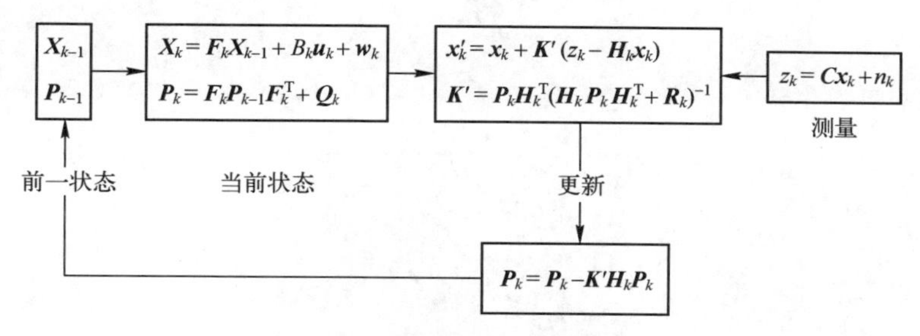

图 6.3　卡尔曼滤波器方框图

6.2.5　实现

卡尔曼滤波器是一个使用一系列不完整且有噪声的测量值来估算动态系统的状态的最优递归滤波器。其中一些应用包括控制、导航、计算机视觉和时间序列计量经济学。本示例说明如何使用卡尔曼滤波器来跟踪目标，并包含了以下内容：

（1）预测目标的未来位置；

（2）减少因检测不准确而引起的噪声；

（3）将多个目标与它们的轨迹关联起来。

在多目标跟踪过程中，会为每个新目标实例化一个新的卡尔曼滤波器。该过滤器用于预测目标在下一帧中的位置。在某个时间点，将提取的 ROI 列表与前一帧的预测目标列表进行比较。如果检测到合并目标，系统将无法检索一个新的观测向量，且卡尔曼滤波器只能使用以前的状态向量进行更新。只有当场景中目标的运动一致时，才能遵循这种方法，即速度是恒定的。如果所考虑的目标的加速度不是零，卡尔曼滤波器的预测误差增加，并导致实质性跟踪失败。图 6.4 和图 6.5 显示了我们在印度理工学院巴特那校园记录的视频数据中对人员的跟踪。如图所示 6.4（c）和（d），人员由于被遮挡而未被跟踪。为了解决这个问题，使用卡尔曼滤波器，其结果如图 6.5 所示。

(a) (b) (c)

(d) (e)

图 6.4　应用卡尔曼滤波器前的跟踪结果

(a) (b) (c)

(d) (e)

图 6.5　应用卡尔曼滤波器后的跟踪结果

6.3　基于区域的跟踪

在基于区域的跟踪中，图像部分的偏差用于跟踪移动目标。例如，使用互相关函数来检测车辆检测问题中的车辆斑点。运动部分可以通过背景减除来识别。M. Kilger[25]提出了此方法，用在实时交通监测系统，进行移动车辆检测。交通拥堵进一步造成了车辆遮挡问题。在许多研究方法中，像素值的高斯分布被用来建模人体和背景场景。然而，很难模拟一个人的身体部位，如头部和手。C. R. Wren 等人[62]提出了一种名为 pfinder（寻人）的实时系统，它解决了使用固定摄像头跟踪单人的问题。使用了从背景减除中得到的颜色和梯度信息的组合删除阴影。颜色线索被用来区分遮挡过程中的目标。一些研究人员提出了一种基于颜色的跟踪系统，而不是人体跟踪[46]。由于视觉部分取决于一个人的衣服的颜色，如果该群体中的两个人有相似穿着，跟踪器就无法识别。

6.4　基于轮廓的跟踪

基于轮廓的跟踪算法如图 6.6 所示，它使用移动和变形目标的边界轮廓来实现跟踪。首先，提取目标的轮廓。在后续帧中，系统会自动以视频速率勾画出目标的轮廓。它在许多领域都有很出色的应用，如自动监控、车辆跟踪和基于运动的识别。

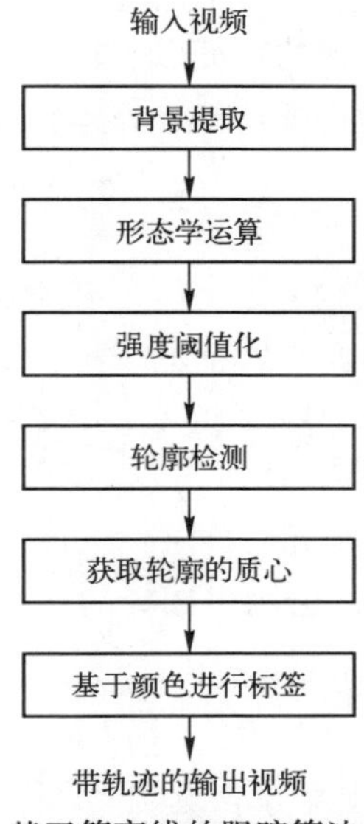

图 6.6　基于等高线的跟踪算法的流程图

6.5 基于特征的跟踪

它通过匹配图像之间特征来执行跟踪，通过从目标中提取元素并将其聚类为更高阶的特征，获取这些特征。这是一种非监督式跟踪算法。一般来说，基于特征的跟踪方法可以成功、快速地适应，以允许实时跟踪多个目标，基于特征的跟踪算法大致分类如下：

（1）基于全局特性的方法；

（2）基于局部特性的方法；

（3）基于依赖图的方法。

基于全局特征的方法使用诸如颜色、质心和周长等特征，而基于局部特征的算法使用诸如线段、曲线段和角顶点等特征。提取特征点后，对于给定帧中的特征点，算法会在下一帧中找到相应的点。为了找到相应的点，使用了方差和（SSD）准则，其中通过最小化方差和来计算位移。下一步是验证相应的点是否在哈里斯准则下给出了一个较大的值。如果它不满足阈值，我们将在目标点的一个小邻域中识别出一组候选的特征点，并重复上述过程。由于目标点消失，该算法可能不输出相应的点。它能够跟踪特征点和检测遮挡。

基于特征的跟踪算法必须首先假设一种形式来建模目标的运动。大多数时间使用主要集中于出现线性运动的区域的平移运动模型。随着运动的复杂性和几何变形的增加，需要使用其他复杂的模型，如仿射运动模型和组合运动模型。目标分割也用于隔离感兴趣的特征以进行跟踪。

基于特征的跟踪算法包括特征选择、方差和准则、塔式分解等。

6.5.1 特征选择

良好的特征是基于特征的算法工作所不可或缺的。在该算法中，将选择一个或多个帧中的候选特征。对于点特征的选择，最常见的算法是哈里斯角检测器。在此算法中，我们首先选择一个点 x，并使用在窗口 $W(x)$ 上计算的以下方程

$$C(x)=\det(\boldsymbol{G})+k\times\mathrm{trace}^2(\boldsymbol{G}) \tag{6.12}$$

计算该点的质量，k 是可以由用户选择的常数值。在此方程中，$\boldsymbol{G}$ 是一个 2×2 矩阵，由下式得出：

$$\begin{bmatrix} \sum I_x^2 & \sum I_x I_y \\ \sum I_x I_y & \sum I_y^2 \end{bmatrix}$$

式中：I_x和I_y是使用一对高斯滤波器的导数对图像 I 进行卷积得到的梯度。为了确保仅在窗口包含足够的纹理[41]时才显示特征，如果 $C(x)$超过某个阈值τ，则选择点 x 作为特征。一般来说，为了实现较高的跟踪效率，我们并不期望这些特征集在图像的一个小区域内。如果一个特定区域的特征点很多，可能会选择多个特征点，这可能导致跟踪效率低下。为了解决此问题，我们在两个选定的特征之间定义了一个最小空间 p。此最小空间将确保候选特征点是否与其他选定的特征点有足够的距离。

6.5.2　方差和准则

由于我们已经假设了一个简单的平移变形模型，为了跟踪一个点特征 x，我们在时间 $t+\tau$ 的帧上搜索新的位置 $x+\delta x$，该时间窗口与窗口 $W(x)$最相似。为了测量相似性，可以使用方差和（SSD）准则。它比较了以 t 时刻的位置（x，y）为中心的图像窗口 W 和以 $t+d_t$ 时刻的帧上的另一个新位置（$x+d_x$，$y+d_y$），其中该点可以在两帧之间移动。通过最小化方差和准则，得到了位移 d

$$E_t(d_x,d_y)=\sum\left[I(x+d_x,y+d_y,t+d_t)-I(x,y,t)\right]^2 \tag{6.13}$$

式中：下标 t 表示平移变形模型。计算位移 d 的另一种方法是计算每个位置的函数，并选择一个得出最小误差的函数。此构想由 Lucas 和 Kanade 在立体算法[49]的背景下提出。后来，Tomasi 和 Kanade[58]在一个更普遍的特征跟踪问题中对该算法进行了修改。

6.5.3　塔式分解

在图像处理中，采用多尺度分解来提高效率。一般而言，该算法的递归形式将信号分解为不同层次的信息。Simoncelli 和 Freeman [55]提出了一个可操纵的金字塔，以有效和准确地将图像线性分解成尺度和方向。J. Bouguet[63]提出了一种算法来实现 Lucas-Kanande 特征跟踪器的塔式图像尺度。利用参考文献［18］中提出的算法，通过对原始图像进行平滑和向下采样，构建了图像金字塔。例如，让 I_0成为原始图像和 I_{L-1}为 $L1$ 级的图像。第 L 级的图像的定义如下：

$$\begin{aligned}I^L(x,y)=&\frac{1}{4}I^{L-1}(2x,2y)+\frac{1}{8}(I^{L-1}(2x-1,2y)+I^{L-1}(2x+1,2y)+I^{L-1}(2x,2y-1)+\\&I^{L-1}(2x,2y+1))+\frac{1}{16}(I^{L-1}(2x-1,2y-1)+I^{L-1}(2x+1,2y+1)+I^{L-1}(2x-1,2y-1)+\\&I^{L-1}(2x+1,2y+1))\end{aligned} \tag{6.14}$$

对于给定的特征中心点 x，其在金字塔图像上的相应坐标计算为

$$x^L = \frac{x}{2^L} \tag{6.15}$$

然后我们计算金字塔图像每个层次上每个运动方向向量 $\boldsymbol{d}^L$。最后，我们可以将所有级别的运动向量 $\boldsymbol{d}$ 总结为

$$\boldsymbol{d} = \sum 2^L \boldsymbol{d}^L \tag{6.16}$$

选择一个小的跟踪窗口来保存图像中的细节和提高精度，而选择一个大的窗口来处理更大的运动和提高鲁棒性。因此，基于特征的跟踪器的一个重要问题是准确性和鲁棒性之间的权衡。金字塔实现的优点在于，当通过较小的积分窗口获得每个运动向量 $\boldsymbol{d}^L$ 时，整体位移向量 $\boldsymbol{d}$ 可以解释较大的像素运动，从而同时实现精度和鲁棒性。算法 14 解释了确保精度和鲁棒性的金字塔实现。

算法 14　基于特征的跟踪算法

输入：输入图像。

输出：输出带轨迹的图像。

（1）函数选择（图像 I）

（2）选择窗口 $W_I(x)$

（3）按如下方式计算 $\boldsymbol{G}$

（4）$\boldsymbol{G} = \begin{bmatrix} \sum I_x^2 & \sum I_x I_y \\ \sum I_x I_y & \sum I_y^2 \end{bmatrix}$

（5）计算阈值 τ

（6）按 $C(x)$ 降序进行 x 排序。

（7）***if*** $C(x_i) > \tau$ ***then***

（8）***if*** $x_i - y_j > \rho$ ***then***

（9）将 x_i 作为特征点

（10）***end if***

（11）***end if***

（12）函数跟踪(x)

(13) 构建图像 k 层级的金字塔

(14) ***for*** 每个层级 k ***do***

(15) 对于图像对(I_1^k, I_2^k)，$d^k=-G^{-1}b$

(16) 通过规整下一层级图像 $I^{(k-1)}2(x)$，使窗口 $W(x)$移动 $2\boldsymbol{d}^k$

(17) $d=\boldsymbol{d}+2\boldsymbol{d}^k$

(18) $k=k-1$

(19) ***end for***

(20) 按如下方式计算 $C(x)$

(21) $C(x)=\det(\boldsymbol{G})+k\times\mathrm{trace}^2(\boldsymbol{G})$

(22) ***if*** $C(x_i)>\tau$ ***then***

(23) $x_i=x_{i+1}$

(24) ***else***

(25) 在图像 I_2的跟踪窗口 $W_2(x)$中找出所有候选特征。

(26) 应用 *SSD* 标准。

(27) ***if*** $\min(SSD)<\tau_e$ ***then***

(28) $x_i=x_{i+1}$

(29) ***else***

(30) 返回空值。

(31) ***end if***

(32) ***end if***

6.6　基于模型的跟踪技术

为了获得观测者的位置和姿态，如果我们知道环境的模型，则使用基于模型的跟踪。它在增强现实和机器人导航系统中都有应用。基于模型的跟踪使用场景中的三维目标来估计摄像头的姿态。它依赖于场景中的自然目标。基于模型的跟踪可以分为递归跟踪和检测跟踪两类。

在递归跟踪中，使用之前的摄像头姿态来估算当前摄像头姿态，通过检测跟踪在没有任何先验知识的情况下计算当前姿态，因此计算成本昂贵，对处理能力要求高。

6.7 KLT 跟踪器

Kanade-Lucas-Tomasi 跟踪器是一个特征跟踪器，通常被称为 KLT 跟踪器。此跟踪器基于 Lucas 和 Kanade[48] 的早期工作，由 Tomasi 和 Kanade[58] 完全提出，并由 Shi 和 Tomasi[54] 的论文中清楚地解释。KLT 使用空间强度信息在下一帧中搜索最佳匹配的位置的信息。它比寻找图像之间的潜在匹配的传统技术更快。KLT 基于 Harris 角检测器，是一个查找图像特征的数学算子。它计算简单，并且对旋转、刻度和照明的变化不变。算法 15 中解释了简单的 KLT 跟踪器。图 6.7（a）显示了眼睛和头部运动等小运动的 KLT 结果，图 6.7（b）显示了行走视频序列上的 KLT 跟踪器的结果。该算法的目标是将模板图像 $T(x)$ 与输入图像 $I(x)$ 相匹配。$I(x)$ 也可以是图像中的一个小窗口。

算法 15：简易 KLT 跟踪算法

输入：输入图像。

输出：输出带轨迹的图像。

（1）检测第一帧中的 Harris 角。

（2）对于各 Harris 角，计算连续帧之间的运动。

（3）联系连续帧的运动矢量，获取对每个 Harris 点的跟踪。

（4）通过在一些帧（即 15 帧）后应用 Harris 检测器，引入新的 Harris 点。

（5）使用步骤 1 到 3 跟踪新旧 Harris 点。

允许规整的数据集为 $\boldsymbol{W}(x;\boldsymbol{p})$，其中 $\boldsymbol{p}$ 是参数的向量，对于平移

$$\boldsymbol{W}(x;\boldsymbol{p})=\begin{bmatrix} x+p_1 \\ y+p_2 \end{bmatrix} \tag{6.17}$$

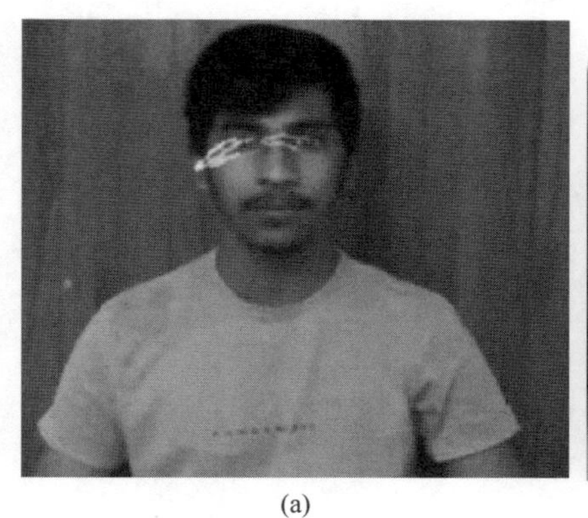
(a)

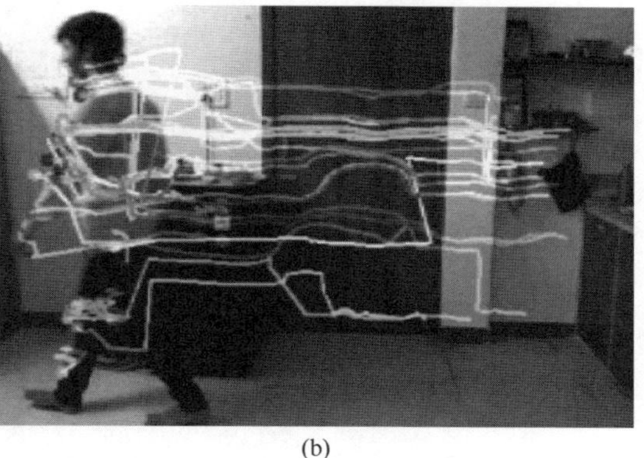
(b)

图 6.7　KLT 跟踪器的跟踪结果

（a）目标小运动的结果；（b）行走视频序列的结果。

最佳对齐可将图像差异最小化。

$$\sum_{x}[I(\boldsymbol{W}(x;\boldsymbol{p}))-T(x)]^2 \tag{6.18}$$

是一个非线性优化。$\boldsymbol{W}(x;\boldsymbol{p})$可能呈线性，但像素值通常非线性。因此，在修正后的问题中，假设某个 $\boldsymbol{p}$ 是已知的，并寻找最佳的增量 Δp。

$$\sum_{x}[I(\boldsymbol{W}(x;\boldsymbol{p}+\Delta p))-T(x)]^2 \tag{6.19}$$

对 Δp 进行求解。找到 Δp 后，然后 p 得到更新

$$\boldsymbol{p}\leftarrow\boldsymbol{p}+\Delta p \tag{6.20}$$

$$\sum_{x}[I(\boldsymbol{W}(x;\boldsymbol{p}+\Delta p))-T(x)]^2 \tag{6.21}$$

用一阶泰勒展开式进行线性化。

$$\sum_{x}[I(\boldsymbol{W}(x;\boldsymbol{p}+\Delta p))+\nabla I\frac{\partial \boldsymbol{W}}{\partial \boldsymbol{p}}\Delta p-T(x)]^2 \tag{6.22}$$

式中：

$$\nabla\left[\frac{\partial I}{\partial x}\quad\frac{\partial I}{\partial y}\right] \tag{6.23}$$

式（6.22）是在 $\boldsymbol{W}(x;\boldsymbol{p})$处计算的梯度图像。$\frac{\partial \boldsymbol{W}}{\partial \boldsymbol{p}}$是该规整的雅可比矩阵。

对其求微分

$$\sum_{x}[I(\boldsymbol{W}(x;\boldsymbol{p}+\Delta p))+\nabla I\frac{\partial \boldsymbol{W}}{\partial \boldsymbol{p}}\Delta p-T(x)]^2 \tag{6.24}$$

对于 Δp

$$2\sum_{x}\left[\nabla I\frac{\partial \boldsymbol{W}}{\partial \boldsymbol{p}}\right]^{\mathrm{T}}\left[I(\boldsymbol{W}(x;\boldsymbol{p}+\Delta p))+\nabla I\frac{\partial \boldsymbol{W}}{\partial \boldsymbol{p}}\Delta p-T(x)\right] \tag{6.25}$$

设式（6.25）等于0，得到

$$\Delta p=\boldsymbol{H}^{-1}\sum_{x}\left[\nabla I\frac{\partial \boldsymbol{W}}{\partial \boldsymbol{p}}\right]^{\mathrm{T}}[T(x)-I(\boldsymbol{W}(x;\boldsymbol{p}))] \tag{6.26}$$

式中：$\boldsymbol{H}$ 是 Hessian 矩阵

$$\boldsymbol{H}=\sum_{x}\left[\nabla I\frac{\partial \boldsymbol{W}}{\partial \boldsymbol{p}}\right]\left[\nabla I\frac{\partial \boldsymbol{W}}{\partial \boldsymbol{p}}\right]^{\mathrm{T}} \tag{6.27}$$

KLT 跟踪器的局限性主要体现在如下两个方面：

（1）KLT 跟踪器不能保证下一帧中对应的点是一个特征点，因为 KLT 跟踪器只对第一帧而不对其他帧使用哈里斯（Harris）准则；

（2）KLT 可能不能很好地处理遮挡问题。

6.8 基于均值漂移的跟踪

6.8.1 什么是均值漂移?

均值漂移是一种非参数特征空间分析技术，它使用给定的密度函数的离散数据样本来定位其最大数[5-6]。它是密度分布空间中的一种迭代模态检测算法，使用内核来计算跟踪窗口内观测值的加权平均值，并重复此计算，直到在局部密度模式下实现收敛。因此，定位密度模式无需明确地估计密度。

6.8.2 算法

跟踪窗口的颜色特征最初被分为 u 种颜色。目标模式的计算方法如下：

$$q_u=C\sum_{i=1}^{n}k\left(\left\|\frac{y-x_i}{h}\right\|^2\right)\delta[b(x_i)-u] \tag{6.28}$$

式中：$\{x_i\}=1,2,\cdots,n$，n 是以 x_0 为中心的目标窗口的像素位置。k 是内核轮廓，呈凸形，且单调递减。h 是内核带宽。$b(x_i)$ 与颜色 x_i 对应的直方图值相关。δ 是一个 Kronechker δ 函数，C 是一个满足 $\sum q_u=1$ 的归一化常数，类似地，在位置 y 上的目标候选位置可以使用下式表示。

$$p_u(y) = C_h \sum_{i=1}^{n} k\left(\left\|\frac{y - x_i}{h}\right\|^2\right) \delta[b(x_i) - u] \tag{6.29}$$

式中：C_h也是一个满足 $\sum q_u = 1$ 的归一化常数，$p_u(y)$和 q_u可以通过 Bhattacharya 系数来测量。

$$\rho[p(y), q] = \sum_{u=1}^{M} \sqrt{p_u(y) q_u} \tag{6.30}$$

最大化 Bhattacharya 系数会导致以下均值漂移迭代。目标位置 y 的新估计值 y_1被计算为对模型有贡献的像素的加权和。

$$y_1 = \frac{\sum_{i=1}^{n} x_i w_i g\left(\left\|\frac{y - x_i}{h}\right\|^2\right)}{\sum_{i=1}^{n} w_i g\left(\left\|\frac{y - x_i}{h}\right\|^2\right)} \tag{6.31}$$

式中：

$$g(x) = -k'(x) \tag{6.32}$$

$$w_i = \sum_{u=1}^{M} \sqrt{\frac{q_u}{p_u(y)}} \delta[b(x_i) - u] \tag{6.33}$$

图 6.8 显示了对行走视频序列的跟踪结果。详细的步骤见算法 16。

算法 16　基于均值漂移的跟踪算法

输入：目标模型 q_u及其在初始帧中的位置 y_0

输出：在下一帧中的位置 y_1

(1) 使用 y_0初始化当前帧上的位置。

(2) 计算$\{p_u(y_0)\}$和$\{\rho[p_u(y_0), q]\}$

(3) 使用均值漂移计算下一个位置 y_1

(4) 计算$\{p_u(y_1)\}$和$\{\rho[p_u(y_0), q]\}$

(5) 即使$\{\rho[p_u(y_1), q]\} < \{\rho[p_u(y_0), q]\}$

(6) 执行 $y_1 = \frac{1}{2}(y_0 + y_1)$

(7) 如果$\|y_1 - y_0\|$足够小，停止。

(8) else 设置 $y_0 = y_1$，然后从步骤 2 开始重复。

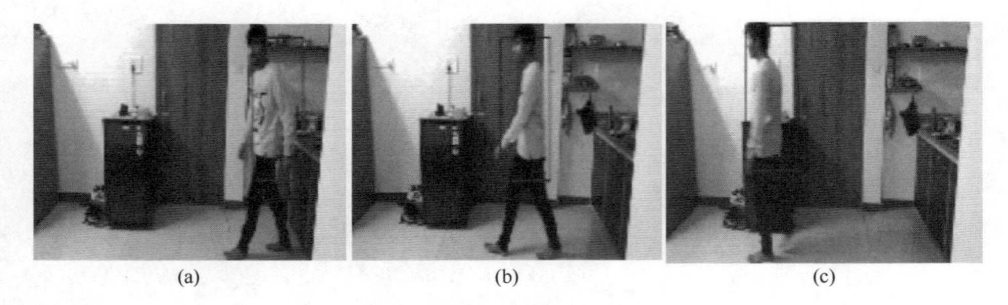

图 6.8　均值漂移跟踪结果

6.8.3　优点

均值漂移算法的优点如下：

(1) 均值漂移是一种独立于应用的工具，适合真实数据分析；

(2) 对数据集群不做任何预先定义的形状假设；

(3) 处理任意的特征空间；

(4) 均值漂移算法速度快，对各种序列的性能令人满意；

(5) 可用于聚类、模式寻找、概率密度函数和跟踪。

6.8.4　缺点

均值漂移位算法的局限性如下：

(1) 对窗口大小的选择并不简单。不适当的窗口大小可能会导致模式被合并，或产生额外的浅层模式。大多数情况使用自适应窗口大小；

(2) 对于快速移动的目标，它不能准确地跟踪。它甚至可能失去目标；

(3) 有时它会陷入局部极小值；

(4) 如果使用全局颜色直方图特征，可能会观测到定位漂移。

6.9　跟踪算法的应用

轨迹分析对于人类活动识别、视频监控、视频索引和检索、人机交互、交通监控和车辆导航等应用非常有用，如表 6.1 所示。下面将讨论使用轨迹进行异常活动识别的详细实现。

表 6.1　视频目标跟踪的应用

应用	目标跟踪的角色
基于运动的识别	异常人类活动识别，比如徘徊
自动监控	监控场景，以检测异常活动
视频检索	自动标签和检索大型数据库中的视频
人机交互	基于眼睛注视的手势识别，跟踪计算机的输入数据
交通控制	实时交通监控，以避免交通堵塞和交通事故
车辆导航	为车辆避障建议最佳路径

6.9.1　基于轨迹的异常的人类运动识别

轨迹是一个人随时间移动的轨迹。场景中的轨迹通常被用来分析人类活动。我们使用轨迹来确定这个人的运动是否异常[51]。根据图 6.9（b）所示的徘徊轨迹，我们可以检测到在银行金库、自动取款机和军事设施等严重脆弱的地方徘徊的活动。如果某人的活动与异常轨迹相匹配，那么算法就会宣布此人在闲逛，并通知安全部门。采用跟踪轨迹算法检测封闭路径轨迹和螺旋轨迹[66]。

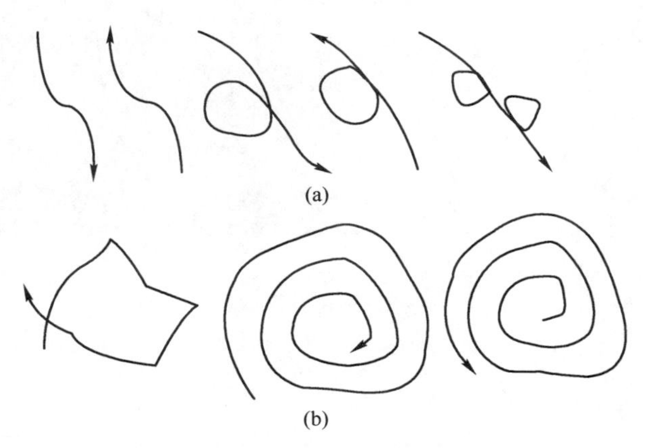

图 6.9　人类运动轨迹

（a）正常轨迹；（b）徘徊轨迹。

6.9.1.1　封闭路径检测

如图 6.10（a）所示，我们在 x_0，y_0 之间和 x_1，y_1，x_1，y_1 和 x_2，y_2 等之间绘制了线段 $L_1,L_2,\cdots,L_N$。然后我们找到任意两个线段之间的交点。如果线段相交，那么我们将人的轨迹标记为封闭路径。基于算法 17，检测到一个封闭路径事件，如图6.10（b）所示。

算法17　闭合路径检测

输入：螺旋路径活动的录制视频帧。

输出：输出带轨迹并标记为闭合路径的视频。

（1）设路径的起始点为(x_0,y_0)，路径的结束点为(x_N,y_N)，其中，$N+1$是闭合路径活动对应的视频帧数。

（2）通过将点(x_0,y_0)和(x_1,y_1)，(x_1,y_1)和(x_2,y_2)，(x_{N-1},y_{N-1})和(x_N,y_N)连接起来，画出线段L_1，L_2，…，L_N。

（3）for 每条线段 n do

（4）检测线段L_n是否与$L_1,L_2,\cdots,L_{n-1}$线段相交，如果在任何情况下两条线段相交，则此路径视为闭合路径。

（5）end for//N条线段。

图6.10

（a）闭合路径轨迹；（b）结果。

6.9.1.2　螺旋路径检测

如图6.11（a）所示，要检测螺旋路径，要计算所有路径点的中心。在此之后，划分将8个区域中假设（x_c，y_c）作为区域中心的所有点的区域。然后使用以下公式找到点（x_n，y_n）与中心点（x_c，y_c）之间的角$\alpha(n)$和中心点：

$$\alpha(n)=\tan^{-1}\left(\frac{y_n-y_c}{x_n-y_c}\right) \tag{6.34}$$

找出所有点的角度，然后计算每个区域中有多少点。如果每个区域中的点数超过了阈值平均值，就把轨迹标记为螺旋路径。基于算法18，检测到一个螺旋路径事件，如图 6.11（b）所示。

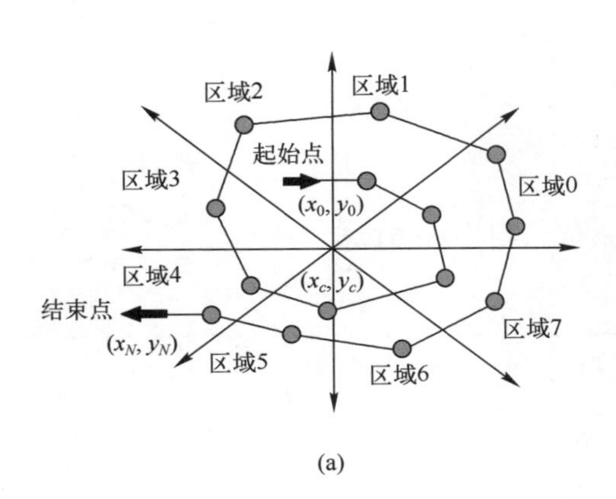

(a)

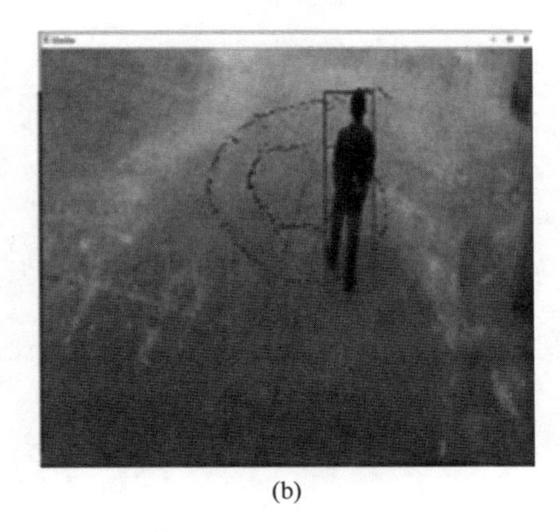

(b)

图 6.11

（a）螺旋路径轨迹；（b）结果。

算法 18　螺旋路径检测

输入：螺旋路径活动的录制视频帧。

输出：输出带轨迹并标记为螺旋的视频。

（1）计算目标的行走轨迹的质心

$$X_c = \frac{x_0 + x_1 + x_2 + \cdots + x_N}{N+1}$$

$$Y_c = \frac{y_0 + y_1 + y_2 + \cdots + y_N}{N+1}$$

其中，$N+1$ 是螺旋路径活动对应的视频帧数。

（2）将所有点的区域分为 8 个相等的区域，假设(X_c, Y_c)是区域的中心。

（3）for 每个视频帧 n do

（4）使用以下公式找出点与中心点之间的角度：

$$\alpha(n) = \tan^{-1}\left(\frac{y_n - y_c}{x_n - x_c}\right)$$

（5）end for//$N+1$ 个帧。

---

(6) for 每个视频帧 n do

(7) for 每个区域 i do

(8) 统计每个区域内的点数。

(9) end for//8 个区域。

(10) 如果每个区域内的点数超过阈值，则将轨迹标记为螺旋。

(11) end for//N+1 个帧。

6.10 小　　结

视频目标跟踪在视频监控中具有广泛的应用，如视频压缩、基于视觉的控制、人机接口、增强现实、机器人技术和交通控制。本章讨论了视频跟踪系统的一般步骤、卡尔曼滤波器的基本原理及其在处理遮挡过程中的作用。虽然卡尔曼滤波器是著名的目标跟踪和遮挡处理工具，但它无法处理完全遮挡的问题仍然未得到解决。本文简要讨论了基于区域的跟踪、基于轮廓的跟踪、基于特征的跟踪、基于均值漂移的跟踪等跟踪方法。一种特定方法的成功在很大程度上取决于问题领域。此外，还存在成本/性能方面的权衡。对于实时应用，我们需要一个快速的高性能系统。由于跟踪问题的复杂性，各种跟踪算法都有改进的空间。为了了解跟踪算法的实现，提出了一个基于轨迹的异常活动识别的典型应用。

第三部分

监 控 系 统

第7章　监控摄像网络

闭路电视（CCTV）摄像机广泛用于视频监控，将视频信号传输到控制室的监视器。闭路电视系统中使用的不同通信方案包括点对点（P2P）、点对多点和网状无线链路。1942年，德国西门子公司安装了第一个闭路电视系统。此闭路电视系统由德国工程师沃尔特·布鲁赫设计和安装，用于观察V-2火箭的发射。随着技术的快速进步，闭路电视摄像头现在成本低廉，监控系统对闭路电视摄像机的使用显著增加。如今，闭路电视摄像机已在安防领域有了非常广泛的应用，无论是在机场还是火车站。将摄像机用于这类用途是有趣的研究的一部分，将带来现有技术的不断改进。

7.1　闭路电视摄像机的类型

7.1.1　子弹头摄像机（枪机）

闭路电视子弹头摄像机主要用于室内应用。它们可以安装在墙上或吊顶上。由于这些摄像机置于子弹形外壳内，因此它们被称为子弹头摄像机。该摄像机被设计用于从一个固定的区域捕捉图像。此摄像机不提供云台控制功能。此装置安装后指向固定的视角，如图7.1（a）所示。用在住宅和商业场所。

7.1.2　半球型摄像机（球机）

由于这些摄像机使用圆顶状外壳，因此被称为半球型摄像机。圆顶状外壳的设计用来隐藏摄像机的方向。这些装置有双重用途：让人们知道设施正在被监视和客户会觉得设施正在受到保护。由于摄像机的方向隐藏在外壳内，人们通常认为它指向所有的方向。例如，一个固定的半球型摄像机覆盖了走廊尽头的一扇门，但人们会认为它会覆盖整个走廊。如此一来，财产将受到保护。如图7.1（b）所示，一些先进的装置允许摄像机在外壳内快速旋转。这种类型的摄像机通常被称为高速球机。它们用在火车站和公交车站等公共场所。

图 7.1
（a）子弹头摄像机；（b）半球型摄像机；（c）台式摄像机；
（d）变焦摄像机；（e）云台摄像机；（f）IP 摄像机。

7.1.3 台式摄像机

这些是用于 Skype 和其他低分辨率电话会议应用的小型摄像机，如图 7.1（c）所示。它们可以轻松地安装到桌面显示器上。这些摄像机也被称为车载摄像机。如果我们将摄像机分散放置，则它们就称为离散摄像机。离散外壳也被设计用来隐藏整个摄像机。这些可以安装在墙壁或吊顶上，看似烟雾检测器、运动传感器或针孔或平装镜头。

7.1.4 变焦摄像机

带有变焦镜头的摄像机允许操作员放大或缩小，同时仍保持对图像的聚焦，如图 7.1（d）所示。这有助于操作员捕捉较远距离发生的活动的特写镜头。

7.1.5 IP 摄像机

互联网协议（IP）摄像机通过计算机网络和互联网传输图像，通常会压缩带宽，以免使网络过载。分硬接线和无线版本。IP 摄像机因为不需要单独的电缆或功率提升来实现长距离图像发送，所以比模拟摄像机更容易安装。随时随地都可以看到人们使用 IP 摄像机的视频，无论与摄像机的距离多远。因此，IP 摄像机是提供远程监视的首选。典型的 IP 摄像机如图 7.1（f）所示。IP 摄像机的主要组件包括镜头、图像传感器、一个或几个处理器、内存、电缆、交换机、路由器、客户端和服务器。这些处理器用于图像处理、压缩、视频分析和网络功能。客户端用于显示和监视视频。此网络摄像头提供了 Web 服务器、FTP（文件传输协议）和电子邮件功能，并包括许多其他 IP 网络和安全协议。

① 普通网络摄像头的前面板配有红外指示灯、内置麦克风、内置扬声器、镜头、无线天线；② 后面板配有局域网、5V/2A 的直流电源、电源指示灯、网络指示灯、SD 卡、音频输入插孔、音频输出插孔和复位按钮；③ 插入电源线和网线后，指示灯将闪烁。音频输入插孔用于插上外部麦克风。

7.1.6　无线摄像机

并不是所有的无线摄像机都基于 IP。一些无线摄像机可以使用替代的无线传输模式。但无论是什么传输方式，这些装置的主要好处仍然与 IP 摄像机相同。它们非常容易安装。

7.1.7　云台摄像机

远程定位的摄像机通常称为云台摄像机，因为它们能够平移、倾斜和放大目标。操作员可以将云台摄像机左右上下移动，并将镜头拉近或推远。摄像机从左到右和从右到左的水平移动称为平移。摄像机从向上到向下的垂直移动或相反称为倾斜。

这些摄像机用在有一个实际监控专家监控图像的监控系统。此外，云台控制功能可以定时自动实现，如图 7.1（e）所示。云台摄像机摄像机可能被设置为自动巡逻一个区域，但它们通常在手动控制时最有效。当只有一个云台摄像机覆盖大区域时，变焦范围越大，说明功能越强大。

7.1.8　红外摄像机

红外摄像机也称为夜视摄像机。它们利用红外辐射形成图像。红外摄像机（IR）的红外指示灯位于摄像机镜头的外缘，为摄像机提供夜视。人类的视觉能力仅限于电磁光谱的一小部分。但是热能的波长比可见光长得多，而人类肉眼甚至都看不见。我们所感知到光谱的一部分被热成像大幅扩展。这有助于我们看到从物体中发出的热能。在红外线的情况下，所有温度高于绝对零度的物体都会发出热量。即使是冰块等非常冷的物体，也会发出红外辐射，帮助我们在高度明亮和完全黑暗的环境中看到它。典型的红外摄像机如图 7.2 所示。

图 7.2　红外摄像机

物体发出的红外辐射取决于物体的温度。如果物体的温度较高，将发出更大的红外辐射。红外线可以让我们看到我们肉眼看不见的东西。红外摄像机产生不可见的红外图像，并提供精确的非接触温度测量能力。红外摄像机检测红外能量并将其转换为电子信号。然后对电子信号进行处理，以在视频监视器上产生热图像并执行温度计算。由红外摄像机探测到的热可以非常精确地测量，使我们能够监测热性能。红外线摄像机非常具有成本效益，并可用于许多不同的应用。部分应用领域如下：

（1）安防系统。

红外安防摄像头在实际应用中用处非常大，而且误报比其他解决方案更少。它们可以用于国防边界安全，观察夜间活动。

（2）海事系统。

专业水手用热夜视红外摄像机实现 24 小时安全导航。从小型作业船到海上商业和客轮，红外摄像机将态势感知能力提升到一个新的水平，帮助船长安全航行，避开障碍，阻止海盗。

（3）交通控制系统。

红外摄像机用于控制交通信号、道路和隧道事故以及人行横道的系统。

7.1.9　日夜两用摄像机

日夜两用摄像机的设计旨在补偿不同的光线条件，以允许摄像机捕捉图像。在许多情况下，这些摄像机装置有一个宽动态范围，可以在眩光、阳光直射、反射和强背光下工作。因此，它们常被部署在户外，如停车场、围栏区和路边来监控车辆和人类活动。

7.1.10　高清摄像机

超高清摄像机通常用于细分市场，如赌场。这些摄像机使操作员能够非常清晰地放大和传输视频。

7.2　智能摄像机

7.2.1　什么是智能摄像机?

智能摄像机不仅可以捕捉图像，而且能够从捕获的图像中提取特定的信息。它会生成事件描述或决策，用在智能视频监控系统中。智能摄像机是一个独立的视觉系统，内置图像传感器和所有必要的通信接口。

7.2.2　智能摄像机的组件

智能摄像机通常由以下几种组件组成：图像传感器、图像数字化回路、图像存储器、强大的处理器（如 DSP 处理器）、程序和数据存储器（RAM、非易失性闪存器）、通信接口（RS232、以太网）、I/O 线（通常为光隔离）、内置镜头或镜架（通常为 C、CS 或 M 型）、内置照明设备（如 LED）、实时操作系统（如 VCRT）和可选视频输出（VGA 或 SVGA）。

7.2.3　为什么我们需要智能摄像机?

智能摄像机扩展了 USB 摄像机的视觉功能。USB 摄像机可以通过结合板载处理器来转换为智能摄像机，以增强视觉功能，同时维持价格、尺寸和功耗。

7.2.4　特点

（1）功能强大的智能摄像机。

这些摄像机可以更快地处理精确的数据，分辨率更高。它们提供了动态视野的选项。它们的帧率较高，因此，具有更快的性能。他们在摄像机上有一个缓冲区。摄像机上的预处理器可以管理更多的数据。由于独立模式，功耗较低。无需外部计算。

（2）小型智能摄像机。

小型智能摄像机也被称为 USB 智能摄像机。这些摄像机拥有一致的板载处理能力，并且不受计算机操作系统和软件延迟的影响。智能摄像机也可以连接到一台计算机上，以创建一个完整的系统。无需外部计算。这些小型摄像机采用模块化设计，尺寸紧凑，适用于手持式或场外设备。

（3）自适应智能摄像机。

智能摄像机有一个 USB 连接选项。它们方便集成，而且成本低。由于 USB 技术几乎被任何计算机普遍支持，这些摄像机不需要额外昂贵的接口电路板。这些摄像机有各种接口选项，而且有独立功能的电池选项。

7.3 智能成像仪

7.3.1 什么是成像仪?

成像仪是一种检测并传送构成图像的信息的传感器。它通过将波的可变衰减（当它们通过物体或从物体反射时）转换为信号（即传递信息的小电流爆发）实现图像信息传输。这些波可以是光辐射或其他电磁辐射。成像仪也称为图像传感器。

7.3.2 成像仪的类型

有两种类型的成像仪：电荷耦合组件（CCD）成像仪和互补金属氧化物半导体（CMOS）成像仪。

7.3.2.1 CCD 成像仪

CCD 成像仪由一个密集的光电二极管矩阵组成。这些光电二极管将光子形式的光能转换为电子电荷。光子与硅原子相互作用产生的电子被存储在势阱中，随后可以通过寄存器穿过芯片并输出到放大器。CCD 成像仪的基本操作如下：

（1）对于捕获图像，有一个光活性区和由移位寄存器构成的传输区域；

（2）图像由透镜投射到电容器阵列（光活性区域）上。阵列的每个电容器都积累了与该位置的光强度成正比的电荷；

（3）在摄像机中使用的一维阵列捕捉图像的一个切片，而在录像和静物摄像机中使用的二维阵列则捕捉与投影到传感器焦平面上的场景相对应的二维图片；

（4）一旦阵列暴露在图像中，控制电路使每个电容器将其内容传输到它的邻域；

（5）阵列中的最后一个电容器将其电荷转存到电荷放大器，该放大器将电荷转换为电压；

（6）通过重复此过程，控制电路将阵列的整个半导体内容转换为一系列电压，并将其采样、数字化并存储在某种形式的存储器。

CCD 图像传感器的类型：

（1）行间传输 CCD 图像传感器；

（2）帧传输 CCD 图像传感器。

如今，大多数 CCD 图像传感器使用行间传输。这两种类型的传感器的比较请参见表 7.1。

表 7.1　行间传输与帧传输 CCD 成像仪之间的比较

行间传输 CCD 图像传感器	帧传输 CCD 图像传感器
使用优化后的光二极管，具有更好的光谱响应	使用光电门
填充系数较低	填充系数更高，无光电二极管
同时捕捉图像（快照操作）	图像由机械快门捕捉

7.3.2.2　互补金属氧化物半导体

CMOS 电路使用 p 型和 n 型金属氧化物半导体场效应晶体管（MOSFET）的组合来实现逻辑门和其他数字电路。CMOS 电路在静态时耗散的功率较小。它比具有相同功能的其他实现更密集。在大多数 CMOS 设备中，每个像素都有几个晶体管使用导线放大和移动电荷。使用 CMOS 方法，每个像素都可以单独读取。在 CMOS 传感器中，每个像素都有它自己的电荷到电压的转换，并且该传感器通常包括放大器、噪声校正和数字化电路，以便芯片输出数字位。由于每个像素进行自己的转换，一致性较低。用于收集光的像素的百分比称为像素的填充系数。CCD 有 100%的填充系数，但 CMOS 摄像机要小得多。填充系数越低，传感器的灵敏度就越低，曝光时间必须越长。填充系数太低会使没有闪光灯的室内摄影几乎不可能。CCD 和 COMS 成像仪的对比情况见表 7.2。

表 7.2　CCD 和 CMOS 成像仪的比较

CCD 成像仪	CMOS 成像仪
其他电路需要许多单独的芯片	将其他电路集成在同一芯片上
摄像机更大、更重、成本高昂	摄像机更小、更轻、更便宜
需要更高功率	需要的功率较低，电池续航时间更长
不能在静物拍照和录像之间切换	可以在静物拍照和录像之间动态切换
简单的像素和芯片	更复杂的像素和芯片
在低光照条件下表现较好	在低光照条件下表现较差

（续）

CCD 成像仪	CMOS 成像仪
在高光照条件下表现较差	擅长在阳光明媚的日子里拍摄户外照片
具有 100%的填充系数	填充系数要低得多
适合于室内摄影	适合于户外摄影

7.4 多视图几何

在三维场景的多个视图之间存在着复杂的几何关系。这些关系与摄像机的运动、校准和场景结构有关。具有不同视图的图像之间存在几种关系。这些对于图像的校准和重建非常重要。近年来，人们对这些关系有了许多见解。多视图几何是研究不同视图中特征点坐标之间关系的主题。它是利用重建算法来理解多个摄像机的图像形成过程的重要工具。

7.5 摄像机网络

7.5.1 什么是摄像机网络?

摄像机网络是一个概念，旨在研究和分析各种摄像机设备或摄像机网络（摄像机连接在一起以交换信息和共享资源）之间的通信过程。在此类摄像机网络中使用的摄像机包括 IP 或 USB 摄像机。

7.5.2 摄像机设备

有很多摄像机设备可以用于通信过程，即 IP 和 USB 摄像机。IP 摄像机是一种可以通过计算机网络和互联网发送和接收数据的数字摄像机，如图 7.3 所示。虽然大多数执行此类任务的摄像机都是网络摄像机，但 IP 摄像机这个术语通常只适用于监视的摄像机。IP 摄像机通过快速以太网连接实现联网，并通过计算机网络或互联网连接将信号发送到主服务器。IP 摄像机分有线和无线模式，维护成本低于传统闭路电视摄像机。IP 摄像机获得的图像质量优于传统的闭路电视摄像机。IP 摄像机支持双向通信。因此，如果发生任何可疑活动，可以将警报信号发送到各个地方。数百千兆字节（GB）的视频和图像数据可以存储在视频服务器中，并可以随时检索。

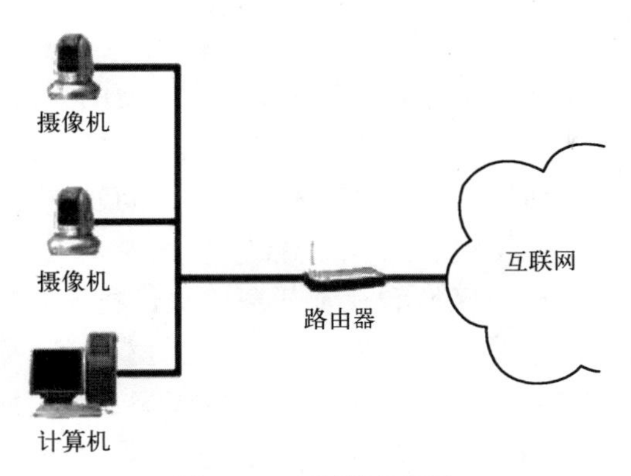

图 7.3　IP 摄像机网络

另一方面，USB 网络摄像头是一种连接到电脑的摄像机，通常是通过插入到机器上的 USB 端口。视频被传送到计算机，并可以使用互联网传输视频文件。因为网络摄像头依靠电脑来连接到互联网，所以他们必须有一台一直打开的专用电脑才能正常工作。因此，IP 摄像头优先于 USB 摄像头。

7.6　摄像机校准

摄像机校准是使用特殊校准模式的图像来估算摄像机参数的过程。这些参数包括摄像机内在参数、失真系数和摄像机外在参数。我们可以使用这些参数来纠正镜头失真，测量物体大小，或确定摄像机在场景中的位置。多摄像机校准（MCC）将不同的摄像机视图映射到单个坐标系。在许多监控系统中，MCC 是其他基于多摄像机的分析的关键预处理。它是估算内在参数和外在参数的过程。

内在参数处理摄像机的内部特征，如焦距、偏斜、失真和成像中心。外在参数描述它在世界上的位置和方向。外在参数用于检测和测量物体、机器人导航系统和三维场景重建等应用。

7.7　摄像机安装位置

在这个技术快速发展的时代，摄像机安装位置已经成为一个真正出色的安防系统的必要条件。然而，摄像机和相关硬件的优化使用将降低监控系统的成本。摄像机在监控系统中的最佳安装位置源于一个现实问题，即在需要高度安全的任何地方进行警戒。在机场、火车站、银行或任何地方以最少的警卫配备数量一起监视整个区域，是确保安全的一个非常重要的方面。在问题的计算几何版本中，区域的布局使用一个简单的多边形表示，每个警卫都由多边形中的一个点表示，如图 7.4 所示。许多研究人员在这个问题中引入了一些变化，比如将警卫限制在周边，甚至是多边形的顶点。

在本节中，将讨论给定区域和视觉任务中摄像机安装位置最佳数量的问题。即使在非常复杂的情况下，区域本身也可能随着时间的推移而改变，即可能增加或拆除家具或墙壁。任何算法的效率也取决于我们所选择的摄像机类型，以及在感兴趣区域的布局。摄像机安装位置问题的目标在于在给定一组任务特定的约束条件下，确定被覆盖区域的摄像机的最佳安装位置。在最一般的情况下，该区域可能是一个任意的体积形状，它可能是室外或室内，而且它可能有障碍物。它甚至可能涉及到布局动态变化。

一些光学摄像机参数的定义如下。

（1）视场（FOV）：摄像机能看到的最大角度。

（2）空间分辨率：它被定义为由真实世界物体的投影所激发的成像单元上的像素总数之间的比率。空间分辨率越高，可以捕捉到的细节越多，且图像越清晰。

（3）景深（DOF）：在一幅图像中，以可接受的锐聚焦显示的最近的和最远的物体之间的距离称为景深。

下面针对有障碍物的摄像机安装位置问题，来讨论有障碍物区域的摄像机安装位置算法。在现实生活的给定布局中，会有许多物体，并可能遮挡摄像机的视场的某些区域。在图 7.4（a）中，该孔表示会遮挡摄像机视场的物体。该孔可以是柱子或放置在给定区域内的任何物体。首先，孔通过辅助器连接到多边形，如图 7.4（b）所示。由于任何摄像机的视场都是一个三角形区域，因此给定的空间将被划分为三角形，如图 7.4（c）所示。所有顶点均使用三色技术着色，使三角形的顶点的颜色均不同，如图 7.4（d）所示。然后计算需要保持在各顶点上的摄像机总数。根据此信息，计算所需摄像机的最小数量。现如今，有各种各样的算法可以用来部署摄像机。有效的算法将会建议摄像机的最佳安装位置，而这种部署方式将最小化您的设置成本和监视系统的维护成本。

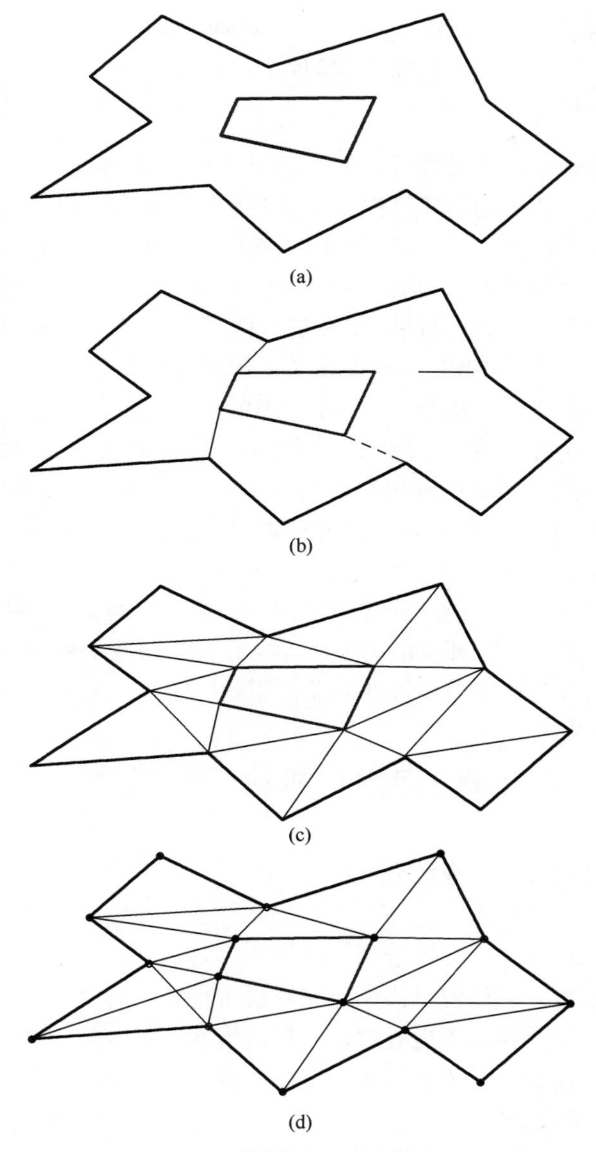

图 7.4　有障碍物的摄像机安装位置

(a) 带孔（障碍物）的多边形；(b) 孔通过辅助器连接到多边形；(c) 带孔多边形的三角化；(d) 带孔多边形的着色。

7.8 摄像机通信

摄像机通信是指各种摄像机设备（IP 或 USB）或系统（摄像机网络）之间交换信息和共享资源的通信过程。信息共享允许在多个摄像机上传输目标参数。现如今，监控摄像机越来越多地用于捕捉图像和传输信息。

网络摄像机可以被配置为通过 IP 网络发送视频，以便在预定时间连续或根据授权用户的请求实时观看和/或录制事件。可以使用各种网络协议，将捕获的图像以运动 JPEG、MPEG-4 或 H. 264 视频进行传输，或使用 FTP、电子邮件或 HTTP（超文本传输协议）以单个 JPEG 图像上传。

除了捕捉视频外，网络摄像机还提供事件管理和智能视频功能，如视频运动检测、音频检测、主动篡改报警和自动跟踪。大多数网络摄像机还提供输入、输出（I/O）端口，可以连接到外部设备，如传感器和继电器。其他功能可能包括音频功能和内置的以太网电源（POE）支持。轴网络摄像机还支持先进的安全和网络管理功能。图像传输协议（PTP）也促进了摄像机的通信。这是由国际成像行业协会开发的一项协议，允许将图像从数码摄像机传输到计算机和其他外围设备，不需要额外的设备驱动程序。

7.9 多摄像机协调与配合

单台摄像机跟踪效果差，原因如下：

(1) 在狭小的区域工作；

(2) 诸如目标分割、目标遮挡等问题；

(3) 直到最近，多摄像机协调还导致视野重叠；

(4) 多摄像机设置可以更有效地处理遮挡问题；

(5) 当跟踪任何一个人的任务被切换到另一个可以清楚地看到该人的摄像机时，遮挡可以处理。

多摄像机协调和控制可执行[50]以下任务：

(1) 捕获和分析由多个摄像机获取的视频；

(2) 融合从网络中的各种摄像机中获得的知识；

(3) 执行给定的监视任务中所需的控制操作。

通过多摄像机协同传感，所使用的传感器不仅基于传感的数据做出反应，而且还通过相互交换信息来相互帮助。两个摄像机之间可以进行耦合。耦合主要包括几何耦合和运动耦合。静态和动态传感器之间的合作对于分析低分辨率事件，甚至切换到高分辨率事件不可或缺。

在多摄像机系统中，有些情况需要持续提醒网络中的摄像机，以正确执行给定的监视任务。例如，如果怀疑有入侵者，则摄像机应连续跟踪入侵者。每个摄像机都应该能够获得入侵者的视频并提醒下一个摄像机。云台摄像机拥有云台控制功能，也可以用于获得入侵者的高分辨率视图，如图 7.5 所示。

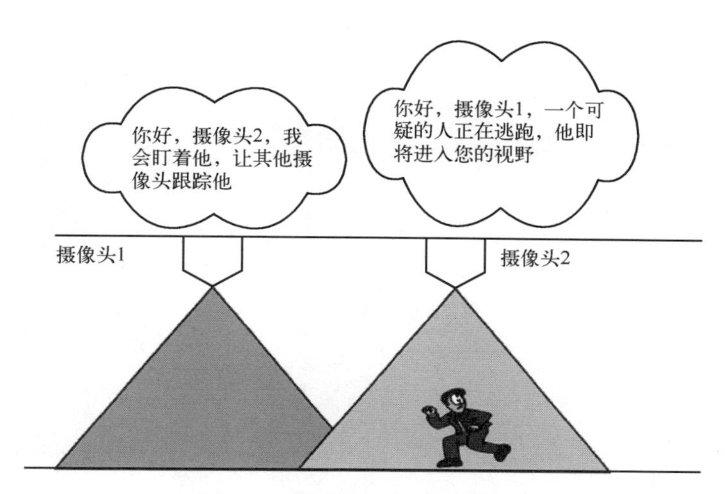

图 7.5　典型的摄像机协调场景

此外，目前聚焦于入侵者检测的摄像机应该将其数据传输到邻近的相关摄像机。接收数据的摄像机应准备好跟踪潜在的入侵者。只有在摄像机节点之间有适当的协调和控制时才能执行所有这些操作。与人类安全小组类似，每个安全专员会在出警行动中与其他安全专员进行沟通，监控摄像头也需要相互沟通和协调。

同时，所有监控摄像机之间应进行协调。目前聚焦于入侵者检测的摄像机应将其数据传输到邻近的相关摄像机。接收数据的摄像机应准备好跟踪进入的入侵者。只有在摄像机网络中有适当的协调和控制时才能执行所有这些操作。

7.10　小　　结

本章讨论了各种类型的闭路电视摄像机及其在视频监控中的作用。并讨论了各种类型的智能摄像机。比较了 CCD 和 CMOS 成像仪的性能，发现 CCD 成像仪在室内环境中表现良好，而 CMOS 成像仪则适用于户外环境。对智能摄像机的需求不断增长，传统行业正在用提供智能自动监控功能的智能摄像机取代闭路电视摄像机。医疗保健、娱乐和教育等应用领域正在探索智能摄像机的使用。对于几乎所有以自动化为中心的机器视觉应用，成像仪都是一个应运而生的解决方案。本文还讨论了摄像机网络、摄像头校准、摄像机安装位置、摄像机通信和多摄像机协调，为设计高效的视频监控系统提供了见解。

第 8 章　监控系统和应用

本章首先在第 8.1 节中简要介绍监控系统。视频内容分析的简要概述见第 8.2 节。在第 8.3 节和第 8.4 节中分别讨论了一些应用案例研究，如行李调换检测和栅栏翻越检测。在第 8.5 节中讨论了军事应用。关于在运输中使用监控系统的更多细节，见第 8.6 节。

8.1　概　　述

随着大多数组织寻求保护物质和资本资产，视频监控越来越重要。需要观察更多的人和他们的活动，并从视频数据中自动提取有用的信息，这对视频监控系统的可扩展性、性能和容量提出了更高的要求。安装摄像机很容易，但自动检测人类活动仍然是一项具有挑战性的任务。虽然监控摄像机已经在银行、购物中心、机场、火车站和停车场使用，但视频数据主要用作为调查的取证手段，从而失去了其作为实时系统的重要好处。人们所期望的是对监控视频进行持续监控，在可疑人员犯罪之前向安全人员发出警告。

视频监控技术已被用于控制交通、检测高速公路事故以及监控公共空间的人群行为。众多的军事应用包括巡逻国界、监测难民流动和监测对和平条约的遵守情况。主要目标是通过将多个传感器的信息融合到参与者、动作和事件的连贯模型中，帮助远程用户理解异常和不正常的活动来保持态势感知。

8.1.1　视频监控系统的组成部分

视频监控系统（VSS）基本上由以下组件组成：

（1）摄像机和照明设备；

（2）控制和录像装置；

（3）输出接口和显示器。

上述组件使用电缆、接线盒或交换机进行连接。上述组件的质量及其适当的连接对图像质量有影响。因此，应确保所有组件的兼容性和质量，以确保视频监控系统组件成功交互。

8.2 视频内容分析

视频内容分析（VCA）是自动分析视频以检测异常活动的能力。此技术能力可用于机场、火车站和银行等公共场所的视频监控。这些算法可以作为软件或开发的专用硬件在通用计算机上来实现。在视频内容分析中可以实现许多不同的功能，如视频运动检测。可以包括更先进的功能，如视频目标跟踪和帧间运动估算。还可以在视频内容分析中建立其他功能，如人员识别、人脸检测、行为分析和异常活动检测。

8.2.1 功能

有一些文章概述了视频分析应用开发中所涉及的模块。表 8.1 列出了视频内容分析功能列表及其简短说明。

表 8.1 视频内容分析的功能

功　能	说　明
帧间运动运管	用于通过分析视频序列来确定摄像机的位置
运动检测	用于确定所监测场景中运动的存在
形状识别	用于识别输入视频中的形状，如三角形、矩形，此功能通常用于目标检测
目标检测	用于确定某一种目标的存在，如人类、动物、火灾、烟雾，其他示例包括火灾和烟雾检测
识别	此功能对监控视频中的决策非常有用，人脸识别用于识别场景中的人，自动车牌识别用于识别交通现场的车辆
视频目标跟踪	用于确定目标在给定视频序列中的位置

8.2.2 商业应用

视频内容分析是一项广泛应用的新技术。运动检测和人数统计等功能在市场上已经作为商业产品进行流通，但仍然需要大量的研究工作，以保证系统的稳健性。在许多应用中，视频内容分析在摄像机上或者集中在专用处理系统上的闭路电视系统上实现。视频分析和智能闭路电视是安全领域中视频内容分析的商业术语。在购物中心，视频内容分析用于从安全的角度监控和追踪购物者。警方和取证科学家在调查犯罪活动时分析闭路电视视频。警察使用视频内容分析软件搜索关键事件，并通过视频内容分析找到嫌疑人。

8.2.3　视频目标跟踪

这是使用摄像机在一定时间内定位移动目标的过程。换句话说，跟踪意味着将连续视频帧中的目标相关联。当目标相对于帧速率快速移动时，跟踪目标可能特别困难。另一种增加复杂性的情况是，跟踪的目标随着时间而改变方向。在这些情况下，通常使用运动模型来描述目标的图像如何因目标可能的不同运动而变化。它在视频目标跟踪、异常活动识别、视频监控、车辆交通、人类行为分析和人群行为分析等应用领域中具有广泛的应用。

8.3　行李调换检测

本节详细介绍了检测行李调换的监控系统的应用。在机场、火车站和公交车站等地方，可以监控行李调换。如图 8.1 所示，行李检测算法具有以下步骤：

(1) 使用高斯混合模型检测目标；

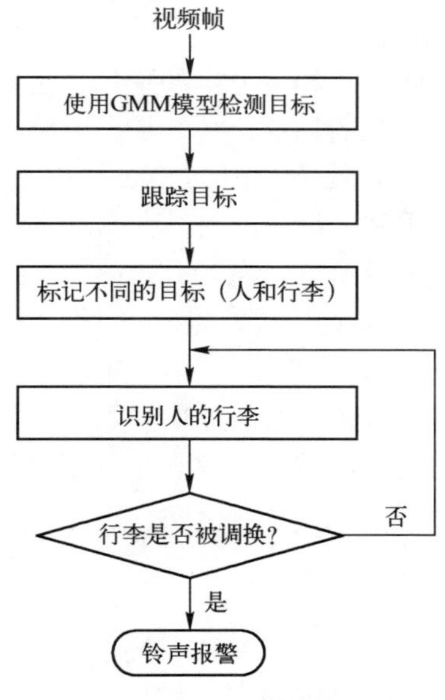

图 8.1　行李调换检测流程图

(2) 使用卡尔曼滤波器进行跟踪;
(3) 标记不同目标;
(4) 识别行李和人;
(5) 调换时警示系统。

8.3.1 使用高斯混合模型检测目标

为了从视频序列中提取移动目标，从背景模型中减除当前帧。对于建模背景，可以使用基于高斯混合模型（GMM）的背景模型。背景建模涉及开发一种能够稳健地检测所需目标的算法，还应该能够处理各种变化，如照度的变化。

8.3.1.1 背景减除

检测移动目标的最简单的方法是将背景图像 $B_t(x,y)$ 与在 t 时刻获取的当前帧 $I_t(x,y)$ 进行比较，只需通过从与 $I_t(x,y)$ 中的像素相同的位置减除 $B(x,y)$ 中的每个像素即可提取目标，如式（8.1）所示。

$$F_t(x,y)=I_t(x,y)-B_t(x,y) \tag{8.1}$$

图像中的此差异只显示在两帧中发生变化的像素位置的一些强度。虽然我们似乎已经删除了背景，但这种方法只适用于所有前景像素都在移动且所有背景像素都是静态的情况。对此图像差异设置一个阈值，将减除改进为 $|F_t(x,y)-F_{t-1}(x,y)|>Threshold$。这种方法的准确性取决于场景中的运动速度。移动越快，需要的阈值越高。

8.3.1.2 高斯混合物模型

在该模型中，将输入像素与相关分量的平均 μ 进行比较。如果一个像素的值足够接近于一个选定的分量的均值，那么该分量将被视为匹配的分量。为了成为一个匹配的分量，像素和均值之间的差必须小于按照算法中因子 D 成比例缩放的分量的标准差。更新高斯权重、均值和标准偏差（方差），以反映新获得的像素值。对于非匹配分量，权重 π 减小，而均值和标准偏差保持不变。它取决于与其变化的速度相关的学习分量 p'。因此，可以确定哪些分量是背景模型的一部分。为此，对分量权重 π 施加阈值。最后，确定前景像素。在此，被识别为前景的像素与被确定为背景的一部分的任何分量都不匹配。数学上，高斯混合模型是大量高斯函数的加权和，其中权重由一个分布 π 决定。

$$p(x)=\pi_0 N\left(x\middle|\mu_0,\sum\nolimits_0\right)+\pi_1 N\left(x\middle|\mu_1,\sum\nolimits_1\right)+\cdots+\pi_k N\left(x\middle|\mu_k,\sum\nolimits_k\right) \tag{8.2}$$

式中：

$$\sum_{i=0}^{k}\pi_i=1 \tag{8.3}$$

$$p(x) = \sum_{i=0}^{k} \pi_i N\left(x \middle| \mu_i, \sum\nolimits_i\right) \tag{8.4}$$

式中：第 i 个向量分量的特征是具有权值 π_i、均值 μ_i 和协方差矩阵 $\boldsymbol{\Sigma}_i$ 的正态分布。

8.3.2 使用卡尔曼滤波器进行跟踪

利用卡尔曼滤波器来估算一个状态假设为按高斯函数分布的线性系统的状态。卡尔曼滤波器是一种基于状态空间法和递归算法的使用的递归预测滤波器。为了改善估算的状态，卡尔曼滤波器使用了与状态相关的测量值。卡尔曼滤波分两个步骤：预测和校正。

使用动态模型预测状态。预测步骤使用状态模型来预测变量的新状态。有时，当前景目标在某个目标后面时，我们看不到它。卡尔曼滤波器处理这类遮挡问题。它可以识别这些目标，并使用粒子的动态特征（如位移、速度和加速度）及其重量来确定预测的路径。

8.3.3 标记不同目标

现在我们需要标记每一个目标。目的在于用其标记来识别目标。标记时，首先我们要找到不同目标的斑点。然后我们在它们周围应用边界斑点。对于每个斑点，分配一个标记，并为他的行李分配相同的标记。这有助于我们识别遗留的每个行李对应的人。

8.3.4 识别行李和人

标记时，需要单独搜索行李，因为跟踪模型没有区分人和行李。行李检测过程使用跟踪模型的输出和每个帧的前景分割作为输入，识别行李物品，并确定它们的遗留时间。跟踪模型的输出包含目标的数量、它们的身份和位置以及边界框的参数。行李检测过程依赖于以下三个重要的假设：

（1）行李物品可能不会移动；

（2）行李物品看起来可能比人要小；

（3）行李物品必须有主人。

一旦检测到行李，该算法就会发现所有目标的质心。此时，将计算出行李的质心和遗留行李的人的质心之间的距离。如果小于某个阈值，则将该人的识别号（ID）分配给该行李。

8.3.5 调换时的警告系统

现在，如果行李被其他人拿走，那么它应该显示一个警告信号。与人员和行李对应的标记将帮助我们确定该行李是否属于同一人。遗留的行李本身会有一个斑点。如果一个人接近该行李，且如果斑点在时间（$t>t_0$）时合并，那么系统应该匹配他的 ID。如果 ID 匹配，则情况正常，否则应触发报警。

8.3.6 结果

两个案例的成功结果如图 8.2 和图 8.3 所示。案例 1：一个人丢下了他的行李，他自己捡起了行李。所以我们在这里不会收到任何警告信号。输出视频的快照如图 8.2 所示，案例 2：无人看管的行李被其他人拿走。在这种情况下，我们会收到警告信号。这些快照如图 8.3 所示。

图 8.2　这是一个人丢了包，然后他自己捡起了他丢下的包的情况。由于这是正常情况，所以边界框的颜色为绿色

图 8.3　这是无人看管的包被另一个人捡到的情况。一旦包被另一个人拿起，边框颜色就会变成红色，作为警告信号

8.4　栅栏翻越检测

考虑到边境、禁区、机场、火车站、购物中心甚至住宅区的安全，发现有人攀爬栅栏是一件非常恐怖的事情。从监视的角度来看，保护栅栏包围的禁区不受入侵者的侵扰是一项非常重要的活动。在参考文献［30］中，Kolekar 等人已经提出了一种自动检测栅栏翻越的方法。攀爬栅栏的活动包括步行、爬上和爬下活动。图 8.4 显示了所提出的栅栏翻越算法的流程图。首先，通过背景减除算法检测到移动的人，并在移动的人周围创建一个斑点。然后，计算斑点的质心，并将其沿框架的变化视为特征。一个基于支持向量机的分类器被用于检测步行、爬上和爬下活动。

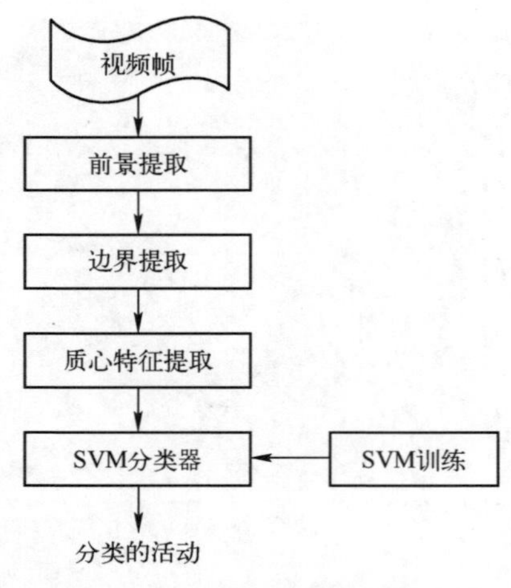

图 8.4　栅栏翻越检测方法流程图

8.4.1　栅栏翻越检测系统

8.4.1.1　前景提取

前景提取通过从视频序列中的背景中分离出前景目标。对于任何人类活动识别，第一步是从给定的视频流中提取移动目标。从场景中分割感兴趣的移动目标，可以减少计算量，使我们的工作更容易。户外环境由于光照的突然变化、树叶等背景的微小运动和遮挡，给活动识别带来了许多问题。前景分割的基本方法是从估算的背景中减除给定的输入帧，并对绝对差值应用一个阈值来得到前景区域。背景的估算可以通过帧平均或高斯混合模型[56][24]来完成。最简单的方法是使用背景建模的平均方法，如下：

$$B_t(x,y) = \frac{1}{N}\sum_{k=1}^{N} I_{t-k}(x,y) \tag{8.5}$$

式中：$B_t(x,y)$是时间 t 时的背景图像；$I_t(x,y)$是时间 t 时的帧；N 是帧总数。

在估算背景后，它通过从当前帧中减除当前的背景图像来提取前景。前景提取的图像将包含伪像素、孔、模糊和许多其他异常。从感兴趣区域（ROI）中消除这些异常，要进行形态学运算。

8.4.1.2　特征提取和选择

在活动识别中，我们选择不同的特征来区分不同的活动，如步行、爬上和爬下。良好的特征选择有助于简化模型，以便用户可以很容易地理解。在该方案中，我们选择了五个基于质心的特征来对表 8.2 中列出的活动进行分类。目标的质心计算如下：

$$x_c = \frac{1}{N_b}\sum_{i=1}^{N_b} x_i \tag{8.6}$$

$$y_c = \frac{1}{N_b}\sum_{i=1}^{N_b} y_i \tag{8.7}$$

式中：x_c，y_c是目标的质心；N_b是边界点的数量。

表 8.2　特征

特　　征	解　　释
x_c	被检斑点的质心的 x 坐标
y_c	被检斑点的质心的 y 坐标
x_c-y_c	质心坐标之间之差
$x_{c,1}-x_{c,i}$	所有目标帧的所有质心的 x 坐标之间的差，在此，$i=1,2\ldots T$。T 是斑点总数。
$y_{c,1}-y_{c,i}$	所有目标帧的所有质心的 y 坐标之间的差，在此，$i=1,2\cdots T$。T 是斑点总数。

8.4.1.3　支持向量机分类器

使用基于支持向量机（SVM）的分类器对活动进行分类，例如行走、爬上、爬下等活动。支持向量机是一种基于统计方法的功能强大的分类器，它将提取的活动分为两个不同的类[31]。通常，它会创建一个或多个超平面或作为所有输入类之间的边界。两个类的任何训练数据点之间的最小距离称为边距。距离越大，分类器的裕度越大，泛化误差越小。使用基于核的支持向量机分类器分离训练数据，其中涉及超平面的复杂几何。这些分类器可以由下式定义

$$f_x = \text{sign}\sum_{i=1}^{N_b} x_i \tag{8.8}$$

这种情况使用了径向基函数核（RBF 核）。

8.4.2　实验结果

图 8.5 显示了参考文献［30］中所述的人类翻越围栏活动的成功检测结果。该方法具有形状和角度不变性，计算时间较短。它还将比基于传感器的检测系统更实惠。然而，因为遮挡导致特征提取困难，所以该模型无法应用于多人场景。因此，利用卡尔曼滤波器来处理遮挡问题，可以使该算法具有鲁棒性。

图 8.5　栅栏翻越活动检测结果

8.5　军事应用

用于军事目的的视频监视包括巡逻国家边界、监测难民流动、监测和平条约的遵守情况以及在军事基地周围保障安全边界。在战争期间，这些监视摄像头充当了战场上的第二双眼睛，帮助拯救许多士兵的生命。因此，闭路电视在军队中有极其广泛的应用。

军事基地是任何国家受监测最多的地方之一。有很多方面需要监控，比如军事基地的进出情况。如今，航空用摄像机在军事应用中扮演着非常重要的角色。安装在无人机底部的摄像机可以用来获取战场的图像和视频，并帮助拯救士兵的生命。它也可以被用作侦察工具。无人机可以飞越敌对地区，并将危险军情通知地面部队。以让军队可以预见可能发生的情况以及了解最佳逃生出入点。因此，基于闭路电视的监视对军方非常有用。

8.5.1　自动化的需求

现如今，获取视频序列是一件非常容易的事情，但是找到人类操作员来持续观察视频屏幕代价高昂。这就需要自动从战场视频中收集和提取重要活动，并传播这些信息，以提高指挥官和参谋人员的态势感知能力。自动视频监控在军事的应用非常广泛，如确保军队周边安全、监测和平条约是否得到遵守、监测难民运动以及为保障机场安全。

1997 年，国防高级研究计划局（DARPA）信息系统办公室启动了一个为期三年的计划，旨在开发一个视频监视和监测（VSAM）系统。视频监视和监测的主要目的在于为战场监视应用开发自动化视频理解技术。在此项目的推动下，开发了一项只需单一操作员就能够使用分布式视频传感器网络监测广泛区域的活动的技术。

由卡内基梅隆大学机器人研究所和 Sarnoff 公司组成的团队被选中来带领各种先进监视技术的技术攻关：实时移动目标检测和跟踪、识别通用目标类如人类、卡车和特定目标类型（如校园警车）、有关地理空间位置模型的目标位置估算、主动摄像机控制和多摄像机协调、多摄像机跟踪、人类步态分析和动态场景可视化。

8.5.2　监控系统的基本设计

参考文献［4］中建议的使用多传感器监视的基本设计如图 8.6 所示。实际上，考虑到视场的限制以及被监视的目标被遮挡的可能性，单个传感器不可能监视整个场景。但由于每枚硬币都有两面，多传感监视也有自己的挑战，包

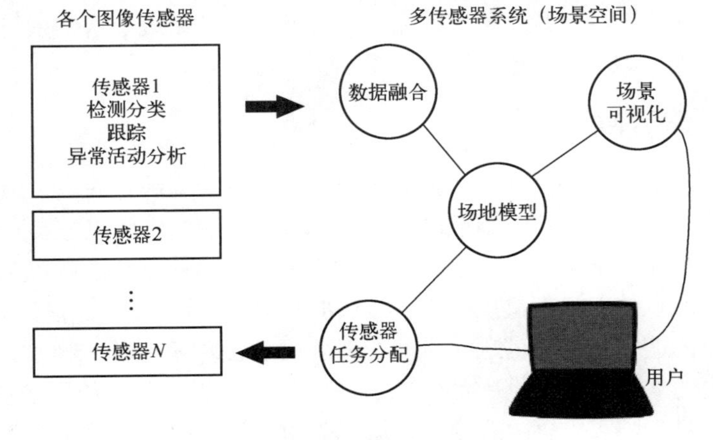

图 8.6　军事应用监视系统的基本设计

括如何融合来自多个传感器的信息、如何使多个传感器协同地跟踪目标以及监控何时触发进一步的行动。

原型设计的核心是智能传感器的概念。智能传感器能够独立地实时检测目标及其活动。由于参考文献［4］的重点是消除用户交互，因此需要先进的算法来融合传感器数据，让传感器执行自主协作行为，并以可理解的形式向操作员显示结果。为此，通过一个称为地理定位的过程，每个传感器的每一个目标观测都从传感器的摄像机中心图像空间映射到三维大地坐标（纬度、经度和高程）。然后将这些地理定位目标与之前的假设进行比较，并在此基础上更新了假设。

传感器任务分配基于仲裁函数来完成，该函数根据任务优先级、每个传感器上的负载和每个传感器对目标的可见性确定向每个传感器分配任务的成本。系统对成本进行贪心优化，以确定哪一种传感器任务分配可以使整个系统的性能最大化。

8.6 交通运输

8.6.1 公路运输

如今，人们使用一种由计时器和电子传感器控制的自动红绿灯来控制交通。在红绿灯中，每一相都是加载到计时器中的恒定数值。基于此，这些灯会自动打开和关闭。使用电子传感器是检测车辆和产生信号的另一种方法。对于这种方法，公路上的绿灯浪费时间。使用电子传感器控制交通时也会导致交通拥堵。为了解决这些问题，可以使用基于视频的监控系统。这些系统不仅控制交通，而且还检测车辆碰撞、事故和车辆误入等活动。

8.6.2 铁路运输

现代铁路要在竞争激烈的市场中运作，必须以顾客满意的水平维持高效率的铁路运作。许多铁路运营领域已经完全覆盖了专用电信解决方案、客运信息系统和铁路多业务承载网络。铁路视频监控解决方案是帮助铁路实现运营目标的又一个领域。数字视频监控提供直接获取与监督和调整正在进行的铁路运营相关的信息的途径。这些信息的自动处理可用于为列车调度、乘客安全以及车站和平台内的人群管理提供决策标准。现代视频分析工具可访问这些视频流，并可自动提供与防灾、机上客运和货运服务的访问控制以及地面工作人员相关的支持性信息。铁路智能视频监控系统的主要优点如下。

（1）智能分析：识别、人群密度统计、自动报警。

（2）视频回放和事件后分析。

（3）开放接口架构，以集成现有的监控基础设施。

（4）紧急事件支持：通过视频源获取信息，快速决策，有效处理紧急情况。

8.6.3　海上运输

多年来，由于海盗威胁的增加，海上监视变得越来越重要。虽然雷达系统已被广泛应用于海洋环境，但这些系统通常需要大型金属目标。现代海盗更喜欢使用难以探测到的小型、快速的非金属船只。因此，为了探测这些海盗的船只，可以指派船上专员进行人工探测。由于人类的注意力水平有限，因此采用了自动视频监控系统，不断监控摄像机的画面，探测周围海盗的船只。海上监测对安全、经济和环境都有巨大的影响。随着海上运输的日益流行和海盗袭击的增加，有必要使用自动视频监控系统来监测诸如运输违禁物品、非法移民和捕鱼、港口地区的恐怖袭击以及海上交通工具之间的碰撞等活动。由于世界上约 80%的贸易是通过海上运输，对海上交通工具的攻击是伤害一个国家经济的一种方式。因此，全世界都在努力发展海上监视系统。

欧洲项目 AMASS（自主海上监视系统）[61]和 MAAW（海上活动分析工作台）[17]是基于摄像机的海上监视系统。许多研究小组也在致力于海上监测系统的研究。Hu 等人[21]提出了一种用于网箱水产养殖的视觉监控系统，可以自动检测和跟踪入侵船只。此外，还提出了一种稳健的前景探测和背景更新技术，以有效地降低海浪的影响，提高船舶的检测和跟踪性能。

8.6.3.1　海运面临的挑战

海上运输所面临的主要挑战如下：

（1）因为背景是动态的，所以传统的视频检测和跟踪船舶的算法在海洋环境中不能产生有效的效果。

（2）海洋的动态和不可预测的外观使得探测和跟踪变得有点困难。

（3）由于风暴和雾霾等环境条件，摄像机拍摄的图像质量可能效果不好。

（4）由于海浪、阳光反射和光线条件的变化而导致的水面上的白色泡沫阻碍检测器和跟踪器。

（5）由于摄像机捕获的图像对比度低和雾的存在，检测器和跟踪器的性能也会下降。

8.7 小　　结

本章讨论了监控系统的各种方法。研究人员可以使用本章中讨论的技术来为各种商业应用开发强大的系统。本章介绍了各种领域的监视系统的应用范围，如军事应用和运输。

本章简要介绍了公路和铁路交通的视频监控系统。如今，海上视频监视系统被用于增加海岸和船舶安全，防范敌对船只的攻击。它们还可以用来控制海上交通，避免在港口发生碰撞。在现实情况下，当摄像机视野中出现与背景对比度较低的小船只时，一般的跟踪算法似乎不能很好地发挥作用。海上视频监控问题尚未得到完全解决，有待进一步探讨。

参考文献

[1] Markov A. An example of statistical investigation of the text of Eugene Onegin concerning the connections of samples in chains. In *Proceedings of the Academy of Sciences of St. Petersburg*, 1913.

[2] Shobhit Bhatnagar, Deepanway Ghosal, and Maheshkumar H Kolekar. Classifification of fashion article images using convolutional neural networks. In *Int Conf on Image Information Processing*, *India*, pages 1-6, 2017.

[3] Subhomoy Bhattacharyya, Indrajit Chakrabarti, and Maheshkumar H Kolekar. Complexity assisted consistent quality rate control for high resolution h. 264 video conferencing. In *Computer Vision*, *Pattern Recognition*, *Image Processing and Graphics* (*NCVPRIPG*), 2015 *Fifth National Conference on*, pages 1-4. IEEE, 2015.

[4] Robert T Collins, Alan J Lipton, Takeo Kanade, Hironobu Fujiyoshi, David Duggins, YanghaiTsin, David Tolliver, Nobuyoshi Enomoto, Osamu Hasegawa, Peter Burt, et al. A system for video surveillance and monitoring. *VSAM final report*, pages 1-68, 2000.

[5] D Comaniciu and P Meer. Mean shift: A robust approach toward feature space analysis. *IEEE Trans. on Pattern Analysis and Machine Intelligence* (*PAMI*), 24 (5): 603-619, 2002.

[6] D Comaniciu, V Ramesh, and P Meer. Real-time tracking of non-rigid objects using mean shift. In *IEEE conf. on Computer Vision and Pattern Recognition* (*CVPR*), pages 673-678, 2000.

[7] D Cremers and S Soatto. Motion competition: A variational approach to piecewise parametric motion segmentation. *International Journal of Computer Vision*, 62 (3): 249-265, 2005.

[8] Ross Cutler and Larry Davis. Robust real-time periodic motion detection, analysis, and applications. IEEE Transactions on Pattern Analysis and Machine Intelligence, 22: 781-796, 1999.

[9] Deba Prasad Dash and Maheshkumar H Kolekar. A discrete-wavelet transform-and hidden-markov-model-based approach for epileptic focus localization. *Biomedical Signal and Image Processing in Patient Care*, page 34, 2017.

[10] Jia Deng, Wei Dong, Richard Socher, Li-Jia Li, Kai Li, and Li Fei-Fei. Imagenet: A large-scale hierarchical image database. In *Computer Vision and Pattern Recognition*, *2009. CVPR 2009. IEEE Conference on*, pages 248-255. IEEE, 2009.

[11] D Dhane, Maheshkumar H Kolekar, and Priti Patil. Adaptive image enhancement and ac-

celerated key frame selection for echocardiogram images. *Journal of Medical Imaging and Health Informatics*, 2 (2): 195-199, 2012.

[12] Baum L E, Petrie T, Soules G, and Weiss N. A maximization technique occuring in the statistical analysis of probablistic functions of Markov chains. In *Annals of Mathematical Statistics*, volume 41, pages 164-171, 1970.

[13] Y Freund and R E Schapire. A decision-theoretic generalization of online learning and an application to boosting. *Journal of Computer and System Sciences*, 55 (1): 119-139, 1997.

[14] Flohr T G, Schaller S, Stierstorfer K, Bruder H, Ohnesorge B M, and Schoepf U J. Multi-detector row ct systems and image-reconstruction techniques. *Radiology*, 135 (3): 756-773, 2005.

[15] Leon A Gatys, Alexander S Ecker, and Matthias Bethge. A neural algorithm of artistic style. *arXiv preprint arXiv: 1508. 06576*, 2015.

[16] Ross Girshick, Jeffff Donahue, Trevor Darrell, and Jitendra Malik. Rich feature hierarchies for accurate object detection and semantic segmentation. In *The IEEE Conference on Computer Vision and Pattern Recognition (CVPR)*, June 2014.

[17] Kalyan M Gupta, David W Aha, Ralph Hartley, and Philip G Moore. Adaptive maritime video surveillance. Technical report, Knexus Research Corp, Springfifield, VA, 2009.

[18] Bing Han, William Roberts, Dapeng Wu, and Jian Li. Robust featurebased object tracking. In *Proc. of SPIE Vol*, volume 6568, pages 65680U-1, 2007.

[19] B K Horn and B G Schunck. Determining optical flow. *Cambridge, MA, USA, Technical Report*, pages 781-796, 1980.

[20] Weiming Hu, T. Tan, L. Wang, and S. Maybank. A survey on visual surveillance of object motion and behaviors. *IEEE Transactions on Systems, Man and Cybernetics, Part C*, 34 (3): 334-352, 2004.

[21] Wu-Chih Hu, Ching-Yu Yang, and Deng-Yuan Huang. Robust real-time ship detection and tracking for visual surveillance of cage aquaculture. *Journal of Visual Communication and Image Representation*, 22 (6): 543-556, 2011.

[22] Jaideep Jeyakar, R Venkatesh Babu, and KR Ramakrishnan. Robust object tracking with background-weighted local kernels. *Computer Vision and Image Understanding*, 112 (3): 296-309, 2008.

[23] Hu M K Visual pattern recognition by moment invariants. In *IRE Transaction on Information Theory, pages* 179-187. IT 8, 1962.

[24] P Kaewtrakulpong and R Bowden. An improved adaptive background mixture model for real-time tracking with shadow detection. *Video - based surveillance systems*, pages 135 - 144, 2002.

[25] M Kilger. A shadow handler in a video-based real-time traffifffiffic monitoring system. In *IEEE Workshop on Applications of Computer Vision*, pages 11-18, 1992.

[26] Maheshkumar H Kolekar. An algorithm for designing optimal Gabor fifilter for segmenting multi-textured images. *IETE Journal of Research*, 48 (3-4): 181-187, 2002.

[27] Maheshkumar H Kolekar. Hidden markovmodel based highlight generation of cricket video sequence using video and audio cues. *CSI Communications*, 28 (7): 25-26, 2005.

[28] Maheshkumar H Kolekar. Bayesian belief network based broadcast sports video indexing. *Int. Journal on Multimedia Tools and Applications*, 54 (1): 27-54, 2011.

[29] Maheshkumar H Kolekar and U Rajendra Acharya. A special section on biomedical signal and image processing. *Journal of Medical Imaging and Health Informatics*, 2 (2): 147-148, 2012.

[30] Maheshkumar H Kolekar, Nishant Bharati, and Priti N Patil. Detection of fence climbing using activity recognition by support vector machine classififier. In *IEEE Region 10 Int. Conf. (TENCON)*, pages 1-6, 2016.

[31] Maheshkumar H Kolekar, D P Dash, and Priti N Patil. Support vector machine based extraction of crime information in human brain using erp image. In *Int Conf on Computer Vision and Image Processing*, pages 1-6, 2016.

[32] Maheshkumar H Kolekar and Deba Prasad Dash. Hidden Markov model based human activity recognition using shape and optical flflow based features. In *Region 10 Conference (TENCON), 2016 IEEE*, pages 393-397. IEEE, 2016.

[33] Maheshkumar H Kolekar and Vinod Kumar. *Biomedical Signal and Image Processing in Patient Care*. IGI Global, 2017.

[34] Maheshkumar H Kolekar, K Palaniappan, S Sengupta, and G Seetharaman. Semantic concept mining based on hierarchical event detection for soccer video indexing. *Int. Journal on Multimedia*, 4 (5): 298-312, 2009.

[35] Maheshkumar H Kolekar and S Sengupta. Hidden markovmodel based structuring of cricket video sequences using motion and color features. In *Indian Conf. on Computer Vision, Graphics and Image Processing*, pages 632-637, 2004.

[36] Maheshkumar H Kolekar and S Sengupta. Hidden markovmodel based video indexing with discrete cosine transform as a likelihood function. In *India Annual Conference, 2004. Proceedings of the IEEE INDICON 2004. First*, pages 157-159. IEEE, 2004.

[37] Maheshkumar H Kolekar and S Sengupta. Semantic indexing of news video sequences: a multimodal hierarchical approach based on hidden markov model. In *IEEE Region 10 Int. Conf. (TENCON)*, pages 1-6, 2005.

[38] Maheshkumar H Kolekar and S Sengupta. Event importance based customized and automatic cricket highlight generation. In *IEEE Int. Conf. on Multimedia and Expo (ICME)*, volume 61, pages 1617-1620, 2006.

[39] Maheshkumar H Kolekar and S Sengupta. Semantic concept mining in cricket videos for automated highlight generation. *Int. Journal on Multimedia Tools and Applications*, 47 (3):

545-579，2010.

[40] Maheshkumar H Kolekar and S Sengupta. Bayesian network-based customized highlight generation for broadcast soccer videos. *IEEE Transaction on Broadcasting*，61（2）：195-209，2015.

[41] Maheshkumar H Kolekar，S N Talbar，and T R Sontakke. Texture segmentation using fractal signature. *IETE Journal of Research*，46（5）：319-323，2000.

[42] Alex Krizhevsky，Ilya Sutskever，and Geoffffrey E Hinton. Imagenetclassi-fification with deep convolutional neural networks. In *Advances in neural information processing systems*，*pages* 1097-1105，2012.

[43] M P Kumar，P H Torr，and A Zisserman. Learning layered motion segmentations of video. *International Journal of Computer Vision*，76（3）：301-319，2008.

[44] C T Lin，C T Yang，Y W Shou，and T K Shen. An effiffifficient and robust moving shadow removal algorithm and its applications in its. *EURASIP Journal on Advances in Signal Processing*，pages 1-19，2010.

[45] Tsung-Yi Lin，Michael Maire，Serge Belongie，James Hays，Pietro Perona，Deva Ramanan，Piotr Doll 8 136ár，5 37and C Lawrence Zitnick. Microsoft COCO：Common objects in context. In *European conference on computer vision*，pages 740-755. Springer，2014.

[46] Tang S Ling，Liang K Meng，Lim M Kuan，Zulaikha Kadim，and Ahmed A. Colour-based object tracking in surveillance application. In *Int Multiconference of Engineers and Computer Scientists*，pages 11-18，2009.

[47] A J Lipton，H Fujiyoshi，and R S Patil. Moving target classifification and tracking from real-time video. In *IEEE Workshop on Applications of Computer Vision*，pages 8-14，1998.

[48] B D Lucas and T Kanade. An iterative image registration technique with an application to stereo vision. In *International Joint Conference on Artifificial Intelligence*，pages 674-679，1981.

[49] B D Lucas and T Kanade. An iterative image registration technique with an application to stereo vision. In *Proceedings of Image Understanding Workshop*，pages 121-130，1981.

[50] Prabhu Natarajan，Pradeep K Atrey，and Mohan Kankanhalli. Multicamera coordination and control in surveillance systems：A survey. *ACM Transactions on Multimedia Computing*，*Communications*，*and Applications*（*TOMM*），11（4）：57，2015.

[51] H Rai，Maheshkumar H Kolekar，N Keshav，and J K Mukherjee. Trajectory based unusual human movement identifification for video surveillance system. In *Progress in Systems Engineering*，pages 789-794. Springer，2015.

[52] C Rasmussen and G D Hager. Probabilistic data association methods for tracking complex visual objects. *IEEE Transactions on Pattern Analysis and Machine Intelligence*，23（6）：560-576，2001.

[53] Samsu Sempena，Nur Ulfa Maulidevi，and PebRuswono Aryan. Human action recognition

using dynamic time warping. In *Electrical Engineering and Informatics (ICEEI), 2011 International Conference on*, pages 1-5. IEEE, 2011.

[54] J Shi and C Tomasi. Good features to track. In *IEEE Int. Conf. on Computer Vision and Pattern Recognition*, pages 593-600, 1994.

[55] E P Simoncelli and W T Freeman. The steerable pyramid: A flflexible architecture for multi-scale derivative computation. In *IEEE International Conference on Image Processing*, pages 444 -447, 1995.

[56] Chris Stauffffer and W E L Grimson. Adaptive background mixture models for real-time tracking. In *IEEE Int Conf Computer Vision and Pattern Recgnition*, volume 2, pages 246-252, 1999.

[57] Christian Szegedy, Sergey Ioffffe, Vincent Vanhoucke, and Alexander A Alemi. Inception-v4, inception-resnet and the impact of residual connections on learning. In *AAAI*, pages 4278-4284, 2017.

[58] C Tomasi and T Kanade. Factoring image sequences into shape and motion. In *Proceedings of the IEEE Workshop on Visual Motion*, pages 21-28, 1991.

[59] N Vaswani, A Tannenbaum, and A Yezzi. Tracking deforming objects using particle fifiltering for geometric active contours. *IEEE Transactions on Pattern Analysis and Machine Intelligence*, 29 (8): 1470-1475, 2007.

[60] P Viola and M J Jones. Robust real-time face detection. *International Journal of Computer Vision*, 57 (2): 137-154, 2004.

[61] K Wolfgang and O Zigmund. Robust layer-based boat detection and multi-target-tracking in maritime environments. In *Waterside Security Conference (WSS), 2010 International*, pages 1-7. IEEE, 2010.

[62] Christopher Wren, Ali Azarbayejani, Trevor Darrell, and Alex Pentland. Pfifinder: Real-time tracking of the human body. In *IEEE Transactions on Pattern Analysis and Machine Intelligence*, volume 19, pages 780-785. IEEE, 1997.

[63] Jean Yves Bouguet. Pyramidal implementation of the affiffiffine Lucas Kanade feature tracker description of the algorithm. In *Intel Corporation*, volume 4, pages 1-10, 2001.

[64] J Zhang, F Shi, J Wang, and Y Liu. 3d motion segmentation from straightline optical flflow. *Multimedia Content Analysis and Mining*, pages 85-94, 2007.

[65] W Zhang, X Z Fang, X K Yang, and Q M J Wu. Moving cast shadows detection using ratio edge. *IEEE Transactions on Multimedia*, 9 (6): 1202-1214, 2007.

[66] Ye Zhang and Zhi-Jing Liu. Irregular behavior recognition based on treading track. In *IEEE Int. Conf. on Wavelet Analysis and Pattern Recognition*, pages 1322-1326, 2007.